电气精品教材丛书

现代电气测量技术

主　编　温　和
副主编　邵　霞
参　编　王　娜　唐　璐

机械工业出版社
CHINA MACHINE PRESS

本教材在理论方法层面，以信号的产生、变换感知、调理采集、分析与处理的过程为主线组织电气测量基础知识内容，主要包括误差理论与不确定度评定、电气测量传感器、模拟信号调理放大电路、滤波电路、信号采集、正弦参数估计方法等；在电气测量对象实践知识层面，分别针对电能计量、电能质量检测、绝缘状态检测、窃电检测、负荷辨识等关键技术组织内容。一方面通过各章独立知识单元和测量实现实例使读者掌握独立的知识，另一方面通过对上述典型应用的测量技术介绍，加入先进信号处理、人工智能等新的知识，使读者将各章知识单元逐章扩展形成一个较全面的电气测量知识体系。通过不同层次的进阶学习，使读者掌握如何思考电气测量解决方案以及如何确定测量框架、关键指标，并甄别不同测量方案的优缺点。

本书可作为电气信息类专业本科生或研究生教材，也可供从事电气测量技术工作的工程技术人员参考。

图书在版编目（CIP）数据

现代电气测量技术 / 温和主编. --北京：机械工业出版社，2025.1. --（电气精品教材丛书）. --ISBN 978-7-111-77805-9

Ⅰ. TM93

中国国家版本馆 CIP 数据核字第 2025NU8472 号

机械工业出版社（北京市百万庄大街 22 号　邮政编码 100037）
策划编辑：李小平　　　　　责任编辑：李小平
责任校对：龚思文　李　婷　封面设计：鞠　杨
责任印制：单爱平
北京盛通印刷股份有限公司印刷
2025 年 5 月第 1 版第 1 次印刷
184mm×260mm・22.25 印张・548 千字
标准书号：ISBN 978-7-111-77805-9
定价：78.00 元

电话服务　　　　　　　　　网络服务
客服电话：010-88361066　　机 工 官 网：www.cmpbook.com
　　　　　010-88379833　　机 工 官 博：weibo.com/cmp1952
　　　　　010-68326294　　金　书　网：www.golden-book.com
封底无防伪标均为盗版　　　机工教育服务网：www.cmpedu.com

电气精品教材丛书
编审委员会

主 任 委 员　　罗　安　湖南大学
副主任委员　　帅智康　湖南大学
　　　　　　　　黄守道　湖南大学
　　　　　　　　阮新波　南京航空航天大学
　　　　　　　　李　勇　湖南大学
　　　　　　　　花　为　东南大学
　　　　　　　　齐冬莲　浙江大学
　　　　　　　　吴在军　东南大学
　　　　　　　　蹇林旎　南方科技大学
　　　　　　　　杜志叶　武汉大学
　　　　　　　　王高林　哈尔滨工业大学
　　　　　　　　胡家兵　华中科技大学
　　　　　　　　杜　雄　重庆大学
　　　　　　　　李　斌　天津大学
委　　　员　　许加柱　湖南大学　　　　年　珩　浙江大学
　　　　　　　　周　蜜　武汉大学　　　　张品佳　清华大学
　　　　　　　　张卓然　南京航空航天大学　许志红　福州大学
　　　　　　　　宋文胜　西南交通大学　　　姚　骏　重庆大学
　　　　　　　　林　磊　华中科技大学　　　张成明　哈尔滨工业大学
　　　　　　　　朱　淼　上海交通大学　　　雷万钧　西安交通大学
　　　　　　　　杨晓峰　北京交通大学　　　马铭遥　合肥工业大学
　　　　　　　　吴　峰　河海大学　　　　　尹忠刚　西安理工大学
　　　　　　　　朱国荣　武汉理工大学　　　刘　辉　广西大学
　　　　　　　　符　扬　上海电力大学　　　李小平　机械工业出版社

序 Preface

电气工程作为科技革命与工业技术中的核心基础学科，在自动化、信息化、物联网、人工智能的产业进程中都起着非常重要的作用。在当今新一代信息技术、高端装备制造、新能源、新材料、节能环保等战略性新兴产业的引领下，电气工程学科的发展需要更多学术研究型和工程技术型的高素质人才，这种变化也对该领域的人才培养模式和教材体系提出了更高的要求。

由湖南大学电气与信息工程学院和机械工业出版社合作开发的电气精品教材丛书，正是在此背景下诞生的。这套教材联合了国内多所著名高校的优秀教师团队和教学名师参与编写，其中包括首批国家级一流本科课程建设团队。该丛书主要包括基础课程教材和专业核心课程教材，都是难学也难教的科目。编写过程中我们重视基本理论和方法，强调创新思维能力培养，注重对学生完整知识体系的构建。一方面用新的知识和技术来提升学科和教材的内涵；另一方面，采用成熟的新技术使得教材的配套资源数字化和多样化。

本套丛书特色如下：

（1）**突出创新**。这套丛书的作者既是授课多年的教师，同时也是活跃在科研一线的知名专家，对教材、教学和科研都有自己深刻的体悟。教材注重将科技前沿和基本知识点深度融合，以培养学生综合运用知识解决复杂问题的创新思维能力。

（2）**重视配套**。包括丰富的立体化和数字化教学资源（与纸质教材配套的电子教案、多媒体教学课件、微课等数字化出版物），与核心课程教材相配套的习题集及答案、模拟试题，具有通用性、有特色的实验指导等。利用视频或动画讲解理论和技术应用，形象化展示课程知识点及其物理过程，提升课程趣味性和易学性。

（3）**突出重点**。侧重效果好、影响大的基础课程教材、专业核心课程教材、实验实践类教材。注重夯实专业基础，这些课程是提高教学质量的关键。

（4）**注重系列化和完整性**。针对某一专业主干课程有定位清晰的系列教材，提高教材的教学适用性，便于分层教学；也实现了教材的完整性。

（5）**注重工程角色代入**。针对课程基础知识点，采用探究生活中真实案例的选题方式，提高学生学习兴趣。

（6）**注重突出学科特色**。教材多为结合学科、专业的更新换代教材，且体现本地区和不同学校的学科优势与特色。

这套教材的顺利出版，先后得到多所高校的大力支持和很多优秀教学团队的积极参与，在此表示衷心的感谢！也期待这些教材能将先进的教学理念普及到更多的学校，让更多的学生从中受益，进而为提升我国电气领域的整体水平做出贡献。

教材编写工作涉及面广、难度大，一本优秀的教材离不开广大读者的宝贵意见和建议，欢迎广大师生不吝赐教，让我们共同努力，将这套丛书打造得更加完美。

电气精品教材丛书编审委员会

前言
Preface

电气测量是现代工业，特别是电力工业中的重要技术，涉及电气工程、传感器、电路、误差理论与信号处理、人工智能等多学科知识。随着科技的进步，电气测量技术不断更新，涌现出了许多新的测量需求、测量原理、实现方法和仪器系统。为了适应电气测量技术发展的需要，需要理论性强、内容先进，且又接近工程实际的教材。

本书以电力系统典型对象的快速、准确、可靠测量为牵引，围绕模拟信号调理变换与数字信号处理的主线，将电气测量理论与应用实践深度融合，将"误差处理"的相关理论和方法应用到电气测量系统的各环节实现中，使得读者能够掌握其中思考问题的方法和过程，做到"授人以渔"；在电气测量信号处理的介绍中，既注重对电测信号时频特性知识点的介绍，也通过电测信号的数字化处理将各章节知识点串起来形成涵盖电气测量背景、信号采集、测量实现等环节的立体化实例，提升读者解决电气测量复杂工程问题的能力；在网站（出版社网站和自建课程网站）等提供丰富的网络资源，方便读者进一步深化理论学习和实践训练，主要包括教材之外的外延知识、电气测量数字信号处理方法的演示程序、电气测量对象示例程序等。

本书在编写过程中遵循系统性、科学性、先进性和实用性的原则，系统全面地阐述了电气测量的基本理论和基本方法，知识体系科学合理，同时紧扣电力系统发展的新方向以及人工智能算法的发展，将数字测量技术、机器学习算法等融入到电气测量典型应用中，保持了内容的先进性，力求适应新的人才培养需求。

本书共分为12章。第1章电气测量基础知识，包括电气测量的概念、测量仪器的分类、测量误差和测量不确定度等；第2章模拟测量信号处理，包括信号放大、滤波、A/D转换、标度变换等；第3章电气测量信号的时频域变换，包括坐标变换、傅里叶变换、短时傅里叶变换等；第4章电参量的测量，包括电压、电流、频率、电阻、电容和电感的测量方法；第5章磁测量，包括磁场的测量、磁性材料直流磁性能测量和磁性材料交流磁性能测量；第6章电能计量技术，包括电能计量基础知识、电压互感器、电流互感器、电能表和数字化电能计量方法；第7章电能计量法规与误差，包括电能表相关计量法规、电子式电能表误差和校正、电能表检定等；第8章电能质量检测技术，包括电能质量的定义、电能质量扰动的分类、电能质量（如谐波、电压波动和闪变等）的基本检测方法；第9章电气设备绝缘状态监测技术，包括绝缘电阻、介质损耗因数、局部放电的检测方法；第10章电能质量扰动信号极坐标图像与分类；第11章高级量测体系与窃电智能检测；第12章非介入式负荷辨识技术。鉴于当前高校对电气测量课程内容深度要求不同，授课学时不同，各校可以根据实际的教学课时数，适当选择内容使用。

本书的第1、3、6~11章由温和编写，第2章由邵霞编写，第4、5章由王娜编写，第12章由唐璐编写。全书由温和完成统稿，同时一些研究生参与完成了本书部分插图绘制和文字录入工作。本书的编写参考了大量文献和资料，在此对有关单位和作者一并致谢！

由于编者水平和经验有限，书中难免有不妥和纰漏之处，恳请读者批评指正。

作 者
2024 年 8 月于湖南大学

目录

序

前言

第1章　电气测量基础知识 ··· 1
 1.1　测量的概念 ··· 1
  1.1.1　测量系统的特性 ··· 1
  1.1.2　电气测量的分类 ··· 11
 1.2　电气测量仪器 ·· 14
  1.2.1　模拟电气测量仪器 ·· 14
  1.2.2　数字电气测量仪器 ·· 15
 1.3　测量误差与测量不确定度 ·· 16
  1.3.1　误差的表示 ··· 16
  1.3.2　误差的性质和分类 ·· 17
  1.3.3　测量不确定度 ·· 21
  1.3.4　误差传播与函数误差 ·· 27
  1.3.5　测量误差的合成 ··· 29
 习题与思考题 ·· 34

第2章　模拟测量信号处理 ··· 35
 2.1　传感器 ·· 35
  2.1.1　传感器的定义 ·· 35
  2.1.2　传感器的组成 ·· 35
  2.1.3　传感器的分类 ·· 36
  2.1.4　传感器特性指标 ··· 36
 2.2　信号放大 ··· 37
  2.2.1　基本放大电路 ·· 37
  2.2.2　测量放大电路 ·· 39
  2.2.3　程控增益放大器 ··· 40
  2.2.4　隔离放大电路 ·· 43
 2.3　信号滤波 ··· 44
  2.3.1　滤波器的基本知识 ·· 44
  2.3.2　RC滤波器及设计 ··· 48
  2.3.3　集成有源滤波器 ··· 56
 2.4　信号采集 ··· 57
  2.4.1　采样/保持器 ·· 57

2.4.2 A/D 转换器 ·········· 58
2.4.3 采集速率 ·········· 60
2.4.4 模拟多路开关 ·········· 61
2.4.5 多路采集系统结构 ·········· 62
2.5 标度变换 ·········· 63
习题与思考题 ·········· 64

第 3 章 电气测量信号的时频域变换 ·········· 65

3.1 时域坐标变换 ·········· 65
3.1.1 坐标变换原理 ·········· 65
3.1.2 $\alpha\beta 0$ 坐标变换 ·········· 66
3.1.3 $dq0$ 坐标变换 ·········· 66
3.2 离散傅里叶变换及快速实现 ·········· 68
3.2.1 离散傅里叶变换理论 ·········· 69
3.2.2 快速傅里叶变换 ·········· 70
3.3 频谱混叠 ·········· 70
3.4 频谱泄漏 ·········· 72
3.4.1 频谱泄漏与抑制措施 ·········· 72
3.4.2 窗函数 ·········· 74
3.4.3 栅栏效应 ·········· 78
3.4.4 不同窗函数的影响分析 ·········· 80
3.5 离散频谱处理方法 ·········· 82
3.5.1 离散频谱插值 ·········· 82
3.5.2 离散频谱相位差校正 ·········· 86
3.6 短时傅里叶变换简介 ·········· 89
习题与思考题 ·········· 90

第 4 章 电参量的测量 ·········· 92

4.1 电气测量仪表简介 ·········· 92
4.1.1 磁电系仪表简介 ·········· 92
4.1.2 电磁系仪表简介 ·········· 94
4.1.3 电动系仪表简介 ·········· 96
4.1.4 数字式电测仪表简介 ·········· 98
4.2 电压的测量 ·········· 99
4.2.1 表征交流电压的基本参量 ·········· 99
4.2.2 模拟式电压测量 ·········· 101
4.2.3 数字式电压测量 ·········· 102
4.3 电流的测量 ·········· 103
4.3.1 模拟式电流测量 ·········· 103
4.3.2 数字式电流测量 ·········· 104
4.4 频率的测量 ·········· 104
4.4.1 计数法频率测量原理 ·········· 104

    4.4.2 计数法频率测量误差 …………………………………… 106
    4.4.3 其他频率测量方法 ………………………………………… 108
  4.5 相位的测量 ……………………………………………………………… 109
    4.5.1 相位-电压转换原理 …………………………………………… 109
    4.5.2 相位-时间转换器原理 ………………………………………… 110
  4.6 阻抗的测量 ……………………………………………………………… 112
    4.6.1 电阻的测量 ……………………………………………………… 113
    4.6.2 电容的测量 ……………………………………………………… 115
    4.6.3 电感的测量 ……………………………………………………… 119
  习题与思考题 ………………………………………………………………… 121

第5章 磁测量 ……………………………………………………………………… 122
  5.1 磁测量基础 ……………………………………………………………… 122
    5.1.1 基本磁学量 ……………………………………………………… 122
    5.1.2 磁性材料的磁特性 ……………………………………………… 123
    5.1.3 磁性材料及分类 ………………………………………………… 125
  5.2 磁场的测量 ……………………………………………………………… 127
    5.2.1 电磁感应法 ……………………………………………………… 127
    5.2.2 磁通门法 ………………………………………………………… 130
    5.2.3 霍尔效应法 ……………………………………………………… 132
    5.2.4 其他测量方法 …………………………………………………… 134
  5.3 磁性材料的测量 ………………………………………………………… 135
    5.3.1 直流磁性能测量 ………………………………………………… 135
    5.3.2 交流磁性能测量 ………………………………………………… 143
  习题与思考题 ………………………………………………………………… 146

第6章 电能计量技术 …………………………………………………………………… 147
  6.1 电能计量基础知识 ……………………………………………………… 147
    6.1.1 功率与电能基础 ………………………………………………… 147
    6.1.2 电能计量离散化实现方式 ……………………………………… 151
  6.2 电能计量装置 …………………………………………………………… 154
    6.2.1 电能计量装置的分类 …………………………………………… 154
    6.2.2 互感器 …………………………………………………………… 154
    6.2.3 互感器二次回路 ………………………………………………… 159
    6.2.4 电能表 …………………………………………………………… 160
    6.2.5 电能计量准确度 ………………………………………………… 165
  6.3 数字化电能计量 ………………………………………………………… 166
    6.3.1 总体结构 ………………………………………………………… 166
    6.3.2 电子式互感器 …………………………………………………… 168
    6.3.3 数字化电能表 …………………………………………………… 172
  习题与思考题 ………………………………………………………………… 174

第7章 电能计量法规与误差 ……………………………………………………………… 175

7.1 电能计量法规体系 ……………………………………………………………… 175
　　7.1.1 国际电能计量标准法规简况 …………………………………………… 175
　　7.1.2 国内电能计量标准法规简况 …………………………………………… 176
7.2 电子式电能表的误差及校正 …………………………………………………… 178
　　7.2.1 硬件电路引入的误差分析 ……………………………………………… 178
　　7.2.2 软件算法引入的误差分析 ……………………………………………… 179
　　7.2.3 电子式电能表误差校正 ………………………………………………… 180
7.3 电能表运行误差的影响因素 …………………………………………………… 182
　　7.3.1 温度对电能表运行误差的影响 ………………………………………… 182
　　7.3.2 电压波动对电能表运行误差的影响 …………………………………… 183
　　7.3.3 电磁干扰对电能表运行误差的影响 …………………………………… 183
　　7.3.4 信号畸变对电能表运行误差的影响 …………………………………… 184
7.4 电能表检定与综合误差评估 …………………………………………………… 185
　　7.4.1 电能表检定简介 ………………………………………………………… 185
　　7.4.2 计量性能试验 …………………………………………………………… 186
　　7.4.3 影响量试验及综合误差 ………………………………………………… 188
习题与思考题 ………………………………………………………………………… 191

第8章　电能质量检测技术 ……………………………………………………… 192

8.1 电能质量的基本概念 …………………………………………………………… 192
　　8.1.1 电能质量的定义和内涵 ………………………………………………… 192
　　8.1.2 电能质量的特点 ………………………………………………………… 193
8.2 电能质量标准与扰动分类 ……………………………………………………… 193
　　8.2.1 电能质量标准 …………………………………………………………… 193
　　8.2.2 电能质量扰动的分类 …………………………………………………… 195
8.3 电能质量测量 …………………………………………………………………… 198
　　8.3.1 电能质量参数测量概述 ………………………………………………… 198
　　8.3.2 频率偏差 ………………………………………………………………… 199
　　8.3.3 电压偏差 ………………………………………………………………… 199
　　8.3.4 电压合格率 ……………………………………………………………… 200
　　8.3.5 谐波和间谐波 …………………………………………………………… 201
　　8.3.6 电压暂降与短时中断 …………………………………………………… 205
　　8.3.7 暂时过电压与瞬态过电压 ……………………………………………… 207
　　8.3.8 电压波动与闪变 ………………………………………………………… 211
　　8.3.9 三相不平衡度 …………………………………………………………… 215
习题与思考题 ………………………………………………………………………… 217

第9章　电气设备绝缘状态监测技术 …………………………………………… 218

9.1 电气设备绝缘概述 ……………………………………………………………… 218
　　9.1.1 电气设备绝缘缺陷及试验 ……………………………………………… 218
　　9.1.2 电介质 …………………………………………………………………… 219
9.2 绝缘电阻的测量 ………………………………………………………………… 219

9.2.1　测量原理 ……………………………………………………………… 219
　　　9.2.2　测量方法 ……………………………………………………………… 221
　9.3　泄漏电流的测量 ……………………………………………………………… 223
　　　9.3.1　测量原理 ……………………………………………………………… 223
　　　9.3.2　测量方法 ……………………………………………………………… 223
　9.4　介质损耗因数的测量 ………………………………………………………… 225
　　　9.4.1　测量原理 ……………………………………………………………… 225
　　　9.4.2　西林电桥法 …………………………………………………………… 226
　　　9.4.3　过零点检测法 ………………………………………………………… 227
　　　9.4.4　谐波分析法 …………………………………………………………… 227
　9.5　局部放电的测量 ……………………………………………………………… 231
　　　9.5.1　测量原理 ……………………………………………………………… 231
　　　9.5.2　测量方法 ……………………………………………………………… 233
　9.6　油中溶解气体的测量 ………………………………………………………… 235
　　　9.6.1　测量原理 ……………………………………………………………… 235
　　　9.6.2　测量方法 ……………………………………………………………… 236
　习题与思考题 ……………………………………………………………………… 239

第 10 章　电能质量扰动信号极坐标图像与分类 ……………………………… **240**
　10.1　信号的极坐标曲线 ………………………………………………………… 240
　　　10.1.1　直角坐标-极坐标变换 ……………………………………………… 240
　　　10.1.2　N 重旋转对称曲线 ………………………………………………… 243
　10.2　典型电能质量扰动信号图像 ……………………………………………… 249
　　　10.2.1　理想电压信号的 NFRS 曲线 ……………………………………… 249
　　　10.2.2　单一扰动信号的 NFRS 曲线 ……………………………………… 249
　　　10.2.3　复合扰动信号的 NFRS 曲线 ……………………………………… 256
　10.3　电能质量扰动的 SVM 分类 ……………………………………………… 261
　　　10.3.1　图像数据集生成 …………………………………………………… 261
　　　10.3.2　图像数据集预处理 ………………………………………………… 262
　　　10.3.3　电能质量 SVM 多分类模型 ……………………………………… 266
　10.4　电能质量扰动分类结果分析 ……………………………………………… 274
　　　10.4.1　评价指标 …………………………………………………………… 275
　　　10.4.2　SVM 分类结果 ……………………………………………………… 277
　　　10.4.3　与其他机器学习方法对比 ………………………………………… 278
　习题与思考题 ……………………………………………………………………… 282

第 11 章　高级量测体系与窃电智能检测 ……………………………………… **283**
　11.1　高级量测体系 ……………………………………………………………… 283
　　　11.1.1　智能电表和集中器 ………………………………………………… 283
　　　11.1.2　通信网络 …………………………………………………………… 284
　　　11.1.3　计量数据管理系统 ………………………………………………… 284
　11.2　窃电检测概述 ……………………………………………………………… 285

XI

		11.2.1 窃电的定义和分类	285
		11.2.2 窃电的危害	286
		11.2.3 窃电检测问题建模	287
		11.2.4 窃电检测原理及发展	287
	11.3	基于机器学习算法的窃电检测	290
		11.3.1 数据预处理	290
		11.3.2 分类树与梯度提升算法	293
		11.3.3 基于XGBoost的窃电检测模型	295
	11.4	窃电检测测试结果及分析	297
		11.4.1 评价指标与对比模型	297
		11.4.2 针对ISET数据集的检测测试	300
		11.4.3 针对SGCC数据集的检测测试	305
	习题与思考题		309

第12章 非介入式负荷辨识技术 — 310

	12.1	负荷辨识概述	310
		12.1.1 负荷类型	310
		12.1.2 负荷辨识基础	311
		12.1.3 非介入式负荷辨识及数据集	312
	12.2	负荷辨识特征提取	314
		12.2.1 稳态特征	314
		12.2.2 暂态特征	316
		12.2.3 时空运行特征	319
	12.3	负荷事件检测	321
		12.3.1 状态变化事件检测原理	322
		12.3.2 模式变化事件检测原理	323
		12.3.3 多尺度事件检测原理	324
	12.4	基于卷积神经网络的负荷辨识	326
		12.4.1 神经网络基础	326
		12.4.2 卷积神经网络	330
		12.4.3 负荷辨识模型	335
		12.4.4 训练策略	337
		12.4.5 实现工具	338
	12.5	非介入式负荷辨识的发展与挑战	338
	习题与思考题		339

参考文献 — 340

第 1 章　电气测量基础知识

2020 年 9 月中国明确提出 2030 年"碳达峰"与 2060 年"碳中和"目标。2021 年 3 月 15 日中央财经委员会第九次会议对碳达峰、碳中和做出进一步部署，提出构建以新能源为主体的新型电力系统。能源供给方面，煤、油、气等化石能源将在 2030 年前依次达峰，以太阳能、风能为代表的非化石能源迅猛发展，占一次能源的比重将在 2030 年升至约 25%以上。

随着新型电力系统的加快构建，电力系统"双高""双峰"特征日益凸显，源网荷储协同互动、电热气冷多能互补使能源供需优化平衡日益复杂，对电力系统全息感知、动态采集和高效处理的要求越来越高。电气测量作为新型电力系统的重要支撑，是实现电力系统全景感知、各环节可观可测与灵活互动的关键技术基础，同时也为碳排放"可测量、可报告、可核查"提供重要技术支撑。

1.1　测量的概念

测量、计量、测试是三个关系密切的术语，其共性都是解决被观测对象"量"的问题，但三者又不尽相同，各有特点。

测量是指以确定被测对象属性和量值为目的的全部操作。电力系统中常见的测量包括：频率的测量，电压、电流的测量，相位差的测量，双向有功功率、四象限无功功率的测量，电能的测量，功率因数的测量，波形的测量，延迟及瞬态时间的测量，电阻、电感、电容的测量，绝缘性能的测量等。

计量是实现单位统一和量值准确可靠的测量，是一种特殊的测量并严于一般的测量。计量建立基准、标准，进行量值传递，由此各种测量能溯源到国际测量（计量）标准，实现测量结果的准确、一致、可靠、有效。电力系统中电能计量相关工作一般集中在省级电能计量中心，负责对标准计量器具、工作计量器具进行检定和量值传递。

测试是具有试验性质的测量。在电力系统中，测试是为保证各种一次设备正常运转进行的一系列试验活动，主要目的是判断设备的性能，如对电力变压器、断路器、互感器、避雷器、电缆、接地装置、安全用具的测试等。

1.1.1　测量系统的特性

测量系统一般是指由多个环节组成的对被测对象进行检测、调理、变换、显示或记录的完整仪器或系统，如包含传感器、调理电路、数据采集、微处理器或上位机的系统；也可以指实现测量过程的某一环节或单元，如传感器、放大器、电阻分压器、滤波器、数据采集单元、信息处理单元等。

测量系统的基本特性是指测量系统与其输入、输出的关系。主要应用于以下三个方面：

1）已知测量系统的特性，并且输出可测，则通过该特性和输出可推断导致该输出的输入量。这就是通常应用测量系统来测量未知物理量的过程。

2）已知测量系统特性和输入，推断和估计系统的输出量。通常应用于根据对被测量（即输入量）的测量要求组建测量系统。

3）已知或观测系统的输入、输出，推断测量系统的特性。通常用于系统的研究、设计与制作。

测量系统的特性一般用数学表达式（或数学模型）来表示。输入和输出均为连续时间信号的系统称为连续时间系统，也即模拟测量系统，其数学模型用微分方程来表示。输入和输出均为离散时间信号的系统称为离散时间系统，其数学模型用差分方程来描述。本章以连续时间系统为基础进行分析。设测量系统的输入和输出分别为 $x(t)$ 和 $y(t)$，其输入输出关系可用下述常系数微分方程来描述

$$a_n\frac{d^n y(t)}{dt^n}+a_{n-1}\frac{d^{n-1} y(t)}{dt^{n-1}}+\cdots+a_1\frac{dy(t)}{dt}+a_0 y(t)$$
$$= b_m\frac{d^m x(t)}{dt^m}+b_{m-1}\frac{d^{m-1} x(t)}{dt^{m-1}}+\cdots+b_1\frac{dx(t)}{dt}+b_0 x(t) \tag{1.1}$$

根据输入信号 $x(t)$ 随时间变化还是不随时间而变，测量系统的基本特性分为静态特性和动态特性。测量系统的基本特性由其内部参数也即系统本身的固有属性决定。

1.1.1.1 测量系统的静态特性

测量系统的静态特性是在静态测量情况下描述实际测量系统与理想线性时不变系统的接近程度。此时，测量系统的输入 $x(t)$ 和输出 $y(t)$ 都是不随时间变化的常量（或变化极慢，在所观察的时间间隔内可以忽略其变化而视为常量）。因此测量系统输入和输出关系中的各微分项均为零，这时式（1.1）可简写为

$$y=\frac{b_0}{a_0}x=kx \tag{1.2}$$

式中，斜率 k 是常数，表明理想线性时不变测量系统的输出与输入之间呈单调、线性比例关系。

实际测量系统并非理想的线性时不变系统，因此常用灵敏度、非线性度和回程误差等指标来表征实际测量系统的静态特性。

1. 灵敏度

灵敏度表征测量系统对输入信号变化的反应能力。当测量系统的输入 x 出现微小增量 Δx 时，将引起系统的输出 y 产生相应的变化 Δy，则定义该系统的灵敏度为 $S=\Delta y/\Delta x$，其量纲取决于输出/输入的量纲。若测量系统的输出/输入为同量纲，则常用"放大倍数"一词代替"灵敏度"。

在静态测量中，若测量系统的输入/输出特性为线性关系，则有

$$S=\frac{\Delta y}{\Delta x}=\frac{y}{x}=\frac{b_0}{a_0}=k \tag{1.3}$$

可见静态测量时，测量系统的静态灵敏度等于拟合直线的斜率。而对于非线性测量系统，其灵敏度就是该系统特性曲线的斜率，表示为

$$S=\lim_{\Delta x \to 0}\frac{\Delta y}{\Delta x}=\frac{dy}{dx} \tag{1.4}$$

灵敏度数值越大，表示相同的输入增量引起的输出变化量越大，即测量系统的灵敏度越高。测量系统的灵敏度和量程及固有频率等是相互制约的。一般而言，系统的灵敏度越高，则其测量范围往往越小，稳定性也越差。因此在选择测量系统的灵敏度时，要充分考虑其实现的合理性。

2. 非线性度

非线性度是指对测量系统的输出/输入保持常值或比例关系的一种度量。在静态测量中，一般通过实验获取系统的输入/输出关系曲线，并称为"标定曲线"。由标定曲线采用拟合方法得到的输入和输出之间的线性关系，称为"拟合直线"。非线性度描述的是标定曲线偏离拟合直线的程度，如图1.1所示。在测量系统的标称输出范围（全量程）A 内，标定曲线与该拟合直线的最大偏差 B_{max} 与 A 的比值即为其非线性度。

$$非线性度 = \frac{B_{max}}{A} \times 100\% \tag{1.5}$$

由此可见，仪表非线性度的大小与理论拟合直线有关，对于同一条标定曲线，若拟合直线不同，计算所得的非线性度会差别很大。因此，不能笼统地提非线性度，必须说明所依据的拟合直线。

拟合直线通常采用线性插值或最小二乘法等方法。例如，运用最小二乘法拟合直线，可令 $\sum_{i=1}^{N} B_i^2$ 为最小，其中 N 为标定点的个数，B_i 为标定曲线与拟合直线的第 i 个标定点的偏差。在要求不高的情况下，也可以采用平均法来进行拟合，即以偏差 $|B_i|$ 的平均值来表示拟合直线与标定曲线的接近程度。

3. 回程误差

回程误差表征测量系统在全量程内输入递增变化（由小变大）所得标定曲线和递减变化（由大变小）所得标定曲线之间静态特征不一致的程度，也称为迟滞、滞差或滞后量。理想的测量系统对于某一个输入量 x_i 应当只有单值的输出 y_i，然而对于实际的测量系统，当输入信号分别由小变大或由大变小时，对同一个输入量 x_i 可能会出现不同的输出量 y_{1i} 和 y_{2i}，如图1.2所示。在测量系统的全量程 A 内，同一个输入量所得到的两个不同输出量中差值最大者 $h_{max} = \max(h_i = |y_{2i} - y_{1i}|)$ 与全量程 A 之比为系统的回程误差，即

$$回程误差 = \frac{h_{max}}{A} \times 100\% \tag{1.6}$$

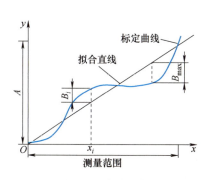

图1.1　非线性度

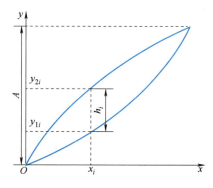

图1.2　回程误差

回程误差可以由摩擦、间隙、材料的受力形变或磁滞等因素引起,也可能反映着测量系统存在的不工作区(又称死区),即输入变化对输出无影响的区间。

1.1.1.2 测量系统的动态特性

理想的测量系统输入量和输出量随时间变化的规律相同,即具有相同的时间函数。但实际上,输入量和输出量只能在一定频率范围内、对应一定动态误差的条件下保持一致。这是因为测量系统的输出不但受到被测量动态变化的影响,也受到测量系统自身动态特性的影响。例如,采用数字温度传感器测量变压器油管温度时,应将温度传感器放在油管附近保持足够的时间,才能将传感器的读数作为温度测量结果;否则,若将温度传感器一接触油管外壁就拿出来读数,其结果必然与实际温度有很大差异。其原因是温度传感器这种测量系统本身的特性造成了输出滞后于输入,这说明测量结果的正确与否与测量系统的动态特性有很大的关系。

测量系统动态特性是指输入信号随时间变化时,输出与输入之间的关系。当测量系统输入为随时间变化的动态信号 $x(t)$ 时,实际输出与理想输出之间的差异即为动态误差。掌握测量系统的动态特性,分析影响动态误差的因素,有利于减少动态误差。

简单起见,在所考虑的测量范围内,实际的测量系统总是被处理为线性时不变系统,即用式(1.1)所示的常系数线性微分方程来描述系统输出与输入的关系。动态性能指标按照其所在的分析域一般分为时域型和频域型。通过拉普拉斯变换在复数域 S 中建立其相应的"传递函数",将测量系统在时域的描述方程转换为频域函数。在频域中用传递函数的特殊形式——频率响应,在时域中用传递函数的拉普拉斯反变换——权函数,来简洁明了地描述测量系统的动态特性。

测量系统的传递函数为

$$H(s)=\frac{Y(s)}{X(s)}=\frac{\int_0^\infty y(t)\mathrm{e}^{-st}\mathrm{d}t}{\int_0^\infty x(t)\mathrm{e}^{-st}\mathrm{d}t} \tag{1.7}$$

式中,$s=\mathrm{j}\omega$。

1. 一阶系统

任意一个系统可视为多个一阶、二阶系统的串联或并联组合。图 1.3 所示的 RC 电路是典型的一阶系统,其微分方程表示为

$$a_1\frac{\mathrm{d}y(t)}{\mathrm{d}t}+a_0y(t)=b_0x(t) \tag{1.8}$$

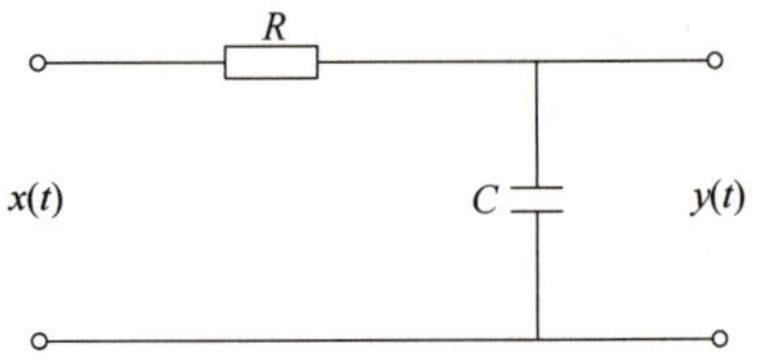

图 1.3 典型一阶系统

对式(1.8)进行变换得

$$\tau\frac{\mathrm{d}y(t)}{\mathrm{d}t}+y(t)=kx(t) \tag{1.9}$$

式中,静态灵敏度 $k=b_0/a_0$;时间常数 $\tau=a_1/a_0$。

则该一阶系统的传递函数为

$$H(s)=\frac{Y(s)}{X(s)}=\frac{k}{\tau s+1} \tag{1.10}$$

对应频率特性为

$$H(j\omega) = \frac{k}{j\omega\tau + 1} \qquad (1.11)$$

幅频特性为 $A(\omega) = |H(j\omega)| = k/\sqrt{1+(\omega\tau)^2}$，相频特性为 $\phi(\omega) = -\arctan\omega\tau$。$k$ 是常数，不影响系统的动态特性，为分析方便起见，令 $k=1$。

一阶系统是一个低通环节，又称为惯性环节，时间常数 τ 表示惯性大小，因此其动态响应特性主要取决于 τ。τ 小，则阶跃响应迅速，频率响应的截止频率高。只有当 $\omega \ll 1/\tau$ 时，幅频响应才接近于 1，则 $20\lg|H(j\omega)| \approx 0$。因此一阶系统只适用于测量缓慢变化或低频信号。

2. 二阶系统

图 1.4 所示的 RLC 电路是典型的二阶系统。

对于二阶系统同样可用通式表示为

$$a_2 \frac{d^2 y(t)}{dt^2} + a_1 \frac{dy(t)}{dt} + a_0 y(t) = b_0 x(t) \qquad (1.12)$$

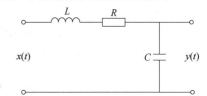

图 1.4 典型二阶系统

对应的传递函数为

$$H(s) = \frac{Y(s)}{X(s)} = \frac{k}{s^2/\omega_n^2 + 2\xi s/\omega_n + 1} \qquad (1.13)$$

式中，静态灵敏度 $k = b_0/a_0$；系统固有频率 $\omega_n = \sqrt{a_0/a_2}$；阻尼比（实际阻尼系数与临界阻尼系数之比）$\xi = \frac{a_1}{2\sqrt{a_0 a_2}}$。

对应频率函数为

$$H(j\omega) = \frac{k}{1 - \omega^2/\omega_n^2 + j2\xi\omega/\omega_n} \qquad (1.14)$$

频率函数的幅频特性为

$$A(\omega) = |H(j\omega)| = \frac{k}{\sqrt{(1-\omega^2/\omega_n^2)^2 + 4\xi^2(\omega/\omega_n)^2}} \qquad (1.15)$$

频率函数的相频特性为

$$\phi(\omega) = -\arctan\frac{2\xi\omega/\omega_n}{1-\omega^2/\omega_n^2} \qquad (1.16)$$

当 $k=1$ 时，对数幅频特性为

$$20\lg[|H(j\omega)|] = -20\lg\sqrt{(1-\omega^2/\omega_n^2)^2 + 4\xi^2(\omega/\omega_n)^2} \qquad (1.17)$$

二阶系统是一个振荡环节，当输入信号的频率 ω 等于测量系统的固有频率，即 $\omega = \omega_n$ 处是装置的共振点。此时 $A(\omega) = 1/(2\xi)$，所以阻尼比 ξ 很小时，将产生很高的共振峰。二阶系统是一个低通环节，其幅频响应曲线呈水平状态，随 ω 的增大，$A(\omega)$ 先进入共振区，后进入衰减区。为了获得尽可能宽的工作频率范围并兼顾具有良好的相频特性，在实际测量系统中，一般取阻尼比 $\xi = 0.65$ 左右，并称之为最佳阻尼比。

3. 动态性能指标

（1）时域动态性能指标

测量系统的时域动态性能指标一般用阶跃输入时测量设备的输出响应（过渡过程）曲线上的特征参数来表示。

图 1.5 所示为一阶测量系统的单位阶跃响应，可以看出一阶测量系统阶跃输入时的输出响应是非周期型的，动态性能指标包括

1）时间常数 τ，输出量上升到稳态值的 63.2% 所需要的时间，一阶测量系统单位阶跃输入时响应曲线的初始斜率为 $1/\tau$。

2）响应时间 t_s，输出量达到稳态值的某一允许误差范围内，并保持在此范围内所需的最小时间。由于允许误差范围不相同时，响应时间不同，所以下标 s 表示不同的允许误差范围。例如，允许误差为 5%，则表示为 $t_{0.05}$。一阶测量系统 t_s 与 τ 的关系为 $t_{0.135}=2\tau$，$t_{0.05}=3\tau$，$t_{0.018}=4\tau$。

3）上升时间 t_r，测量系统输出响应值从 5%（或 10%）到达稳态值的 95%（或 90%），或从 0 上升到稳态值所需的时间。

4）延迟时间 t_d，测量系统输出响应值从 0 上升到稳态值的 50% 所需的时间。

对于二阶系统，当传递函数中阻尼比 $\xi>1$ 时，在阶跃输入作用下，输出响应也是非周期型的，所以按上述一阶测量系统的性能讨论即可；当 $\xi<1$ 时阶跃输入的响应为衰减振荡曲线，如图 1.6 所示，图中 Δ 为指定误差限度，一般取 $\Delta=0.05$ 或 0.02。这时，除应讨论前述响应时间 t_s、上升时间 t_r、延迟时间 t_d 等指标外，还须讨论峰值时间 t_p 与超调量 M_p。

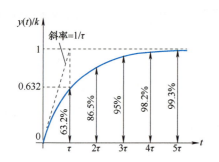

图 1.5　一阶测量系统阶跃输入时的输出响应
（非周期）

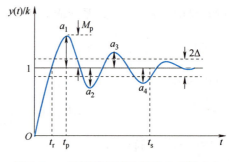

图 1.6　二阶测量系统阶跃输入时的响应
（衰减振荡型）

1）上升时间 t_r，输出第一次达到稳态值的时间，表示为

$$t_r=\frac{\pi-\beta}{\omega_d}=\frac{\pi-\beta}{\omega_n\sqrt{1-\xi^2}} \qquad (1.18)$$

式中，$\omega_d=\omega_n\sqrt{1-\xi^2}$ 为有阻尼固有频率；$\beta=\arctan\frac{\sqrt{1-\xi^2}}{\xi}$。

2）峰值时间 t_p，输出响应曲线达到第一个峰值所需的时间，表示为

$$t_p=\frac{\pi}{\omega_d}=\frac{\pi}{\omega_n\sqrt{1-\xi^2}} \qquad (1.19)$$

3）超调量 M_p，输出响应曲线的最大偏差与稳态值的百分比，表示为

$$M_p=e^{-\pi\xi/\sqrt{1-\xi^2}}\times100\% \qquad (1.20)$$

4）衰减比 δ，表示过渡过程曲线时间相差一个周期 T 的两个峰值之比，即 $\delta=a_n/a_{n+2}$。

（2）频域动态性能指标

频域动态性能指标常以输入量为正弦信号时幅频特性（或对数幅频特性）和相频特性

的参数来规定。常用的指标如下：

1) 频带宽 ω_b。它是对数幅频特性曲线上幅值增益不超过 $\pm n$dB（如± 3dB，$n=3$）所对应的频率范围。

2) 工作频带（$0\sim\omega_g$）。它是与给定的测量系统幅值误差范围（如$\pm 1\%$、$\pm 12\%$）相对应的频率范围，称 ω_g 为截止频率。

3) 跟随角 θ_b。当 $\omega=\omega_b$ 时，对应相频特性上的相角。

1.1.1.3 测量系统的噪声特性

1. 噪声来源

电气测量系统中的噪声主要包括生成噪声、传导噪声和辐射噪声。以测量系统中常用的放大器为例。

（1）生成噪声

假设输入信号完全无噪声，电源为放大器提供运行能量。无噪声的输入信号通过放大器后，其输出信号会包含一定的噪声信号。噪声可能源自放大器内部元件，如电阻、电容和晶体管等。因此，在这种情况下产生的噪声是由放大器内部生成的，故称之为"生成的噪声"。这种内部生成的噪声源于电阻、电容、晶体管等元器件。

电阻的导电部分构成于规律性排列的原子，这些原子在导体中维持一致的物理位置。它们提供了导电电子，使得电流得以形成。尽管这些原子保持其物理位置不变，但它们因温度和热效应而处于快速振动状态。此振动作用于导电电子，引发噪声电流的产生。这种噪声随着内部热量（I^2R 损耗）或环境温度升高而增加，被称作约翰逊噪声。

电阻器内部因热效应产生的振动涉及广泛频率范围，导致生成包含多种频率的噪声。这样的宽频带噪声通常被称作白噪声。

电阻器内部生成的噪声可以通过降低其内部温度来降低。为了尽量减少这种噪声，会使用特殊的薄膜和玻璃基板。

因为噪声在内部生成，因此外部的屏蔽对于减少这类噪声无济于事。此外，鉴于噪声覆盖了广泛的频率范围，采用选择性滤波来降低噪声强度同样效果不佳。

另外，半导体等有源器件内由于瞬时电气活动也会产生噪声。在半导体器件里，电荷跨越结构，从而在不同能级间移动。这一过程中电荷的加速会引发电磁干扰，从而导致噪声的产生。这种噪声因为能级转换和电荷加速时间短，其频谱呈宽带特性。

散粒噪声是半导体设备中由电荷随机运动产生的内部噪声。这种噪声源于电荷加速，对设备运行至关重要，难以降低。选择性滤波有可能在一定程度上帮助减少这种噪声。

电容器两板间的电场变化和电感器周围的磁场变化是内部噪声的其他来源。但在这些情况下，电磁场的变化是有序的，所以噪声信号频率固定，因此可通过使用对应频率的滤波器来降低其强度。

（2）传导噪声

放大器电源包含的尖峰、涟漪或随机偏差等可能通过电源线路传到放大器电路，这种类型的噪声被称为传导噪声。

传导噪声中最常见的来源之一是 50Hz 电源及其谐波。通过在导线上使用滤波器来滤除噪声，可以降低传导噪声。

（3）辐射噪声

放大器周围的环境中可能存在电场或磁场干扰，因此不需要的信号被辐射到放大器内部，这种噪声被称为辐射噪声。通过适当的屏蔽可以减少辐射噪声。

2. 约翰逊噪声

如前所述，约翰逊噪声是在电阻器中由热量产生的噪声。导体中产生的噪声功率 P 可表示为

$$P_n = kT\Delta f \tag{1.21}$$

式中，$k = 1.38 \times 10^{-23}$（J/K）为玻尔兹曼常数；T 为电阻器的绝对温度，单位为开尔文（K）；Δf 为噪声信号的带宽，单位为赫兹（Hz）。

噪声生成系统可以用一个能提供非理想电阻噪声的电压源串联一个理想的无噪声电阻来等效，如图 1.7 所示。

当噪声发生器与外部的负载电阻 R_L 相连时，噪声能量将转移至该负载。若达到最大功率传输的状态（即 R_L 等于 R_n），则噪声功率将有效地传递给负载，并表示为

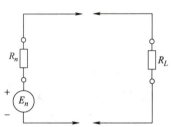

图 1.7 噪声信号的电路表示图

$$P_{nL} = \frac{E_n^2}{4R_n} \tag{1.22}$$

$$E_n^2 = 4R_n P_{nL} = 4kTR_n\Delta f \tag{1.23}$$

可得，噪声电压为

$$E_n = \sqrt{4R_n P_{nL}} = 2\sqrt{kTR_n\Delta f} \tag{1.24}$$

假设两个电阻 R_1 和 R_2 串联连接，总噪声是各个电阻的噪声之和，则

$$E_n^2 = E_{n1}^2 + E_{n2}^2 = 4kTR_1\Delta f + 4kTR_2\Delta f = 4kTR_s\Delta f \tag{1.25}$$

可得

$$E_n = 2\sqrt{kTR_s\Delta f} \tag{1.26}$$

式中，$R_s = R_1 + R_2$。

同样地，对于并联电阻，总噪声电压是

$$E_n = 2\sqrt{kTR_p\Delta f} \tag{1.27}$$

式中，R_p 为并联后的电阻。

设所在电路有效信号电压有效值为 V_s，则信噪比为

$$\frac{S}{N} = \frac{V_s^2/R}{V_n^2/R} = \frac{V_s^2}{V_n^2} \tag{1.28}$$

式中，V_s 和 V_n 分别表示信号源的电压有效值和噪声对应的电压有效值；R 为等效电阻。

3. 功率谱密度

功率谱密度 S_n 定义为单位频带宽度内的噪声功率

$$S_n = \frac{P_n}{\Delta f} = kT \tag{1.29}$$

功率谱密度表示在导体中的振动运动每周期所产生的噪声能量。

4. 噪声因子和噪声指数

噪声因子定义为

$$F = \frac{输入的\ S/N}{输出的\ S/N} \tag{1.30}$$

测量噪声因子非常关键，因为它用于评估测量系统中的设备对信号所增加的噪声程度。当噪声因子用分贝为单位表示时，它被称作噪声指数

$$NF = 10\log(F) \tag{1.31}$$

对于放大器、晶体管而言，噪声指数是一个评估内部产生噪声水平的重要指标。进行噪声指数的测量时，必须依赖于一个已知的噪声源。噪声指数可以表示为

$$NF = 10\log\left(\frac{V_n}{V_0}\right) \tag{1.32}$$

式中，V_n 为将噪声源注入输入端时的输出噪声电压；V_0 为输入端无噪声时的输出噪声电压。这两个电压之间的偏差表示被测试设备所增加的噪声。

例 1.1 一个带宽为 100kHz 的放大器，其输入的噪声功率谱密度为 7×10^{-21} W/Hz。若输入电阻为 50kΩ，放大器的增益为 100 倍，求其噪声输出电压值。

解：根据式（1.29），可得功率谱密度为

$$S_n = kT = 7\times10^{-21}\,\text{W/Hz} \tag{1.33}$$

输入电阻为

$$R = 50\times10^3\,\Omega \tag{1.34}$$

带宽为

$$BW = 100\times10^3\,\text{Hz} \tag{1.35}$$

根据式（1.24），输入端的噪声电压为

$$E_n = 2\sqrt{kTR\Delta f} = 2\times\sqrt{7\times10^{-21}\times50\times10^3\times100\times10^3}\,\text{V} = 11.83\mu\text{V} \tag{1.36}$$

因此，输出端的噪声电压为 $11.83\mu\text{V}\times100 = 1.183\text{mV}$。

例 1.2 低通滤波器的输入信号与噪声比为 20。当输入电压是 3mV 时，求出其噪声电压的数值。

解：根据式（1.28），可得信噪声比为

$$\frac{S}{N} = \frac{V_s^2}{V_n^2} \tag{1.37}$$

所以噪声电压为

$$V_n = \frac{V_s}{\sqrt{S/N}} = \frac{3}{\sqrt{20}}\text{mV} = 0.67\text{mV} \tag{1.38}$$

例 1.3 （1）在输入端，放大器有一个 $3\mu\text{V}$ 的信号电压和 $1\mu\text{V}$ 的噪声电压。输入端的信噪比是多少？

（2）如果放大器的电压增益是 20，输出端的信噪比（S/N）是多少？

（3）如果放大器增加了 $5\mu\text{V}$ 的噪声，输出端的信噪比（S/N）是多少？同时计算噪声因子和噪声指数。

解：（1）输入端的信噪比为

$$\left.\frac{S}{N}\right|_{输入} = \left(\frac{3\times 10^{-6}}{1\times 10^{-6}}\right)^2 = 9 \tag{1.39}$$

(2) 信号在输出端的电压水平为

$$V_s = 20\times 3\mu V = 60\mu V \tag{1.40}$$

噪声在输出端的电压水平为

$$V_n = 20\times 1\mu V = 20\mu V \tag{1.41}$$

输出端的信噪比为

$$\left.\frac{S}{N}\right|_{输出} = \left(\frac{60\times 10^{-6}}{20\times 10^{-6}}\right)^2 = 9 \tag{1.42}$$

(3) 如果放大器将噪声增加了 $5\mu V$,那么噪声在输出端的电压水平是

$$20\mu V + 5\mu V = 25\mu V \tag{1.43}$$

因此,输出信噪比为

$$\left.\frac{S}{N}\right|_{输出} = \left(\frac{60\times 10^{-6}}{25\times 10^{-6}}\right)^2 = 5.76 \tag{1.44}$$

根据式(1.30)可得噪声因子为

$$F = \frac{输入的 S/N}{输出的 S/N} = \frac{9}{5.76} = 1.56 \tag{1.45}$$

根据式(1.31)可得噪声指数为

$$NF = 10\log(F) = 10\log(1.56) = 1.93dB \tag{1.46}$$

例 1.4 某测量系统利用电阻应变计进行压力测量。应变计未受压时的电阻值为 200Ω,并接入惠斯通桥的一个支路中,桥的其他三个支路也各有一个 200Ω 的电阻。在 300K 温度和 100kHz 带宽下,桥的输出为电压信号。

(1) 当施加 $7000kN/m^2$ 的压力时,测得的输出电压为 0.14mV。求输出(信号)电压与电阻产生的噪声电压之间的比值。

(2) 在施加 $7kN/m^2$ 的压力下,计算输出(信号)电压与噪声电压的比值。

玻尔兹曼常数为 $1.38\times 10^{-23} J/K$。请对这些结果进行分析评价,仅考虑应变计产生的噪声。

解: (1) 根据式(1.24),可得噪声电压为

$$E_n = 2\sqrt{kTR\Delta f} = 2\times\sqrt{1.38\times 10^{-23}\times 300\times 200\times 100\times 10^3}V = 0.575\mu V \tag{1.47}$$

信号电压与噪声电压的比值为

$$\frac{V_s}{V_n} = \frac{0.14\times 10^{-3}V}{0.575\times 10^{-6}V} = 243 \tag{1.48}$$

在这种情况下,噪声电压相对于信号电压来说非常小,因此噪声引起的干扰微不足道,不会扭曲信号。

(2) 假设桥的输出电压与施加的压力之间存在线性关系。所以,当施加的压力为 $7kN/m^2$ 时,输出(信号)电压为

$$V_s = \frac{7\times 10^3}{7000\times 10^3}\times 0.14\times 10^{-3}V = 0.14\times 10^{-6}V = 0.14\mu V \tag{1.49}$$

可得,信号电压与噪声电压的比值是

$$\frac{V_s}{V_n} = \frac{0.14 \times 10^{-6} \text{V}}{0.575 \times 10^{-6} \text{V}} = 0.243 \qquad (1.50)$$

这表明噪声的幅度约为信号的 4.11 倍，因此信号将完全淹没在噪声中。对信号进行放大并不能解决问题，因为信号和噪声电压将被等量放大，即信号电压与噪声电压的比值在输出端将保持不变。

1.1.2 电气测量的分类

1.1.2.1 标准单位制与标准器具

目前国际通用的标准单位制是国际单位制。1954 年第 10 届国际计量大会决议，决定采用长度、质量、时间、电流、热力学温度和发光强度 6 个量作为实用计量单位制的基本量。1960 年第 11 届国际计量大会将这种实用计量单位制定名为国际单位制，(Système International d'Unités（法语），SI)，并制定用于构成倍数和分数单位的词头（称为 SI 词头）、SI 导出单位和 SI 辅助单位的规则以及其他规定，形成一整套计量单位规则。1971 年第 14 届国际计量大会决议，决定增加"物质的量"作为国际单位制的第 7 个基本量，并通过了以它们的相应单位作为国际单位制的基本单位。国际单位制的 7 个严格定义的基本单位是：长度（米）、质量（千克）、时间（秒）、电流（安培）、热力学温度（开尔文）、物质的量（摩尔）和发光强度（坎德拉）。基本单位在量纲上彼此独立，导出单位很多，都是由基本单位组合起来而构成的。例如，电阻单位欧姆（Ω），用国际单位制表示为 $m^2 \cdot kg \cdot (s^{-3} \cdot A^{-2})$。

电气测量过程是按照一定的实验方法，将被测量（未知）与同类标准单位量（已知）进行比较，以确定被测量的大小。标准单位量的实体称为度量器，又称为标准元件，是具有标称值和测量不确定度的一个给定量的实现，在实际测量中当作参考量使用。根据准确度的高低，度量器可分为：

1) 基准（器），又称为"原级标准"，指定或被广泛承认的具有最高计量学特性的标准器，其值无需参考同类量的其他标准器即可采用。例如在测量质量时，计量基准是一块保存在巴黎的铂铱合金，即国际千克原器。在其他方面，一些计量基准是基于自然不变的规律之上的，例如光速度等。

2) 次级标准（器），又称"副标准"，通过与基准器直接或间接比较确定其值和不确定度的标准器。

3) 参考标准（器），在指定区域或机构里具有最高计量学特性的标准器，该地区或机构的测量源于该标准。

4) 工作标准（器），经参考标准器校准的标准器，用于日常校准或检验实物量具、测量仪器仪表和参考物质。

5) 国际标准（器），经国际协定承认的标准器，作为国际上确定给定量的所有其他标准器的值和不确定度的基础。

6) 国家标准（器），经国家官方决定承认的，在一个国家内作为对有关其他计量标准定值的依据。

度量器一般是测量单位或测量单位的分数倍或整数倍的复制体，主要指标是溯源性，即可以通过连续的比较链把它与国际标准器或国家标准器联系起来的性能。使用度量器，我们能对电气测量仪器或系统进行校准。校准是在规定条件下，为确定计量仪器或测量系统的示值，或实物量具或标准物质所代表的值，与相对应的被测量的已知值之间关系的一组操作。校准结果可用以评定计量仪器、测量系统或实物量具的示值误差，或给任何标尺上的标记赋值。在实验室和工业的条件下标准被称为校准器具的仪器所代替。例如，8.5 位参考万用表 Fluke 8508A 的性能规格表现在其精确的不确定度测量中。在测量直流电压时，其不确定度为 ± 3ppm（即 $\pm 3 \times 10^{-6}$）的读数。对于交流电压的测量，不确定度为 ± 65ppm（即 $\pm 65 \times 10^{-6}$）的读数。在直流电流的测量方面，不确定度为 ± 12ppm（即 $\pm 12 \times 10^{-6}$）的读数，而在交流电流测量中，这个数字为 ± 250ppm（即 $\pm 250 \times 10^{-6}$）的读数。

1.1.2.2 直接、间接和组合测量

测量方式可以按照被测量数值是直接还是间接取得分类如下：

（1）直接测量

直接测量是指被测量与度量器直接在比较仪器中进行比较，或者使用事先已刻有被测量单位的指示仪表进行测量，从而直接获得被测量的数值。例如，用电压表测量电压，用电流表测量电流等，都可以直接读出被测电压或电流值。

（2）间接测量

间接测量是指利用被测量与某种中间量之间的函数关系，先测出中间量，然后通过计算公式，算出被测量的数值。例如，用伏安法测电阻，就是先测出被测电阻两端的电压和通过该电阻的电流，然后再利用欧姆定律，间接计算出电阻数值。

（3）组合测量

组合测量是指通过改变测量条件，测出不同条件下的中间量数值，写出方程组，然后通过解联立方程组求出被测量的数值。组合测量适合于被测量与某个中间量的函数关系式中还存在其他未知数的情形，此时对中间量的一次测量还无法求得被测量的值，也适用于同时测量一个函数式中的多个被测量。

例如，要测量电阻温度系数 α 和 β，必须在不同温度条件下，分别测出 20℃、t_1、t_2 三种不同温度时的电阻值 R_{20}、R_{t1}、R_{t2}，然后通过解联立方程，求得 α 和 β 的值。

$$R_{t1} = R_{20}[1 + \alpha(t_1 - 20) + \beta(t_1 - 20)^2] \qquad (1.51)$$

$$R_{t2} = R_{20}[1 + \alpha(t_2 - 20) + \beta(t_2 - 20)^2] \qquad (1.52)$$

式中，t_1、t_2、R_{20}、R_{t1}、R_{t2} 可以通过温度计和电阻表或电桥测出，将这些值代入上式，即可求出 α 和 β。

1.1.2.3 直读法与比较法测量

测量方式也可以根据测量数据如何读取，以及度量器是否直接参与等进行分类。无论是直接测出被测量还是间接测定中间量，都要通过仪表读出被测量或中间量的数值。测量过程中读取数据的方法可分为直读法和比较法两种。

1. 直读法

直读法是指用指示仪表直接读取测量数值的方法。直读法与直接测量不完全相同，因为直读法获得的数值可能仍然是中间量。直读法的特点是没有度量器参与。实际上，指示仪表确定刻度时仍需要度量器，也可能指示仪表刻度时并不借助度量器，而是利用标准的指示仪表进行校准，但标准仪表本身还是需要通过度量器刻度。所以直读法实际上是一种与度量器进行间接比较的方法，其准确度受仪表误差的影响。

2. 比较法

比较法是将被测量与度量器置于比较仪器上进行比较，从而求得被测量数值的一种方法。为了保证比较结果的准确度，一般采用较准确的度量器，且测量时保持较严格的实验条件，如温度、湿度、振动、外界电磁干扰等都不能超过规定值。比较法可分为三类。

（1）零值法

指被测量与已知量进行比较时，两种量对仪器的作用相消为零的方法。例如用电桥测电阻，具体电路如图 1.8 所示，当调节电阻 R_0，使电桥公式 $R_x = (R_1/R_2)R_0$ 保持恒等时，指零仪表 P 的读数为零。被测电阻 R_x，可由 R_0、R_1、R_2 值求得。由于比较中指示仪表只用于指零，所以仪表误差并不影响测量结果的准确度，测量准确度只与度量器及指示仪表灵敏度有关。

（2）较差法

通过测量已知量与被测量的差值，求得被测量数值的方法。较差法本质上是一种不彻底的零值法。例如，用电位差计测量电池的电动势值 E_x，如图 1.9 所示。图中 E_0 为已知量，是标准电池的电动势（作为度量器）。电位差计可以测出被测量 E_x 与已知量 E_0 的差值 δ，然后根据 E_0 和差值 δ 求得被测量 E_x。

$$E_x = E_0 + \delta \tag{1.53}$$

通常差值 δ 仅仅是被测量的很小一部分，例如 δ 为 E_x 的 1/100，如果差值 δ 在测量中产生 1/1000 的误差，那么反映到被测量 E_x 中，产生的误差仅为 $1/10^5$。

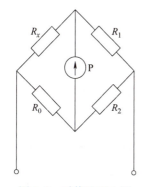

图 1.8　零值法测电阻

图 1.9　较差法测电动势

（3）替代法

将被测量与标准量（已知量）先后两次接入同一测量系统，如果两次测量中测量装置的工作状态能保持相同，则认为替代前接在装置上的待测量，与替代后的已知标准量其数值完全相等。当然要做到完全替代，已知标准量最好是连续可调的，这样才能在替代时通过调节取得最适当数值以便比较。采用替代法时，如果前后两次测量相隔的时间很短，而且又是在同一地点进行，那么装置的内部特性和各种外界因素对测量所产生的影响可以认为完全相同或绝大部分相同，所以测量误差极小，准确度几乎完全取决于标准量本身的误差。

此外，按照测量数据表达域的不同，还可以分为时域测量、频域测量和逻辑域测量等。电压或电流信号的上升沿、下降沿、周期等属于典型的时域测量，电路单元的幅频特性、相频特性是典型的频域测量，数字电路的逻辑状态、时序属于常见的逻辑域测量。

1.2 电气测量仪器

电气测量仪器一般是指基于电磁原理的各种电磁量测量仪器或系统,也称为电工仪表。电气测量仪器不仅可以测量电磁量,还可以通过各种变换器来测量非电磁量,例如温度、压力、速度等,品种规格多。归纳起来,电气测量仪器经历了模拟电气测量仪器、数字电气测量仪器和网络化智能仪器等发展阶段。

1.2.1 模拟电气测量仪器

模拟电气测量仪器又称为模拟指示电工仪表,其特点是把被测电磁量转换为可动部分的角位移,然后根据可动部分的指针在标尺上的位置直接读出被测量的数值。因此,模拟电气测量仪器的技术核心包括两部分:对被测对象的直接测量和对采用指针指示的测量数据的直接读取。图 1.10 给出了各种外形的模拟指示仪器。

a) 安装式

b) 广角式

c) 可携式

d) 字轮式

图 1.10 各种外形的模拟指示仪器

模拟电气测量仪器根据被测对象、工作原理、使用方式等不同,可以分为不同类型。

1)按被测对象分类,可分为交直流电压表、电流表、功率表、电能表、频率表、相位表,以及各种电磁参数测量仪。

2)按工作原理分类,可分为磁电系、电磁系、电动系、感应系、电子系、静电系、振簧系等。

3)按外壳防护性能分类,可分为普通、防尘、防溅、防水、水密、气密、隔爆以及是否具备防御外界磁场或电场影响的性能等类型。

4)按读数装置的结构方式分类,可分为指针式、光指示式、振簧式、数字转盘式(如电能表)等。

5)按使用方式分类,可分为固定安装式、便携式等。

典型模拟电气测量仪器的结构原理框图如图 1.11 所示。模拟电气测量仪器由测量线路和测量机构两部分组成。被测量 x(如电流、电压、电功率等)通过测量线路转换

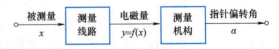

图 1.11 典型模拟电气测量仪器结构原理框图

为测量机构可接受的过渡量 y(如转换为电场或磁场),再通过测量机构转换为指针的角位移 α。由于测量线路中的 x 和 y、测量机构中的 y 和 α,保持明确的函数关系,因此可根据角位移 α 的值,直接读出被测量 x 的值。测量机构是指针式仪表的核心,也是区分磁电系、电磁系和电动系仪表的关键。

测量机构由固定部分和可动部分组成,固定部分包括磁路系统、固定线圈等,可动部分

包括可动线圈、可动铁心、游丝、指针等。按测量机构各元件的功能,主要有:

1) 产生转动力矩 M 的部件。要使指针偏转,测量机构必须产生一个转动力矩,转动力矩 M 与被测量 x(或过渡量 y)、偏转角 α 之间呈函数关系。磁电系、电磁系和电动系仪表产生转动力矩的原理各不相同。

2) 产生反作用力矩 M_a 的部件。没有反作用力矩,仪表的可动部分会在转动力矩的作用下偏转到尽头。反作用力矩一般是由游丝产生的。当可动部分偏转时,由于游丝被扭紧,因此游丝的反作用力矩相应增大。设 D 为反作用力矩系数,其值由游丝的弹性、几何形状和尺寸所决定。则在游丝的弹性范围内,反作用力矩与偏转角 α 呈线性关系,即

$$M_a = D\alpha \tag{1.54}$$

在指针式仪表中,产生反作用力矩除用游丝外,也可用张丝、吊丝等。

3) 产生阻尼力矩 M_p 的部件。由于可动部分具有一定的转动惯量,因此,当 $M=M_a$ 时,可动部分不可能立即停止而是在平衡位置的左右来回摆动。阻尼装置是用来吸收这种振荡能量的装置,使可动部分尽快地静止,达到尽快读数的目的。这样总转动力矩 M 应该与游丝反作用力矩 M_a 加上阻尼力矩 M_p 的和相等,即

$$M = M_a + M_p \tag{1.55}$$

阻尼力矩装置有两种:空气阻尼器和磁感应阻尼器。空气阻尼器的可动部分转动时带动翼片,使其在阻尼箱中的运动受空气的阻力,产生阻尼力矩。磁感应阻尼器的可动部分转动时带动阻尼金属片,由于切割磁力线感生涡流,与永久磁铁的磁场间产生制动力,制动力始终与运动方向相反,产生阻尼力矩。

4) 读数部件。通常由指针、刻度尺组成。

1.2.2 数字电气测量仪器

数字电气测量仪器一般是采用数字电路或微处理器,将被测电磁模拟量转换为离散量,以数字方式直接显示出被测量的数值。数字电气测量仪器在测量中可实现自动选择量程、自动存储测量结果、自动进行数据处理及自动补偿等多种功能。

以嵌入式微处理器为核心的数字电气测量仪器具有微型化和低功耗的特点,其典型结构框图如图 1.12 所示。

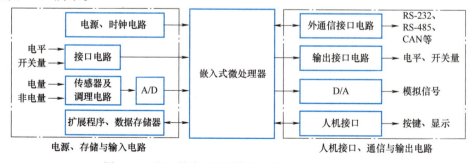

图 1.12 基于微处理器的数字电气测量系统单机结构

图 1.12 中输入通道中待测量信号经过传感器及调理电路,输入 A/D 转换器。由 A/D 转换器将模拟量转换为数字信号,再送入嵌入式微处理器进行分析处理。此外输入通道通常还会包含电平信号和开关量,它们经相应的接口电路(通常为电平转换、隔离等功能单元)

送入嵌入式微处理器。

输出通道包括 RS-232、RS-485、CAN 现场总线等通信接口，以及 D/A 转换器等。

嵌入式微处理器包括输入键盘（触摸）和输出显示、打印机接口等，数据存储量大的较复杂仪器还需要扩展程序存储器和数据存储器。

常用的数字电气测量仪器包括数字频率表、数字电压表、数字欧姆表、数字功率表等。外型可做成台式、配电盘嵌入安装式、钳式和便携式等，如图 1.13 所示。

a) 台式　　　　　b) 安装式　　　c) 钳式　　　d) 便携式

图 1.13　各种外形的数字电气测量仪器

某些测量任务可能需要由分布于不同地理位置的多台电气测量仪器协同工作才能完成，这种现实需求为网络技术进入测量领域提供了机遇和发展空间，在此形势下，网络化仪器和测量技术应运而生。此外，通过实时的仪器测控和数据传输，现代电气测量系统能实现远程状态监测和故障诊断等智能化功能。

1.3　测量误差与测量不确定度

1.3.1　误差的表示

用电气测量仪器进行测量时，读出的数值和被测量（约定）真值之间总有一些差别，这个差别称为测量误差。在实际操作中，被测量真值难以获取，一般由准确度等级更高的标准仪器提供。测量误差可用绝对误差、相对误差和引用误差来表示。

1. 绝对误差

绝对误差是指测量仪表指示的数值 A 和被测量（约定）真值 A_0 之间的差值，可用 Δ 表示为

$$\Delta = A - A_0 \tag{1.56}$$

绝对误差是有大小、有正负，且有单位的量。Δ 为正时，测量读数偏大；Δ 为负时，测量读数偏小。测量同一个量时，Δ 的绝对值越小，测量的结果越准确。

但是，测量大小不同的被测量时，用绝对误差不便比较测量结果的准确度程度。例如，用同一只电压表测真值为 100V 电压时指示 99V，测 20V 电压时指示 20.8V。测 20V 电压时虽然绝对误差小，但对测量结果的影响却更大。

2. 相对误差

相对误差是指测量所造成的绝对误差与被测量（约定）真值之比乘以 100% 所得的数值，以百分数表示。与绝对误差相比，相对误差更能反映测量的可信程度。相对误差可用 γ 表示

$$\gamma = \frac{\Delta}{A_0} \times 100\% \tag{1.57}$$

相对误差是有大小、有正负，但无单位的量。用同一只电压表测真值为 100V 电压时指示 99V，测真值为 20V 电压时指示 20.8V，则相对误差分别为

$$\begin{cases} \gamma_1 = \dfrac{99-100}{100} \times 100\% = -1\% \\ \gamma_2 = \dfrac{20.8-20}{20} \times 100\% = +4\% \end{cases} \quad (1.58)$$

显然，采用相对误差更便于区分测量大小不同的被测量时，所得测量结果的优劣。通常测量结果 A_x 与被测量（约定）真值 A_0 很接近，所以相对误差也可表示为

$$\gamma \approx \dfrac{\Delta}{A_x} \times 100\% \quad (1.59)$$

3. 最大引用误差

同一台电气测量仪器的绝对误差，在其量程或刻度范围内往往变化不大。但是，当被测量自身大小变化很大时，相同的绝对误差也会导致相对误差发生较大变化，因此用相对误差不便评定电气测量仪器的准确度等级。例如，上个例子中，电压表测真值为 100V 电压时相对误差为-1%，测真值为 20V 电压时相对误差为+4%，如果用 4%评价该电压表的准确度等级，则明显有失公允。

考虑到仪器的测量上限是常数，因此一般用引用误差反映电气测量仪器的基本误差。引用误差的定义是绝对误差与测量上限的百分比。最大引用误差 γ_m 是整个测量范围内的最大绝对误差 Δ_m 与测量上限 A_m 比值的百分数，即

$$\gamma_m = \dfrac{\Delta_m}{A_m} \times 100\% \quad (1.60)$$

电气测量仪器的准确度等级是区分仪器的基本误差的指标。所以判断电气测量仪器的准确度等级 z 时，一般采用最大引用误差，即

$$\begin{cases} z(\%) \geqslant |\gamma_m| \\ \gamma_m = \dfrac{\Delta_m}{A_m} \times 100\% \end{cases} \quad (1.61)$$

电气测量仪器的准确度等级 z 的数值越小，表明该仪表的准确度等级越高，其最大引用误差的绝对值越小。我国电气测量仪器的准确度等级一般分为 7 级：0.1 级、0.2 级、0.5 级、1.0 级、1.5 级、2.5 级和 5.0 级，其允许的最大引用误差如表 1.1 所示。

表 1.1 各准确度等级仪表允许的最大引用误差

准确度等级 z	0.1	0.2	0.5	1.0	1.5	2.5	5.0
允许的最大引用误差（%）	±0.1	±0.2	±0.5	±1.0	±1.5	±2.5	±5.0

例如，一台标称测量范围为 0~150V 的电压表，当在示值为 100.0V 处，用标准电压表检定所得到的实际值为 99.7V，则该处的引用误差为

$$\dfrac{100.0-99.7}{150} \times 100\% = 0.2\% \quad (1.62)$$

式中，100.0V-99.7V=0.3V 为 100.0V 刻度处的绝对误差，而 150V 为该电压表的测量上限，因此判定该电压表的准确度等级不会超过 0.2 级。

1.3.2 误差的性质和分类

测量误差按产生的原因和性质一般可分为系统误差、随机误差和粗大误差。

1.3.2.1 系统误差

系统误差是指在相同条件下,多次测量同一量时,误差的大小及符号均保持不变或按一定规律变化的误差。系统误差产生原因主要包括:测量仪器仪表不准确或有缺陷;仪器使用不当;测量方法不完善;周围环境有偏差等。

系统误差具有确定的变化规律,不论其变化规律如何,根据对系统误差的掌握程度,可分为已定系统误差和未定系统误差。已定系统误差是指误差大小和方向均已确切掌握了的系统误差;未定系统误差是指误差大小和方向未能确切掌握,或不必花费过多精力去掌握,而只需估计出其不致超过某一极限范围的系统误差。未定系统误差是在一定条件下客观存在的某一系统误差,一定是落在所估计的误差区间$(-e_i, e_i)$内的一个取值,当测量条件改变时,该系统误差又是误差区间$(-e_i, e_i)$内的另一个取值,而当测量条件在某一范围内多次改变时,未定系统误差也随之改变,其相应的取值在误差区间$(-e_i, e_i)$内服从某一概率分布。未定系统误差在测量条件不变时有一恒定值,多次重复测量时其值固定不变,因而不具有抵偿性,利用多次重复测量取算术平均值的办法不能减小它对测量结果的影响,这是它与随机误差的重要差别。测量条件改变时,未定系统误差的取值在某一极限范围内具有随机性,并且服从一定的概率分布,这些特征均与随机误差相同,因而它对测量结果的影响也应与随机误差相同,即采用标准差或极限误差来表征未定系统误差取值的分散程度。

虽然在测量中不可能完全消除系统误差,但可采取一些方法或技术措施减小系统误差:

1) 检查测量设备,完善实验条件,尽量消除误差根源。

2) 利用仪器的修正值 C 来消除系统误差。校准后的仪器检定证书上列有修正值表,修正后被测量的真值 A_0 为测量读数 A 与修正值 C 之和

$$A_0 = A + (-\Delta) = A + C \tag{1.63}$$

例如,某电压表 50V 刻度的修正值是 $-0.3V$,使用该电压表时读数恰为 50V,若对仪表的误差不作修正,则仪表读数的相对误差为 0.6%;而修正后的读数是 49.7V,才更准确。

3) 采用特殊的正反向测量方法消除系统误差,可使正、负误差在两次测量的平均值中互相抵消。

1.3.2.2 随机误差

随机误差是指单次测量时误差的大小和符号都不固定的误差,又称偶然误差。随机误差产生的原因主要包括:组成测量设备的元器件的噪声;测量设备内部、外部存在的各种干扰;温度、磁场、电源频率的骤变;气流变动,大地的轻微振动;以及测量人员的感觉器官偶然变化等。

由于导致随机误差的因素往往微小且互不相关,随机误差值的大小和正负随机出现,没有规律可循,很难消除。测量值的随机误差分布规律有正态分布、t 分布、三角分布和均匀分布等,但测量值大多数都服从正态分布,其概率密度函数为

$$f(x) = \frac{1}{\sqrt{2\pi}\sigma} \exp\left[-\frac{(x-\mu)^2}{2\sigma^2}\right] \tag{1.64}$$

式中,x 为测量值;μ 为测量结果总体的数学期望,如不考虑系统误差,则 $\delta = x - \mu$ 即为随机误差;σ 为测量值的标准差,也是随机误差 $\delta = x - \mu$ 的标准差。

如图 1.14 所示,服从正态分布的随机误差具有:

1) 对称性,正误差出现的概率与负误差出现的概率相等。

2）单峰性，小误差出现的概率比大误差出现的概率大。

3）抵偿性，随测量次数的增加，算术平均值趋于零。

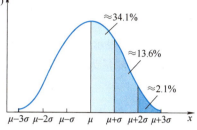

图 1.14　正态分布概率密度函数曲线

此外，理论上的正态分布是无界的，但实际测量中一般认为测量结果中的随机误差存在边界。

根据正态分布概率，相同条件下进行 100 次测量，随机误差落在 $[-3\sigma, 3\sigma]$ 区间的可能性约为 99.74%。

假设不考虑系统误差，对某被测量进行 n 次重复测量，得到测量值序列 $x_1, x_2, \cdots, x_n$，单次测量的随机误差 δ_i 累加，可记为

$$\sum_{i=1}^{n} \delta_i = \sum_{i=1}^{n} x_i - nx_0 \tag{1.65}$$

式中，x_0 为被测量真值。

根据随机误差的抵偿性，当 n 充分大时，有

$$\frac{1}{n}\sum_{i=1}^{n} \delta_i \rightarrow 0 \tag{1.66}$$

因此可得

$$\bar{x} = \frac{1}{n}\sum_{i=1}^{n} x_i \rightarrow x_0 \tag{1.67}$$

也就是说，算术平均值以概率为 1 趋近于真值，因此算术平均值是真值的最佳估计值。

随机误差一般用测量的标准差 σ 或极限误差（标准差 σ 的若干倍）来表征。在等精度测量中，单次测量的标准差为

$$\sigma = \sqrt{\frac{\sum_{i=1}^{n} \delta_i^2}{n}} = \sqrt{\frac{\sum_{i=1}^{n}(x_i-x_0)^2}{n}} \tag{1.68}$$

标准差 σ 不是测量列中任何一个具体测得值的随机误差，σ 的大小仅说明，在一定条件下测量列随机误差的概率分布情况。在该条件下，任一单次测得值的随机误差 δ 一般都不等于 σ，但却认为这一系列测量中所有测得值都属于同样一个标准差 σ 的概率分布。

在实际测量中，采用算术平均值代替真值计算得到的误差称为残余误差，即

$$v_i = x_i - \bar{x} \tag{1.69}$$

因残余误差可直接计算得到，又称实用误差公式。

根据贝塞尔公式，可得单次测量的标准差的估计值为

$$\hat{\sigma} = \sqrt{\frac{\sum_{i=1}^{n} v_i^2}{n-1}} = \sqrt{\frac{\sum_{i=1}^{n}(x_i-\bar{x})^2}{n-1}} \tag{1.70}$$

在相同条件下对同一量值做多组重复的系列测量，每一系列测量都得到一个算术平均值。各个测量列的算数平均值各不相同，它们围绕着被测量的真值呈现分散性，这也正好反映了算术平均值作为测量结果的不可靠性。

算术平均值的标准差是表征同一被测量的各个独立测量列算术平均值分散性的参数，可

作为算术平均值不可靠性的评定依据。算术平均值的方差为

$$\sigma_{\bar{x}}^2 = \mathrm{var}(\bar{x}) = \frac{1}{n^2}[\mathrm{var}(x_1) + \mathrm{var}(x_2) + \cdots + \mathrm{var}(x_n)] \tag{1.71}$$

式中，$\mathrm{var}(x_i)$ 表示 x_i 的方差，$i=1,2,3,\cdots,n$。

一般假设测量为等精度独立测量，即每个单次测量的方差 $\mathrm{var}(x_i)$ 均相等

$$\mathrm{var}(x_1) = \mathrm{var}(x_2) = \cdots = \mathrm{var}(x_i) = \cdots = \mathrm{var}(x_n) \tag{1.72}$$

可得

$$\frac{1}{n^2}[\mathrm{var}(x_1) + \mathrm{var}(x_2) + \cdots + \mathrm{var}(x_n)] = \frac{1}{n}\mathrm{var}(x_i) = \frac{1}{n}\hat{\sigma}^2 \tag{1.73}$$

因此，算术平均值的标准差为

$$\sigma_{\bar{x}} = \frac{\hat{\sigma}}{\sqrt{n}} = \sqrt{\frac{\sum_{i=1}^{n} v_i^2}{n(n-1)}} \tag{1.74}$$

随机误差虽然不可确知，但可以通过分析误差的主要来源，尽可能消除或减小某些误差分量对测量的影响，将其控制在允许范围之内。对于最终不能消除的误差分量，我们还可以估计出它的限值或分布范围，对测量结果的精确程度做出合理的评价。

1.3.2.3 粗大误差

粗大误差指明显超出统计规律预期值的误差，又称疏忽误差、过失误差，简称粗差。粗大误差一般是因某些偶尔突发性的异常因素或疏忽所致。

1）测量方法不当或错误，测量操作疏忽和失误（如未按规程操作、读错读数或单位、记录或计算错误等）。

2）测量条件的突然变化（如电源电压突然增高或降低、雷电干扰、机械冲击和振动等）。

对粗大误差，除了设法从测量数据中发现和鉴别而加以剔除外，还需要加强测量者的工作责任心和以严格的科学态度对待测量工作；此外，还要保证测量条件的稳定，或者应避免在外界条件激烈变化时进行测量；其次，可以在等准确度条件下增加测量次数，或采用不等准确度测量和互相之间进行校核的方法；例如对某一被测量，可由两位测量人员进行测量、读数和记录，或者用两种不同仪器，或用两种不同方法进行测量。

对测量过程和可疑数据进行分析，在不能确定产生原因的情况下，应该根据统计学的方法来判别可疑数据是否是粗大误差。这种方法的基本思想是：给定置信概率，确定相应的置信区间，凡超过置信区间的误差就认为是粗大误差，并予以剔除。常用的方法为莱特检测法和格拉布斯检测法。

（1）莱特检测法

假设在一列等准确度测量结果 x_i 中，v_i 为各测量值对应残差，$\hat{\sigma}$ 为标准偏差的估计值，若 $|v_i| > 3\hat{\sigma}$，则该误差为粗大误差，所对应的测量值 x_i 为异常数据，应剔除不用。

莱特检测法简单，使用方便。它是以随机误差符合正态分布和测量次数充分大为前提，当测量次数小于 10 时，容易产生误判，原则上不能用。

（2）格拉布斯检测法

假设在一列等准确度测量结果 $x_i(i=1,2,\cdots,n)$ 中，$x_{\min}$、$x_{\max}$ 分别为最小测量值和最大

测量值，最大残差 $|v_{max}|=\max(\bar{x}-x_{min}, x_{max}-\bar{x})$，若 $|v_{max}|>G\hat{\sigma}$，则判断对应测量值为粗大误差，应予剔除。其中，系数 G 值按重复测量次数 N 及置信概率 P 确定（一般 $P=95\%$ 和 $P=99\%$）。格拉布斯准则中 G 的数值见表1.2。

表1.2 格拉布斯准则中 G 的数值

P	N								
	3	4	5	6	7	8	9	10	11
95%	1.15	1.46	1.67	1.82	1.94	2.03	2.11	2.18	2.23
99%	1.16	1.49	1.75	1.94	2.10	2.22	2.32	2.41	2.48
P	N								
	12	13	14	15	16	17	18	19	20
95%	2.29	2.33	2.37	2.41	2.44	2.47	2.50	2.53	2.56
99%	2.55	2.61	2.66	2.70	2.74	2.78	2.82	2.85	2.88

除上述两种检测法外，还有肖维勒准则、狄克逊准则、罗曼诺夫斯基准则等，读者可参阅有关资料。以上介绍的检测法都是人为主观拟定的，至今尚未有统一的规定。这些检测法又都是以正态分布为前提的，当偏离正态分布时，检测可靠性将受影响，特别是测量次数少时更不可靠。

需要说明的是，若有多个可疑数据同时超过检测所定置信区间，应逐个剔除，重新计算 $\bar{x}$ 和 $\hat{\sigma}$，再行判别。若有两个相同数据超出范围时，也应逐个剔除。

1.3.3 测量不确定度

1.3.3.1 测量不确定度基本概念

测量误差可以衡量测量结果与真值的接近程度（或通常所说的测量结果的好坏程度），但测量误差只能表现测量的短期质量。测量过程是否持续受控，测量结果是否能保持稳定一致，测量能力是否符合生产盈利的要求，就无法简单地用测量误差进行衡量。由于测量不完善和人们的认识不足，所得的被测量值具有分散性，即每次测得的结果不是同一值，而是以一定的概率分散在某个区域内的许多个值。虽然客观存在的系统误差是一个不变值，但由于我们不能完全认知或掌握，只能认为它是以某种概率分布存在于某个区域内，而这种概率分布本身也具有分散性。

在20世纪70年代初，国际上越来越多的计量学者认识到使用"不确定度"代替"误差"更为科学，即在测量中，用"不确定度"描述对测量结果可信性、有效性的怀疑程度或不肯定程度。"不确定度"一词起源于1927年德国物理学家海森堡在量子力学中提出的不确定度关系，又称测不准关系。1978年国际计量局提出了实验不确定度表示建议书INC-1。1993年国际不确定度工作组制定的《测量不确定度表示指南》（Guide to the Uncertainty in Measurement，GUM）得到了国际计量局（Bureau International des Poids et Measures，BIPM）、国际法制计量组织（Organisation Internationale de Métrologie Légale，OIML）、国际标准化组织（International Organization for Standardization，ISO）、国际电工委员会（International Electrotechnical Commission，IEC）、国际纯粹与应用化学联合会（International Union of Pure and

Applied Chemistry，IUPAC）、国际纯粹与应用物理联合会（International Union of Pure and Applied Physics，IUPAP）、国际临床化学联合会（International Federation of Clinical Chemistry，IFCC）七个国际组织的批准，并由 ISO 公布。

我国于 1999 年颁布了与之兼容的测量不确定度评定与表示计量技术规范《测量不确定度评定与表示》（JJF1059.1）。

《测量不确定度表示指南》中给出的测量不确定度的定义是：表征合理地赋予被测量之值的分散性，与测量结果相关联的参数。其中，测量结果实际上指的是被测量的最佳估计值；被测量之值则是指被测量的真值。测量不确定度表示了由于测量误差的影响而对测量结果的不可信程度或有效性的怀疑程度，或称为不能肯定的程度，是定量说明测量结果质量（即被测量最佳估计值的分散性）的一个参数。

一个完整的测量结果应包括被测量之值的最佳估计值和测量不确定度两部分。例如：测量电机表面温度为 48.2℃，或加或减 0.1℃，置信概率为 95%。则该结果可以表示为（48.2±0.1）℃，不确定度为 0.1℃，置信概率为 $P=95\%$。这个表述是说，测量的电机表面温度有 95%的把握处在 48.1~48.3℃ 之间。

图 1.15 给出了真值、测量值、误差和不确定性之间的关系图。

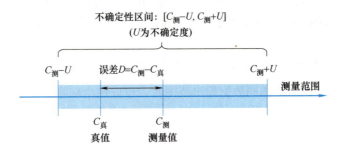

图 1.15　真值、测量值、误差和不确定性之间的关系图

测量不确定度一般来源于随机性和模糊性，前者归因于条件不充分，而后者则归因于事物本身概念不明确。《测量不确定度表示指南》将测量不确定度的来源归纳为以下方面：

1）对被测量的定义不完整。
2）复现被测量的测量方法不理想。
3）抽样的代表性不够，即被测样本不能代表所定义的被测量。
4）对测量过程受环境影响的认识不恰如其分，或对环境的测量与控制不完善。
5）对模拟仪器的读数存在人为偏移。
6）测量仪器的计量性能（如灵敏度、鉴别力阈、分辨力、死区及稳定性等）的局限性。
7）测量标准或标准物质的不确定度。
8）引用数据或其他参量的不确定度。
9）测量方法和测量程序的近似和假设。
10）在相同条件下被测量在重复观测中的变化。

根据计算及表示方法的不同，不确定度有以下 3 种表征方法。

（1）标准不确定度

用概率分布的标准偏差表示的不确定度，称为标准不确定度，用符号 u 表示。测量不确定度往往由多个分量组成，对每个不确定度来源评定的标准偏差，称为标准不确定度分量，用 u_i 表示。

标准不确定度有两类评定方法：A 类评定和 B 类评定。A 类评定是对规定测量条件下测得的量值，用统计分析的方法进行的测量不确定度分量的评定，A 类标准不确定度可用 u_A 表示。B 类评定是指用不同于测量不确定度 A 类评定的方法对测量不确定度分量进行的评定，B 类标准不确定度可用 u_B 表示。注意，A、B 两类不确定度与传统划分的随机误差、系统误差并不存在简单的对应关系。

（2）合成标准不确定度

由各不确定度分量合成的标准不确定度，称为合成标准不确定度。当间接测量时，测量结果是受若干因素联合影响，而求得一个合成的完整的标准不确定度，用符号 u_C 表示。合成标准不确定度仍然是标准偏差，表示测量结果的分散性。合成的方法，常被称为"不确定度传播律"。

（3）扩展不确定度

扩展不确定度是由合成标准不确定度的倍数表示的测量不确定度，即用包含因子 k 乘以合成标准不确定度得到一个区间半宽度或半宽度区间，用符号 U 表示。包含因子的取值决定了扩展不确定度的置信水平。扩展不确定度确定了测量结果附近的一个置信区间，被测量的值落在该区间内的概率是较高的。通常测量结果的不确定度都用扩展不确定度表示。

当说明具有置信水平为 P 的扩展不确定度时，可以用 U_P 表示，此时包含因子可用 k_P 表示。例如 U_{95} 表示测量结果落在以 U_{95} 为半宽度区间的概率为 95%。

1.3.3.2 标准不确定度的评定

1. 标准不确定度的 A 类评定方法

在相同的测量条件下，对某一输入量进行若干次独立的观测时，可采用标准不确定度的 A 类评定方法。

（1）用平均值的实验标准差评定

在同一条件下对被测量 x 进行 n 次测量，测量值为 $x_i(i=1,2,\cdots,n)$，由下式得到样本算术平均值 $\bar{x}$，$\bar{x}$ 为被测量 x 的估计值，并把它作为测量结果。即

$$\bar{x}=\frac{1}{n}\sum_{i=1}^{n}x_i \tag{1.75}$$

根据贝塞尔公式，可得对被测量 x 的单次测量的标准差的估计值为

$$\hat{\sigma}_x=\sqrt{\frac{\sum_{i=1}^{n}(x_i-\bar{x})^2}{n-1}} \tag{1.76}$$

当用算术平均值作为测量结果时，测量结果的 A 类标准不确定度 u_A 等于 $\bar{x}$ 的标准差 $\sigma_{\bar{x}}$，即

$$u_A=\sigma_{\bar{x}}=\frac{\hat{\sigma}_x}{\sqrt{n}} \tag{1.77}$$

（2）用合并样本标准差评定

在同一条件下对被测量 x 进行 m 组测量，每组测量次数是 n 次。第一组测量的样本

标准差是 s_1，第二组测量的样本标准差是 s_2，……，第 m 组测量的样本标准差是 s_m。各组样本标准差无显著差异。将测量结果的样本算术平均值作为被测量 x 的估计值（测量结果）。

合并样本标准差为

$$s_p = \sqrt{\frac{\sum_{i=1}^{m} s_i^2}{m}} \tag{1.78}$$

用合并标准差表示测量结果的 A 类标准不确定度 u_A

$$u_A = \frac{s_p}{\sqrt{n}} \tag{1.79}$$

2. 标准不确定度的 B 类评定方法

用非统计方法得到的标准不确定度，即根据资料或假设的概率分布估计的标准偏差表示的标准不确定度，称为 B 类标准不确定度，用符号 u_B 表示。

当不能用统计方法计算不确定度时，就要用 B 类方法评定。B 类方法评定的主要信息来源是以前测量的数据、生产厂商提供的技术说明书、各级计量部门给出的仪器检定证书或校准证书等。它不是利用直接测量获得数据，而是需要查已有信息。这类信息通常只给出极大值与极小值，而未提供测量值的分布及自由度的大小。

B 类标准不确定度就是根据现有信息评定近似的方差或标准偏差以及自由度，分析判断被测量的可能值区间 $(\bar{x}-\alpha, \bar{x}+\alpha)$，并假设被测量值的概率分布，由要求的置信水平估计包含因子 k，则测量不确定度 u_B 为

$$u_B = \frac{\alpha}{k} \tag{1.80}$$

式中，α 为被测量可能值区间的半宽度；k 通常在 2~3 之间。

区间半宽度 α 一般根据现有资料（如校准证书、检定证书等）确定。k 的选取与概率分布有关，假设为正态分布时，查表 1.3；假设为非正态分布时，根据概率分布查表 1.4。

表 1.3 正态分布时置信概率 P 与包含因子 k 的关系

概率 P（%）	50	68.27	90	95	95.45	99	99.73
包含因子 k	0.675	1	1.645	1.960	2	2.576	3

表 1.4 常用非正态分布的包含因子 k

分布	三角形	梯形	均匀	反正弦
k（$P=1$）	$\sqrt{6}$	$\sqrt{6/(1+\beta^2)}$	$\sqrt{3}$	$\sqrt{2}$

注：表中 β 为梯形上底半宽度和下底半宽度之比。

B 类标准不确定度评定的可靠性取决于所提供信息的可信度，在可能情况下应尽量利用长期实际观察的值估计概率分布。此外，当对被测量落在可能区间的情况缺乏具体了解时，一般假设为均匀分布。

例如，标称值为 10Ω 的标准电阻器的电阻 R_s 在 23℃ 时为 $R_s(23℃) = (10.00074 \pm 0.00013)\Omega$，

同时说明置信水平 $P=99\%$，测量结果服从正态分布。则置信区间的半宽度为 $0.13\text{m}\Omega$，查表 1.3 得 $k=2.576$，其标准不确定度为

$$u_\text{B} = \frac{\alpha}{k} = \frac{0.13}{2.576}\text{m}\Omega = 0.05\text{m}\Omega \tag{1.81}$$

需要说明的是，A 类标准不确定度和 B 类标准不确定度仅仅是评定方法不同，并不是不确定度性质上的分类，即 A 类和 B 类标准不确定度并不能表示成"随机"和"系统"不确定度。

3. 标准不确定度的自由度

所谓自由度，是指在 n 个变量 v_i 的平方和 $\sum v_i^2$ 中，如果 n 个 v_i 之间存在 k 个独立的线性约束条件，即 n 个变量中独立变量数为 $n-k$，则称 $\sum v_i^2$ 的自由度为 $n-k$。如用贝塞尔法估算 $\hat{\sigma}_x$，式中 n 个变量 v_i 之间存在唯一的线性约束条件 $\sum v_i = 0$，故自由度为 $n-1$。

自由度的物理意义是：自由度越大，标准偏差的估计值越可信。实验标准差 $\hat{\sigma}(s)$ 的可信赖程度与自由度密切相关。因此，不确定度评定的质量如何，可由自由度来说明。

对于 A 类评定的标准不确定度，其自由度即为标准差 σ 的自由度。标准差计算方法不同，其自由度也不同，一般可以查表获得。

对于 B 类评定的标准不确定度，其自由度由 u 的相对标准差来确定，定义为

$$\gamma = \frac{1}{2}\left(\frac{\sigma_u}{u}\right)^{-2} \tag{1.82}$$

式中，σ_u 为评定 u 的标准差，σ_u/u 为评定 u 的相对标准差。

表 1.5 给出了标准不确定度 B 类评定时不同的相对标准差所对应的自由度。

表 1.5　B 类评定时不同的相对标准差所对应的自由度

σ_u/u	0.71	0.5	0.41	0.35	0.32	0.29	0.27	0.25	0.24	0.22	0.18	0.16	0.10	0.07
γ	1	2	3	4	5	6	7	8	9	10	15	20	50	100

1.3.3.3　合成标准不确定度

合成标准不确定度可用各不确定度的分量合成得到，不论各分量是由 A 类评定还是 B 类评定得到，计算合成标准不确定度的公式称为测量不确定度传播律。

如果被测量 Y 是由其他 N 个输入量 X_1，X_2，$\cdots$，X_N 通过函数关系确定，则

$$Y = f(X_1, X_2, \cdots, X_N) \tag{1.83}$$

这些量中包括了对测量结果不确定度有影响的量，并可能相关。若被测量 Y 的估计值为 y，其他 N 个输入量的估计值为 x_1，x_2，$\cdots$，x_N，则测量结果为

$$y = f(x_1, x_2, \cdots, x_N) \tag{1.84}$$

则测量结果的合成标准不确定度 $u_C(y)$ 为

$$u_C(y) = \sqrt{\sum_{i=1}^{N}\left(\frac{\partial f}{\partial x_i}\right)^2 u^2(x_i) + 2\sum_{i=1}^{N-1}\sum_{j=i+1}^{N}\frac{\partial f}{\partial x_i}\frac{\partial f}{\partial x_j}r(x_i, x_j)u(x_i)u(x_j)} \tag{1.85}$$

式中，x_i、x_j 为输入量，一般 $i \neq j$；$\frac{\partial f}{\partial x_i}$、$\frac{\partial f}{\partial x_j}$ 为被测量对 x_i、x_j 的偏导数，通常称为灵敏系数；$u(x_i)$ 和 $u(x_j)$ 为 x_i 和 x_j 的标准不确定度；$r(x_i, x_j)$ 为 x_i 和 x_j 的相关系数估计值，当

输入量间不相关时，$r(x_i, x_j) = 0$。

式（1.85）称为不确定度传播律。

合成标准不确定度 $u_C(y)$ 的有效自由度 γ 可由 Welch-Satterthwaite 公式计算

$$\gamma = \frac{u_C(y)^4}{\sum_{i=1}^{N} \frac{C_i^4 u(x_i)^4}{\gamma_i}} \tag{1.86}$$

式中，$C_i = \partial f / \partial x_i$；$u(x_i)$ 为各输入量的标准不确定度；γ_i 为 $u(x_i)$ 的自由度。

例 1.5 采用多次重复测量的方案测量电流，重复测量次数为 10 次，电流测量结果的算术平均值 $\bar{Y} = 1.34\text{A}$，其标准不确定度 $u_A(\bar{Y}) = 14\mu\text{A}$；已知测量过程存在系统误差，且系统误差的修正值 ΔY 为 0.02A，由 B 类评定方法得到的修正值的标准不确定度 $u_B(\Delta Y) = 6.84\mu\text{A}$，估计的相对标准差为 25%。若测量结果采用算术平均值+修正值的方式呈现，试求测量结果的合成标准不确定度、相对标准不确定度及有效自由度。

解： 根据题意，测量结果以 $Y = \bar{Y} + \Delta Y$ 的方式呈现。由合成标准不确定度的计算公式可得，测量结果 Y 的合成标准不确定度为

$$u_C(Y) = \sqrt{\left(\frac{\partial Y}{\partial \bar{Y}}\right)^2 u_A(\bar{Y})^2 + \left(\frac{\partial Y}{\partial \Delta Y}\right)^2 u_B(\Delta Y)^2} = 15.58\mu\text{A}$$

测量结果 Y 的相对标准不确定度为

$$\frac{u_C(Y)}{Y} = 1.146 \times 10^{-5}$$

10 次的算术平均值 $\bar{Y}$ 的自由度为 $\gamma(\bar{Y}) = 10 - 1 = 9$。修正值 ΔY 的自由度经查表 1.5 得 $\gamma(\Delta Y) = 8$。则可得有效自由度为

$$\gamma(Y) = \frac{u_C(Y)^4}{\frac{u_A(\bar{Y})^4}{\gamma(\bar{Y})} + \frac{u_B(\Delta Y)^4}{\gamma(\Delta Y)}} = \frac{15.58^4}{\frac{14^4}{9} + \frac{6.84^4}{8}} = 12.97$$

1.3.3.4 扩展标准不确定度

测量结果可表示为 $Y = y \pm U$，y 是被测量 Y 的最佳估计值。被测量 Y 的可能值以较高的概率落在区间 $y - U \leq Y \leq y + U$ 内，其中 U 表示扩展不确定度。当要求扩展不确定度所确定的区间具有接近于规定的置信概率 P 时，扩展不确定度可由合成标准不确定度 u_C 与包含因子 k_p 的乘积得到，即

$$U = k_p u_C \tag{1.87}$$

包含因子是根据所确定区间需要的置信概率选取的，主要选取方法有以下三种：

1）如果无法得到合成标准不确定度的自由度，且测量值接近正态分布时，则一般取 k_p 的典型值为 2 或 3，在工程应用时，通常按惯例取 $k_p = 3$。

2）根据测量值的分布规律和所要求的置信水平，选取 k_p 值。例如，假设为均匀分布时，置信水平 $P = 0.95$，查表 1.6 得 $k_p = 1.65$。

3）如果 $u_C(y)$ 的自由度较小，并要求区间具有规定的置信水平时，应当首先求出合成自由度的大小，根据要求的置信概率和计算得到的自由度查 t 分布的 t 值表得 k_p。

表 1.6　均匀分布时置信概率与包含因子 k_p 的关系

概率 P（%）	k_p
57.74	1
95	1.65
99	1.71
100	1.73

1.3.3.5　测量不确定度评定步骤及结果表示

对测量设备进行校准或检定后,要出具校准或检定证书,对某个被测量进行测量后也要报告测量结果,并应对给出的测量结果说明测量不确定度。测量不确定度的一般评定步骤为:

1)明确被测量的定义及测量条件,明确测量原理、方法、被测量的数学模型,以及所用的测量标准、测量设备等。

2)分析并列出对测量结果有明显影响的不确定度来源,每个来源为一个标准不确定度分量。

3)定量评定各不确定度分量,特别注意采用 A 类评定方法时要剔除异常数据。

4)计算合成标准不确定度。

5)计算扩展不确定度。

6)报告测量结果。

测量结果是否有用,在很大程度上取决于其不确定度的大小,所以测量结果必须有不确定度说明时,才是完整和有意义的。一个完整的测量结果应包括测量对象、测量对象的量值、测量不确定度、测量值的单位(又称测量的四个要素)。

测量结果第一种表示方法:用输出估计值和合成标准不确定度表示,即

$$y = \bar{y} \pm u_c \tag{1.88}$$

测量结果的第二种表示方法:用输出估计值和扩展不确定度表示

$$y = \bar{y} \pm U \tag{1.89}$$

1.3.4　误差传播与函数误差

在实际工作中,某些量不可能或者是不便于直接观测,而是需要由直接观测的量通过函数关系间接计算得出。如功率测量中 $P = UI\cos\varphi$,P 是独立观测值 U、I 和 φ 的函数。在这种情况下,由于变量含有误差,而使函数受其影响也含有误差,称之为误差传播。如上述功率 P 的误差由 U、I 和 φ 的误差按照函数关系共同决定。

更一般地,设 y 是独立观测量 x_1,x_2,$\cdots$,x_n 的函数,即

$$y = f(x_1, x_2, \cdots, x_n) \tag{1.90}$$

式中,x_i 为各直接测量参数。

对上式取全微分,可得

$$dy = \frac{\partial f}{\partial x_1}dx_1 + \frac{\partial f}{\partial x_2}dx_2 + \cdots + \frac{\partial f}{\partial x_n}dx_n \tag{1.91}$$

式（1.91）即为误差传播的一般规律，$\dfrac{\partial f}{\partial x_i}$ 为误差传播系数。

1. 系统误差的传播公式

对于系统误差，当 Δx_i 较小时，根据式（1.91）有

$$\Delta y = \dfrac{\partial f}{\partial x_1}\Delta x_1 + \dfrac{\partial f}{\partial x_2}\Delta x_2 + \cdots + \dfrac{\partial f}{\partial x_n}\Delta x_n \tag{1.92}$$

式（1.92）即为采用绝对误差形式的系统误差传递公式，$a_i = \dfrac{\partial f}{\partial x_i}$ 为系统误差的传播系数。

对式（1.92）的等号两端同除以 y 得

$$\dfrac{\Delta y}{y} = \dfrac{1}{f}\dfrac{\partial f}{\partial x_1}\Delta x_1 + \dfrac{1}{f}\dfrac{\partial f}{\partial x_2}\Delta x_2 + \cdots + \dfrac{1}{f}\dfrac{\partial f}{\partial x_n}\Delta x_n \tag{1.93}$$

由于 $\dfrac{\partial \ln f}{\partial x_i} = \dfrac{1}{f}\dfrac{\partial f}{\partial x_i}$，所以

$$\dfrac{\Delta y}{y} = \dfrac{\partial \ln f}{\partial x_1}\Delta x_1 + \dfrac{\partial \ln f}{\partial x_2}\Delta x_2 + \cdots + \dfrac{\partial \ln f}{\partial x_n}\Delta x_n \tag{1.94}$$

式中，$\ln f$ 为函数 y 的自然对数。

式（1.94）即为采用相对误差形式的系统误差传递公式。

当测量函数为和、差关系时，求总和绝对误差比较方便。当测量函数为积、商、开方、乘方关系时，求总和相对误差比较方便。

2. 随机误差的传播公式

对于式（1.91），用随机误差 δ_{x_n} 替换 $\mathrm{d}x_n$ 可得

$$\mathrm{d}y = \dfrac{\partial f}{\partial x_1}\delta_{x_1} + \dfrac{\partial f}{\partial x_2}\delta_{x_2} + \cdots + \dfrac{\partial f}{\partial x_n}\delta_{x_n} \tag{1.95}$$

对第 i 个直接测量参数 x_i 做重复 M 次测量，其随机误差 $\delta_{x_{ij}}(i=1\sim n, j=1\sim M)$，则

$$\begin{cases}\delta_{y1} = \dfrac{\partial f}{\partial x_1}\delta_{x_{11}} + \dfrac{\partial f}{\partial x_2}\delta_{x_{21}} + \cdots + \dfrac{\partial f}{\partial x_n}\delta_{x_{n1}} \\ \delta_{y2} = \dfrac{\partial f}{\partial x_1}\delta_{x_{12}} + \dfrac{\partial f}{\partial x_2}\delta_{x_{22}} + \cdots + \dfrac{\partial f}{\partial x_n}\delta_{x_{n2}} \\ \vdots \\ \delta_{yM} = \dfrac{\partial f}{\partial x_1}\delta_{x_{1M}} + \dfrac{\partial f}{\partial x_2}\delta_{x_{2M}} + \cdots + \dfrac{\partial f}{\partial x_n}\delta_{x_{nM}}\end{cases} \tag{1.96}$$

二次方后相加，再除 M，得

$$\delta_y^2 = \left(\dfrac{\partial f}{\partial x_1}\right)^2\delta_{x_1}^2 + \left(\dfrac{\partial f}{\partial x_2}\right)^2\delta_{x_2}^2 + \cdots + \left(\dfrac{\partial f}{\partial x_n}\right)^2\delta_{x_n}^2 + \sum_{i\neq j}2\dfrac{\partial f}{\partial x_i}\dfrac{\partial f}{\partial x_j}\dfrac{\sum\limits_{m=1}^{M}\delta_{x_{im}}\delta_{x_{jm}}}{M} \tag{1.97}$$

当 M 足够大时，$\dfrac{\sum\limits_{m=1}^{M}\delta_{x_{im}}\delta_{x_{jm}}}{M}$ 为随机变量 x_i 和 x_k 的协方差，即

$$\frac{\sum_{m=1}^{M}\delta_{x_{im}}\delta_{x_{jm}}}{M} \approx E\{[x_i-E(x_i)][x_j-E(x_j)]\} = \mathrm{cov}(x_i,x_j) \tag{1.98}$$

由于相关系数 $\rho_{ij}=\dfrac{\mathrm{cov}(x_i,x_j)}{\delta_{x_i}\delta_{x_j}}$，因此有

$$\delta_y^2 = \sum_{i=1}^{n}\left(\frac{\partial f}{\partial x_i}\right)^2 \delta_{x_i}^2 + \sum_{i\neq j} 2\frac{\partial f}{\partial x_i}\frac{\partial f}{\partial x_j}\rho_{ij}\delta_{x_i}\delta_{x_j} \tag{1.99}$$

即

$$\delta_y = \sqrt{\sum_{i=1}^{n}\left(\frac{\partial f}{\partial x_i}\right)^2 \delta_{x_i}^2 + \sum_{i\neq j}\frac{\partial f}{\partial x_i}\frac{\partial f}{\partial x_j}\rho_{ij}\delta_{x_i}\delta_{x_j}} \tag{1.100}$$

式（1.100）即为随机误差的传递公式。如果各随机误差相互独立，且 M 适当大时，独立测量的随机误差合成公式为

$$\delta_y = \sqrt{\sum_{i=1}^{n}\left(\frac{\partial f}{\partial x_i}\right)^2 \delta_{x_i}^2} \tag{1.101}$$

若随机误差不满足相互独立条件，则需要考虑相关系数，即按式（1.100）计算。

例 1.6 已知 R_1 的绝对误差 ΔR_1，R_2 的绝对误差 ΔR_2，试分别求出两电阻串联和并联时的绝对误差表达式。

解： 设串联时的总电阻为 R_C，则

$$R_C = R_1 + R_2 \tag{1.102}$$

根据绝对误差理论，R_C 的绝对误差为

$$\Delta R_C = \Delta R_1 + \Delta R_2 \tag{1.103}$$

设并联时的总电阻为 R_B，则

$$R_B = \frac{R_1 R_2}{R_1 + R_2} \tag{1.104}$$

计算偏导数

$$\frac{\partial R_B}{\partial R_1} = \frac{R_2^2}{(R_1+R_2)^2}, \quad \frac{\partial R_B}{\partial R_2} = \frac{R_1^2}{(R_1+R_2)^2} \tag{1.105}$$

于是可得 R_B 的绝对误差为

$$\Delta R_B = \frac{\partial R_B}{\partial R_1}\Delta R_1 + \frac{\partial R_B}{\partial R_2}\Delta R_2 = \frac{1}{(R_1+R_2)^2}(R_2^2\Delta R_1 + R_1^2\Delta R_2) \tag{1.106}$$

1.3.5 测量误差的合成

电气测量仪器往往由若干个单元或模块组成，测量过程往往包含有若干个环节，各单元或模块、环节都存在着误差因素。因此，电气测量结果的误差，是由电气测量仪器各单元或模块、测量过程各环节的系列误差因素共同影响的综合结果。各单元或模块、环节的误差因素称为单项误差。测量误差合成就是根据各单项误差来确定测量结果的总误差。

1.3.5.1 系统误差的合成

已定系统误差和未定系统误差的特征不同，其合成方法也不相同。

1. 已定系统误差的合成

对于已定系统误差,在处理测量结果时可根据各单项系统误差和其传播系数,按代数和法合成。在测量过程中,若有 r 个单项已定系统误差,其误差值分别为 Δ_1、Δ_2、$\cdots$、Δ_r,相应的误差传播系数为 a_1、a_2、$\cdots$、a_r,则按代数和法进行合成,求得总的已定系统误差为

$$\Delta = \sum_{i=1}^{r} a_i \Delta_i \tag{1.107}$$

在实际测量中,有不少已定系统误差在测量过程中均已消除,由于某些原因未予消除的已定误差也只是有限的少数几项,它们按代数和法合成后,还可以从测量结果中修正,因此,最后的测量结果中一般不再包含有已定系统误差。

2. 未定系统误差的合成

未定系统误差对测量结果的影响与随机误差相同,采用标准差或极限误差来表征未定系统误差取值的分散程度,因此未定系统误差的合成方法可按标准差或极限误差合成。

(1) 未定系统误差标准差的合成

标准差的合成一般采用方和根法,同时要考虑误差传播系数以及各单项误差之间的相关性影响。在测量过程中,若有 p 个单项未定系统误差,其标准差分别为 s_1、s_2、$\cdots$、s_p,相应的误差传播系数为 a_1、a_2、$\cdots$、a_p,则按方和根法进行合成,求得总的未定系统误差为

$$s = \sqrt{\sum_{i=1}^{p} (a_i s_i)^2 + 2 \sum_{1 \le i < j}^{p} \rho_{ij} a_i a_j s_i s_j} \tag{1.108}$$

一般情况下,各个单项未定系统误差互不相关,相关系数 $\rho_{ij}=0$,式(1.108)可简化为

$$s = \sqrt{\sum_{i=1}^{p} (a_i s_i)^2} \tag{1.109}$$

当各个单项未定系统误差传播系数均为 1,且各个单项未定系统误差互不相关,相关系数 $\rho_{ij}=0$,则有

$$s = \sqrt{\sum_{i=1}^{p} s_i^2} \tag{1.110}$$

(2) 未定系统误差极限误差的合成

各个单项未定系统误差的极限误差为

$$e_i = \pm t_i s_i \quad i = 1, 2, \cdots, p \tag{1.111}$$

式中,s_i 为各单项未定系统误差的标准差;t_i 为各单项极限误差的置信系数。

总的未定系统误差的极限误差为

$$e = \pm t s \tag{1.112}$$

式中,s 为合成的总标准差;t 为总的未定系统误差的极限误差的置信系数。

综合式(1.108)、式(1.111)和式(1.112),可得总的未定系统误差的极限误差为

$$e = \pm t \sqrt{\sum_{i=1}^{p} \left(\frac{a_i e_i}{t_i}\right)^2 + 2 \sum_{1 \le i < j}^{p} \rho_{ij} a_i a_j \frac{e_i}{t_i} \frac{e_j}{t_j}} \tag{1.113}$$

式中,ρ_{ij} 为任意两单项未定系统误差之间的相关系数。

当单项未定系统误差的数目 p 较多时,合成的总极限误差接近于正态分布,因此合成的总极限误差的置信系数 t 可按正态分布来确定。

当各个单项未定系统误差均服从正态分布时,各个单项极限误差与总极限误差选定相同的置信概率,其相应的各个置信系数相同,即 $t_1 = t_2 = \cdots = t_p = t$,式(1.113)可简化为

$$e = \pm \sqrt{\sum_{i=1}^{p} (a_i e_i)^2 + 2 \sum_{1 \leq i < j}^{p} \rho_{ij} a_i a_j e_i e_j} \tag{1.114}$$

一般情况下,各个单项未定系统误差互不相关,相关系数 $\rho_{ij} = 0$,式(1.114)可简化为

$$e = \pm \sqrt{\sum_{i=1}^{p} (a_i e_i)^2} \tag{1.115}$$

当各个单项未定系统误差传播系数均为 1,且各个单项未定系统误差互不相关,相关系数 $\rho_{ij} = 0$,则有

$$e = \pm \sqrt{\sum_{i=1}^{p} e_i^2} \tag{1.116}$$

1.3.5.2 随机误差的合成

随机误差可以采用标准差或极限误差来表示,其合成分为标准差的合成与极限误差的合成两种情况。

1. 标准差的合成

设共有 q 个单项随机误差,它们的标准差分别为 σ_1,σ_2,$\cdots$,σ_q,相应的误差传播系数分别为 a_1,a_2,$\cdots$,a_q。这些误差传播系数由测量的具体情况来确定,对间接测量可按函数误差公式求得,对直接测量则一般是根据各个误差因素对测量结果的影响情况来确定。

按方和根法合成的随机误差的总标准差为

$$\sigma = \sqrt{\sum_{i=1}^{q} (a_i \sigma_i)^2 + 2 \sum_{1 \leq i < j}^{q} \rho_{ij} a_i a_j \sigma_i \sigma_j} \tag{1.117}$$

式中,ρ_{ij} 为任意两单项随机误差之间的相关系数。

一般情况下,假设各个单项随机误差互不相关,即相关系数 $\rho_{ij} = 0$,则有

$$\sigma = \sqrt{\sum_{i=1}^{q} (a_i \sigma_i)^2} \tag{1.118}$$

当各个单项随机误差传播系数均为 1,且各个单项相关系数 $\rho_{ij} = 0$ 时,则有

$$\sigma = \sqrt{\sum_{i=1}^{q} \sigma_i^2} \tag{1.119}$$

用标准差进行随机误差合成计算较为简单,且不需考虑各单项随机误差的概率分布情况,只要给出各个单项随机误差的标准差,均可按式(1.117)或式(1.118)、式(1.119)计算总标准差。

2. 极限误差的合成

在实际测量中,用极限误差来表示随机误差,往往有明确的概率意义。一般情况下,各个单项随机误差服从的概率分布不同,各个单项极限误差的置信概率也不同,因而有不同的置信系数。设各单项极限误差为

$$\delta_i = \pm t_i \sigma_i \qquad i = 1, 2, \cdots, q \tag{1.120}$$

式中，σ_i 为各单项随机误差的标准差；t_i 为各单项极限误差的置信系数。

总极限误差为

$$\delta = \pm t\sigma \tag{1.121}$$

式中，σ 为合成的总标准差；t 为总极限误差的置信系数。

综合式（1.117）、式（1.120）和式（1.121），可得合成的总极限误差为

$$\delta = \pm t \sqrt{\sum_{i=1}^{q}\left(\frac{a_i \delta_i}{t_i}\right)^2 + 2\sum_{1 \leqslant i < j}^{q} \rho_{ij} a_i a_j \frac{\delta_i}{t_i} \frac{\delta_j}{t_j}} \tag{1.122}$$

根据已知的各单项极限误差和相应的置信系数，即可按式（1.122）进行极限误差的合成。但必须注意到，式（1.122）中的各个置信系数，不仅与置信概率有关，而且与随机误差服从的分布有关。对于服从相同分布的随机误差，选定相同的置信概率，其相应的各个置信系数相同；对于服从不同分布的随机误差，即使选定相同的置信概率，其相应的各个置信系数也不相同。由此可知，式（1.122）中的各个单项极限误差的置信系数，一般来说并不相同。合成的总极限误差的置信系数 t，一般来说与各个单项极限误差的置信系数也不相同。当单项随机误差的数目 q 较多时，合成的总极限误差接近于正态分布，因此合成的总极限误差的置信系数 t 可按正态分布来确定。

当各个单项随机误差均服从正态分布时，各个单项极限误差与总极限误差选定相同的置信概率，其相应的各个置信系数相同，即 $t_1 = t_2 = \cdots = t_q = t$，式（1.122）可简化为

$$\delta = \pm \sqrt{\sum_{i=1}^{q}(a_i \delta_i)^2 + 2\sum_{1 \leqslant i < j}^{q} \rho_{ij} a_i a_j \delta_i \delta_j} \tag{1.123}$$

一般情况下，各个单项随机误差互不相关，相关系数 $\rho_{ij} = 0$，上式可简化为

$$\delta = \pm \sqrt{\sum_{i=1}^{q}(a_i \delta_i)^2} \tag{1.124}$$

当各个单项随机误差传播系数均为 1，且各个单项随机误差互不相关，相关系数 $\rho_{ij} = 0$，则有

$$\delta = \pm \sqrt{\sum_{i=1}^{q} \delta_i^2} \tag{1.125}$$

式（1.124）和式（1.125）均具有十分简单的形式，由于在实际测量中各个单项随机误差大多服从正态分布或近似服从正态分布，而且它们之间常是互不相关或近似不相关，因此式（1.124）和式（1.125）均是较为广泛应用的极限误差合成公式。在实际应用时，应注意式（1.124）和式（1.125）的使用条件。

1.3.5.3 系统误差与随机误差的合成

实际测量过程中存在着多项随机误差、已定系统误差和未定系统误差时，应将它们进行综合，以求得最后测量结果的总误差。测量结果的总误差常用极限误差来表示，也可用标准差来表示。

1. 按标准差合成

若用标准差来表示测量结果的总误差，由于在一般情况下已定系统误差可以从测量结果中修正，因此只需考虑未定系统误差与随机误差的合成问题。

若在测量过程中有 p 个单项未定系统误差，它们的标准差分别为 $s_1, s_2, \cdots, s_p$；有 q

个单项随机误差，它们的标准差分别为 $\sigma_1, \sigma_2, \cdots, \sigma_q$。为计算方便，设各个单项误差传播系数均为 1，则测量结果的总标准差为

$$\sigma = \sqrt{\sum_{i=1}^{p} s_i^2 + \sum_{i=1}^{q} \sigma_i^2 + R} \tag{1.126}$$

式中，R 为各个误差间协方差之和。

当各个误差间互不相关时，各个误差间协方差为零，则式（1.126）可简化为

$$\sigma = \sqrt{\sum_{i=1}^{p} s_i^2 + \sum_{i=1}^{q} \sigma_i^2} \tag{1.127}$$

对于单次测量，可直接按式（1.126）或式（1.127）求得最后结果的总标准差。对多次重复测量，由于随机误差具有抵偿性，而系统误差则固定不变，因此总标准差合成公式中的随机误差项应除以重复测量次数 n，即测量结果平均值的总标准差为

$$\sigma = \sqrt{\sum_{i=1}^{p} s_i^2 + \frac{1}{n}\sum_{i=1}^{q} \sigma_i^2} \tag{1.128}$$

比较式（1.127）和式（1.128）可知，对于单次测量的总标准差合成中，不需严格区分各个单项误差是未定系统误差还是随机误差；而对于多次重复测量的总标准差合成中，则必须严格区分各个单项误差是未定系统误差还是随机误差。

2. 按极限误差合成

若在测量过程中有 r 个单项已定系统误差，它们的误差值分别为 $\Delta_1, \Delta_2, \cdots, \Delta_r$；有 p 个单项未定系统误差，它们的极限误差分别为 $e_1, e_2, \cdots, e_p$；有 q 个单项随机误差，它们的极限误差分别为 $\delta_1, \delta_2, \cdots, \delta_q$。为计算方便，设各个单项误差传播系数均为 1，则测量结果的总极限误差为

$$\delta = \sum_{i=1}^{r} \Delta_i \pm t\sqrt{\sum_{i=1}^{p}\left(\frac{e_i}{t_i}\right)^2 + \sum_{i=1}^{q}\left(\frac{\delta_i}{t_i}\right)^2 + R} \tag{1.129}$$

式中，R 为各个误差间协方差之和；t 为总极限误差的置信系数。

当单项误差的数目较多时，合成的总极限误差接近于正态分布，因此总极限误差的置信系数 t 可按正态分布来确定。

在一般情况下，已定系统误差可以从测量结果中修正，修正后测量结果的总极限误差为

$$\delta = \pm t\sqrt{\sum_{i=1}^{p}\left(\frac{e_i}{t_i}\right)^2 + \sum_{i=1}^{q}\left(\frac{\delta_i}{t_i}\right)^2 + R} \tag{1.130}$$

当各个单项误差均服从正态分布时，各个单项极限误差与总极限误差选定相同的置信概率，其相应的各个置信系数相同，式（1.130）可简化为

$$\delta = \pm\sqrt{\sum_{i=1}^{p} e_i^2 + \sum_{i=1}^{q} \delta_i^2 + t^2 R} \tag{1.131}$$

当各个单项误差间互不相关时，各个单项误差间协方差为零，则有

$$\delta = \pm\sqrt{\sum_{i=1}^{p} e_i^2 + \sum_{i=1}^{q} \delta_i^2} \tag{1.132}$$

对于单次测量，可直接按式（1.130）或式（1.131）、式（1.132）得最后结果的总极限误差。对多次重复测量，由于随机误差具有抵偿性，而系统误差则固定不变，因此总极限

误差合成公式中的随机误差项应除以重复测量次数 n，即测量结果平均值的总极限误差为

$$\delta = \pm \sqrt{\sum_{i=1}^{p} e_i^2 + \frac{1}{n}\sum_{i=1}^{q} \delta_i^2} \tag{1.133}$$

比较式（1.132）和式（1.133）可知，对于单次测量的总极限误差合成中，不需严格区分各个单项误差是未定系统误差还是随机误差；而对于多次重复测量的总极限误差合成中，则必须严格区分各个单项误差是未定系统误差还是随机误差。

习题与思考题

1-1　测量系统一般由哪些环节组成？

1-2　衡量测量系统的特性指标主要包括哪些？

1-3　某电阻值为 240Ω，试计算温度 300K 和 100kHz 带宽下该电阻两端的噪声。

1-4　简述模拟电气测量仪器与数字电气测量仪器在结构和功能方面的区别。

1-5　当测量结果取自两个分别具有不确定性结果的平均值时，如何计算该测量结果的整体不确定性？

1-6　在先用标准偏差值来估算重复性的不确定性，然后再利用这一结果来计算校准不确定性的过程中，是否会导致对整个实验或测量过程的总体不确定性估计过高？

1-7　一组独立的电流测量记录为 10.03A，10.10A，10.11A 和 10.08A，计算平均电流以及平均误差范围。

1-8　对电压进行测量，测量结果采用算术平均值+修正值的方式呈现。其中，重复测量 6 次的算术平均值为 0.928571V，修正值为 0.01V。测量过程中的 A 类标准不确定度为 12μV，由 B 类评定方法得到的修正值的标准不确定度为 8.7μV，估计的相对误差为 25%。试求测量结果的合成标准不确定度、相对标准不确定度及其自由度。

第2章　模拟测量信号处理

为确保电力系统安全稳定运行，需要对多种电磁量（电压、电流、频率及阻抗等）及非电量（温度、压力、位移、速度、加速度、流量、振动、转矩等）进行测量。在非电量的测量中，一般利用传感器将非电量转换成便于远传和处理的电量（电压、电流、电阻、电感、电容等）。大多数情况下，需要对被测电信号或者传感器输出的电信号进行滤波、校正等模拟信号调理，才能送入测量仪器的指示单元或模/数转换单元。在电气测量系统中，模拟信号调理的任务较复杂，除放大、滤波外，一般还有零点校正、线性化处理、温度补偿、误差修正和量程切换等。在典型的数字测量系统中，模拟测量信号处理流程如图2.1所示。

图2.1　模拟测量信号处理流程

本章在简要介绍传感器的基本概念基础上，详细介绍信号放大、滤波、A/D转换、标度变换等知识。

2.1　传感器

现代测量系统信号的获取是通过不同类型的传感器完成的。传感是指将被测量或被观察量通过敏感元件转换成其他形式的物理输出量的过程。其中，被测的量或被观察的量与被转换的物理输出量之间根据可利用的物理定律应该具有一种明确的关系。

2.1.1　传感器的定义

传感器一般是指能感受被测量并按照一定的规律转换成可用输出信号的器件或装置，通常由敏感元件和转换元件组成。国内外一般认为传感器具有以下属性：①传感器是一种器件或装置，能完成检测任务；②传感器的输入量是某一被测量，包括物理量、化学量、生物量等；③传感器的输出量是与被测量有一定对应关系的某种物理量，可以是气、光、电量，目前主要是电量；④传感器的检测具有一定的精度。

2.1.2　传感器的组成

传感器一般由敏感元件、转换元件和转换电路三部分组成，组成框图如图2.2所示。

图2.2　传感器的一般组成框图

1）敏感元件：指传感器中能直接感受或响应被测量的部分。

2）转换元件：指传感器中能将敏感元件的输出转换成适于传输或测量的电信号部分。

3）转换电路：将转换元件的输出转换为电量输出。

实际上很多传感器并不能用上述三部分机械地描述。例如，图 2.3 所示热电偶温度传感器中，敏感元件和转换元件为同一单元，可由温度差直接转换输出热电势。

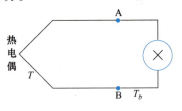

图 2.3　热电偶示意图

2.1.3　传感器的分类

传感器可按构成原理、能量转换方式、工作原理、用途等进行分类。

按构成原理分类：结构型和物性型。结构型是利用物理学中场的定律构成的，包括电磁场的电磁定律、力场的运动定律等，这类传感器的性能与构成材料关系不大。物性型是利用物质定律构成的，传感器的性能随材料的不同而异，如压电式、光电式、各种半导体式传感器等。

按能量转换方式分类：能量控制型和能量转换型。能量控制型传感器需外电源供给能量，如电阻、电感、电容等电路参数传感器。能量转换型传感器主要由能量变换元件构成，不需要外电源，包括基于压电效应、热电效应、光电动势效应、霍尔效应等原理构成的传感器。

按物理工作原理分类：

1）电参式：电阻式、电感式、电容式。

2）磁电式：磁电感、霍尔、磁栅。

3）压电式。

4）光电式：光栅、激光、电码盘、光导纤维、红外、摄像式。

5）气电式。

6）热电式。

7）波式：超声波、微波。

8）射线式。

9）半导体式。

按用途分类：位移、压力、温度、振动、电流、电压、功率等。

2.1.4　传感器特性指标

一般用输出与输入之间的关系描述传感器的特性。除了第 1 章中介绍的灵敏度、非线性度、回归误差，本节介绍重复性、分辨力和稳定性等传感器常用特性指标。

1）重复性：指在同一条件下、对同一被测量、沿着同一方向进行多次重复测量时，测量结果之间的差异程度，也称重复误差、再现误差等。传感器的重复误差越小，说明其重复性和稳定性越好。

2）分辨力、分辨率与阈值：分辨力是指传感器在规定测量范围内能够检测出的被测量的最小变化量，是一个具有单位的绝对数值。而分辨率是以满量程百分数的形式表示的传感器分辨力，是相对数。例如某数字电压表的分辨力为 0.01V，满量程为 19.99V，则其分辨率为 $0.01/19.99 \times 100\% \approx 0.05\%$。在传感器输入零点附近的分辨力称为阈值（也称死区）。

3）稳定性：指传感器使用一段时间后，其性能保持不变的能力。传感器在长时间工作情况下输出量发生的变化,也称为长时间工作稳定性。影响传感器长期稳定性的因素除传感器本身结构外,主要是传感器的使用环境。具有良好稳定性的传感器必须要有较强的环境适应能力。在选择传感器之前,应对其使用环境进行调查,并根据具体的使用环境选择合适的传感器;或采取适当的措施,减小环境的影响。

2.2 信号放大

传感器敏感元件和转换元件输出的电信号往往比较微弱。调理电路中信号放大的作用是将这些微弱信号放大到足以进行各种转换处理的水平,如放大到 A/D 转换器可以接受的输入范围之内。放大电路通常由集成运算放大器(简称运放)组成,集成运放的种类有很多,其分类方法不一,可分为通用型、高阻型、低温漂型、高速型、低功耗型等。集成运算放大器的参数一般有:输入失调电压、输入失调电压的温度系数、输入失调电流、输入偏置电流、差模开环电压增益、共模抑制比、电源电压抑制比、最大共模输入电压、最大差模输入电压、开环带宽、单位增益带宽、转换速率(压摆率)、建立时间、差模输入阻抗、共模输入阻抗、输出电阻等,参数的含义和测试条件等可参阅相关书籍和集成运算放大器的数据手册。

2.2.1 基本放大电路

1. 反相放大电路

图 2.4a 所示为基本反相放大电路,闭环增益为

$$A = \frac{u_o}{u_i} = -\frac{R_2}{R_1} \tag{2.1}$$

反相放大电路的输入电阻 $R_i = R_1$,输出电阻 $R_o \approx 0$。

反相放大电路的优点是性能稳定,因为运算放大器共模输入电压为零,故不存在共模噪声。缺点是输入电阻较低,但一般能够满足大多数场合的要求,因而在电路中应用较多。要提高输入电阻必须增大 R_1,为了不降低闭环增益,必须同时加大 R_2,而过大的 R_2 将对电路的运算精度和稳定性产生不良影响。为了使放大电路既有较高的输入阻抗,又有足够的增益,可将反相放大电路中的 R_2 用 T 形网络代替,如图 2.4b 所示,此时

$$A = \frac{u_o}{u_i} = -\frac{R_2 R_5 + R_4 R_5 + R_2 R_4}{R_1 R_5} \tag{2.2}$$

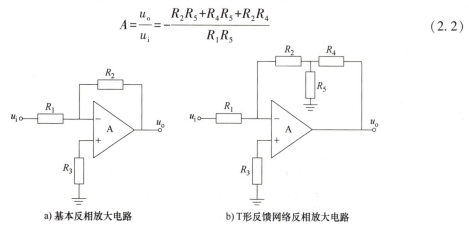

a) 基本反相放大电路　　　　　　b) T形反馈网络反相放大电路

图 2.4　反相放大电路

2. 同相放大电路

同相放大电路如图 2.5a 所示，闭环增益为

$$A = \frac{u_o}{u_i} = 1 + \frac{R_2}{R_1} \tag{2.3}$$

同相放大电路的输入电阻 $R_i \approx \infty$，输出电阻 $R_o \approx 0$。

与反相放大电路相比较，同相放大电路具有输入电阻高（可达几十 MΩ 以上）的优点。但由于运算放大器同相端电压与反向端电压都等于输入电压，因此输入端有较大的共模信号。当共模电压超过运算放大器的最大共模输入电压时，可能导致运放不能正常工作，故要求运算放大器具有较高的共模抑制比和较大的共模信号输入电压范围。

在电路中，同相放大器除了用于前置放大外，还经常用于阻抗变换或隔离级。

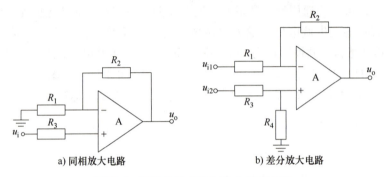

a) 同相放大电路   b) 差分放大电路

图 2.5　同相放大电路与差分放大电路

3. 差分放大电路

差分放大电路如图 2.5b 所示，根据分析有

$$u_o = \left(1 + \frac{R_2}{R_1}\right)\frac{R_4}{R_3 + R_4}u_{i2} - \frac{R_2}{R_1}u_{i1} \tag{2.4}$$

如果电路能够做到完全对称，即 $R_1 = R_3$，$R_2 = R_4$，则

$$u_o = \frac{R_2}{R_1}(u_{i2} - u_{i1}) \tag{2.5}$$

电路增益为

$$A = \frac{u_o}{u_{i2} - u_{i1}} = \frac{R_2}{R_1} \tag{2.6}$$

可见，采用电路结构完全对称的差分放大电路，只放大信号的差模成分，因此具有高共模抑制比，而且电路结构对称也能减小温度漂移。由于输入端存在共模电压，应选用高共模抑制比的运算放大器，同时要求电阻严格匹配以保证电路结构对称，否则使电路的共模抑制比显著下降。

当 $R_1 = R_3$、$R_2 = R_4$ 时，差分放大电路的差模输入阻抗为 $r_{ID} = 2R_1$，共模输入阻抗为 $r_{IC} = R_1/2$。由于基本差分放大电路的输入电阻较低，它的应用受到了很大的限制。

集成差分放大器具有更高的共模抑制比和更好的温度性能。这类芯片有很多，如 INA1650、INA1620、INA592、INA597 等。INA597 是一款低功耗、高带宽差分放大器，可用于精密仪表放大电路和差分输入数据采集，主要特性指标包括：增益（V/V）为 0.5 或 2；低失

调电压（200μV max、±5μV/℃ max）；低增益误差（最大 0.03%）；低噪声（1kHz 时为 $18\text{nV}/\sqrt{\text{Hz}}$）；高压摆率（18V/μs）；低静态电流 1.1mA；宽电源范围（±2.25V～±18V）。

2.2.2 测量放大电路

测量放大电路具有高输入阻抗、高共模抑制比的特点，经常用于精密仪器电路和测量电路中，故又称为仪表放大器、仪用放大器。

2.2.2.1 基本电路

图 2.6 所示电路是广泛应用的由三个运算放大器组成的测量放大电路。A_1、A_2 为两个性能一致的同相输入集成运算放大器，构成平衡对称差动放大输入级，A_3 构成双端输入、单端输出的输出级，进一步抑制共模信号。

电路中，输入级由两个同相放大器并联构成，同相放大器的输入电阻可达几十 MΩ 以上，因此测量放大器具有输入阻抗高的特点。

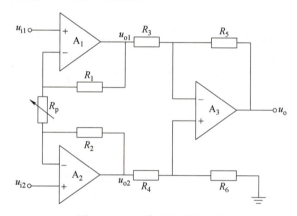

图 2.6 三运放测量放大电路

根据电路有

$$\frac{u_{i1}-u_{i2}}{R_p}=\frac{u_{o1}-u_{o2}}{R_1+R_p+R_2} \quad (2.7)$$

即

$$u_{o1}-u_{o2}=\left(1+\frac{R_1+R_2}{R_p}\right)(u_{i1}-u_{i2}) \quad (2.8)$$

可得放大器前级的差模增益为

$$A_{d1}=\frac{u_{o1}-u_{o2}}{u_{i1}-u_{i2}}=1+\frac{R_1+R_2}{R_p} \quad (2.9)$$

由式（2.9）可知，当 A_1 和 A_2 性能一致时，差模增益只与差模输入电压有关，理论上放大器的共模抑制比无穷大，而且前级电路不需要电阻匹配。

测量放大器的输出电压为

$$u_o=\left(1+\frac{R_5}{R_3}\right)\frac{R_6}{R_6+R_4}u_{o2}-\frac{R_5}{R_3}u_{o1} \quad (2.10)$$

若 $R_3=R_4$，$R_5=R_6$，则

$$u_\text{o} = \frac{R_5}{R_3}\left(1 + \frac{R_1 + R_2}{R_p}\right)(u_{i2} - u_{i1}) \tag{2.11}$$

所以，电路总的差模增益为

$$A_\text{d} = \frac{u_\text{o}}{u_{i2} - u_{i1}} = \frac{R_5}{R_3}\left(1 + \frac{R_1 + R_2}{R_p}\right) \tag{2.12}$$

由式（2.12）可以看出，改变 R_p 可以改变增益，且不影响电路的对称性，从而可适应较大范围的输入信号。

由三运放组成的测量放大电路具有高共模抑制比、高输入阻抗和可变增益等一系列特点，它是目前测量系统和仪器仪表中最典型的前置放大器。

2.2.2.2 集成测量放大器

目前有很多集成测量放大器芯片，如 AD521、AD522、AD612、AD614、INA101、INA102、INA104、INA105、INA110、ZF603、ZF604、ZF605、BG004 等，具有性能优异、体积小、电路结构简单等特点。

INA102 是一款低功耗集成测量放大器，特性有：低静态电流（最大为 750μA）、低增益漂移（最大为 5×10^{-6}/℃）、高共模抑制比（最小 90dB）、低失调电压（最大 100μV）、低非线性度（最大 0.01%）、高输入阻抗（$10^{10}\Omega$）。INA102 内部增益有 1、10、100、1000 四种，可通过引脚 2~7 的不同连接来选择，接法见表 2.1。

表 2.1　INA102 集成仪表放大器增益的设定

增益	引脚连接	增益	引脚连接
1	6 和 7	100	3、6 和 7
10	2、6 和 7	1000	4 和 7；5 和 6

2.2.3　程控增益放大器

当模拟信号送到 A/D 转换器时，为了提高 A/D 转换的灵敏度、减少转换误差，在 A/D 转换器输入的允许范围内，希望输入的模拟信号尽可能达到最大值。然而，当被测参量变化范围较大时，经传感器转换后的模拟信号变化也较大。在这种情况下，如果只使用一个固定增益的放大器，在进行小信号转换时就可能会引入较大的误差。为此，工程上常采用可变增益放大器。另外，在多通道测量时如果共用一个测量放大器，也需要采用增益可变的放大器将各通道的信号进行不同倍数的放大，以满足 A/D 转换器输入电压范围的要求。

由程序控制增益变化的放大器称为程控增益放大器。程控增益放大器一般分成两种：一种由运算放大器、仪表放大器或隔离型放大器以及附加电路组成；另外一种是专门设计的可编程增益放大电路，即集成程控增益放大器。

1. 程控增益放大器原理

程控增益放大器一般由放大器、可变反馈电阻网络和控制接口三部分组成，原理框图如图 2.7 所示。

程控增益放大器通过控制接口切换不同的反馈电阻，产生不同的反馈系数，从而改变放大器的闭环增益。可变反馈电阻网络有许多形式，因此程控放大器也存在不同形式。

2. 多档程控同相放大器

如图 2.8 所示的多档程控同相放大器使用四选一模拟开关来切换反馈电阻，实现四种不同的闭环增益。两位控制信号 C_A、C_B 来自于计算机的并行输出口或微处理器并行端口，不同控制信号所对应的闭环增益见表 2.2。这种程控放大器电路简单，容易实现，多用于增益分档数量不多且所需增益预知的场合。

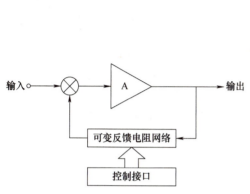

图 2.7　程控增益放大器原理框图

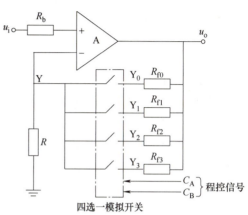

图 2.8　多档程控同相放大器

表 2.2　程控增益表

C_B C_A	$Y-Y_X$	闭环增益
0　0	Y_0	$1+R_{f0}/R$
0　1	Y_1	$1+R_{f1}/R$
1　0	Y_2	$1+R_{f2}/R$
1　1	Y_3	$1+R_{f3}/R$

3. 增益线性变化的同相程控放大器

如图 2.9 所示的同相程控增益放大器利用串联权电阻网络来代替反馈电阻，电路使用了 $n+1$ 个独立的模拟开关，每个开关使用一个控制信号来控制。当控制信号为"1"时，被控开关断开；控制信号为"0"时，被控开关导通。这样反馈电阻有 2^{n+1} 种不同的线性变化，从而得到线性变化的闭环增益。若以 $C_n \sim C_0$ 来表示控制信号的二进制值"0"或"1"，则接入反馈回路的电阻 R_f 的阻值为

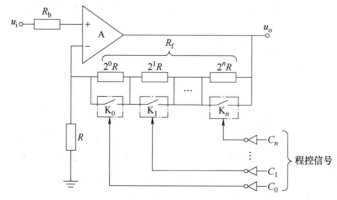

图 2.9　串联权电阻网络同相程控放大器

$$R_f = C_n 2^n R + C_{n-1} 2^{n-1} R + \cdots + C_1 2^1 R + C_0 2^0 R$$

放大器的闭环增益是

$$A_f = C_n 2^n + C_{n-1} 2^{n-1} + \cdots + C_1 2^1 + C_0 2^0 + 1 \tag{2.13}$$

这种放大器的闭环增益准确度不仅与全部反馈回路电阻匹配准确度有关，还在很大程度上受模拟开关导通电阻的限制。特别是在全部模拟开关导通，闭环增益为 1 时，由导通电阻产生的增益误差最大。若以 r_i 表示第 i 个开关的导通电阻，则增益的误差为

$$\delta_{Af} = \sum_{i=0}^{n} \frac{r_i}{R} \tag{2.14}$$

在实际应用中，为减小增益相对误差，除了选用导通电阻小的模拟开关外，还应尽可能地增加 R 的阻值，必要时应选用场效应管输入级的运算放大器，以让 R 可选值足够大。

4. T 形反馈电阻网络程控同相放大器

图 2.10 为 T 形反馈电阻网络程控同相放大器，当模拟开关 K_i 闭合时，放大器的闭环增益为

$$A_{fi} = 3 \times 2^i \tag{2.15}$$

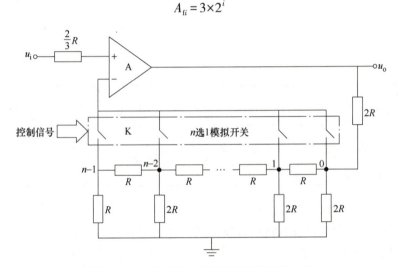

图 2.10　T 形反馈电阻网络程控同相放大器

该放大器具有节点等效电阻恒定的特点，无论模拟开关切向哪个节点，运放反相输入端对地电阻恒定，均为 $2R/3$，因此失调偏差波动小，而且该放大器闭环增益准确度不受模拟开关的影响。

除了同相程控增益放大器，也可以用运放构成反相程控增益放大器。需要指出的是同相放大器只能构成增益放大器，而反相放大器还可以构成衰减器。

5. 集成程控增益放大器

集成程控增益放大器可选型号多，如单端输入的 PGA100、PGA200 等，差分输入的 PGA202、PGA203、PGA204 等。以 PGA202 为例，该芯片是一款程控增益仪表放大器，增益倍数为 1、10、100、1000，PGA203 的增益倍数为 1、2、4、8。PGA202 的主要特点：低偏置电流（最大 50pA）、快速建立时间（2μs）、高共模抑制比（最小 80dB）、低非线性（最大 0.012%）。PGA202 的 A_0、A_1 引脚为增益选择输入端，与 TTL、CMOS 电平兼容，便

于和微处理器接口。PGA202/203 增益选择见表 2.3。

表 2.3 增益选择

数控输入端		增益	
A_1	A_0	PGA202	PGA203
0	0	1	1
0	1	10	2
1	0	100	4
1	1	1000	8

2.2.4 隔离放大电路

为提高测量系统的抗干扰性、安全性和可靠性，往往需要在输入和输出电路之间采取电气隔离措施。例如在电气设备、仪表之间远距离传送信号时，由于各设备、仪表之间的参考点之间存在电势差，因而形成接地环路，地线环流会带来共模及差模噪声干扰，采用隔离放大电路可以较好地解决这一问题。

隔离放大电路的信号传输过程中没有公共的接地端，输入回路与输出回路之间实现了电绝缘，没有直接的电耦合。隔离放大电路既可避免干扰汇入输出侧电路，又可使有用信号畅通无阻。

目前集成隔离放大器有变压器耦合、光电耦合和电容耦合等方式。这里主要对前两种进行简单介绍。

1. 变压器耦合式隔离放大器

变压器能实现输入、输出侧的电气隔离，但变压器不适合传递低频和直流信号。因此，通常采用调制方式，将输入信号调制到高频载波上，经过变压器耦合到输出侧，再利用解调电路对信号进行还原，从而传递低频和直流信号。

变压器耦合隔离放大器型号有 ADuM3195、ADuM4195、ADuM4190 等，下面以 ADuM3195 为例说明变压器耦合隔离放大器的原理和应用。ADuM3195 是一款具有可调增益和单端输出的二端口隔离放大器，主要特性有：高隔离电压（两个端口之间提供 3kV 有效值的电压隔离）、宽频带（210kHz）、低偏置误差（25℃ 时最大±6mV）和低增益误差（最大±0.5%）。ADuM3195 的 V_{DD1} 与 GND_1 为输出侧电源和地，V_{DD2} 与 GND_2 为输入侧电源和地；V_{REF1} 与 V_{REF2} 为输出侧与输入侧的基准输出电压，一般为 2.5V；V_{IN+} 与 V_{IN-} 分别为同相输入端与反相输入端；V_{OUT1} 为隔离运放输出电压；V_{OUT2} 为输入侧运放输出电压，用于外接电阻形成反馈。

ADuM3195 的 V_{IN+}、V_{IN-} 与 V_{OUT2} 引脚能够外接阻容网络，可被灵活地配置成不同组态的放大电路。信号经过放大电路之后送入调制单元中，调制单元将放大后的信号与内部基准电压 V_{REF2} 进行比较，将信号转换为 PWM 波，通过中间变压器将 PWM 波耦合到输出侧，输出侧解调器通过 PWM 波中的占空比信息能够恢复出原始信号，然后经过低通滤波器滤除干扰信号与杂波，最后经过输出缓冲器输出到 V_{OUT1} 引脚。

2. 光电耦合式隔离放大器

光电耦合式隔离放大器以光为耦合媒介，实现输入与输出端电气完全隔离，具有体积小、偏压系数小、漂移小、频带宽、漏电流极小、成本低等特点。

光电耦合式隔离放大器型号有 ACPL-C78A、ACPL-C87B、TLP7820、HCPL-7840、HCPL-7800A 等。下面以 TLP7820 为例介绍（原理见图 2.11）。

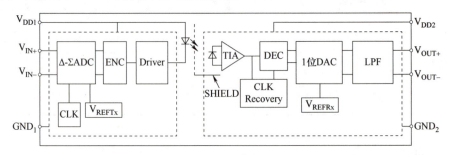

图 2.11　光电耦合线性隔离放大器 TLP7820 原理图

TLP7820 是一款光电耦合线性隔离放大器，主要特性有：隔离电压为 5000V（连续交流峰值或直流）、电压精度为 ±5%、非线性度为 ±0.02%、带宽为 230kHz、输入信号电压幅值范围为 ±200mV、固定放大倍数为 8.2 倍。TLP7820 的 V_{DD1} 和 GND_1 为输入侧电源；V_{DD2} 和 GND_2 为输出侧电源；V_{IN+} 和 V_{IN-} 为输入信号正负输入端；V_{OUT+} 和 V_{OUT-} 为输出信号正负输出端。输入信号从 V_{IN+} 与 V_{IN-} 引脚输入到 TLP7820 内部，在 TLP7820 内部有一个 $\Delta\text{-}\Sigma$ 型 ADC，将输入的模拟信号转换成数字信号，然后输入到 ENC 模块进行编码，将输入模拟信号转换成相应的数字脉冲信号，再经过驱动模块后驱动 LED，实现电信号转换成光信号。接收侧通过一个光电二极管和运放接收光信号，然后经过 DEC 模块解码成数字信号，再经过一个 DAC 模块转换成模拟信号，最后经过低通滤波器滤除干扰后输出。

2.3　信号滤波

传感器和放大电路输出的信号中不可避免地混有许多噪声和干扰，导致电气测量系统存在误差。为了保证测量的准确性，在电气测量系统中，一般需要对信号进行滤波。信号滤波的作用是在保证有用信号正常传递的同时，尽可能抑制信号中的无用频率成分，以减少噪声和干扰等对测量结果的影响。

2.3.1　滤波器的基本知识

滤波器是一种电子电路或算法，能够使信号中特定的频率成分通过，并极大地衰减其他频率成分。

2.3.1.1　滤波器的类型

按所通过信号的频段可分为：

1）低通滤波器：允许低于某一频率的信号通过，而抑制高于此频率的信号。
2）高通滤波器：允许高于某一频率的信号通过，而抑制低于此频率的信号。
3）带通滤波器：允许特定频段的信号通过，抑制该频段以外的信号。
4）带阻滤波器：阻止特定频段的信号通过，允许该频段以外的信号通过。

按照传递函数的微分方程阶数可分为一阶、二阶和高阶滤波器。

按照逼近函数类型可分为巴特沃思滤波器、切比雪夫滤波器、贝塞尔滤波器和椭圆滤波器等。

按所处理的信号类型可分为模拟滤波器和数字滤波器。两者在功能特性方面有许多相似之处，在结构组成方面有很大差别。前者处理对象为连续的模拟信号，后者为离散的数字信号。本节主要介绍模拟滤波器。

模拟滤波器按照所采用的元器件可分为：

1) 无源滤波器：仅由无源元件（R、L 和 C）组成的滤波器。

2) 有源滤波器：由无源元件（一般用 R 和 C）和集成运算放大器组成。

2.3.1.2 滤波器的主要特性指标

1. 特征频率

通带截止频率 f_p：$f_p = \omega_p/(2\pi)$，为通带与过渡带边界点的频率，ω_p 为通带截止频率对应的角频率，在该点信号的增益下降到规定的下限值。

阻带截止频率 f_r：$f_r = \omega_r/(2\pi)$，为阻带与过渡带边界点的频率，ω_r 为阻带截止频率对应的角频率，在该点信号衰耗（增益的倒数）下降到规定的下限值。

转折频率（3dB 截止频率）f_c：$f_c = \omega_c/(2\pi)$，为信号功率衰减到 1/2（幅值下降约 3dB）时的频率，ω_c 为转折频率对应的角频率。在很多实际应用中，常以 f_c 作为通带或阻带截止频率。

固有频率 f_0：$f_0 = \omega_0/(2\pi)$，为电路没有损耗时滤波器的谐振频率，其值由电路元器件（电阻 R 和电容 C）决定，ω_0 为固有频率对应的角频率，复杂电路中往往有多个固有频率。

图 2.12 分别示出了低通滤波器和带通滤波器的幅频特性中的 ω_p、ω_r 和 ω_c。

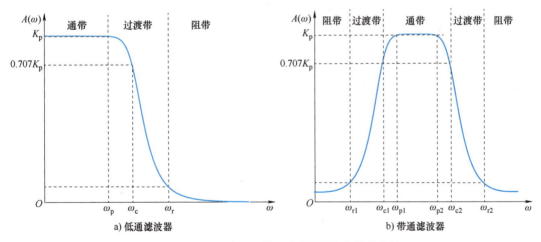

图 2.12 低通滤波器和带通滤波器的幅频特性曲线

2. 带宽

带通或带阻滤波器的带宽定义为

$$B = f_{c2} - f_{c1} \text{ 或 } \Delta\omega = \omega_{c2} - \omega_{c1} \tag{2.16}$$

3. 通带增益与衰耗

滤波器在通带内的增益 K_p 并非为常数。对于低通滤波器，通带增益一般指频率 $\omega = 0$ 处的增益；对于高通滤波器，通带增益一般是指频率 $\omega\to\infty$ 时的增益；对于带通滤波器，通带增益一般是指中心频率处的增益；对于带阻滤波器，则给出的是阻带衰耗，定义为增益的倒数。通带增益变化量 ΔK_p 是指通带中各点增益的最大变化量，通常用 dB 值来表示，常称为通带波纹。

4. 阻尼系数与品质因数

阻尼系数 α 表征滤波器对角频率 ω_0 信号的阻尼作用，是表示能量衰减的一项指标。α 的倒数 Q 称为品质因数，是评价带通和带阻滤波器的频率选择性的一个重要指标，定义为中心频率（通常等于滤波器的固有频率 f_0）与带宽 B 的比值

$$Q=\frac{f_0}{B}=\frac{\omega_0}{\Delta\omega} \tag{2.17}$$

式中，$\Delta\omega$ 或 B 为通带或阻带滤波器的 3dB 带宽。

5. 灵敏度

滤波器由若干元件构成，每个元件的参数值变化都会影响滤波器的性能。把滤波器某一性能指标 y 对某一元件参数变化的灵敏度记作 S_x^y。定义为

$$S_x^y=\frac{\mathrm{d}y/y}{\mathrm{d}x/x} \tag{2.18}$$

灵敏度可以按照定义，根据传递函数确定，但在很多情况下直接计算是非常复杂的。在各种滤波器设计的工具书中，一般会给出各种类型滤波器各种灵敏度的具体表达式。

灵敏度是电路设计中的一个重要参数，可以用来分析电路元件实际值偏离设计值时电路实际性能与设计性能的偏离，也可以用来估计在使用过程中元件参数值变化时电路性能的变化情况。该灵敏度与测量仪器或电路系统灵敏度不是一个概念，该灵敏度越小，标志着电路容错能力越强，稳定性也越高。

6. 群延时函数

在滤波器的设计中，常用滤波器的群延时函数来评价信号经滤波器后相位失真的程度。群延时函数越接近常数，信号相位失真越小。群延时函数定义为

$$\tau(\omega)=\frac{\mathrm{d}\Phi(\omega)}{\mathrm{d}\omega} \tag{2.19}$$

式中，$\Phi(\omega)$ 为滤波器的相频特性。

2.3.1.3 滤波器的传递函数和频率特性

模拟滤波器电路的基本形式为线性四端口网络，其特性可由传递函数来描述，传递函数是输出与输入信号电压（或电流）拉普拉斯变换（简称拉氏变换）之比

$$H(s)=\frac{U_o(s)}{U_i(s)}=\frac{b_m s^m+b_{m-1}s^{m-1}+\cdots+b_1 s+b_0}{a_n s^n+a_{n-1}s^{n-1}+\cdots+a_1 s+a_0} \tag{2.20}$$

式中，$s=\sigma+\mathrm{j}\omega$ 为拉氏变量；分子分母中各系数 a_0，a_1，$\cdots$，a_n 和 b_0，b_1，$\cdots$，b_m 是由电路结构与元件参数决定的实常数。

由线性网络稳定性条件所限，分母中各系数均应为正，并要求 $m\leqslant n$，n 称为网络阶数，即滤波器的阶数，反映电路复杂程度。滤波器阶数越高，过渡带越窄，滤波性能越好，但设计和实现越复杂。

复杂的滤波网络可由若干简单的一阶与二阶滤波电路级联构成，因此一阶和二阶滤波器

是构成高阶滤波器电路的基础，下面介绍一阶和二阶滤波器传递函数的一般形式。

一阶低通滤波器传递函数的一般形式为

$$H(s)=\frac{K_p\omega_0}{s+\omega_0} \tag{2.21}$$

式中，K_p 为通带增益；ω_0 为固有频率。

一阶高通滤波器传递函数的一般形式为

$$H(s)=\frac{K_p s}{s+\omega_0} \tag{2.22}$$

二阶低通滤波器传递函数的一般形式为

$$H(s)=\frac{K_p\omega_0^2}{s^2+\alpha\omega_0 s+\omega_0^2} \tag{2.23}$$

二阶高通滤波器传递函数的一般形式为

$$H(s)=\frac{K_p s^2}{s^2+\alpha\omega_0 s+\omega_0^2} \tag{2.24}$$

二阶带通滤波器传递函数的一般形式为

$$H(s)=\frac{K_p\alpha\omega_0 s}{s^2+\alpha\omega_0 s+\omega_0^2} \tag{2.25}$$

二阶带阻滤波器传递函数的一般形式为

$$H(s)=\frac{K_p(s^2+\omega_0^2)}{s^2+\alpha\omega_0 s+\omega_0^2} \tag{2.26}$$

式中，α 为阻尼系数。

选取不同的参数，同一形式的滤波器又具有不同的滤波特性，其区别主要取决于阻尼系数的不同，使得滤波器的通带波纹、过渡带衰减速度和相位等特性不同。电气测量电路中常用的滤波器有巴特沃思（逼近）滤波器、切比雪夫（逼近）滤波器、贝塞尔（逼近）滤波器。当设计的滤波器侧重某一方面的性能要求与应用特点时，选择适当的滤波器类型。

巴特沃思滤波器的幅频特性在通带内最为平坦，且单调变化，但过渡带衰减较为缓慢，选择性较差。随着电路阶数 n 的增加，巴特沃思低通滤波器的幅频曲线逐渐向理想的矩形逼近，这一规律对各种逼近方法都适用。滤波器的转折频率（3dB 截止频率）等于固有频率，即 $\omega_c=\omega_0$。巴特沃思滤波器的相频特性是非线性的，不同频率的信号通过滤波器后会出现不同的相移，而且随着电路阶数 n 的增加，相频特性的非线性逐渐增加，相频特性变差。对于二阶巴特沃思滤波器，阻尼系数 $\alpha=\sqrt{2}$。

切比雪夫滤波器的幅频特性在通带或阻带内有一定的波动，所以在电路阶数一定的情况下，其幅频特性更接近理想的矩形。切比雪夫滤波器的幅频特性在阻带内具有较陡峭的衰减特性，选择性好，且波动越大，选择性越好。对于二阶切比雪夫滤波器，阻尼系数 $\alpha<\sqrt{2}$。

贝塞尔滤波器的相频特性在通带内具有最高的线性度，群延时函数最接近常数，因此相频特性引起的失真最小。这种滤波器常用于要求信号失真小、信号频率较高的场合。对于二阶贝塞尔滤波器，阻尼系数 $\alpha=\sqrt{3}$。图 2.13 给出了四种具有相同 3dB 截止频率的五阶单位增益低通滤波器的频率特性曲线。

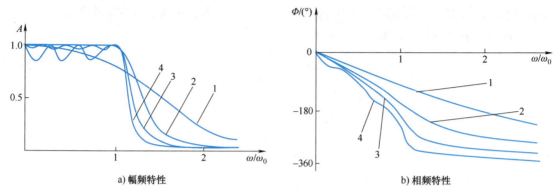

图 2.13 四种五阶低通滤波器的频率特性曲线

1—贝塞尔滤波器 2—巴特沃思滤波器 3—通带波动为 0.5dB 的切比雪夫滤波器
4—通带波动为 2dB 的切比雪夫滤波器

2.3.2　RC 滤波器及设计

在电气测量系统中，RC 滤波器，特别是由各种形式一阶与二阶有源滤波电路构成的滤波器应用最为广泛。由简单的一阶与二阶电路级联，也很容易实现复杂的高阶滤波器。本节主要介绍一阶和二阶有源滤波器。

2.3.2.1　一阶无源 RC 滤波器

图 2.14 为一阶无源 RC 低通和高通滤波器，传递函数的形式如式（2.21）和式（2.22），滤波器参数为 $K_p=1$，$\omega_0=1/(RC)$，转折频率 $\omega_c=\omega_0$。

一阶无源 RC 滤波器频率选择性较差，滤波特性（通带增益和截止频率）受负载影响，通常用于要求不高的场合。

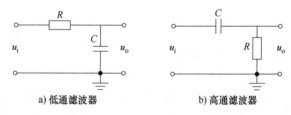

图 2.14　一阶无源 RC 滤波器

为了使滤波特性不受负载的影响，在无源滤波器和负载之间加入输入电阻高、输出电阻低的隔离电路，如运算放大器，就构成了有源滤波器。一阶有源 RC 滤波器如图 2.15 所示，传递函数的形式仍如式（2.21）和式（2.22），滤波器参数为 $K_p=1+R_3/R_2$，$\omega_0=1/(R_1C_1)$，转折频率 $\omega_c=\omega_0$。

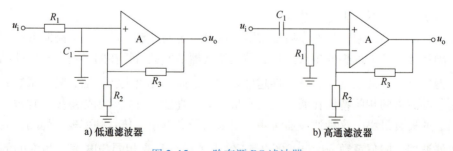

图 2.15　一阶有源 RC 滤波器

有源滤波器的优点是：体积小、质量轻、无负载效应（即滤波特性不随负载而变化），同时还可以进行信号放大。缺点是：需要一定的直流电压给运放供电；集成运放的带宽有限，不宜用于高频范围；有源滤波器的输出电压和电流的大小受有源元件自身参数和供电电源的限制，不适合用于高电压大电流的场合，只适合于信号处理电路。

2.3.2.2 二阶 RC 滤波器

常用的二阶有源 RC 滤波电路主要有压控电压源型滤波电路、无限增益多路反馈型滤波电路、双二阶环型滤波电路，这里只介绍前两种。

1. 压控电压源型滤波电路

这种滤波电路的运放采用同相输入，输入电阻很高、输出电阻很低，滤波器相当于一个电压源，故称为电压控制电压源型滤波电路。

（1）低通滤波电路

压控电压源型二阶低通滤波电路结构如图 2.16 所示，R_2、C_2 以及 R_1、C_1 分别构成两个低通环节。传递函数的形式与式（2.23）相同，滤波器的参数为

$$\begin{cases} K_p = K_f = 1 + \dfrac{R_4}{R_3} \\ \omega_0 = \dfrac{1}{\sqrt{R_1 R_2 C_1 C_2}} \\ \alpha\omega_0 = \dfrac{1}{C_1}\left(\dfrac{1}{R_1} + \dfrac{1}{R_2}\right) + \dfrac{1-K_f}{R_2 C_2} \end{cases} \quad (2.27)$$

式中，K_f 为同相放大器的增益。

传递函数分母中 s 的一次项系数需满足 $\alpha\omega_0 = \dfrac{1}{C_1}\left(\dfrac{1}{R_1} + \dfrac{1}{R_2}\right) + \dfrac{1-K_f}{R_2 C_2} > 0$，否则滤波器不能稳定工作，这就意味着通带增益 K_p 不能太大。当 $R_1 = R_2 = R$，$C_1 = C_2 = C$ 时，有

$$\begin{cases} \omega_0 = \dfrac{1}{RC} \\ \alpha = 3 - K_f \end{cases} \quad (2.28)$$

此时，电路参数必须满足 $K_f < 3$，才能稳定工作。

（2）高通滤波器

将低通滤波器中起滤波作用的电阻、电容的位置互换，便成为高通滤波器，二阶高通滤波器如图 2.17 所示。传递函数的形式与式（2.24）相同，滤波参数为

$$\begin{cases} K_p = K_f = 1 + \dfrac{R_4}{R_3} \\ \omega_0 = \dfrac{1}{\sqrt{R_1 R_2 C_1 C_2}} \\ \alpha\omega_0 = \dfrac{1}{R_2}\left(\dfrac{1}{C_1} + \dfrac{1}{C_2}\right) + \dfrac{1-K_f}{R_1 C_1} \end{cases} \quad (2.29)$$

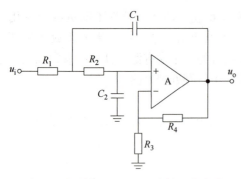

图 2.16 压控电压源型二阶低通滤波器

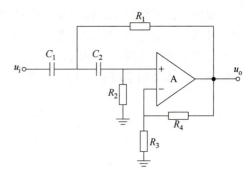

图 2.17 压控电压源型二阶高通滤波器

(3) 带通滤波器

图 2.18 为压控电压源型二阶带通滤波器，传递函数与式（2.25）相同，滤波参数为

$$\begin{cases} K_p = K_f \left[1 + \left(1 + \dfrac{C_1}{C_2}\right)\dfrac{R_1}{R_2} + (1-K_f)\dfrac{R_1}{R_3} \right]^{-1} \\ \omega_0 = \sqrt{\dfrac{R_1+R_3}{R_1 R_2 R_3 C_1 C_2}} \\ \alpha\omega_0 = \dfrac{\omega_0}{Q} = \dfrac{1}{R_1 C_1} + \dfrac{1}{R_2 C_1} + \dfrac{1}{R_2 C_2} + \dfrac{1-K_f}{R_3 C_1} \end{cases} \quad (2.30)$$

式中，$K_f = 1 + R_5/R_4$。

(4) 带阻滤波电路

常用的双 T 形网络二阶带阻滤波器如图 2.19，为使其传递函数具有如式（2.26）的形式，双 T 形网络必须具有平衡式结构，$R_1 R_2 C_3 = (R_1+R_2)(C_1+C_2)R_3$，或 $R_3 = R_1 /\!/ R_2$，$C_3 = C_1 /\!/ C_2$。可以证明，这样的电路中 R、C 元件位置互换，仍为带阻滤波电路。一般实用时，电容取值为 $C_1 = C_2 = C_3/2 = C$，这时滤波器参数为

$$\begin{cases} K_p = K_f = 1 + \dfrac{R_5}{R_4}, \\ \omega_0 = \dfrac{1}{C\sqrt{R_1 R_2}} \\ \alpha\omega_0 = \dfrac{\omega_0}{Q} = \dfrac{1}{R_2 C}\left[2 + (1-K_f)\dfrac{R_1+R_2}{R_1}\right] \end{cases} \quad (2.31)$$

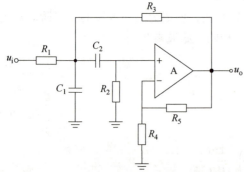

图 2.18 压控电压源型二阶带通滤波器

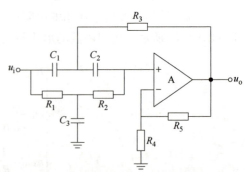

图 2.19 双 T 形网络二阶带阻滤波器

2. 无限增益多路反馈型滤波电路

（1）低通滤波器

无限增益多路反馈二阶低通滤波器如图 2.20 所示，传递函数的形式与式（2.23）相同，滤波器参数为

$$\begin{cases} K_p = -\dfrac{R_3}{R_1} \\ \omega_0 = \dfrac{1}{\sqrt{R_2 R_3 C_1 C_2}} \\ \alpha\omega_0 = \dfrac{1}{C_1}\left(\dfrac{1}{R_1}+\dfrac{1}{R_2}+\dfrac{1}{R_3}\right) \end{cases} \tag{2.32}$$

由此看出，传递函数分母中 s 的一次项系数与增益无关，并始终大于零，所以这种滤波电路对增益没有限制。对于理想运放，其增益可认为无穷大，因此称为无限增益。又由于电路存在两路反馈（R_3 和 C_2），故称为无限增益多路反馈型滤波器。

（2）高通滤波器

无线增益多路反馈二阶高通滤波器如图 2.21 所示，传递函数的形式与式（2.24）相同，滤波器参数为

$$\begin{cases} K_p = -\dfrac{C_1}{C_3} \\ \omega_0 = \dfrac{1}{\sqrt{R_1 R_2 C_2 C_3}} \\ \alpha\omega_0 = \dfrac{C_1+C_2+C_3}{R_2 C_2 C_3} \end{cases} \tag{2.33}$$

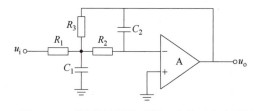 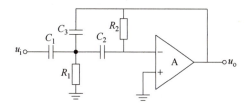

图 2.20　无限增益多路反馈二阶低通滤波器　　图 2.21　无限增益多路反馈二阶高通滤波器

（3）带通滤波器

无线增益多路反馈二阶高通滤波器如图 2.22 所示，传递函数的形式与式（2.25）相同，滤波器参数为

$$\begin{cases} K_p = -\dfrac{R_3 C_1}{R_1(C_1+C_2)} \\ \omega_0 = \sqrt{\dfrac{R_1+R_2}{R_1 R_2 R_3 C_1 C_2}} \\ \alpha\omega_0 = \dfrac{\omega_0}{Q} = \dfrac{1}{R_3}\left(\dfrac{1}{C_1}+\dfrac{1}{C_2}\right) \end{cases} \tag{2.34}$$

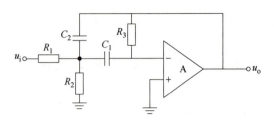

图 2.22 无限增益多路反馈二阶高通滤波器

无限增益多路反馈一般用于构成低通、高通或带通滤波电路，不用于构成带阻滤波电路。

2.3.2.3 有源滤波器的设计

有源滤波器的设计主要包括确定传递函数、选择电路结构、选择有源器件与计算无源元件参数四个过程。在这些具体设计之前，先要确定好如下性能：

1）滤波器的类型。包括设计的滤波器为低通、高通、带通或者带阻滤波器，以及滤波器是巴特沃思、切比雪夫、贝塞尔或者椭圆滤波器。

2）滤波器的通带截止频率和阻带截止频率以及通带增益和阻带衰减。

3）滤波器的其他要求，如通带波纹、线性相频特性等。

在实际系统中低通滤波器应用最为广泛也最为重要。设计高通滤波器、带通滤波器或带阻滤波器时，可首先设计一个低通滤波器，然后再通过频率变换转变为高通、带通或带阻滤波器。

一般来说，带通和带阻滤波器可分为宽带与窄带两种。用低通与高通滤波器级联可实现宽带的带通滤波器，宽带的带阻滤波器可以用低通与高通滤波器的并联来实现。一般在电气测量系统中，宽带的带通或带阻滤波器应用远不如窄带普遍，例如滤除50Hz工频干扰等，通常要求有较高的品质因数。不论采用哪种电路结构，单级电路品质因数均不宜过高。为了构成品质因数较高的窄带带通或带阻滤波器，可以多级级联，并且各级品质因数尽量一致。n级具有相同品质因数Q的二阶电路级联后总的品质因数Q_n为

$$Q_n = \frac{Q}{\sqrt{\sqrt[n]{2}-1}} \tag{2.35}$$

1. 确定传递函数

由于滤波器各方面特性难以兼顾，设计时根据应用特点，首先选择一种具体的滤波器形式。一般在电气测量系统中，只有个别对相位失真非常敏感的电路才会采用贝塞尔滤波器，大多数情况下可采用巴特沃思逼近和切比雪夫滤波器。当阶数一定时，切比雪夫滤波器过渡带更为陡峭，阻带衰耗比巴特沃思滤波器高大约$6(n-1)$dB，但信号失真较为严重，对元件准确度要求也更高，也即切比雪夫滤波器的参数灵敏度更高。

滤波器阶数一般可根据经验确定，对通带增益变化和阻带衰耗有一定要求时，应根据通带截止频率ω_p及通带最大衰减（波纹）A_p、阻带截止频率ω_r及阻带最大衰减（波纹）A_r来确定电路阶数。设计巴特沃思低通滤波器时，阶数可用下式确定

$$n = \frac{\lg\sqrt{\frac{10^{0.1A_r}-1}{10^{0.1A_p}-1}}}{\lg(\omega_r/\omega_p)} \tag{2.36}$$

设计切比雪夫低通滤波器时,阶数可用下式确定

$$n = \frac{\text{arc ch}\sqrt{\frac{10^{0.1A_r}-1}{10^{0.1A_p}-1}}}{\text{arc ch}(\omega_r/\omega_p)} \tag{2.37}$$

求出的 n 不一定是整数,应该对其取整后再加上 1。

在确定电路阶数后,巴特沃思滤波器和切比雪夫滤波器分别按下列两式确定传递函数。

$$H(s) = \begin{cases} K_p \prod_{k=1}^{N} \dfrac{\omega_c^2}{s^2+2\omega_c\sin\theta_k s+\omega_c^2} & n=2N \\ \dfrac{K_p\omega_c}{s+\omega_c} \prod_{k=1}^{N} \dfrac{\omega_c^2}{s^2+2\omega_c\sin\theta_k s+\omega_c^2} & n=2N+1 \end{cases} \tag{2.38}$$

$$H(s) = \begin{cases} K_p \prod_{k=1}^{N} \dfrac{\omega_p^2(\sinh^2\beta+\cos^2\theta_k)}{s^2+2\omega_p\sinh\beta\sin\theta_k s+\omega_p^2(\sinh^2\beta+\cos^2\theta_k)} & n=2N \\ \dfrac{K_p\omega_p\sinh\beta}{s+\omega_p\sinh\beta} \prod_{k=1}^{N} \dfrac{\omega_p^2(\sinh^2\beta+\cos^2\theta_k)}{s^2+2\omega_p\sinh\beta\sin\theta_k s+\omega_p^2(\sinh^2\beta+\cos^2\theta_k)} & n=2N+1 \end{cases} \tag{2.39}$$

由于模拟滤波器的设计理论已经相当成熟,相应于特定的滤波器逼近方法,很多常用的滤波器设计参数已经表格化,从而简化滤波器设计,因此实际中更多采用的是查表法。

例如设计巴特沃思滤波器,先确定阶数,然后查表 2.4 求得归一化传递函数 $H_1(s)$,再由滤波器的设计指标确定 3dB 截止频率 ω_c,最后将 $H_1(s)$ 中的 s 用 s/ω_c 代替,去归一化后得到实际滤波器的 $H(s)$。

表 2.4 巴特沃思归一化低通滤波器的分母多项式

阶次	多项式
1	$s+1$
2	$1+1.414s+s^2$
3	$(1+s)(1+s+s^2)$
4	$(1+1.848s+s^2)(1+0.765s+s^2)$
5	$(1+s)(1+1.618s+s^2)(1+0.618s+s^2)$

2. 电路结构选择

压控电压源型滤波电路使用元件数目少,对有源器件特性理想程度要求较低,结构简单、调整方便、性能比较优良,应用较为广泛。但压控电压源电路利用正反馈补偿 RC 网络中能量损耗,反馈过强将降低电路稳定性。品质因数 Q 值表达式均包含 $-K_f$ 项,K_f 过大可能会使 Q 值趋向无穷大或变负,导致电路自激振荡。此外,这种电路灵敏度高,且与 Q 值成正比,如果电路 Q 值较高,外界条件变化会使电路性能发生较大变化,若电路在临界稳定条件下工作,也会导致自激振荡。因此,这种电路不适宜实现高性能滤波器。

无限增益多路反馈滤波电路与压控电压源滤波电路使用元件数目相近,由于不存在正反馈,所以稳定性高。其不足之处是对运算放大器理想程度要求比较高,而且调整不如压控电压源滤波电路方便。对于低通与高通滤波器,二者灵敏度相近,但对于如图 2.22 所示的带

通滤波器，其 Q 值相对 R、C 变化的灵敏度不超过 1，因而可实现更高的 Q 值。但考虑到实际运放开环增益并非无限大，特别是当信号频率较高时，受单位增益带宽的限制，其开环增益会明显降低。因此这种滤波电路也不允许 Q 值过高，一般不应超过 10。

双二阶环电路使用元件数目较多，但电路性能稳定，调整方便、灵敏度低。高性能有源滤波器以及许多集成的有源滤波器，多以双二阶环电路为原型。

电路结构类型的选择与特性要求密切相关。特性要求较高的电路应选择灵敏度较低的电路结构。设计实际电路时特别注意电路的品质因数，因为许多电路当 Q 值较高时灵敏度也比较高。即使低灵敏度的电路结构，如果 Q 值过高，也难以保证电路稳定性。一般来说，低阶的低通与高通滤波电路 Q 值较低，灵敏度也较低。高阶的低通与高通滤波电路某些基本环节 Q 值较高，如果特性要求较高，必须选择灵敏度较低的电路结构。窄带的带通与带阻滤波器 Q 值较高，也应该选择灵敏度较低的电路结构。从电路布局方面考虑，多级滤波器电路级联时应将高 Q 值的电路安排在前级。

3. 有源器件的选择

前面讨论的有源滤波电路，均认为集成运放是理想的，各种不理想因素都被忽略不计，例如认为集成运放的开环增益无限大，输入失调电压与电流为零。实际设计时应考虑以下两个方面：①器件特性不理想，如单位增益带宽太窄、开环增益过低或不稳定，这些将会改变其传递函数性质，一般情况下会限制有用信号频率上限；②有源器件不可避免会引入噪声，降低信噪比。有时还应考虑运放的输入输出阻抗。

目前受有源器件自身带宽的限制，有源滤波器只用于较低频率范围，但对于多数电气测量系统，基本能够满足使用要求。

4. 无源参数的计算

当需要设计大于或等于三阶的滤波器时，通常是将几个一阶或二阶滤波器级联。例如设计一个四阶滤波器，可用两个二阶滤波器级联得到。已知滤波器的传递函数后，便可确定每级滤波器的传递函数。在确定传递函数和电路结构后，就可以根据滤波器参数公式联立方程组。由传递函数可知，电路元件数目总是大于滤波器特性参数的数目，因而元件参数并不唯一，通常总是先选定一个或若干个无源元件的参数，然后计算其余元件值。由于电容的系列值较少，可选范围受限制，因而设计滤波器时尽可能先选定电容值。用公式法设计滤波器概念清晰，但在实际设计时往往计算工作量很大，这也是这种方法最大的缺点。

现代滤波器设计采用计算机辅助设计，但在一般简单的电路设计中，利用图表法不失为一种方便实用的方法。下面以具有不同增益的无限增益多路反馈四阶巴特沃思低通滤波器的设计为例予以说明。高通滤波器、带通滤波器以及带阻滤波器都可以采用相似的方法设计。

四阶滤波器可通过两个二阶滤波器级联实现，二阶无限增益多路反馈低通滤波器的电路形式如图 2.20 所示。首先根据给定的截止频率 f_c，参考表 2.5 选择电容 C_1。设计其他二阶有源滤波器时，也可参考该表。

表 2.5 二阶有源滤波器设计电容选择用表

f_c/Hz	<100	100~1000	$(1\sim10)\times10^3$	$(10\sim100)\times10^3$	$>100\times10^3$
C_1/μF	10~0.1	0.1~0.01	0.01~0.001	$(1000\sim100)\times10^{-6}$	$(100\sim10)\times10^{-6}$

然后根据所选择电容 C_1 的实际值，按照下式计算电阻换标系数 K

$$K = \frac{100}{f_c C_1} \quad (2.40)$$

式中，f_c 的单位为 Hz；C_1 是为以 μF 为单位的电容值。

再从表 2.6 中查出与通带增益对应的电容值及 $K=1$ 时的电阻值。最后将这些阻值乘以换标系数 K，即可得到各电阻的设计值。

表 2.6　四阶无限增益多路反馈巴特沃思级联低通滤波器设计表

电路元件值（电阻为参数 $K=1$ 时的值，单位为 kΩ）					
增益	1	4	36	100	节
R_1	5.321	5.230	3.167	3.052	
R_2	9.521	5.153	8.886	8.299	1
R_3	5.321	10.460	19.003	30.522	
C_2	$0.05C_1$	$0.047C_1$	$0.015C_1$	$0.01C_1$	
增益	1	4	36	100	节
R_1	2.334	1.750	1.411	1.187	
R_2	3.289	3.289	2.992	4.268	2
R_3	2.334	3.501	8.467	11.871	
C_2	$0.33C_1$	$0.22C_1$	$0.1C_1$	$0.05C_1$	

实际设计中，电阻、电容设计值很可能与标称系列值不一致，而且标称值与实际值也会存在差异。灵敏度较低的低阶电路，元件参数相对设计值误差不超过 5%，一般可以满足设计要求；对五阶或六阶电路，元件误差应不超过 2%；对于七阶或八阶电路，元件误差应不超过 1%。如对滤波器特性要求较高或滤波器灵敏度较高，对元件参数精度要求还应进一步提高。

例 2.1　设计一个低通滤波器，要求 3dB 截止频率 $f_c=600$Hz，通带增益 $K_p=4$ 且保持平坦，在 $f_r=1100$Hz 处至少衰减 20dB。

解：依据题意要求，滤波器在通带内增益平坦，因而选择巴特沃思滤波器。要求在 1100Hz 处衰减为 20dB，则滤波器的阶数 n 为

$$n = \frac{\lg\sqrt{\frac{10^{0.1A_r}-1}{10^{0.1A_p}-1}}}{\lg(\omega_r/\omega_p)} = \frac{\lg\sqrt{\frac{10^{0.1\times 20}-1}{10^{0.1\times 3}-1}}}{\lg(1100/600)} = 3.8 \quad (2.41)$$

实际选择 $n=4$。根据截止频率 f_c，查表 2.5 选择电容 $C_1=0.01$μF，由式（2.40）计算得到电阻换标系数 $K=16.67$。查表 2.6 交叉引用得到各级归一化的电阻值，再乘以 K 得到设计值。滤波器中电阻的归一化值、设计值以及标称值见表 2.7。两级滤波器的电容器 C_2 分别取 470pF 和 2200pF。

利用计算机进行滤波器辅助设计时，只要输入滤波器的特性参数，就可得到滤波器的电路图以及有源元件和无源元件的参考选择方案，并且能够仿真得到滤波器的幅频特性和相频特性，是目前广泛采用的方法。滤波器设计软件分为两类：一类是通用电路仿真软件，这些软件中的多数可以进行滤波器的设计，如 Matlab、Multisim 等；另外一类是专门的滤波器设计软件，如 Filter Solutions、Filter Wiz Pro 等。滤波器设计软件不仅可以获得满意的效果，而且更加简单灵活。限于篇幅，这里对各类软件的使用不作详细讨论。

表 2.7 滤波器中电阻的归一化值、设计值以及标称值

阻值	节 1			节 2		
	R_1	R_2	R_3	R_1	R_2	R_3
归一化值	5.230	5.153	10.460	1.750	3.289	3.501
设计值（kΩ）	87.2	85.9	174.4	29.2	54.8	58.4
标称值（kΩ）	91	82	180	30	56	56

2.3.3 集成有源滤波器

目前，已有许多集成有源滤波器，只需要在外围接上少量的电阻和电容元件便能组成各种有源滤波器，如 LTC1562、MAX274/275、MAX260/261/262。LTC1562 是一款低噪声、低失真、连续时间、中心频率在 10~150kHz 之间的通用有源 RC 滤波器。其内部的四个独立的二阶滤波器块可以以任何组合级联，如一个八阶或两个四阶滤波器。每个滤波器块的响应都可以通过三个外部电阻阻值设置。每个二阶滤波器块都可以作为低通或带通滤波器输出，如果将外部电阻器件换成电容器件，也可以作为高通滤波器输出。

图 2.23 是将 LTC1562 接成 2 个四阶低通巴特沃思滤波器的典型接法，图中 R_Q 电阻用于调节 Q 值，R_{IN} 电阻与 R_2 电阻用于调节截止频率。采用不同的 R_Q、R_{IN} 和 R_2 值时，可以得到不同截止频率的巴特沃思、切比雪夫、贝塞尔低通滤波器，参数的选择参照 LTC1562 技术手册。图 2.23 中的元件参数是将 LTC1562 接成 2 个四阶巴特沃思低通有源滤波器，滤波器的截止频率为 100kHz。

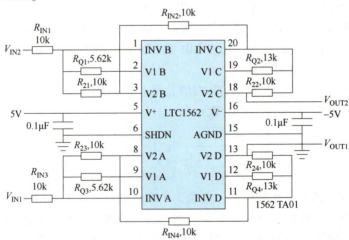

图 2.23 LTC1562 低通巴特沃思滤波器的典型接法

MAX274/275 是四阶和八阶连续时间有源滤波器芯片，可实现巴特沃思、切比雪夫和贝塞尔低通、带通滤波器功能。

MAX260/261/262 是可编程有源滤波器芯片，可用微处理器控制，方便构成低通、高通、带通、带阻以及全通滤波器，不需外接元件。

2.4 信号采集

2.4.1 采样/保持器

2.4.1.1 采样/保持器原理

任何一种 A/D 转换器从启动转换到转换结束输出数字量,都需要一定的转换时间,在这个转换时间内,模拟量不能发生变化,否则将直接影响转换精度,特别当输入信号频率较高时,会造成很大的转换误差。为了解决这个问题,需要在 A/D 转换开始时将输入信号的电平保持住,以保证在转换期间输入量不变化,而在 A/D 转换结束后又能跟随输入信号的变化,能完成这种功能的器件称为采样/保持器(S/H)。

采样/保持器是一种具有信号输入、输出以及由外部指令控制的模拟门电路,主要由模拟开关 S、保持电容 C_H、缓冲放大器 A_1、A_2 组成,一般结构如图 2.24 所示。

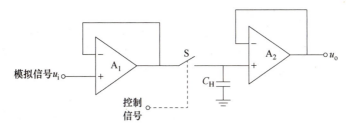

图 2.24 采样/保持器的一般结构形式

采样/保持器具有两个稳定的工作状态:采样(跟踪)状态和保持状态。在采样状态,它尽可能快地接收模拟输入信号,并精确地跟踪输入信号的变化,一直到接到保持指令为止;在保持状态,对接收到保持指令前一瞬间的模拟信号进行保持。

1) 采样(跟踪)状态:控制信号使模拟开关 S 闭合,模拟输入信号 u_i 对 C_H 快速充电,输出电压 u_o 跟踪输入信号 u_i 的变化。

2) 保持状态:控制信号使模拟开关 S 断开,由于 A_2 的输入阻抗极大,C_H 没有放电回路,理想情况下 C_H 的电压保持模拟开关断开前瞬间的输入信号 u_i 的值不变,输出电压 u_o 也随之保持输出值不变,直至模拟开关再次闭合。

保持电容 C_H 对采样/保持的精度有很大的影响。如果 C_H 过大,则其时间常数大,由于电容充电时间长,将会影响输出信号对输入信号的跟踪特性,而且在跟踪的瞬间,电容两端的电压会与输入电压有一定的误差;如果 C_H 过小,则在处于保持状态时,由于电容漏电流的存在或负载内阻太小的影响,会引起保持信号电平的变化。

因此,在选择电容时,大小要适宜,以保证其时间常数适中,并选用泄漏小的电容。实际中,电容值一般选 100~1000pF 之间。电容选聚四氟乙烯电容或聚苯乙烯电容,其绝缘阻抗高,漏电流小。

2.4.1.2 采样/保持器技术参数

1. 孔径时间 t_{AP}

孔径时间是指保持指令发出瞬间到模拟开关有效切断所经历的时间。模拟开关从关闭到完全断开需要一定时间,当接到保持指令时,采样/保持器的输出并不保持在指令发出瞬时的输入值上,而是会跟着输入变化一段时间。由于孔径时间的存在,采样/保持器实际保持的输出值与希望的输出值之间存在一定误差,该误差称为孔径误差。

2. 捕捉时间 t_{AC}

捕捉时间是指当采样/保持器从保持状态转到跟踪状态时,输出电压从保持状态的值到开始跟踪输入电压并达到一定误差范围(与被测电压的误差在±0.01%~±0.1%范围之内)所需的时间。显然,采样周期必须大于捕捉时间,才能保证采样阶段能充分地采集到输入模拟信号。

3. 保持电压的下降

当采样/保持器处于保持状态时,由于保持电容 C_H 的泄漏电流、运放 A_2 的输入偏置电流等原因使保持电压值下降,下降值随保持时间增大而增加,常用保持电压的下降率来表示

$$\frac{\Delta U}{\Delta t} = \frac{I_D}{C_H} \qquad (2.42)$$

式中,I_D 为保持阶段流过保持电容 C_H 的总泄漏电流。

为了使保持状态的电压变化率不超过允许值,须选用高质量的保持电容,如聚四氟乙烯电容,使电容本身的介质漏电和介质吸附效应引起的电荷变化减小。选用漏电流小的模拟开关,以及采用高输入阻抗的输出运放,可减小总的泄漏电流 I_D,从而减小电压变化率。

4. 馈送

在采样/保持器处于保持状态时,保持电容上的电压应与输入电压变化无关。但实际上断开的模拟开关存在寄生电容,输入信号的交流分量通过寄生电容加到 C_H 上,引起输出电压的微小变化,称为馈送。这时采样/保持电路的输出电压上叠加了馈送产生的误差电压,相当于纹波干扰。输入信号频率较高时,馈送影响也大。

2.4.2 A/D 转换器

A/D 转换器将输入的电压模拟信号转换为数字量,是数字化电气测量系统中不可缺少的单元。按照 A/D 转换原理的不同,A/D 转换器分为直接型和间接型两大类:直接型 A/D 转换器将输入模拟电压信号直接转换成数字代码,不经过任何中间变量;间接型 A/D 转换器将输入的模拟电压信号转换成某种中间变量(如时间、频率、脉冲宽度等),然后再将中间变量转换成数字代码。

A/D 转换器的主要技术参数包括:

(1) 分辨率

分辨率指 A/D 转换器所能分辨模拟信号的最小变化量,即输出数字量变化相邻数码时对应输入模拟电压的变化量。设 A/D 转换器的位数为 n,满刻度电压为 FSR,则 A/D 转换器的分辨率定义为

$$\text{分辨率} = \frac{\text{FSR}}{2^n} \qquad (2.43)$$

例如,一个满刻度电压为 10V 的 12 位 A/D 转换器,能够分辨输入模拟电压的最小变化值为:$10V/2^{12} = 2.44\text{mV}$。

由于分辨率直接与转换器的位数有关,所以通常以 A/D 转换器的位数 n 来表示分辨率,

如 ADS7830 的分辨率为 8 位，AD7490 的分辨率为 12 位，AD7606 的分辨率为 16 位等。输出数字位数越多、量化单位越小，A/D 转换器的分辨能力也越高。

（2）转换时间

转换时间指完成一次 A/D 转换所需的时间。转换速率是转换时间的倒数，表示单位时间内完成转换的次数。例如 AD7490 转换时间为 800ns，其转换速率为 1.25MHz。

（3）转换误差

转换误差包括积分非线性、差分非线性等，分别如下：

1）积分非线性：是 A/D 转换器实际转换特性与拟合直线之间的最大偏差，常用最低有效位的倍数表示，例如，AD7606 的积分非线性为 LSB/2。

2）差分非线性：任意两个相邻数码之间所测得输入变化值与理想 1LSB 值之间的差异。

3）失调误差：也称为偏移误差，对于单极性 A/D 转换器是指第一个数字输出跃迁（从 00…000~00…001）时对应的实际输入电压和理想输入电压之间的偏差。失调误差将整个传递函数偏移相同的值，可以通过调节电路加以消除。

4）满刻度误差：最后一个数码跃迁点（从 11…110~11…111）对应的实际输入电压与理想输入电压之差。

5）增益误差：输出数码最后一次跃迁与第一次跃迁对应的实际输入电压差与理想电压差之间的偏移。

不同 A/D 转换器厂家的技术手册中对于转换误差的术语解释可能不完全一样，但本质相同。此外，手册中给出的转换误差是在一定的环境温度和电源电压下得到的数据，如果条件改变，将会引起附加的转换误差。

（4）精度

A/D 转换器的精度分为绝对精度和相对精度两种：绝对精度是指 A/D 转换器输出的数字量对应的模拟电压与实际模拟输入电压的差值；相对精度为绝对精度与满量程电压值之比的百分数。精度由误差决定，误差包括上述失调误差、增益误差、积分非线性等，也包括量化误差。

（5）量程

量程指 A/D 转换器所能转换的输入电压范围，如-5~5V，0~10V，0~5V 等。

常用的 A/D 转换器类型包括双斜积分式 A/D 转换器、逐次逼近型 A/D 转换器、并联比较型 A/D 转换器、电压/频率（V/F）型 A/D 转换器和 Δ-Σ 型 A/D 转换器。

双斜积分式 A/D 转换器的积分时间相对较长，转换速率低，一般可以利用多斜式 A/D 转换器来提高转换速率，但是这样会使得电路更为复杂，且需要使用精密电阻。典型的双斜积分式 A/D 转换器型号包括 ICL7109（12 位）和 ICL7104（16 位）等。

逐次逼近型 A/D 转换器采用逼近方法进行测量，转换速度快，转换时间固定，不随信号的变化而变化，是目前运用最为广泛的 A/D 转换器。但是，逐次逼近型 A/D 转换器测量的精度取决于移位保持寄存器的位数，且其抗干扰能力比较差。典型的 8 位逐次逼近型 A/D 转换器包括 ADS7830、ADC1175、ADC081S021、ADC1173 等，典型的 16 位逐次逼近型 A/D 转换器包括 AD7616、ADS1115、AD7689 等。

并联比较型 A/D 转换器，又称 Flash 型 A/D，属于直接 A/D 转换器，采用同时比较的方式，仅做一次比较就能得到结果，转换速度极快，转换时间可达 10ns，是所有 A/D 转换器中速度最快的一种。并联比较型 A/D 转换器转换时间固定，不随输入电压的改变而变化。

但是其电路复杂，n 位分辨率需要 2^n-1 个比较器，随着 A/D 分辨率的增加，电路规模急剧扩大。因此，并联比较型 A/D 转换器通常用于低分辨率（8~10 位）、高速应用场合。

电压/频率（V/F）型 A/D 转换器将被测电压转换成脉冲频率，具有精度高、线性度好、应用电路简单、对外围器件性能要求不高、价格便宜、便于与微机接口等优点。典型的 V/F 型 A/D 转换器包括：ADVFC32、AD537、AD650、AD652、AD654、AD7740、AD7741、LM131/231/331、VFC32/42/52/62、VFC100/110、VFC320 等。

Δ-Σ 型 A/D 转换器由 Δ-Σ 调制器和数字抽取滤波器组成。首先对模拟信号进行过采样，然后使用 Δ-Σ 调制将其转换为与模拟信号的幅度相对应的低位数码（比如 1 位），最后用数字滤波器去除噪声并进行数据抽取处理，从而完成在原始采样频率下向数字信号的转换。Δ-Σ 型 A/D 转换器不是直接根据采样数据的每一个采样值的大小进行量化编码，而是将前后相邻两次的取样值之差即所谓的增量进行量化和编码。由于采用了 Δ-Σ 调制技术和数字抽取滤波，Δ-Σ 型 A/D 转换器分辨率高（可达 24 位），且抽样与量化编码可以同时完成，不需要采样/保持电路。Δ-Σ 型 A/D 转换器对噪声的抑制能力强，但在高速转换时需要高阶调制器，且在转换速率相同的条件下，比双斜积分式和逐次逼近型 A/D 转换器的功耗高。典型的 Δ-Σ 型 A/D 转换器包括：24 位分辨率的 AD7175 和 AD7731、32 位分辨率的 AD7177 等；高速模/数转换器产品 AD9961（200MSPS），AD9865（80MSPS）等。

2.4.3 采集速率

A/D 转换器在对模拟信号转换时，需要一定的转换时间，如果在此时间内，输入的模拟信号值仍在变化，则会引起转换结果的误差。假设输入信号为 $u(t)=U_m\sin\omega t$，最大误差一定出现在信号斜率最大处，则

$$\frac{\mathrm{d}u}{\mathrm{d}t}=\omega U_m\cos\omega t=2\pi fU_m\cos\omega t \tag{2.44}$$

$$\left(\frac{\mathrm{d}u}{\mathrm{d}t}\right)_{\max}=2\pi fU_m \tag{2.45}$$

如果输入信号不经采样/保持器，直接加入 A/D 转换器，并设在转换期间，允许的电压最大变化不超过 1/2LSB，则

$$\left(\frac{\mathrm{d}u}{\mathrm{d}t}\right)_{\max}t_c\leqslant\frac{1}{2}\mathrm{LSB}=\frac{U_{\mathrm{FS}}}{2^{n+1}} \tag{2.46}$$

式中，t_c 为 A/D 转换时间；U_{FS} 为满刻度电压值；n 为 A/D 转换位数。

设 $U_{\mathrm{FS}}=2U_m$，可采集的信号最高频率为

$$f_{\max}=\frac{1}{2^{n+1}\pi t_c} \tag{2.47}$$

可见，系统可采集的最高信号频率受 A/D 转换器的位数和转换时间的限制。例如，12 位 A/D 转换器 AD774，其转换时间 $t_c=8\mu s$，若允许信号变化为 1/2LSB，系统可采集的最高信号频率为

$$f_{\max}=\frac{1}{2^{n+1}\pi t_c}=\frac{1}{2^{13}\times 3.14\times 8\times 10^{-6}\mathrm{s}}\approx 4.86\mathrm{Hz} \tag{2.48}$$

若在 A/D 转换器前面加入一个孔径时间为 t_{AP} 的采样/保持器，这时就是在采样/保持器

的孔径时间 t_{AP} 内讨论可采集模拟信号的最高频率。仍考虑对正弦信号采样，要求误差小于 LSB/2，可采集的信号最高频率为

$$f_{max} = \frac{1}{2^{n+1}\pi t_{AP}} \tag{2.49}$$

由于采样/保持器的孔径时间 t_{AP} 一般远远小于 A/D 转换器的转换时间 t_c，所以加上采样/保持器后的系统可采集的信号最高频率要大于未加采样/保持器的情况。例如，在 AD774 之前加入采样/保持器 SMP11S，其孔径时间 $t_{AP}=50\text{ns}$，这时系统可采集的最高信号频率为

$$f_{max} = \frac{1}{2^{n+1}\pi t_{AP}} = \frac{1}{2^{13}\times 3.14\times 50\times 10^{-9}\text{s}} \approx 777.52\text{Hz} \tag{2.50}$$

如果想采集更高频率的信号，可以使用孔径时间更小的采样/保持器。

对于一个带采样/保持器的数据采集系统，每次数据采集过程都包含一次采样和一次 A/D 转换，所以，采样/保持器和 A/D 转换器各完成一次动作所需时间之和应小于等于采样周期 T_s，即

$$t_{AC} + t_{AP} + t_c \leq T_s \quad \text{或} \quad f_s = \frac{1}{T_s} \leq \frac{1}{t_{AC}+t_{AP}+t_c} \tag{2.51}$$

式中，t_{AC} 为采样/保持器捕捉时间；t_{AP} 为采样/保持器的孔径时间；t_c 为模拟-数字量转换时间。

根据采样定理，采样频率须大于等于信号最高频率的 2 倍，这意味着带采样/保持器的采集系统能处理的最高输入信号频率为

$$f_{max} = \frac{1}{2(t_{AC}+t_{AP}+t_c)} \tag{2.52}$$

这说明数据采集系统能够采集的信号最高频率既要受到采样/保持器的孔径时间 t_{AP} 和 A/D 转换器精度 n 的限制，也要受到采样定理的限制。

2.4.4　模拟多路开关

多路开关主要用于多个模拟信号的切换，即在某一时刻让某一路信号通过，而其余各路信号均断开。在信号较多且速度要求不是太高的数据采集系统中，可以用多路开关共用采样/保持器和 A/D 转换器，从而降低硬件成本。

模拟多路开关的种类很多，有机械触点多路开关、晶体管开关、结型场效应晶体管开关、CMOS 场效应管开关和集成电路开关等。在选择多路开关时，主要考虑以下指标：

1）通道数量，对传输信号的精度和开关切换速度有直接影响，通道数目越多，寄生电容和泄漏电流通常也越大，通道间的干扰也越严重。

2）泄漏电流，指通过断开的模拟开关的漏电流。当多路开关有一个通道接通后，其他各通道开关的总泄漏电流将通过导通的开关流经信号源，在输出端形成一个误差电压，影响精度。如果通道数增加或者信号源内阻很大时，情况更加严重，这时就特别需要考虑多路开关的泄漏电流，一般希望泄漏电流越小越好。

3）开关电阻，分为导通电阻和截止电阻。导通电阻是指开关闭合时所呈现的电阻；截止电阻是指开关断开时所呈现的电阻。导通电阻会导致信号损失，使精度降低，尤其是当开关串联的负载为低阻抗时损失更大。

4) 开关时间，指开关接通或断开的时间。若需要传输快速变化的信号，就要求选择开关时间短、切换速度高的多路开关。

多路开关在做通道转换时，应选用"先断后合"的多路开关，否则就会出现两个通断短接的现象，严重时会损坏信号源或多路开关。但是，在程控增益放大器中，若用多路开关来改变运算放大器的反馈电阻，改变放大器的增益时，就不宜选用"先断后合"的多路开关，否则会出现放大器开环的情况。

集成多路模拟开关分为有译码器的多路开关和无译码器的多路开关。无译码器的多路开关典型芯片包括 AD7510、AD7511、CD4066、TS3A4741 等，这类芯片每个通道开关都有各自的控制端。其优点是每个开关都可以单独通断，也可以同时通断；缺点是引脚较多，使得片内所集成的开关较少，且当巡回检测点较多时，控制复杂。有译码器的多路开关典型芯片包括 AD7506、CD4067、AD7507、CD4097 等，通过外部地址输入，经译码器译码后，接通与地址码相对应的一个开关。

模拟多路开关可以用于量程转换，也就是根据输入信号的大小，合理选择程控衰减器的衰减系数及程控放大器的放大系数，使得输出电压满足 A/D 转换器对输入的要求。当输入信号较大时，通过模拟多路开关选择大量程，衰减器按某一比例对信号进行衰减，而放大器放大倍数为 1，放大器的输出电压落在 A/D 转换器要求的范围之内。当输入信号较小时，通过模拟多路开关选择小量程，衰减器不进行衰减（处于直通状态），放大器按某一比例进行放大，放大器输出仍然落在 A/D 转换要求的范围之内。例如，某数字电压表有 5 个量程：40mV、400mV、4V、40V 和 400V，其中 4V 为基本量程。为此，40mV 和 400mV 量程不进行衰减，而分别放大 100 倍和 10 倍统一到 4V 基本量程；对于 40V 和 400V 量程，放大倍数为 1，而分别经过 1/10 和 1/100 的衰减统一到 4V 基本量程。

2.4.5 多路采集系统结构

加入采样/保持器后的多路 A/D 通道的结构形式可分为以下 3 种：

1) 每个通道都有各自的采样/保持器（S/H）和 A/D 转换器，称为并行多通道，如图 2.25a 所示。这种结构形式可以对各通道输入信号进行同步、高速数据采集。

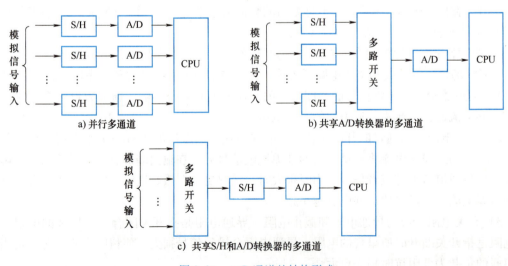

图 2.25 A/D 通道的结构形式

2）各通道有各自独立的 S/H，共享 A/D 转换器，如图 2.25b 所示。通过多路开关，对各路信号分时进行 A/D 转换，能够实现多路信号的同步采集，但采集速度稍慢。

3）各通道共享一个 S/H 和 A/D 转换器，如图 2.25c 所示。工作时通过多路开关将各路信号分时切换，输入到公用的采样/保持器中，实现多路信号的分时采集，而非同步采集，并且采集速度最慢。优点是节约硬件成本，适用于对采集速度要求不高的场合。

A/D 转换器前是否需要加入采样/保持器取决于信号的频率和 A/D 转换器的转换时间。当输入的是直流或变化缓慢的模拟信号时，可省去采样/保持器。目前有很多 A/D 转换器芯片中集成了采样/保持功能，这时也不需要额外的采样/保持电路。

2.5 标度变换

被测物理量通过传感器转换为电量，再通过 A/D 转换后得到与被测量对应的数字量。该数字量仅代表了被测参数的大小，并不是原来真正的带有量纲的参数值，因此必须把它转换为带有量纲的数值，这种转换就是标度变换。

标度变换方法有模拟变换方法和数字变换方法。模拟式通常是利用程控衰减器和程控放大器组合来实现，也可以利用逻辑电路和计数器组成具有 +、-、×、÷ 功能的电路来实现。这里主要介绍数字式标度变换的原理。

标度变换分为线性标度变换和非线性标度变换两种。

1. 线性标度变换

假设包括传感器在内的整个数据采集系统是线性的，被测物理量的变化范围为 $A_0 \sim A_m$，物理量的实际测量值为 A_x，A_0 对应的 A/D 转换后的数字量为 N_0，A_m 对应的数字量为 N_m，A_x 对应的数字量为 N_x，则标度变换公式为

$$A_x = A_0 + (A_m - A_0) \frac{N_x - N_0}{N_m - N_0} \tag{2.53}$$

式中，A_0、A_m、N_0、N_m 对于某一固定的参数，或者仪器的某一量程来说，均为常数，可以事先存入计算机。

为了使程序简单，通常通过一定的处理，使被测参数的起点 A_0 对应的 A/D 转换值为零，即 $N_0 = 0$，这样式（2.53）变为

$$A_x = A_0 + (A_m - A_0) \frac{N_x}{N_m} \tag{2.54}$$

例如，温度测量范围为 10~100℃，采用 8 位 A/D 转换器，对应温度测量范围，A/D 转换结果的范围为 0~FFH，按式（2.54）可求得

$$A_x = 10 + (100 - 10) \frac{N_x}{255} = 0.35 N_x + 10 \tag{2.55}$$

当 A/D 转换值为十六进制值 30H 时，对应的温度为 $A_x = (0.35 \times 48 + 10)℃ = 26.8℃$。

2. 非线性标度变换

实际中许多仪器仪表所使用的传感器都是非线性的。这种情况下应先进行非线性校正，然后再按照前述的标度变换方法进行标度变换。但是如果传感器输出信号与被测物理量之间有明确的数学关系，就没有必要先进行非线性校正、然后再进行标度变换，可以直接利用数

学关系式进行标度变换。

例如，在变压器油温测量系统中，对于分度号为 PT100 的铂电阻温度传感器，当温度变化范围为 0~850℃ 时，铂电阻的阻值 R_T 与温度 T 之间有如下的关系：

$$R_T = R_0(1 + AT + BT^2) \tag{2.56}$$

式中，R_0 为温度为 0℃ 时铂电阻的阻值，R_0 一般为 100Ω；A、B 均为常数，$A = 3.96847 \times 10^{-3}/℃$，$B = -5.847 \times 10^{-7}/℃^2$。由此可以得出铂电阻阻值变化与温度之间的关系为

$$\Delta R_T = AR_0 T + BR_0 T^2 \tag{2.57}$$

显然，式（2.57）中温度 T 与 ΔR_T 之间是非线性关系，解方程可得

$$T = \frac{-AR_0 \pm \sqrt{A^2 R_0^2 + 4BR_0 \Delta R_T}}{2BR_0} = T_s \pm \sqrt{k(\beta + \Delta R_T)} \tag{2.58}$$

式中，$T_s = -\dfrac{A}{2B}$；$k = \dfrac{1}{BR_0}$；$\beta = \dfrac{A^2 R_0}{4B}$；则得

结合实际温度区间，舍去超范围解，得

$$T = T_s - \sqrt{k(\beta + \Delta R_T)} = T_s - R \tag{2.59}$$

式（2.59）即为铂电阻的标度变换公式，式中 T 与 R 为线性关系，R 为温度变化时铂电阻的等效变化电阻。因此可以方便地得出标度变换的标准形式为

$$T_x = T_0 + (T_m - T_0) \frac{R_x - R_0}{R_m - R_0} \tag{2.60}$$

式中，T_x 为被测温度值；T_m 为被测温度上限值；T_0 为被测温度下限值；R_x 为被测温度下铂电阻的等效变化电阻值；R_0 为铂电阻等效变化电阻最小值；R_m 为铂电阻等效变化电阻最大值。

习题与思考题

2-1　衡量传感器特性的指标主要有哪些？

2-2　简述信号调理中放大电路与滤波电路的作用及相互配合关系。

2-3　简述模拟信号转换成数字信号的主要环节及考虑的指标。

2-4　已知某 A 信号幅值为 0.5mV，B 信号幅值为 20mV，请设计合适的放大电路，实现两个信号相加并放大 100 倍。

2-5　设计一个压控二阶高通滤波器，要求 3dB 截止频率 $f_c = 2000$Hz，通带增益 $K_p = 4$。

2-6　在选择采样/保持电路外接电容器的容量大小时应考虑哪些因素？

2-7　满刻度电压为 10V 的 14 位 A/D 转换器，能够分辨输入模拟电压的最小变化值为多少？

2-8　请结合对本章内容的理解，简述模拟信号测量的基本流程及器件选型中考虑的主要因素。

第 3 章 电气测量信号的时频域变换

电气测量信号在数学形式上一般都是以时间为自变量，具有简单直观、符合人们认知习惯等特点。例如，理想电压信号是正弦函数 $x(t) = A\sin(\omega_0 t + \varphi)$，其时域波形可以表达电压瞬时值随着时间的变化，如图 3.1a 所示。一般来说，在时域（时间域）内对信号进行统计特征计算、相关性分析等处理，统称为信号的时域分析。然而，时域分析并不足以全面反映电气测量信号中所蕴藏的信息。除单频率分量的简谐波信号外，时域分析很难明确解释信号的频率组成和各频率分量的大小。

为了研究信号的频率构成和各频率成分的幅值、相位关系，应对信号进行频谱分析，把信号的时域描述通过适当方法变成信号的频域描述，以频率为独立变量来表示信号。以频率为横坐标描述信号的频率结构和频率成分的幅值、相位关系称为频域分析，所画出来的波形也就是通常说的频谱图，如图 3.1b 所示。相对于时域分析，多数情况下频域分析更加简洁，容易解释和表征，剖析问题更为深刻，它将时域内隐藏的或难以估计的信息清晰地显示出来，从而帮助人们从不同的角度分析信号的特征。

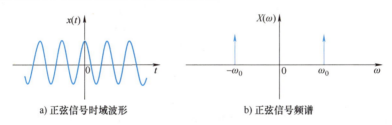

a) 正弦信号时域波形　　　　b) 正弦信号频谱

图 3.1　正弦信号的时域和频域表示

3.1　时域坐标变换

3.1.1　坐标变换原理

三相电路的瞬时电压 u_a、u_b、u_c 和瞬时电流 i_a、i_b、i_c 可以分别用平面上的旋转电压矢量 u 和旋转电流矢量 i 来表示，如图 3.2 所示。a、b、c 三相为平面上的顺时针依次对称分布（相互相差 120° 空间电角度）的三轴。以电压为例，旋转电压矢量以某一角度逆时针在平面上旋转，某一时刻三相电压的瞬时值就是旋转电压矢量在三相轴上的投影（投影时应保持总功率不变的原则）。设基波角频率为 ω，当三相电压对称且为正弦稳态时，u 的模恒定，大小为相电压幅值乘以考虑功率不变的系数 $\sqrt{3/2}$，且 u 的旋转角速度恒定为 ω，当某一时刻电压幅值或初相角改变时，则 u 的模或角速度会有瞬时变化。这表明，旋转矢量 u 和

i 包含了三相电路瞬时电压、电流的全部信息，而且 u 和 i 之间在空间上的超前滞后关系与各相电压和电流在时间上的超前滞后关系是一致的。因此，完全可以用旋转矢量 u 和 i 之间的运算来直接定义三相电路功率，从而使表达简明，分析方便。

如图 3.2 所示，设旋转电压矢量 u 为

$$u = \begin{bmatrix} u_a & u_b & u_c \end{bmatrix}^T \quad (3.1)$$

式中，u_a、u_b、u_c 为旋转电压矢量 u 在三相 abc 坐标系中 a、b、c 轴上的投影。

旋转电流矢量 i 为

$$i = \begin{bmatrix} i_a & i_b & i_c \end{bmatrix}^T \quad (3.2)$$

式中，i_a、i_b、i_c 为旋转电流矢量 i 在三相 abc 坐标系中 a、b、c 轴上的投影。

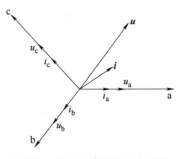

图 3.2 三相电路电压和电流的旋转矢量表示

3.1.2 $\alpha\beta0$ 坐标变换

$\alpha\beta0$ 坐标变换是在 $\alpha\beta$ 正交坐标变换的基础上发展起来的。最初的 $\alpha\beta$ 正交坐标变换是针对三相三线制系统建立起来的。然而在工业现场中，三相四线制系统是非常普遍的。为了不失一般性，将 $\alpha\beta$ 正交坐标变换推广到 $\alpha\beta0$ 正交坐标变换。

设空间正交 $\alpha\beta0$ 坐标系为右手坐标系，由三相 abc 坐标系至空间正交 $\alpha\beta0$ 坐标系的线性变换矩阵为

$$C_{33} = \sqrt{\frac{2}{3}} \begin{bmatrix} 1 & -\frac{1}{2} & -\frac{1}{2} \\ 0 & \frac{\sqrt{3}}{2} & -\frac{\sqrt{3}}{2} \\ \frac{1}{2} & \frac{1}{2} & \frac{1}{2} \end{bmatrix} \quad (3.3)$$

显然，C_{33} 是正交矩阵，并且 C_{33} 的逆矩阵等于其转置矩阵，即 $C_{33}^{-1} = C_{33}^T$。

为了便于区别，这里设任意三相电路的瞬时电压矢量和瞬时电流矢量在三相坐标系 a、b、c 中分别表示为 $u_{abc} = [u_a, u_b, u_c]^T$ 和 $i_{abc} = [i_a, i_b, i_c]^T$，经 C_{33} 正交变换后在空间直角坐标系 $\alpha\beta0$ 中分别表示为 $u_{\alpha\beta0} = [u_\alpha, u_\beta, u_0]^T$ 和 $i_{\alpha\beta0} = [i_\alpha, i_\beta, i_0]^T$，那么有 $u_{\alpha\beta0} = C_{33} u_{abc}$，$i_{\alpha\beta0} = C_{33} i_{abc}$，$u_{abc} = C_{33}^{-1} u_{\alpha\beta0}$，$i_{abc} = C_{33}^{-1} i_{\alpha\beta0}$。当系统中不含零序分量时，相当于在 $\alpha\beta$ 正交坐标系中，此时的正交变换矩阵 C_{33} 变成 C_{32}，C_{32} 为

$$C_{32} = \sqrt{\frac{2}{3}} \begin{bmatrix} 1 & -\frac{1}{2} & -\frac{1}{2} \\ 0 & \frac{\sqrt{3}}{2} & -\frac{\sqrt{3}}{2} \end{bmatrix} \quad (3.4)$$

此时的电压矢量 $u_{\alpha\beta0}$ 和电流矢量 $i_{\alpha\beta0}$ 可以分别变成为 $u_{\alpha\beta} = C_{32} u_{abc}$ 和 $i_{\alpha\beta} = C_{32} i_{abc}$。

3.1.3 $dq0$ 坐标变换

$dq0$ 坐标变换，又称旋转坐标变换。它的基本思想与 $\alpha\beta0$ 坐标变换相同，不同的是坐标变换矩阵。一般地，设空间旋转正交 $dq0$ 坐标系为右手坐标系，由 abc 坐标系至 $dq0$ 坐标系

的线性变换矩阵为

$$D_{33} = \sqrt{\frac{2}{3}} \begin{bmatrix} \cos\omega t & \cos(\omega t - 120°) & \cos(\omega t + 120°) \\ -\sin\omega t & -\sin(\omega t - 120°) & -\sin(\omega t + 120°) \\ 1/\sqrt{2} & 1/\sqrt{2} & 1/\sqrt{2} \end{bmatrix} \quad (3.5)$$

显然，线性变换矩阵 D_{33} 也是正交矩阵，它就是我们熟知的 Park 变换矩阵，且有 $D_{33}^{-1} = D_{33}^{T}$。

设任意三相电路的瞬时电压矢量和瞬时电流矢量经 D_{33} 正交变换后在 $dq0$ 坐标系中分别表示为 $\boldsymbol{u}_{dq0} = [u_d, u_q, u_0]^T$ 和 $\boldsymbol{i}_{dq0} = [i_d, i_q, i_0]^T$，那么有 $\boldsymbol{u}_{dq0} = D_{33}\boldsymbol{u}_{abc}$，$\boldsymbol{i}_{dq0} = D_{33}\boldsymbol{i}_{abc}$，$\boldsymbol{u}_{abc} = D_{33}^{-1}\boldsymbol{u}_{dq0}$，$\boldsymbol{i}_{abc} = D_{33}^{-1}\boldsymbol{i}_{dq0}$。当系统中不含零序分量时，相当于在 $\alpha\beta$ 正交坐标系中，此时的正交变换矩阵 D_{33} 变成为 D_{32}。

$$D_{32} = \sqrt{\frac{2}{3}} \begin{bmatrix} \cos\omega t & \cos(\omega t - 120°) & \cos(\omega t + 120°) \\ -\sin\omega t & -\sin(\omega t - 120°) & -\sin(\omega t + 120°) \end{bmatrix} \quad (3.6)$$

此时的电压矢量 $\boldsymbol{u}_{dq0}$ 和电流矢量 $\boldsymbol{i}_{dq0}$ 可以分别变为 $\boldsymbol{u}_{dq} = D_{32}\boldsymbol{u}_{abc}$ 和 $\boldsymbol{i}_{dq} = D_{32}\boldsymbol{i}_{abc}$。

设三相电路为三相对称非正弦电路，三相电压为

$$\begin{cases} u_a = \sum_k \sqrt{2} U_k \cos k\omega t \\ u_b = \sum_k \sqrt{2} U_k \cos(k\omega t - 120°) \\ u_c = \sum_k \sqrt{2} U_k \cos(k\omega t + 120°) \end{cases} \quad (3.7)$$

式中，$k>0$，代表谐波次数。

三相对称非正弦电路的三相电流为

$$\begin{cases} i_a = \sum_k \sqrt{2} I_k \cos(k\omega t - \varphi_k) \\ i_b = \sum_k \sqrt{2} I_k \cos(k\omega t - 120° - \varphi_k) \\ i_c = \sum_k \sqrt{2} I_k \cos(k\omega t + 120° - \varphi_k) \end{cases} \quad (3.8)$$

将上述三相电压和电流进行 $dq0$ 坐标变换可得

$$\boldsymbol{u}_{dq0} = \begin{bmatrix} u_d \\ u_q \\ u_0 \end{bmatrix} = D_{33} \begin{bmatrix} u_a \\ u_b \\ u_c \end{bmatrix} = \begin{bmatrix} \sum_k \sqrt{3} U_k \cos(k-1)\omega t \\ \sum_k \sqrt{3} U_k \sin(k-1)\omega t \\ 0 \end{bmatrix} \quad (3.9)$$

$$\boldsymbol{i}_{dq0} = \begin{bmatrix} i_d \\ i_q \\ i_0 \end{bmatrix} = D_{33} \begin{bmatrix} i_a \\ i_b \\ i_c \end{bmatrix} = \begin{bmatrix} \sum_k \sqrt{3} I_k \cos[(k-1)\omega t - \varphi_k] \\ \sum_k \sqrt{3} I_k \sin[(k-1)\omega t - \varphi_k] \\ 0 \end{bmatrix} \quad (3.10)$$

分析式（3.9）和式（3.10）可以看出，三相基频分量在 $dq0$ 坐标系中为直流量，而倍频分量在 $dq0$ 坐标系中均为交流量。此时基频分量在 $dq0$ 坐标系中的数值为

$$\boldsymbol{u}_{dq0} = \begin{bmatrix} \sqrt{3}\,U_1 \\ 0 \\ 0 \end{bmatrix} \qquad (3.11)$$

$$\boldsymbol{i}_{dq0} = \begin{bmatrix} \sqrt{3}\,I_1\cos\varphi_1 \\ -\sqrt{3}\,I_1\sin\varphi_1 \\ 0 \end{bmatrix} \qquad (3.12)$$

根据上述性质，通过经典 $dq0$ 坐标变换可实现系统中的谐波总电流检测，如图 3.3 所示，图中 $\boldsymbol{D}_{33}$ 模块与 $\boldsymbol{D}_{33}^{\mathrm{T}}$ 模块分别表示 $dq0$ 变换与 $dq0$ 反变换。锁相环（Phase-Locked Loop，PLL）用于获取坐标变换矩阵中用到的基频信号相位。低通滤波器（Low Pass Filter，LPF）用于滤出 $dq0$ 变换后的电流直流分量。通过经典 $dq0$ 坐标变换检测系统总谐波电流的具体过程为：首先将三相电流变换到经典 $dq0$ 坐标系中；然后利用低通滤波器将其中的直流分量滤出，并通过经典 $dq0$ 坐标反变换得到系统中的基频电流成分；最后用总电流减去该基频电流得到系统的总谐波电流，即图 3.3 中的 i_{ah}、i_{bh} 和 i_{ch}。

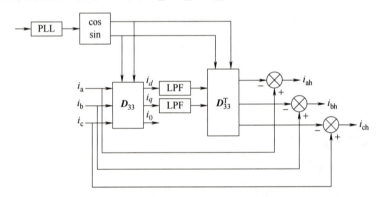

图 3.3 $dq0$ 正交变换检测三相对称电路的谐波总电流的原理框图

3.2 离散傅里叶变换及快速实现

电气测量信号从时间域变换到频率域主要通过傅里叶分析理论实现。1822 年，法国数学家和物理学家傅里叶（Joseph Fourier）在其代表作《热的解析理论》中提出，一个"任意"的周期连续函数能够用直流分量、正弦基波分量和一系列高次正弦分量（谐波）之和来表示，且这些高次正弦分量的频率是基波分量频率的整数倍。傅里叶分析发展到现在，已经在电学、光学、声学、机械学、生物医学等领域获得了极为广泛的应用。根据时域信号的不同类型，一般可以将傅里叶分析分为 4 种情况：

1）傅里叶变换（Fourier Transform）适合于非周期性连续信号，即信号时域连续且为非周期，得到的频谱是连续且非周期的。

2）傅里叶级数（Fourier Series）适合于周期性连续信号，即信号时域连续且周期性的，得到的频谱是离散且非周期的。

3）离散时域傅里叶变换（Discrete Time Fourier Transform，DTFT）适合于非周期性离散

信号,即信号时域离散且为非周期,得到的频谱是连续且周期的。

4)离散傅里叶变换(Discrete Fourier Transform,DFT)适合于周期性离散信号,即信号时域离散且周期,得到的频谱是离散且周期的。

必须指出的是,上述四种傅里叶分析均是针对持续时间无限的信号,即通常所说的时域无限长信号。但显然现代计算机系统无法处理这类时域无限长信号,只能处理时域有限长且离散化的信号。另外,现代计算机系统也不能表达连续的频域。

从上述4种傅里叶分析方式来看,只有离散傅里叶变换能够满足现代计算机系统实现的要求。因为DFT具有时域和频域都离散化的特点,这样使现代计算机系统对信号的时域、频域都能进行计算。对于有限长的非周期离散信号,一般经过周期延拓即可变为周期信号进行离散傅里叶变换。本章后续将主要介绍电气测量信号的离散傅里叶变换及其改进方法。

3.2.1 离散傅里叶变换理论

设由无穷多个复正弦组成的 $x(t)$ 是一个时域连续的周期信号,即 $x(t+nT)=x(t)$,n 为非负整数,且满足狄利赫利条件,其傅里叶级数展开式为

$$x(t)=\sum_{k=-\infty}^{+\infty}X(k\omega_0)\mathrm{e}^{\mathrm{j}k\omega_0 t} \tag{3.13}$$

式中,ω_0 为基波角频率,$\omega_0=2\pi f_0=2\pi/T$;k 为整数;$X(k\omega_0)$ 为第 k 个复正弦的幅度,也称为傅里叶级数系数或频谱系数,其值为

$$X(k\omega_0)=\frac{1}{T}\int_{-T/2}^{T/2}x(t)\mathrm{e}^{-\mathrm{j}k\omega_0 t}\mathrm{d}t \tag{3.14}$$

傅里叶级数将信号从时域转换到频域。周期信号的频谱是离散的,谱线只出现在基频($f_0=1/T$)或基频整数倍频率上,且各谱线的间隔为 $\Delta f=f_0=1/T$。

对于一个非周期信号,可以看作是周期 T 趋于无穷大的周期信号,因此将信号的傅里叶级数分解区间由一个周期扩展到 $-\infty \sim +\infty$,即得到 $x(t)$ 的傅里叶变换

$$X(\omega)=\int_{-\infty}^{+\infty}x(t)\mathrm{e}^{-\mathrm{j}\omega t}\mathrm{d}t \tag{3.15}$$

其反变换为

$$x(t)=\frac{1}{2\pi}\int_{-\infty}^{+\infty}X(\omega)\mathrm{e}^{\mathrm{j}\omega t}\mathrm{d}\omega \tag{3.16}$$

傅里叶变换可以理解为周期信号的周期 $T\to\infty$ 时傅里叶级数的极限。当 $T\to\infty$ 时,各条谱线的间隔 $\Delta f=f_0=1/T\to 0$,$X(\omega)$ 是 ω 的连续函数,频谱由离散谱变成连续谱。

应用计算机或其他数字设备(如DSP等)进行信号的频谱分析时,对信号的要求是在时域和频域都应是离散的、有限长的。因此,需要把实际应用中的连续的、无限长的模拟信号离散化和有限化,该过程一般由A/D转换器完成。

信号在时域被采样、截短后成为 N 点序列,此时信号的周期可视为截短后的时域长度 $T=N\Delta t$,其中 Δt 为采样时间间隔。同样在频域上进行离散化和有限化处理,即对信号频谱 $X(\omega)$ 进行 N 点抽样,可得到 N 条离散谱线,两条相邻谱线间的间隔为

$$\Delta f=\frac{f_s}{N}=\frac{1}{T} \tag{3.17}$$

式中，Δf 为频率分辨率；$f_s = 1/\Delta t$，为采样频率。

对傅里叶变换时域和频域进行离散化，即将 $t = n\Delta t$ 和 $\omega = k2\pi\Delta f$ 代入式（3.15）与式（3.16），且变积分为求和，可得离散傅里叶变换（DFT）及其反变换（IDFT）分别为

$$X(k) = \text{DFT}[x(n)] = \sum_{n=0}^{N-1} x(n) e^{-j\frac{2\pi}{N}nk}, \quad k = 0, 1, \cdots, N-1 \quad (3.18)$$

$$x(n) = \text{IDFT}[X(k)] = \frac{1}{N} \sum_{k=0}^{N-1} X(k) e^{j\frac{2\pi}{N}nk}, \quad n = 0, 1, \cdots, N-1 \quad (3.19)$$

对任一有限长离散时域信号，都可按式（3.18）计算其频谱。

3.2.2 快速傅里叶变换

由式（3.18）可以看出，求一点 $X(k)$，需要进行 N 次复数乘法运算，如果求 N 点 $X(k)$，就需要进行 N^2 次复数乘法运算。因此，当 N 较大时，计算量较大，运算的实时性难以保证。如 $N = 1024$，需要进行 1048576 次（一百多万次）运算。

快速傅里叶变换（FFT）是 DFT 的一种快速算法，定义复指数函数为 $W_N = e^{-j2\pi/N}$，则 W_N 具有周期性

$$W_N^{(k+N)n} = W_N^{kn} = W_N^{(n+N)k} \quad (3.20)$$

和对称性

$$W_N^{(k+N/2)} = -W_N^k \quad (3.21)$$

FFT 的基本思想是利用复指数函数的周期性和对称性，将大点数的 DFT 分解为若干个小点数 DFT 的组合，从而减少运算量。根据序列分解与选取方法的不同，FFT 又分为时间抽取和频率抽取两类。

以按时间抽取的基 2-FFT 算法为例，为满足分解和组合的需要，离散信号序列的长度 N 一般为 2 的整数次幂。将长度为 N 的序列 $x(n)$ 按奇偶项分为 2 组，即令 $n = 2r$ 及 $n = 2r+1$，而 $r = 0, 1, 2, \cdots, N/2-1$，则信号的 DFT 可写为

$$\begin{aligned} X(k) &= \sum_{r=0}^{N/2-1} x(2r) W_N^{2rk} + \sum_{r=0}^{N/2-1} x(2r+1) W_N^{(2r+1)k} \\ &= \sum_{r=0}^{N/2-1} x(2r) W_{N/2}^{rk} + W_N^k \sum_{r=0}^{N/2-1} x(2r+1) W_{N/2}^{rk} \end{aligned} \quad (3.22)$$

此时，一个 N 点 DFT 分解为 2 个 $N/2$ 点的 DFT。若 $N/2$ 仍为偶数，可进一步将 $N/2$ 点 DFT 分解为 2 个 $N/4$ 点 DFT。依次类推，继续进行分解，直到 2 点 DFT 为止，则 N 点 DFT 用若干个 2 点的 DFT 来表示。

计算 N 点 DFT，需要进行 N^2 次复数乘法运算，而采用 FFT 所需的复数乘法运算次数是 $(N/2)\log_2 N$。如 $N = 1024$ 时，采用 FFT 只需进行 5120 次复数乘法运算，仅为直接计算 DFT 所需复数乘法次数的 1/204.8，且 N 越大，FFT 的优点越突出。

3.3 频谱混叠

对连续时间信号进行数字化处理过程中，通常讨论的情形为等间隔采样，必须确定信号经过采样后是否会失掉一些信息。也就是说，离散化（采样）后的信号是否能够无失真地

还原为采样前的连续时间信号。

采样器开关每隔时间 Δt 短暂地闭合一次,将连续信号接通,实现一次采样。当闭合时间非常短时,就可以认为它是冲激信号。对周期性的采样冲激函数记为 $M(t)$,可以写成

$$M(t) = \sum_{m=-\infty}^{+\infty} \delta(t - m\Delta t) \tag{3.23}$$

信号离散化(采样)可以看作是连续信号 $x(t)$ 与采样冲激序列 $M(t)$ 相乘,$x(m)$ 表示采样输出信号,则

$$x(m) = x(t)M(t) = x(t)\sum_{m=-\infty}^{+\infty} \delta(t - m\Delta t) \tag{3.24}$$

图 3.4 为连续的、无限长的模拟信号 $x(t)$ 被采样冲激序列 $M(t)$ 采样后,得到的离散化序列 $x(m)(m=0,\pm 1,\pm 2,\cdots,\pm\infty)$ 的示意图。

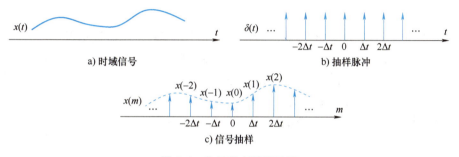

图 3.4　信号的离散化过程

结合式(3.15),将积分改写为求和,得到 $x(t)$ 的离散时间傅里叶变换为

$$X_a(\omega) = \sum_{m=-\infty}^{+\infty} x(m) e^{-jm\omega} \tag{3.25}$$

采样冲激序列 $M(t)$ 的傅里叶变换为

$$F_s(\omega) = \omega_s \sum_{k=-\infty}^{\infty} \delta(\omega - k\omega_s), \quad k = 0, \pm 1, \pm 2, \cdots, \pm\infty \tag{3.26}$$

式中,$\omega_s = 2\pi f_s = 2\pi/\Delta t$ 为采样角频率。

根据卷积定理与广义函数理论,时域相乘等效于频域卷积。因此信号采样后的傅里叶变换为

$$X_s(\omega) = X_a(\omega) * F_s(\omega) = \frac{1}{\Delta t}\sum_{k=-\infty}^{\infty} X_a(\omega - k\omega_s) \tag{3.27}$$

图 3.5 为采样前后的信号频谱,从中可以看出,在时域对连续时间信号进行采样,相当于在频域将连续时间信号的频谱进行周期延拓,延拓周期为 ω_s。

由图 3.5 可见,如果信号 $x(t)$ 是有限带宽的,并且最高频率 $\omega_c < \omega_s/2$,那么采样后的信号频谱彼此是不重叠的。如果采用带宽为 $\omega_s/2$ 的理想滤波器,就可以只保留不失真的基带频谱,也就是说可以不失真地还原采样前的连续时间信号。即

$$X(\omega) = \begin{cases} X_s(\omega) & |\omega| < \omega_s/2 \\ 0 & |\omega| \geq \omega_s/2 \end{cases} \tag{3.28}$$

但是,如果信号中的最高频率成分 ω_c 超过 $\omega_s/2$,那么采样后信号的频谱波形会出现互

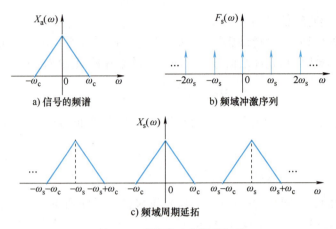

图 3.5 采样前后的信号频谱

相交叠,这种现象被称为频谱混叠,如图 3.6 所示。发生频谱混叠后,一个周期中的 $X(\omega) \neq X_a(\omega)$,即无法从采样后的序列 $x(n)$ 恢复采样前的连续时间信号 $x(t)$。

上述分析表明,若连续信号 $x(t)$ 是有限带宽的,且其频谱的最高频率为 f_c,对 $x(t)$ 进行采样时,若保证采样频率 f_s 满足

$$f_s \geq 2f_c \tag{3.29}$$

则可由采样后的序列 $x(n)$ 无失真地恢复出采样前的连续时间信号 $x(t)$。这也是香农采样定理的主要内容。

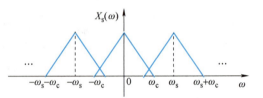

图 3.6 频谱混叠现象

在电气测量工程实践中,可以通过一些技术措施避免频谱混叠:

1) 如果信号的最高频率是有限的,只要合理选择采样频率 f_s,使之满足香农采样定理,就不会发生频谱混叠。

2) 如果信号本身是非有限带宽的,或者其最高频率分量超出后续处理上限,则在采样前要增加抗混叠滤波器,使得被采样信号的上限频率 f_{max} 小于 1/2 采样频率 f_s,即 $f_{max} \leq f_s/2$。

3.4 频谱泄漏

3.4.1 频谱泄漏与抑制措施

前面提到,在应用计算机或其他数字设备(如数字信号处理器、微处理器等)对信号进行频谱分析时,要求输入信号在时域和频域都应是离散、有限长的。因此,需要对采样后的时域无限长信号进行截短,也就是将采样序列限定为有限的 N 点。信号截短过程的本质是运用一定时间宽度的矩形窗对时域无限长信号进行局部截取,往往会带来频谱泄漏问题。矩形窗的时域波形和频谱如图 3.7 所示。

以单一频率成分的正弦信号为例,设信号的时域表达式为

$$x(t) = A\sin(2\pi f_0 t + \varphi_0) \tag{3.30}$$

式中,A、f_0 和 φ_0 分别为信号的幅值、频率和初相角;$t \in [-\infty, +\infty]$。

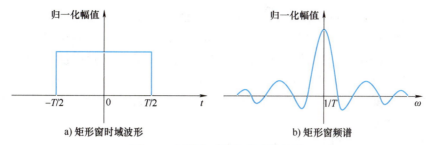

图 3.7 矩形窗时域波形及其频谱

根据傅里叶变换理论，该无限长、单一频率成分的周期信号的傅里叶变换为

$$X(\omega) = \int_{-\infty}^{\infty} x(t) e^{-j\omega t} dt = \frac{A}{2j} [e^{j\varphi_0} \delta(\omega - \omega_0) - e^{-j\varphi_0} \delta(\omega + \omega_0)] \qquad (3.31)$$

如图 3.8 所示，此时正弦信号 $x(t)$ 的频谱是在 $\pm\omega_0$ 处的两根线谱，观测频谱的两根谱线即可准确实现被测正弦信号的参数估计。因此，时域无限长信号经过傅里叶变换后，可以实现准确的频谱分析。但工程实践中，所处理的信号必须是有限长的，即至少必须用矩形窗函数 $w_R(t)$ 对信号进行截短，具体操作是将时域信号逐点与相应窗函数值相乘。

$$x_R(t) = x(t) w_R(t) \qquad (3.32)$$

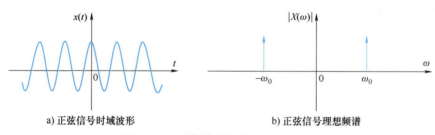

图 3.8 正弦信号时域波形及理想频谱

由卷积定理可知，信号和窗函数在时域相乘，等效于在频域中的两个频谱函数进行卷积。因此截短后信号的频谱为

$$X_R(\omega) = X(\omega) * W_R(\omega) = \frac{A}{2j} [e^{j\varphi_0} W_R(\omega - \omega_0) - e^{-j\varphi_0} W_R(\omega + \omega_0)] \qquad (3.33)$$

式中，$W_R(\omega)$ 为矩形窗的频谱。

由式（3.33）可见，经矩形窗函数截短后的周期信号频谱，可以看作是将窗函数的频谱沿频域轴移动 $\pm\omega_0$，周期信号截短后的波形及频谱如图 3.9 所示。在信号被截短后（即加矩形窗）的频谱中，基波频率 $\pm\omega_0$ 附近出现了大量旁瓣，即能量不再集中在主瓣内，而向整个频率轴蔓延，被称为频谱泄漏。

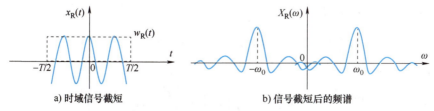

图 3.9 周期信号截短后的波形及频谱

频谱泄漏给信号参数估计和后续电气测量带来诸多问题：

1）使频域曲线产生很多"皱纹"，相当于频谱中新增了很多未知的频率分量。

2）弱幅值的频率成分可能被附近强幅值频率分量的频谱泄漏量淹没，导致频谱难以准确辨识。如信号包含两个频率成分（幅值一强一弱、频率接近），当弱幅值分量的主瓣刚好落入强幅值分量的第一个旁瓣内时，其弱幅值分量的主瓣被淹没，因而无法从频谱中准确区分信号的两个频率成分。

频谱泄漏可以通过一些技术措施抑制：

1）窗函数。由图3.7可见，窗函数的频谱形状与性能直接决定了频谱泄漏量。一般来说，选择旁瓣峰值电平低、衰减快的窗函数，有利于减小频谱泄漏。

2）截取长度。对于周期信号，若确保信号截取长度是信号周期的整数倍，那么由离散傅里叶变换得到的频谱将无频谱泄漏。

3.4.2 窗函数

窗函数是影响频谱分析的关键因素之一。在傅里叶变换中，常用窗函数包括矩形窗、三角窗、余弦组合窗、Gauss窗、Kaiser窗和Dolph-Chebyshev窗等。

3.4.2.1 矩形窗

矩形窗属于时间变量的零次幂窗，长度为 N 的离散化矩形窗为

$$w_R(n) = \begin{cases} 1 & n=0,1,\cdots,N-1 \\ 0 & \text{其他} \end{cases} \tag{3.34}$$

其 DTFT 为

$$W_R(\omega) = e^{-j\omega(N-1)/2}\frac{\sin(\omega N/2)}{\sin(\omega/2)} \tag{3.35}$$

3.4.2.2 三角窗

三角窗亦称 Fejer 窗，是幂窗的一次方形式，长度为 N 的离散化三角窗为

$$w_{Tri}(n) = \begin{cases} \dfrac{2n}{N-2}, & n=0,1,2,\cdots,\dfrac{N}{2}-1 \\ \dfrac{2N-4-2n}{N-2}, & n=\dfrac{N}{2},\cdots,N-1 \end{cases} \tag{3.36}$$

式中，N 为偶数。

三角窗的 DTFT 为

$$W_{Tri}(\omega) = \frac{2e^{-jN\omega/2}}{N}\left[\frac{\sin(N\omega/4)}{\sin(\omega/2)}\right]^2 \tag{3.37}$$

3.4.2.3 Hanning 窗

Hanning 窗也称升余弦窗，长度为 N 的离散 Hanning 窗时域表达式为

$$w_{Hn}(n) = \frac{1}{2} - \frac{1}{2}\cos\left(\frac{2\pi}{N}n\right), \quad n=0,1,2,\cdots,N-1 \tag{3.38}$$

其 DTFT 为

$$W_{Hn}(\omega) = \frac{1}{2}W_R(\omega) - \frac{1}{4}\left[W_R\left(\omega-\frac{2\pi}{N}\right) + W_R\left(\omega+\frac{2\pi}{N}\right)\right] \tag{3.39}$$

式中，$W_R(\omega)$ 为矩形窗的频谱函数。

3.4.2.4 Hamming 窗

Hamming 窗也称改进升余弦窗，长度为 N 的离散 Hamming 窗时域表达式为

$$w_{Hm}(n) = 0.54 - 0.46\cos\left(\frac{2\pi}{N}n\right), \qquad n = 0, 1, 2, \cdots, N-1 \tag{3.40}$$

其 DTFT 为

$$W_{Hm}(\omega) = 0.54 W_R(\omega) - 0.23\left[W_R\left(\omega - \frac{2\pi}{N}\right) + W_R\left(\omega + \frac{2\pi}{N}\right)\right] \tag{3.41}$$

式中，$W_R(\omega)$ 为矩形窗的频谱函数。

3.4.2.5 Blackman 窗

长度为 N 的离散 Blackman 窗时域表达式为

$$w_{Bl}(n) = 0.42 - 0.5\cos\left(\frac{2\pi}{N}n\right) + 0.08\cos\left(\frac{4\pi}{N}n\right), \qquad n = 0, 1, 2, \cdots, N-1 \tag{3.42}$$

其 DTFT 为

$$W_{Bl}(\omega) = 0.42 W_R(\omega) - 0.25\left[W_R\left(\omega - \frac{2\pi}{N}\right) + W_R\left(\omega + \frac{2\pi}{N}\right)\right] + 0.04\left[W_R\left(\omega - \frac{4\pi}{N}\right) + W_R\left(\omega + \frac{4\pi}{N}\right)\right] \tag{3.43}$$

式中，$W_R(\omega)$ 为矩形窗的频谱函数。

3.4.2.6 Blackman-Harris 窗

Blackman-Harris 窗按组合项数的不同，分为 3 项、4 项、7 项等类型。一般文献中所述的 Blackman-Harris 窗是指 4 项 Blackman-Harris 窗。长度为 N 的离散 4 项 Blackman-Harris 窗时域表达式为

$$w_{BH}(n) = 0.35875 - 0.48829\cos\left(\frac{2\pi}{N}n\right) + 0.14128\cos\left(\frac{4\pi}{N}n\right) - 0.01168\cos\left(\frac{6\pi}{N}n\right) \tag{3.44}$$

式中，$n = 0, 1, 2, \cdots, N-1$。

4 项 Blackman-Harris 窗的 DTFT 为

$$W_{BH}(\omega) = 0.35875 W_R(\omega) - 0.244145\left[W_R\left(\omega - \frac{2\pi}{N}\right) + W_R\left(\omega + \frac{2\pi}{N}\right)\right] + 0.07064\left[W_R\left(\omega - \frac{4\pi}{N}\right) + W_R\left(\omega + \frac{4\pi}{N}\right)\right] - 0.00584\left[W_R\left(\omega - \frac{6\pi}{N}\right) + W_R\left(\omega + \frac{6\pi}{N}\right)\right] \tag{3.45}$$

式中，$W_R(\omega)$ 为矩形窗的频谱函数。

3.4.2.7 Nuttall 窗

Nuttall 窗按组合项数和旁瓣特性的不同，分为 3 项 1 阶、3 项最低旁瓣、4 项 1 阶、4 项最低旁瓣和 4 项 3 阶等类型，其中 4 项最低旁瓣 Nuttall 窗又称为 Blackman-Nuttall 窗。以长度为 N 的离散 4 项最低旁瓣 Nuttall 窗为例，其时域表达式为

$$w_{Nu}(n) = 0.355768 - 0.487396\cos\left(\frac{2\pi}{N}n\right) + 0.144232\cos\left(\frac{4\pi}{N}n\right) - 0.012604\cos\left(\frac{6\pi}{N}n\right) \tag{3.46}$$

式中，$n = 0, 1, 2, \cdots, N-1$。4 项最低旁瓣 Nuttall 窗的 DTFT 为

$$W_{Nu}(\omega) = 0.355768 W_R(\omega) - 0.243698\left[W_R\left(\omega - \frac{2\pi}{N}\right) + W_R\left(\omega + \frac{2\pi}{N}\right)\right] + 0.072116\left[W_R\left(\omega - \frac{4\pi}{N}\right) + \right.$$
$$\left. W_R\left(\omega + \frac{4\pi}{N}\right)\right] - 0.006302\left[W_R\left(\omega - \frac{6\pi}{N}\right) + W_R\left(\omega + \frac{6\pi}{N}\right)\right] \tag{3.47}$$

式中，$W_R(\omega)$ 为矩形窗的频谱函数。

3.4.2.8　Rife-Vincent 窗

Rife-Vincent 窗按组合项数和旁瓣特性的不同，分为 3 项 1 阶、3 项 3 阶、4 项 1 阶、4 项 3 阶、5 项 1 阶和 5 项 3 阶等类型。以长度为 N 的离散 4 项 1 阶 Rife-Vincent 窗为例，其时域表达式为

$$w_{Rv}(n) = 1 - 1.5\cos\left(\frac{2\pi}{N}n\right) + 0.6\cos\left(\frac{4\pi}{N}n\right) - 0.1\cos\left(\frac{6\pi}{N}n\right) \tag{3.48}$$

式中，$n = 0, 1, 2, \cdots, N-1$。

4 项 1 阶 Rife-Vincent 窗的 DTFT 为

$$W_{Rv}(\omega) = W_R(\omega) - 0.75\left[W_R\left(\omega - \frac{2\pi}{N}\right) + W_R\left(\omega + \frac{2\pi}{N}\right)\right] + 0.3\left[W_R\left(\omega - \frac{4\pi}{N}\right) + \right.$$
$$\left. W_R\left(\omega + \frac{4\pi}{N}\right)\right] - 0.05\left[W_R\left(\omega - \frac{6\pi}{N}\right) + W_R\left(\omega + \frac{6\pi}{N}\right)\right] \tag{3.49}$$

式中，$W_R(\omega)$ 为矩形窗的频谱函数。

3.4.2.9　Flat-Top 窗

Flat-Top 窗又称平顶窗，根据项数与旁瓣性能的不同，分为 3 项最速下降、3 项最低旁瓣、4 项最速下降、4 项最低旁瓣、5 项最速下降、5 项最低旁瓣等类型。以长度为 N 的离散 4 项最速下降 Flat-Top 窗为例，其时域表达式为

$$w_{FT}(n) = 0.21706 - 0.42103\cos\left(\frac{2\pi}{N}n\right) + 0.28294\cos\left(\frac{4\pi}{N}n\right) - 0.07897\cos\left(\frac{6\pi}{N}n\right) \tag{3.50}$$

式中，$n = 0, 1, 2, \cdots, N-1$。

4 项最速下降 Flat-Top 窗的 DTFT 为

$$W_{FT}(\omega) = 0.10853 W_R(\omega) - 0.210515\left[W_R\left(\omega - \frac{2\pi}{N}\right) + W_R\left(\omega + \frac{2\pi}{N}\right)\right] + 0.14147\left[W_R\left(\omega - \frac{4\pi}{N}\right) + \right.$$
$$\left. W_R\left(\omega + \frac{4\pi}{N}\right)\right] - 0.039485\left[W_R\left(\omega - \frac{6\pi}{N}\right) + W_R\left(\omega + \frac{6\pi}{N}\right)\right] \tag{3.51}$$

式中，$W_R(\omega)$ 为矩形窗的频谱函数。

3.4.2.10　Gauss 窗

Gauss 窗（高斯窗）是一种指数窗，长度为 N 的离散化 Gauss 窗为

$$w_G(n) = e^{-\frac{1}{2}\left(\frac{\sigma n}{N}\right)^2}, \quad n = 0, 1, 2, \cdots, N-1 \tag{3.52}$$

式中，$\sigma \geq 2$；σ 为常数，与窗的长度成正比。

Gauss 窗的 DTFT 为

$$W_G(\omega) = \frac{1}{\sqrt{2}} e^{-\omega^2/2\sigma} \tag{3.53}$$

3.4.2.11　Kaiser 窗

Kaiser 窗是一种最优化窗，其优化准则是：对于有限的信号能量，要求确定一个有限时

宽的信号，使其频宽内的能量最大。长度为 N 的离散化 Kaiser 窗为

$$w_K(n) = \frac{I_0\left[\beta\sqrt{1-\left(1-\frac{2n}{N-1}\right)^2}\right]}{I_0(\beta)}, \quad n=0,1,2,\cdots,N-1 \tag{3.54}$$

式中，$I_0(\beta)$ 是第 1 类变形零阶贝塞尔函数；β 是 Kaiser 窗的形状参数，且

$$\beta = \begin{cases} 0.1102(\alpha-8.7), & \alpha>50 \\ 0.5482(\alpha-21)^{0.4}+0.07886(\alpha-21), & 21\leq\alpha\leq50 \\ 0, & \alpha<21 \end{cases} \tag{3.55}$$

式中，α 为 Kaiser 窗的主瓣值和旁瓣值之间的差值。

改变 β 的取值，可以对主瓣宽度和旁瓣衰减进行自由选择。β 值越大，窗函数频谱的旁瓣值就越小，而其主瓣宽度就越宽。Kaiser 窗的 DTFT 为

$$W_K(\omega) = \frac{N-1}{I_0(\beta)} \frac{\sinh\sqrt{\beta^2-[(N-1)\omega/2]^2}}{\sqrt{\beta^2-[(N-1)\omega/2]^2}} \tag{3.56}$$

3.4.2.12 Dolph-Chebyshev 窗

Dolph-Chebyshev 窗又称切比雪夫窗，可通过 Chebyshev 多项式在单位圆上进行等间隔抽样，再利用 DFT 反变换得到。Dolph-Chebyshev 窗的优化准则是：在规定的旁瓣峰值条件下使主瓣频带最窄。$N/2-1$ 阶 Chebyshev 多项式的定义为

$$T_{N/2-1}(c_T) = \begin{cases} \cos[(N/2-1)\arccos c_T], & |c_T|\leq 1 \\ \cosh[(N/2-1)\mathrm{arccosh}\, c_T], & |c_T|>1 \end{cases} \tag{3.57}$$

则长度为 N 的 Dolph-Chebyshev 窗为

$$w_{CH}(n) = \frac{1}{N}\left\{\frac{1}{r_C} + 2\sum_{k=1}^{N/2-1} T_{N/2-1}\left[\beta\cos\left(\frac{k\pi}{N}\right)\right]\cos\left(\frac{2nk\pi}{N}\right)\right\}, \quad n=0,1,2,\cdots,N-1 \tag{3.58}$$

式中，r_C 为旁瓣幅度与主瓣幅度之比；$\beta = \cosh\left[\frac{1}{N}\mathrm{arccosh}(1/r_C)\right]$。

Dolph-Chebyshev 窗的 DTFT 为

$$W_{CH}(k) = (-1)^k \frac{\cos\{N\arccos[\beta\cos(\pi k/N)]\}}{\cosh(N\mathrm{arccosh}\,\beta)} \tag{3.59}$$

常用窗函数的频域性能参数见表 3.1，其中 Asp 表示旁瓣峰值电平，Dea 表示旁瓣衰减速率。

表 3.1 常用窗函数的频域特性

窗 类 型	窗 长 度	主瓣宽度	Asp/dB	Dea/(dB/oct)
矩形窗	N	$4\pi/N$	-13	6
三角窗	N	$8\pi/N$	-27	12
Hanning 窗	N	$8\pi/N$	-31	18
Hamming 窗	N	$8\pi/N$	-43	6
Blackman 窗	N	$12\pi/N$	-59	18
Blackman-Harris 窗	N	$16\pi/N$	-92	6
Blackman-Nuttall 窗	N	$16\pi/N$	-98	6
4 项 1 阶 Rife-Vincent 窗	N	$16\pi/N$	-61	18
4 项 3 阶 Rife-Vincent 窗	N	$16\pi/N$	-74	12

矩形窗属于时间变量的零次幂窗。矩形窗使用最多，通常时域截短即相当于加矩形窗运算。矩形窗的优点是主瓣较集中，缺点是旁瓣较高，并有负旁瓣，导致频域变换中引入高频干扰和泄漏，甚至出现负谱现象。三角窗是幂窗的一次方形式，与矩形窗相比，三角窗主瓣宽约等于矩形窗的两倍，但旁瓣小、并且无负旁瓣。Hanning 窗可以看作是 3 个矩形窗的频谱之和，与矩形窗相比，Hanning 窗主瓣变宽，旁瓣则显著减小。从减少频谱泄漏的观点出发，Hanning 窗优于矩形窗；但 Hanning 窗主瓣加宽，相当于分析带宽加宽，造成频率分辨率下降。Hamming 窗的系数能使旁瓣更小，但其旁瓣衰减速率比 Hanning 窗衰减速率慢。Gauss 窗无负旁瓣，第一旁瓣衰减达 55dB。但 Gauss 窗主瓣较宽，使得频率分辨率较低。

3.4.3 栅栏效应

通过离散傅里叶变换计算信号频谱时，相当于对连续频谱进行 N 点取样，每个取样点对应一根离散谱线，其频率为

$$f_k = k\Delta f, \quad k = 0, \cdots, N-1 \tag{3.60}$$

式中，$\Delta f = f_s/N$，f_s 为采样频率。

由于离散谱线间存在间隔 Δf，处于离散谱线间的频率分量无法被直接观测。这就好像是在栅栏的一边通过缝隙观察另一边的景象，故称为栅栏效应。

如图 3.10 所示，若信号频率与离散频率点重合，即 $f_0 = f_k$，则通过信号离散频谱的谱线（见图 3.10 中第 3 根谱线）能直接观测到该频率分量的参数。

如图 3.11 所示，当信号频率分量与离散频率点存在偏差时，即 $f_0 \neq f_k$ 时，无法直接得到真实频率分量，即频谱分析受到栅栏效应的制约。

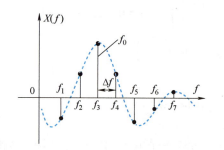

图 3.10 信号频率与离散频率点重合的情形

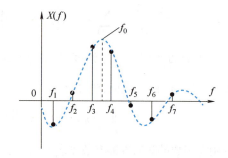

图 3.11 栅栏效应示意图

显然，减小频谱中各谱线的间隔，让原来看不到的谱线能够显现出来，就可以减小栅栏效应。因此，可以通过增加采样序列的有效样本数量，即增加信号截取的长度，来增加离散谱线密度。当然，这种方法只能在一定程度上减小栅栏效应，在大多数实际应用中仍存在信号真实频率分量与离散谱线频率点不完全重合的情况。此外，虽然在信号序列的有效数据后补若干个零，可使序列长度调整为 2 的整数次幂，但并不能真正增加频率分辨率。对离散频谱进行插值或相位差校正等，可以在一定程度上减少栅栏效应和频谱泄漏对信号参数估计准确性的影响。

因此，要使基波频率 f_0 正好位于离散谱线所对应频率 f_k 处，必须满足：①采样频率 f_s

与基波频率 f_0 成整数倍关系,即满足 $f_s = mf_0(m=2,\cdots,+\infty)$;②信号序列长度 N 是 m 的整数倍,即采样点数包含一个或多个整数倍信号基波周期。满足上述条件的情况为同步采样情况,即

$$f_0 = k\Delta f = k\frac{f_s}{N}, \quad k=1,2,\cdots,+\infty \tag{3.61}$$

设电压信号模型为

$$x(n) = A_0 \sin\left(2\pi\frac{f_0}{f_s}n + \varphi_0\right), \quad n=1,2,\cdots,N \tag{3.62}$$

式中,$A_0 = 220\text{V}$,$N = 32$,$f_s = 800\text{Hz}$,$\varphi_0 = 0$。

$f_0 = 50\text{Hz}$ 时信号的时域波形和幅度谱如图 3.12 所示,谱线之间的间隔为 $\Delta f = f_s/N = 25\text{Hz}$,其中 $a\text{E}-b$ 代表 $a\times 10^{-b}$。第 1~8 根谱线的值见表 3.2。

表 3.2 基频 50Hz 时,$N = 1$~8 的频谱

k	X(k)	k	X(k)
1	-6.85079986028021E-13+0.00000000000000j	5	1.74467559989397E-13-7.22315393272001E-13j
2	1.11509369646460E-13-5.3869181749092E-14j	6	3.54278452599782E-13-1.0145448503532E-13j
3	-1.47792889038101E-12-3520.00000000000j	7	1.75872244757400E-13-1.30874714556866E-13j
4	2.39553944389132E-14-3.03176217136444E-13j	8	1.09435140134894E-13-2.04419576953313E-13j

如图 3.12 所示,在 Nf_0/f_s 为整数时(同步采样条件),频谱只在 50Hz 处有峰值谱线,其余谱线的幅度接近 0。此时,直接采用频谱的峰值谱线(第 3 根谱线)进行幅度估计 $A_{e1} = |X(3)|/(N/2) = 220\text{V}$,相应的频率估计值为 $f_{e1} = (3-1)\Delta f = 50\text{Hz}$,可以得到准确的参数估计结果。

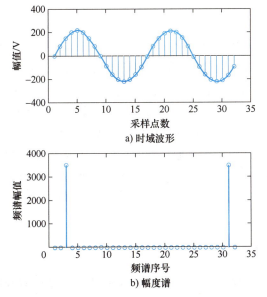

图 3.12 $f_0 = 50\text{Hz}$ 时信号的时域波形和幅度谱

$f_0 = 51$Hz 时信号的时域波形和幅度谱如图 3.13 所示，第 1~8 根谱线的值见表 3.3。

表 3.3　基频 51Hz 时，$N = 1$~8 的频谱

k	X(k)	k	X(k)
1	-10.3318125301231+0.000000000000000j	5	-33.6604664681004+90.5008485293820j
2	-4.87445652955065-89.0371488603588j	6	-31.0449754687917+62.2697251629997j
3	416.780311400501-3450.38373768144j	7	-29.8598406127459+46.9627034102548j
4	-42.4330277586241+170.047208596212j	8	-29.2126191210409+36.9687374294766j

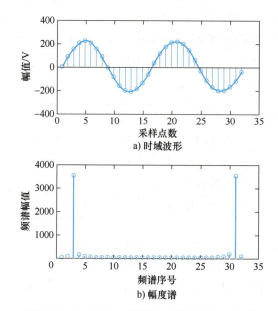

图 3.13　$f_0 = 51$Hz 时信号的时域波形和幅度谱

如图 3.13 所示，在 Nf_0/f_s 不为整数时（非同步采样条件），频谱在 50Hz 处存在峰值谱线，且临近谱线的幅度不为 0。此时，直接采用频谱的峰值谱线（第 3 根谱线）进行幅度估计 $A_{e2} = |X(3)|/(N/2) = 217$V，相应的频率估计值为 $f_{e2} = (3-1)\Delta f = 50$Hz，估计结果与实际值存在明显偏差。因此，在 Nf_0/f_s 不为整数时（非同步采样条件），不推荐直接采用频谱的峰值谱线（第 3 根谱线）进行信号频率、幅度和初始相位估计。

实际应用中，ADC 的采样频率 f_s 通常为固定值，而电力系统基波频率 f_0 往往存在波动。因此，即使采用了锁相环技术，采样频率 f_s 与基波频率 f_0 一般也无法保持严格的整数倍关系，即出现非同步采样情况。这种非同步采样导致信号真实频率与频谱离散谱线频率之间存在偏差。

3.4.4　不同窗函数的影响分析

为分析不同窗函数对参数估计的影响，本节在式（3.62）信号基础上，设置为非同步采样情况（$f_s = 1000$Hz，$N = 32$），且初相角设置为 $\varphi_0 = 10°$。对信号进行加窗离散傅里叶变换和参数估计。

1. 加矩形窗的情况及分析

由于 $f_s=1000\text{Hz}$，$N=32$，则频率分辨率为 $\Delta f=31.25\text{Hz}$，此时基波频率 $f_0=50\text{Hz}$ 不是频率分辨率 Δf 的整数倍。因此，基波参数的估计只能依靠基波频率附近的峰值谱线实现。

频谱峰值出现在第 3 根谱线处，第 3 根所表示的 DFT 值为 $X(3)=-1502.142687505504-2119.344229733381\text{j}$。经过归一化处理和幅值系数恢复后，得到该频率成分幅值的计算值和相对误差分别为

$$A_{\text{C-usy}}=\frac{2}{N}|X(3)|=162.3563381516395 \tag{3.63}$$

$$E_{\text{A-usy}}=\frac{A_{\text{C-usy}}-A_0}{A_0}\times 100\%=-26.2\% \tag{3.64}$$

2. 加 Hanning 窗的情况及分析

在时域对信号进行加 Hanning 窗运算，其加窗离散傅里叶变换后得到的离散频谱如图 3.14a 所示。

加 Hanning 窗后频谱泄漏现象得到一定程度的抑制。峰值谱线出现在第 3 根，其 DFT 值为 $X(3)=-1042.0966216452782-1147.4810840713196\text{j}$。采样第 3 根谱线经过幅值估计、经过归一化处理和幅值系数恢复后（Hanning 窗恢复系数为 2），得到该频率成分的幅值的计算值和相对误差分别为

$$A_{\text{C-usy}}=\frac{4}{N}|X(3)|=193.75718563876836 \tag{3.65}$$

$$E_{\text{A-usy}}=\frac{A_{\text{C-usy}}-A_0}{A_0}\times 100\%=-11.9\% \tag{3.66}$$

加 Hanning 窗后，直接利用峰值谱线进行参数估计的准确度高于不加窗（相当于加矩形窗）的情况。

3. 加 Blackman 窗的情况及分析

在时域对信号进行加 Blackman 窗运算，其加窗离散傅里叶变换后得到的离散频谱如图 3.14b 所示。

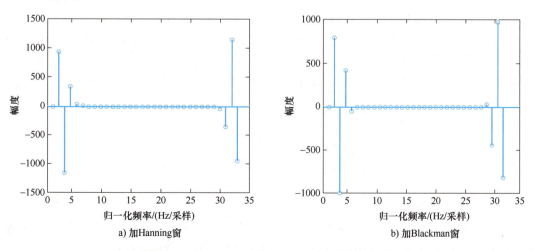

a) 加 Hanning 窗　　　b) 加 Blackman 窗

图 3.14　加 Hanning 窗与 Blackman 窗的离散频谱

与图 3.14a 相比，加 Blackman 窗后频谱泄漏现象得到更好的抑制。峰值谱线出现在第 3 根，其 DFT 值为 $X(3) = -885.667944599538 - 989.8049154371864j$。采样第 3 根谱线经过幅值估计、归一化处理和幅值系数恢复后（Blackman 窗恢复系数为 2.381），得到该频率成分的幅值的计算值和相对误差分别为

$$A_{\text{C-usy}} = 2.381 \times \frac{2}{N} |X(3)| = 197.65311199477614 \text{Hz} \tag{3.67}$$

$$E_{\text{A-usy}} = \frac{A_{\text{C-usy}} - A_0}{A_0} \times 100\% = -10.1\% \tag{3.68}$$

综上，非同步采样情况下，合理地对信号进行加窗可在一定程度上抑制频谱泄漏的影响，且不同的窗具有不同的频谱泄漏抑制效果。但是，加窗后仅利用峰值谱线直接进行参数估计的准确度仍较低。

3.5 离散频谱处理方法

3.5.1 离散频谱插值

为了克服或减少栅栏效应的影响，可对信号真实频率附近的离散谱线进行插值运算，进而估计信号真实频率分量的参数，这种方法被称为离散频谱插值算法。

设仅含单一频率成分的信号 $x(t)$，通过采样频率为 f_s 的 ADC 后，得到如下离散序列：

$$x(m) = A_0 \sin\left(2\pi \frac{f_0}{f_s} m + \varphi_0\right), \quad m = 0, 1, 2, \cdots, +\infty \tag{3.69}$$

式中，A_0、f_0、φ_0 分别为信号的幅值、频率和初相角。

为便于计算机或微处理器处理，将 $x(m)$ 截短为 N 点长序列 $x(n)$（$n = 0, 1, 2, \cdots, N-1$），即相当于加长度为 N 的离散矩形窗 $w_R(n)$。$x(n)$ 的 DTFT 如式 (3.33) 所示。对式 (3.33) 进行频谱离散化，得到截短后信号的 DFT 为

$$X(k) = \frac{A_0}{2j}\left\{e^{j\varphi_0} W_R\left[\frac{2\pi}{N}(k-k_0)\right] - e^{-j\varphi_0} W_R\left[\frac{2\pi}{N}(k+k_0)\right]\right\} \tag{3.70}$$

式中，$k_0 = f_0 N / f_s$ 代表频率 f_0 在离散频谱中的位置。

图 3.15 给出了同步采样与非同步采样时信号的离散频谱。如图 3.15a 所示，同步采样时，k_0 为整数，且与离散谱线重合；而在非同步采样时，如图 3.15b 所示，k_0 为非整数，即信号频率 f_0 不与离散谱线重合，且位于离散频谱幅值最大谱线 k_1 和次大谱线 k_2 之间（$k_1 \leq k_0 \leq k_2 = k_1 + 1$）。

将矩形窗的频谱函数代入式 (3.70) 可得

$$X(k) = \frac{A_0}{2j}\left\{e^{j[a(k_0-k)+\varphi_0]} \frac{\sin[\pi(k-k_0)]}{\sin[\pi(k-k_0)/N]} - e^{-j[a(k_0+k)+\varphi_0]} \frac{\sin[\pi(k+k_0)]}{\sin[\pi(k+k_0)/N]}\right\} \tag{3.71}$$

式中，$a = \pi(N-1)/N$。

3.5.1.1 双谱线插值

如图 3.15b 所示，设 $k_0 = k_1 + \lambda$，其中 $\lambda \in [0, 1]$，忽略式 (3.70) 中负频率部分（第 2 项）的影响，则离散频谱中幅值最大的谱线和次大谱线处的离散频谱值分别为

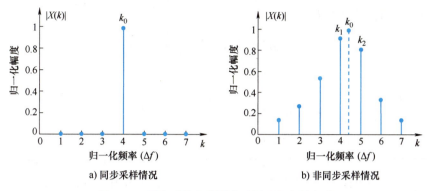

a) 同步采样情况　　　　　　b) 非同步采样情况

图 3.15　同步采样与非同步采样时的离散频谱

$$X(k_1) = \frac{A_0}{2j} e^{j(a\lambda+\varphi_0)} \frac{\sin(\pi\lambda)}{\sin(\pi\lambda/N)} \tag{3.72}$$

$$X(k_2) = \frac{A_0}{2j} e^{j[a(\lambda-1)+\varphi_0]} \frac{\sin[\pi(\lambda-1)]}{\sin[\pi(\lambda-1)/N]} \tag{3.73}$$

由于 N 往往较大，则最大谱线和次大谱线处的离散频谱幅度可分别简化为

$$|X(k_1)| \approx \frac{A_0}{2} \frac{|\sin(\pi\lambda)|}{\pi\lambda/N} \tag{3.74}$$

$$|X(k_2)| \approx \frac{A_0}{2} \frac{|\sin[\pi(1-\lambda)]|}{\pi(1-\lambda)/N} = \frac{A_0}{2} \frac{|\sin(\pi\lambda)|}{\pi(1-\lambda)/N} \tag{3.75}$$

设两峰值谱线的幅度比为

$$p_{\max} = \frac{|X(k_2)|}{|X(k_1)|} \tag{3.76}$$

根据式（3.74）和式（3.75），λ 的估计结果可由下式计算

$$\widetilde{\lambda} = \frac{p_{\max}}{1+p_{\max}} \tag{3.77}$$

因为

$$f_0 = k_0 \frac{f_s}{N} \tag{3.78}$$

则信号的频率估计值为

$$\widetilde{f}_0 = (k_1 + \widetilde{\lambda}) \frac{f_s}{N} \tag{3.79}$$

根据式（3.74）或式（3.75），幅值估计结果为

$$\widetilde{A}_0 = \frac{2\pi\widetilde{\lambda}}{N} \frac{|X(k_1)|}{|\sin(\pi\widetilde{\lambda})|} \tag{3.80}$$

或

$$\widetilde{A}_0 = \frac{2\pi(1-\widetilde{\lambda})}{N} \frac{|X(k_2)|}{|\sin[\pi(1-\widetilde{\lambda})]|} \tag{3.81}$$

信号的初相角估计结果为

$$\widetilde{\varphi}_0 = \arg[X(k_1)] - \frac{\pi(N-1)}{N}\widetilde{\lambda} + \frac{\pi}{2} \qquad (3.82)$$

或

$$\widetilde{\varphi}_0 = \arg[X(k_2)] - \frac{\pi(N-1)}{N}(\widetilde{\lambda}-1) + \frac{\pi}{2} \qquad (3.83)$$

式中，arg[·]代表求取离散谱线的相角。

值得注意的是，上述估计采用的是矩形窗函数，由于矩形窗频谱函数简单，可以得到如式（3.77）所示的 λ 的显式估计结果。当所采用的窗函数为 Hanning 窗、Blackman 窗等其他窗函数时，往往很难直接得到显式估计结果。

采用包含基波、2次和3次谐波的信号进行基波参数提取仿真分析，信号时域表达式为

$$x(n) = A_0 \sin\left(2\pi n \frac{f_0}{f_s} + \varphi_0\right) + A_2 \sin\left(4\pi n \frac{f_0}{f_s} + \varphi_2\right) + A_3 \sin\left(6\pi n \frac{f_0}{f_s} + \varphi_3\right) \qquad (3.84)$$

式中，$f_0 = 50.5 \text{Hz}$，$A_0 = 225\text{V}$，$\varphi_0 = 10°$，$A_2 = 4\text{V}$，$\varphi_2 = 35°$，$A_3 = 10\text{V}$，$\varphi_3 = 70°$，$f_s = 1500\text{Hz}$。

这里采用 Hanning 窗、Blackman 窗、Blackman-Harris 窗、4项3阶 Nuttall 窗进行仿真分析，长度设置为 512 点，仿真结果见表 3.4。表 3.4 中 $aE-b$ 代表 $a \times 10^{-b}$。

表 3.4 基波和各次谐波分析绝对误差

参　数	真　值	Hanning 窗	Blackman 窗	Blackman-Harris 窗	4项3阶 Nuttall 窗
A_0/V	225	2E-4	-1E-4	-4E-6	9E-7
f_0/Hz	50.5	8E-6	4E-6	3E-7	9E-7
φ_0/（°）	10	-2E-4	-1E-4	-1E-4	-1E-5
A_2/V	4	5E-4	2E-4	2E-5	-3E-4
φ_2/（°）	35	4E-1	1E-1	2E-2	2E-3
A_3/V	10	3E-4	1E-4	-6E-5	5E-5
φ_3/（°）	70	-4E-2	-2E-2	9E-3	2E-5

参见表 3.4，在完全相同条件下，与 Hanning 窗、Blackman 窗、Blackman-Harris 窗相比，采用 4项3阶 Nuttall 窗进行信号参数分析时准确度最高。由于第 2 次谐波幅值较小（相对基波幅值），且邻近基波，受基波泄漏的影响，第 2 次谐波参数分析的准确度明显低于基波和第 3 次谐波。第 3 次谐波虽幅值也较弱，但离基波较远，且邻近频率处无幅值较大的谐波分量，因此第 3 次谐波分析准确度高于第 2 次谐波分析准确度。

3.5.1.2　三谱线插值

不失一般性，设所采用的窗函数的频谱函数为 $W(\ )$，其余条件不变。在计算得到加窗信号的离散频谱后，设 k_0 附近幅度最大谱线为 k_1，k_1 左右两侧谱线分别记为第 k_3 和 k_2 根谱线，则 $k_1 = k_3 + 1 = k_2 - 1$。设 $k_0 = k_1 + \lambda$，则有 $k_0 = k_2 - 1 + \lambda = k_3 + 1 + \lambda$，则对应的离散频谱幅度分别为 $|X(k_1)|$、$|X(k_2)|$ 和 $|X(k_3)|$，其理论式分别为

$$\begin{cases} |X(k_1)| = \dfrac{A_0}{2}|W[2\pi(-\lambda)/N]| \\ |X(k_2)| = \dfrac{A_0}{2}|W[2\pi(1-\lambda)/N]| \\ |X(k_3)| = \dfrac{A_0}{2}|W[2\pi(-1-\lambda)/N]| \end{cases} \tag{3.85}$$

定义系数 β 为

$$\beta = \frac{|X(k_2)| - |X(k_3)|}{|X(k_1)|} \tag{3.86}$$

将 $|X(k_1)|$、$|X(k_2)|$ 和 $|X(k_3)|$ 的表达式代入上式，则关于 λ 的 β 函数可表示为

$$\beta = Q(\lambda) = \frac{|W[2\pi(1-\lambda)/N]| - |W[2\pi(-1-\lambda)/N]|}{|W[2\pi(-\lambda)/N]|} \tag{3.87}$$

采用最小二乘法的多项式对上式的反函数进行拟合，可得关于 β 的拟合多项式

$$\tilde{\lambda} = g^{-1}(\beta) \approx a_1\beta + a_2\beta^2 + a_3\beta^3 + \cdots + a_q\beta^q \tag{3.88}$$

从而可计算信号的频率估计为

$$\tilde{f}_0 = (k_1 + \tilde{\lambda})\frac{f_s}{N} \tag{3.89}$$

常用窗的频率估计三谱线插值多项式系数见表 3.5。

表 3.5　常用窗的频率估计三谱线插值多项式系数

窗 类 型	a_1	a_3	a_5	a_7
Hanning 窗	0.66666287	−0.0739832	0.01587358	−0.00311639
Hamming 窗	1.14285712	−0.09329259	0.01519437	−0.00283131
Blackman 窗	0.78260777	−0.7778935	0.01602006	−0.00332144
Blackman-Harris 窗	0.93891885	−0.0820381	0.01541147	−0.00316988
Blackman-Nuttall 窗	0.92240086	−0.0817226	0.01577433	−0.00331346
4 项 3 阶 Nuttall 窗	1.0146779	−0.08516755	0.0148349	−0.00288839
3 项 MDW[①] 窗	0.8999998	0.08099099	0.01446965	−0.00277552
4 项 MDW 窗	1.14285712	−0.09329259	0.01519437	−0.00283131

① 最速旁瓣衰减窗。

进一步地，可通过 $|X(k_1)|$、$|X(k_2)|$ 和 $|X(k_3)|$ 求幅值，可对 $|X(k_1)|$、$|X(k_2)|$ 和 $|X(k_3)|$ 进行加权平均，得到幅值估计表达式

$$\tilde{A}_0 = \frac{2(|X(k_3)| + 2|X(k_1)| + |X(k_2)|)}{|W[2\pi(-1-\tilde{\lambda})/N]| + 2|W[2\pi(-\tilde{\lambda})/N]| + |W[2\pi(1-\tilde{\lambda})/N]|} \tag{3.90}$$

上式可以采用最小二乘法建立多项式逼近函数

$$\tilde{A}_0 = (|X(k_3)| + 2|X(k_1)| + |X(k_2)|)(b_0 + b_1\tilde{\lambda} + b_2\tilde{\lambda}^2 + \cdots + b_q\tilde{\lambda}^q)/N \tag{3.91}$$

式中，b_0，b_1，$\cdots$，b_q 为多项式系数。常用窗函数的幅值估计三谱线插值多项式系数，如表 3.6 所示。

信号的初相角估计结果为

$$\widetilde{\varphi}_0 = \arg[X(k_1)] - \frac{\pi(N-1)}{N}\widetilde{\lambda} + \frac{\pi}{2} \tag{3.92}$$

表 3.6 常用窗的幅值估计三谱线插值多项式系数

窗 类 型	b_0	b_2	b_4	b_6
Hanning 窗	2.35619403	1.15543682	0.32607873	0.07891461
Hamming 窗	1.82857142	0.40470572	0.04803102	0.00422269
Blackman 窗	1.149253729	0.49045032	0.08757221	0.0119476
Blackman-Harris 窗	1.6586636	0.44865377	0.06478728	0.00725154
Blackman-Nuttall 窗	1.64427532	0.4529429	0.06655509	0.00725154
4 项 3 阶 Nuttall 窗	1.72433859	0.4307827	0.05755998	0.00569837
3 项 MDW 窗	1.59999998	0.4541191	0.07037446	0.00833655
4 项 MDW 窗	1.82857142	0.40470572	0.04803102	0.00422269

3.5.2 离散频谱相位差校正

信号中各频率成分的相位是与幅值、频率同等重要的参数。相同频率和幅值，但相位不同的频率成分，合成的信号也不同，如图 3.16 所示。

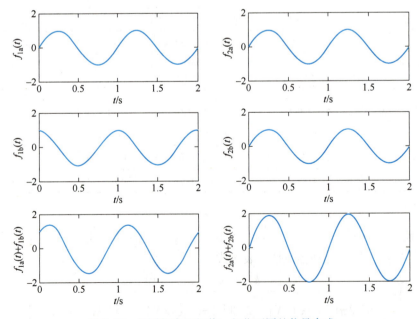

图 3.16 相同频率和幅值、相位不同的信号合成

图 3.16 中各分量均为正弦，$f_{1a}(t) = \sin(2\pi ft)$，$f_{1b}(t) = \sin(2\pi ft) + \pi/2$，$f_{2a}(t) = f_{2b}(t) = $

$\sin(2\pi ft)$,频率均为 $f=1Hz$,幅值相同,但 $f_{1b}(t)$ 与 $f_{2b}(t)$ 初相位相差 $\pi/2$。图 3.16 中,因相位的变化,导致 $f_{1a}(t)$ 与 $f_{1b}(t)$ 合成的信号与 $f_{2a}(t)$ 与 $f_{2b}(t)$ 合成的信号完全不同。

对于单一频率成分的信号 $x(t)$,其初相角为 φ_0。以时间零点为基准点,则信号 $x(t)$ 的相位滞后了 φ_0。信号离散化后得到无限长序列 $x(m)$($m=0,\pm1,\pm2,\cdots,\pm\infty$)。为了适应计算机或其他数字设备(如数字信号处理器、单片机等)的运算要求,需要对采样后的时域无限长信号进行截短,也就是将采样序列限定为有限的 N 点。选取不同时刻作为截短序列的起点,将得到不同的 N 点长离散序列,且其具有不同的等效初始相位,如图 3.17 所示。

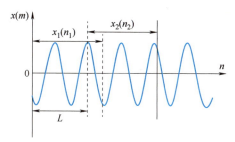

图 3.17 选取不同时刻作为截短序列的起点得到 2 个 N 点长离散序列

参见图 3.17,采用的窗函数 $w(\ )$ 对 $x(m)$ 进行不同起始时刻的截短,得到两段长度均为 N 离散序列 $x_1(n_1)$($n_1\in[0,N-1]$)和 $x_2(n_2)$($n_2\in[L,N+L-1]$),其中 N 为截短后的序列长度,一般取值为 $N=2^i$(i 为自然数),L 为两段信号的间隔或时域平移长度。为确保两段信号的高相关性,一般取值为 $0<L\leq N$。

$$x_1(n_1) = A_0\sin\left(2\pi\frac{f_0}{f_s}n_1+\varphi_0\right), \quad n_1=0,1,\cdots,N-1 \quad (3.93)$$

$$x_2(n_2) = A_0\sin\left(2\pi\frac{f_0}{f_s}n_2+\varphi_0\right), \quad n_2=L,\cdots,N+L-1 \quad (3.94)$$

分别对序列 $x_1(n_1)$ 和 $x_2(n_2)$ 进行离散傅里叶变换,序列 $x_1(n_1)$ 的离散频谱为

$$X_1(k)=\frac{A_0}{2j}\left\{e^{j\varphi_0}W\left[\frac{2\pi}{N}(k-k_0)\right]-e^{-j\varphi_0}W\left[\frac{2\pi}{N}(k+k_0)\right]\right\} \quad (3.95)$$

式中,$W(\ )$ 为所采用窗函数的频谱函数;$k_0=f_0N/f_s$ 代表频率 f_0 在离散频谱中的位置,其中频率分辨率 $\Delta f=f_s/N$。

序列 $x_2(n_2)$ 的离散频谱为

$$X_2(k)=\frac{A_0}{2j}\left\{e^{j(2\pi f_0 L/f_s+\varphi_0)}W\left[\frac{2\pi}{N}(k-k_0)\right]-e^{-j(2\pi f_0 L/f_s+\varphi_0)}W\left[\frac{2\pi}{N}(k+k_0)\right]\right\} \quad (3.96)$$

设 $k_0=k_1+\lambda$,其中 $\lambda\in[0,1]$,根据离散傅里叶变换性质,在序列 $x_1(n_1)$ 的离散频谱中,第 k_1 根谱线所对应的相位理论表达式为

$$\varphi_1(k_1)=\varphi_0-\pi\lambda \quad (3.97)$$

在序列 $x_2(n_2)$ 的离散频谱中,第 k_1 根谱线所对应的相位理论表达式为

$$\varphi_2(k_1)=\varphi_0-\pi\lambda+2\pi f_0 L/f_s \quad (3.98)$$

计算两段序列的离散频谱中第 k_1 根谱线之间的相位差

$$\Delta\varphi(k_1) = \varphi_1(k_1) - \varphi_2(k_1) = -\frac{2\pi f_0 L}{f_s} \qquad (3.99)$$

根据 $k_0 = f_0 N/f_s$，可得

$$\Delta\varphi(k_1) = -\frac{2\pi k_0 L}{N} \qquad (3.100)$$

由 $k_0 = k_1 + \lambda$，可计算信号频率成分与第 k_0 根谱线的偏差量的估计值

$$\widetilde{\lambda} = -\frac{\Delta\varphi(k_1) N}{2\pi L} - k_1 \qquad (3.101)$$

则信号的频率估计值为

$$\widetilde{f}_0 = -\Delta\varphi(k_1) \frac{f_s}{2\pi L} \qquad (3.102)$$

幅值和初相角的估计值分别为

$$\widetilde{A}_0 = \frac{2|X_1(k_1)|}{|W(-\widetilde{\lambda})|} \qquad (3.103)$$

$$\widetilde{\varphi}_0 = \arg[X_1(k_1)] - \arg[W(-\widetilde{\lambda})] \qquad (3.104)$$

设仿真信号表达式为

$$x(n) = A\cos\left(\frac{2\pi f n}{f_s} + \varphi\right) \qquad (3.105)$$

式中，频率 $f_2 = 84$Hz，幅值 $A_2 = 0.01$V，初相角 $\varphi_2 = 25°$，采样频率 $f_s = 1600$Hz。

分别采用长度为 $N = 512$ 的 Hanning 窗、Blackman 窗、Blackman-Harris 窗、4 项 3 阶 Nuttall 窗进行分析，信号参数的绝对误差见表 3.7，表 3.7 中 $a\text{E}-b$ 代表 $a \times 10^{-b}$。

表 3.7　单一弱幅值谐波分量检测绝对误差（$N = 512$）

参　数	Blackman 窗	Hanning 窗	Blackman-Harris 窗	4 项 3 阶 Nuttall 窗
f/Hz	−3E−6	2E−2	2E−3	5E−4
A/V	−5E−7	−4E−4	−1E−4	−1E−4
φ/rad	2E−3	−9E−1	−9E−2	−2E−2

参见表 3.7，信号仅含单一频率成分时，采用 Blackman 窗所获得的弱幅值谐波参数准确度高于采用 Hanning 窗、Blackman-Harris 窗和 4 项 3 阶 Nuttall 窗的情况。其中，采用 Blackman 窗的绝对误差准确度比采用 Hanning 窗高出约 1 个数量级，比采用 Blackman-Harris 窗和 4 项 3 阶 Nuttall 窗高出 1~2 个数量级。

为比较算法的复杂性和准确度，采用不同窗长度的加窗 FFT 谐波分析方法对式（3.105）所示信号进行对比仿真分析。采用长度为 $N = 1024$ 的 Blackman 窗、Hanning 窗、Blackman-Harris 窗、4 项 3 阶 Nuttall 窗进行分析，所得的信号参数的绝对误差见表 3.8。

参见表 3.8，当窗函数长度为 1024 时，采用 Blackman 窗所获得的弱幅值谐波参数准确度高于采用 Hanning 窗和 Blackman-Harris 窗的情况；采用 4 项 3 阶 Nuttall 窗的准确度最高。此外，采用 Blackman 窗、Hanning 窗 Blackman-Harris 窗、4 项 3 阶 Nuttall 窗时，窗长度的增

加使得各自相应的弱幅值信号检测准确度得到明显提高。

表 3.8　单一弱幅值谐波分量检测绝对误差（$N=1024$）

参　　数	Blackman 窗	Hannning 窗	Blackman-Harris 窗	4 项 3 阶 Nuttall 窗
N	1024	1024	1024	1024
f/Hz	2E-7	-1E-3	-2E-6	-5E-9
A/V	-2E-6	-2E-6	-5E-5	-3E-8
φ/rad	-1E-4	9E-2	2E-4	-3E-7

3.6　短时傅里叶变换简介

考虑一个时变信号

$$x(t)=\begin{cases}\sin(2\pi\times2t), & 0\leq t<1\text{s}\\ \sin(2\pi\times8t), & 1\text{s}\leq t<2\text{s}\\ \sin(2\pi\times16t), & 2\text{s}\leq t<3\text{s}\\ \sin(2\pi\times32t), & 3\text{s}\leq t<4\text{s}\end{cases} \tag{3.106}$$

其时域波形和频谱如图 3.18 所示。

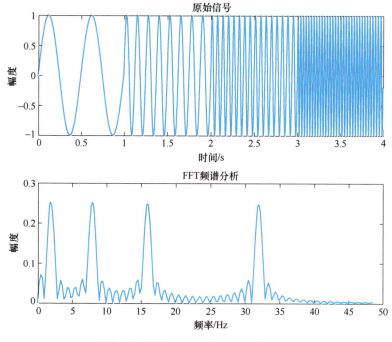

图 3.18　信号 $x(t)$ 时域波形及频谱图

如式（3.106）所示，该信号具有连续的 2Hz、8Hz、16Hz 和 32Hz 正弦成分，且出现在不同时间段。如图 3.18 所示，采用传统傅里叶变换得到的幅度谱虽然显示了 4 个频率分量，但无法区别这 4 个频率分量出现的时间，而将其解释为 4 个频率分量的叠加。也就是说，对于时变的信号,采用频谱分析工具并不能掌握信号的真实变化情况。这正是因为傅里叶变换仅能够对平稳信号进行频域分析。

为了分析和处理非平稳信号,通常使用时间和频率的联合函数来表示信号,这种方法称为信号的时频表示或者时频联合分析。时频联合分析方法的基本思想是通过将一维时域信号映射到二维时频面,即构造时间和频率的联合函数。经过时频分析得到的时间-频率-密度函数形式被称为信号的时频表示(也称为时频分布)。短时傅里叶变换(Short Time Fourier Transform,STFT)、S 变换、小波变换均是常用的时频分析工具,有复杂的数学工具支持,相关内容深邃而广泛,值得专门的著作详细介绍。篇幅所限,本节仅从电气测量应用的角度介绍短时傅里叶变换。

短时傅里叶变换是最直观、最简单的时频联合分析。短时傅里叶变换的基本思想是,用一个窄窗取出信号(假定信号在这个窄时窗内是平稳的),对其求傅里叶变换,从而刻画信号的时频局部特征,然后滑动窗函数,得到信号频率随时间的变化关系,即信号的时频分布。

用一个窄窗函数 $w(t)$ 对信号 $x(t)$ 进行截短,用乘积表示为

$$y(t) = x(t)w(t-\tau) \tag{3.107}$$

式中,τ 是移位变量,表示窗函数沿时间轴 t 的移动量。

窄窗函数 $w(t)$ 具有如下特性:当 t 超出区间 $[\tau-T/2, \tau+T/2]$ 时,$w(t-\tau)$ 为零。

信号 $x(t)$ 的短时傅里叶变换(STFT)可由式(3.107)的傅里叶变换得到

$$\text{STFT}_x(\tau, \omega) = \int_{-\infty}^{\infty} y(t)\mathrm{e}^{-\mathrm{j}\omega t}\mathrm{d}t = \int_{t-T/2}^{t+T/2} x(t)w(t-\tau)\mathrm{e}^{-\mathrm{j}\omega t}\mathrm{d}t \tag{3.108}$$

这个变换捕捉了信号在区间 $[\tau-T/2, \tau+T/2]$ 的局部频谱,此时 T 代表了 STFT 的时间分辨率。所得计算结果 $\text{STFT}_x(\tau, \omega)$ 是一个二维的复数矩阵。

对于离散信号 $x(n)$,$n \in [0, J-1]$,可以每次用窄窗函数取出的 N 个采样点形成一帧数据并进行离散傅里叶变换,然后将窄窗函数沿时间轴方向滑动若干个采样点进行下一次离散傅里叶变换。那么,离散信号 $x(n)$ 的离散短时傅里叶变换可以理解为滑动帧的离散傅里叶变换的组合,计算式为

$$\text{STFT}_x(m, k) = \sum_{n=0}^{N-1} x(n)w(n-mL)\mathrm{e}^{-\mathrm{j}\frac{2n\pi k}{N}} \tag{3.109}$$

式中,m 可以理解为对应数据帧或者变换结果(时频曲线)的序号;L 表示每一帧数据沿时间轴的移动量(采样点数量),L 的值越小则 m 的取值越多,得到的时频曲线越密。

习题与思考题

3-1 在 $\alpha\beta$ 变换中,如果 A 相电压为 212V,B 相和 C 相电压为 0,则 α 分量的电压是多少?

3-2 简述离散傅里叶变换中的频谱泄漏与栅栏效应的产生原因。

3-3 离散频谱分析中,窗函数的作用是什么?

3-4 离散傅里叶变换与短时傅里叶变换(STFT)相比,各有什么特点?

3-5 采用 $f_s = 1440\text{Hz}$ 对信号进行采样,信号模型为 $x(n) = \cos\left(\dfrac{\pi}{6}n\right) + \cos\left(\dfrac{\pi}{3}n\right) + \cos\left(\dfrac{\pi}{7}n\right)$,然后对 $x(n)$ 做序列长度为 144 点的 DFT 运算。

(1) 所选序列长度 144 点是否能保证得到周期序列？说明理由。

(2) 上述过程是否会产生频谱泄漏？试画出信号幅度谱，并做说明。

(3) 选择实现整周期采样的序列长度数做 DFT 并画出信号谱线。

3-6 假设一个信号处理过程没有采用任何特殊数据处理措施，要求输入的采样信号样本数必须为 2 的整数幂，频率分辨率不低于 10Hz，如果采样过程中的抽样时间间隔为 0.1ms，试确定：

(1) 对信号进行处理所需要的最短的序列长度。

(2) 所允许处理的信号最高频率。

(3) 在一个分析序列中的最少采样点数。

3-7 已知 $N=7$ 点的实序列的 DFT 在偶数点的值为 $X(0)=4.8$，$X(2)=3.1+j2.5$，$X(4)=2.4+j4.2$，$X(6)=5.2+j3.7$。求 DFT 在奇数点的数值。

3-8 简述利用 $dq0$ 坐标变换检测三相对称电路的谐波总电流的原理。

第 4 章　电参量的测量

电参量包括电量参数和电路参数。电量参数的测量包括电压、电流、功率、电能、频率、周期、相位等参数的测量，电路参数的测量包括电阻、电容、电感等参数的测量。功率和电能的测量将在第 6 章讲述，所以本章主要讲述电压、电流、频率、阻抗等参数的测量。

4.1　电气测量仪表简介

电气测量仪表按测量方式的不同，可分为直读式仪表和比较式仪表两大类。直读式仪表一般是指可由仪表刻度盘直接读数的仪表，如电流表、万用表、兆欧表等。比较式仪表一般是指将被测量与已知的标准量进行比较实现测量的仪表，如电桥、接地电阻测量仪等。传统的直读式仪表为模拟指示仪表，主要是电气机械式仪表，它的特点是把被测量转换为可动部分的角位移，并根据可动部分的指针在仪表标尺或表盘上的位置直接读出被测量的数值。模拟指示仪表按工作原理可分为磁电系、电磁系、电动系和感应系等几大类。现在大多数仪表为数字式仪表，采用数字测量技术，用数字显示测量结果以及具备数字通信、存储等功能。篇幅所限，本节简介模拟指示仪表和数字式仪表原理。

4.1.1　磁电系仪表简介

1. 磁电系仪表的结构

磁电系仪表是利用载流线圈在磁场中受到电磁力矩的原理制成的。磁电系仪表根据磁路形式的不同，分为外磁式、内磁式和内外磁结合式三种结构。下面以外磁式为例说明磁电系仪表的结构。

外磁式磁电系仪表测量机构（表头）的一般结构如图 4.1a 所示，测量机构由固定部分和可动部分两部分构成。

固定部分由图 4.1a 中的永久磁铁（1）、极掌（2）和圆柱形铁心（5）构成，它们组成测量机构的磁路。永久磁铁由硬磁材料做成，极掌和铁心由高磁导率的软磁材料做成。铁心放在两极掌之间，与两极掌之间有均匀的环形气隙，在气隙中形成均匀的辐射状磁场。

可动部分由绕在铝框架上的可动线圈（4）、线圈两端的半轴（3）、平衡锤（6）、两个游丝（7）和指针（8）组成。由于永久磁铁放在可动线圈的外面，所以称为外磁式。铝框和指针都固定在转轴上，转轴分为前后两个半轴，每个半轴的一端固定在铝框上，另一端通过轴尖支撑于轴承中。在前半轴装有指针，当可动部分偏转时，用来指示被测量的大小。两个游丝的盘绕方向相反，它们的一端固定在转轴上，并分别与可动线圈相连，下游丝的另一端固定在支架上，上游丝的另一端与调零器相连。当可动线圈通电以后在力矩的作用下发生偏转时，游丝产生反作用力矩，同时，游丝还可以作为将电流导入和导出可动线圈的引线。

转轴上装有平衡锤（6），用以平衡指针的质量。

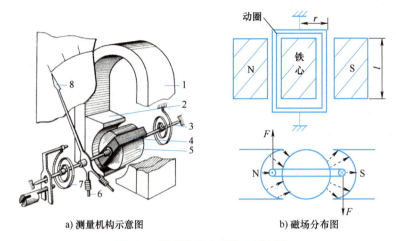

a) 测量机构示意图　　b) 磁场分布图

图 4.1　外磁式磁电系仪表原理图

1—永久磁铁　2—极掌　3—半轴　4—可动线圈　5—铁心　6—平衡锤　7—游丝　8—指针

2. 磁电系仪表工作原理

根据测量机构的结构特点，气隙内存在如图 4.1b 所示的辐射形磁场，且磁感应强度 B 处处相等。设线圈匝数为 N，每个有效边（即能够产生电磁力的两个与磁场方向垂直的可动线圈边）的长度为 l，则当电流 I 通入可动线圈时，每个有效边所受的电磁力 F 的大小为

$$F = NBIl \tag{4.1}$$

动圈所受的转矩为

$$M = 2Fr = 2NBIlr = NBSI \tag{4.2}$$

式中，r 为转轴中心到有效边的距离；S 为可动线圈的有效面积，且 $S = 2lr$。

由于气隙磁感应强度 B 是均匀的，而且对于已经做好的线圈，匝数 N 和有效面积 S 也是固定的，因此转动力矩 M 的大小只随通过线圈的电流的变化而正比变化，转矩的方向则决定于流入可动线圈电流的方向。

在转矩的作用下，可动线圈发生偏转引起游丝变形而产生反作用力矩 M_α。此力矩的大小与游丝变形程度成正比，也即与可动线圈的偏转角 α 成正比，故有

$$M_\alpha = D\alpha \tag{4.3}$$

式中，α 为可动部分偏转角，即指针的偏转角；D 为游丝的反作用力矩系数，其大小决定于游丝的材料性质和尺寸。

当转动力矩 M 与反作用力矩 M_α 相等时，可动部分的力矩达到平衡，指针稳定停留在某一位置。根据力矩平衡 $M = M_\alpha$，有 $NBSI = D\alpha$，所以，指针的偏转角度 α 为

$$\alpha = \frac{NBSI}{D} = S_I I \tag{4.4}$$

式中，S_I 为磁电系测量机构的灵敏度，且 $S_I = NBS/D$，对于一个已经制好的仪表来说，S_I 是一个常数。

式（4.4）表明，指针的偏转角 α 与通过可动线圈的电流 I 成正比。因此，在仪表中可以用偏转角来衡量被测电流的大小，并通过指针在标度尺上直接表示出电流的数值。由于 α

正比于 I，所以标尺的刻度是均匀的，即可以得到线性的刻度。

磁电系仪表只能测量直流电量，而不能测量交流电量。永久磁铁产生的磁场的方向是不能改变的，只有通入直流电流才能使可动部分产生稳定的偏转。当可动线圈中通入交流电流时，随着电流的交变，所产生的转矩方向也是交变的。如果电流变化的频率小于可动部分的固有频率，指针将会随电流变化左右摇摆。如果电流变化的频率高于可动部分的固有频率，可动部分因惯性较大而跟不上转矩的迅速变化而静止不动，这时指针偏转角与一个周期内的转矩平均值有关。对于正弦变化的交流电一个周期内平均转矩为零，指针将停在零位。所以，磁电系仪表只能测量直流电量，只有配上整流器组成整流系仪表后才能用于交流电量测量。测量直流电量时，电流必须从"+"端流入，否则指针将会反偏。

4.1.2 电磁系仪表简介

1. 电磁系仪表的结构

电磁系仪表的测量机构是利用载流线圈的磁场对可动铁片产生吸引或排斥力而制成的。根据结构不同可分为吸引型、排斥型和吸引-排斥型三种。

（1）吸引型

吸引型测量机构的结构如图 4.2a 所示，固定线圈（4）和偏心安装在转轴上的可动铁片（3）组成电磁系统，转轴上还装有指针（1）、游丝（5）和阻尼片（2）。当固定线圈通有电流时，产生的磁场将吸引可动铁片，使可动铁片发生偏转，从而带动指针偏转。这里游丝的作用只是产生反作用力矩，而不通过电流。

（2）排斥型

排斥型测量机构的结构如图 4.2b 所示，固定线圈（5）、线圈内壁的固定铁片（4）组成固定部分，可动部分由可动铁片（3）、游丝（1）、阻尼片（2）和指针组成。当固定线圈通有电流时，产生的磁场使固定铁片和可动铁片同时被磁化，两个铁片的同一侧有相同的极性，因而相互排斥，使可动铁片发生偏转，从而带动指针偏转。

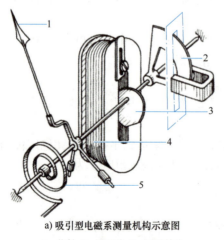 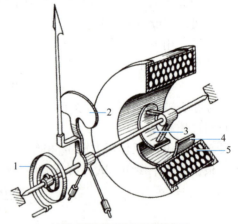

a) 吸引型电磁系测量机构示意图
1—指针 2—阻尼片 3—可动铁片
4—固定线圈 5—游丝

b) 排斥型电磁系测量机构示意图
1—游丝 2—阻尼片 3—可动铁片
4—固定铁片 5—固定线圈

图 4.2 吸引型和排斥型电磁系测量仪表原理图

(3) 吸引-排斥型

在这种结构中,排斥力和吸引力的共同作用构成了转动力矩。排斥-吸引型结构的转矩大,而且不受偏转角影响,因此多用于交流广角度仪表中。但由于铁心结构(可动铁片、固定铁片)增多,磁滞误差较大,所以准确度不高,一般多用于安装式仪表中。

2. 电磁系仪表的工作原理

(1) 吸引型电磁系仪表的工作原理

固定线圈通电后,在线圈附近产生磁场,磁场强度与线圈中的电流 I 成正比。可动铁片处在线圈产生的磁场中被磁化,磁化方向与磁场方向相同,则可动铁片靠近线圈一端的极性与线圈右侧的极性相反(见图 4.3),因而对可动铁片产生吸引力,形成转动力矩。线圈的磁场越强,铁片的磁性越强,所以铁片的磁性也与线圈流过的电流 I 成正比。于是,转动力矩与线圈电流的二次方成正比。

当转动力矩与游丝所产生的反作用力矩相等时,指针便停止在某一平衡位置。改变固定线圈中的电流方向时,磁场方向和可动铁片的极性同时跟着改变,吸引力的方向不变,故指针偏转的方向也就不会随电流方向的不同而改变。可见,这种仪表既可用于直流测量,又可用于交流测量。

(2) 排斥型电磁系仪表的工作原理

固定线圈通过电流时产生磁场,该磁场使固定铁片和可动铁片同时磁化,并使两个铁片同一侧的极性相同(见图 4.4),产生排斥力,结果使可动部分带动指针偏转。排斥力的大小决定于两个铁片磁性的强弱,而铁片的磁性也与线圈流过的电流 I 成正比。于是,转动力矩与线圈电流 I 的二次方成正比。排斥型电磁系仪表与吸引型电磁系仪表一样,能适合交、直流电量的测量。

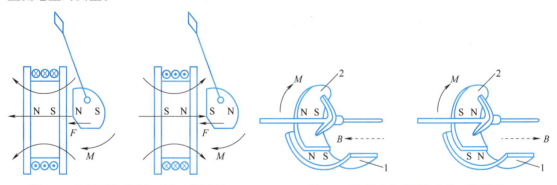

图 4.3　吸引型电磁系仪表的工作原理　　图 4.4　排斥型电磁系仪表的工作原理

1—固定铁片　2—可动铁片

由前面的分析可知,无论是吸引型还是排斥型电磁系仪表,其转动力矩都与线圈电流的二次方成正比。

当线圈通入直流电流 I 时,转动力矩为

$$M = K_\alpha I^2 \tag{4.5}$$

式中,K_α 为系数,与线圈的匝数和尺寸、铁片的形状材料和尺寸、以及铁片与线圈的相对位置有关。

当线圈中通入交流电流时,虽然转矩方向不变,但其大小随时间而改变,瞬时转矩为

$$m = K_\alpha i^2 \tag{4.6}$$

由于可动部分的惯性，可动部分的偏转跟不上瞬时转矩的变化，所以其转动力矩决定于瞬时力矩在一个周期内的平均值。

$$M_{cp} = \frac{1}{T}\int_0^T m\,dt = \frac{K_\alpha}{T}\int_0^T i^2\,dt = K_\alpha I^2 \tag{4.7}$$

式中，M_{cp} 为平均力矩；I 为交流电流的有效值。

可见，直流和交流的转动力矩公式完全相同，只要将直流电流换成交流电流的有效值即可。反作用力矩由游丝产生，游丝的反作用力矩为

$$M_\alpha = D\alpha \tag{4.8}$$

当转动力矩等于反作用力矩时，可动部分达到平衡，即

$$K_\alpha I^2 = D\alpha \tag{4.9}$$

$$\alpha = \frac{K_\alpha}{D} I^2 \tag{4.10}$$

式（4.10）表明，电磁系测量机构可动部分的偏转角 α 与被测电流（直流或交流的有效值）的二次方成正比。因此，仪表的标尺刻度是不均匀的，具有二次方律特性，即刻度前密后疏。

4.1.3 电动系仪表简介

1. 电动系仪表的结构

电动系仪表的结构如图 4.5a 所示，固定线圈（1）做成两部分，彼此平行排列，中间留有空隙，以便转轴穿过。这种结构的特点是能获得均匀的工作磁场，并可借助改变两个固定线圈之间的串、并联关系而得到不同的电流量程。可动部分包括可动线圈（2）、指针（7）及阻尼片（3）等，它们均固定在转轴（5）上，可动线圈处于固定线圈内部。游丝（6）产生反作用力矩，同时电流也是通过游丝导入导出的。阻尼力矩由空气阻尼器产生，图 4.5a 中 4 为空气阻尼密闭箱。

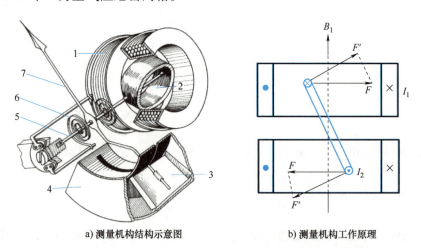

a) 测量机构结构示意图　　b) 测量机构工作原理

图 4.5　电动系仪表原理图

1—固定线圈　2—可动线圈　3—空气阻尼器的阻尼片　4—空气阻尼密闭箱　5—转轴　6—游丝　7—指针

2. 电动系仪表的工作原理

电动系测量机构由固定线圈中的电流产生的磁场与可动线圈中的电流产生的磁场相互作用而产生转动力矩。

（1）通入直流电流时

如图 4.5b 所示，固定线圈通入直流电流 I_1，产生磁感应强度为 B_1 的磁场，可动线圈中通入直流电流 I_2，在磁场 B_1 中受到电磁力 F 的作用，从而使可动线圈受到转动力矩而发生偏转。转动力矩 M 的大小正比于 I_1 和 I_2 的乘积，即

$$M = K_\alpha I_1 I_2 \tag{4.11}$$

式中，K_α 是与可动部分偏转角有关的系数。

一方面是因为 F 的分力 F'（造成转矩的力）随偏转角而变化，一方面也是因为固定线圈的磁场不是完全均匀的。适当安排两个固定线圈间的距离和形状，可使 K_α 在一定的偏转角范围内为常数。

游丝产生的反作用力矩为

$$M_\alpha = D\alpha \tag{4.12}$$

当转动力矩与反作用力矩平衡时有

$$K_\alpha I_1 I_2 = D\alpha \tag{4.13}$$

$$\alpha = \frac{K_\alpha}{D} I_1 I_2 = K I_1 I_2 \tag{4.14}$$

可见，线圈中通入直流电流时，偏转角可以反映 I_1 和 I_2 乘积的大小。另外，电流 I_1、I_2 同时改变方向时，可动线圈转动力矩的方向不变，因此电动系测量机构可以交直流两用。但只有一个电流方向改变时，可动线圈受转动力矩的方向变反，指针式仪表有"止挡器"阻拦不能反偏，这时可能损坏指针和仪表。所以在电动系仪表的测量端子上均标有同极性端"＊"号标志，I_1、I_2 同时流进"＊"号时，仪表正偏转。

（2）通入正弦交流电流时

设固定线圈和可动线圈分别通入交流电流 i_1 和 i_2

$$i_1 = I_{1m} \sin\omega t \tag{4.15}$$

$$i_2 = I_{2m} \sin(\omega t + \varphi) \tag{4.16}$$

式中，$I_{1m} = \sqrt{2} I_1$；$I_{2m} = \sqrt{2} I_2$。则可动部分受到的瞬时力矩为

$$\begin{aligned}
m &= K_\alpha i_1 i_2 = K_\alpha I_{1m} \sin\omega t I_{2m} \sin(\omega t + \varphi) \\
&= K_\alpha I_{1m} I_{2m} \times \frac{1}{2} [\cos\varphi - \cos(2\omega t + \varphi)] \\
&= K_\alpha I_1 I_2 \cos\varphi - K_\alpha I_1 I_2 \cos(2\omega t + \varphi)
\end{aligned} \tag{4.17}$$

由于可动部分具有惯性，故偏转角决定于瞬时转矩在一个周期内的平均值 M，即

$$M = K_\alpha I_1 I_2 \cos\varphi \tag{4.18}$$

当测量机构的转动力矩与游丝的反作用力矩平衡时，可动部分的偏转角为

$$\alpha = \frac{K_\alpha}{D} I_1 I_2 \cos\varphi = K I_1 I_2 \cos\varphi \tag{4.19}$$

上式表明，电动系仪表的偏转角不仅取决于两线圈电流有效值的大小，还与两电流之间的相位差有关。利用这一特性，电动系测量机构可用来制成功率表来测量交流电路的功率。

电动系测量机构的阻尼力由空气阻尼器产生。

4.1.4 数字式电测仪表简介

常用的数字电气测量仪器在 1.2.2 节已做介绍，本章不再赘述。数字式电测仪表利用模/数（A/D）转换原理，将被测模拟信号转换为数字量，然后进行相应计算处理并将测量结果以数字形式显示出来。数字式仪表的基本原理框图如图 4.6 所示，主要由输入电路、A/D 转换、数字处理和数字显示通信四部分组成。

图 4.6 数字式电测仪表结构框图

输入电路对被测信号进行调理，包括放大/衰减、变换、滤波等，将输入信号变成符合 A/D 转换器要求的信号；A/D 转换器将模拟信号转换成数字信号；数字处理部分是数字式仪表的核心，负责对数字信号进行计算和处理，通常包括微处理器、存储器等；数字显示部分将信号以数字的形式显示出来，通常包括数字显示器、解码器和驱动电路等，其中数字显示可以采用 LED、LCD 等，数字通信可以采用现场总线、蓝牙等有线或无线通信方式。

数字式仪表的主要性能指标包括以下 7 个方面：

（1）显示位数

数字式仪表的显示位数通常用 1 位整数加分数的形式表示。整数部分表示完整显示位的位数，完整显示位是指能显示 0~9 全部数字的显示位；分数部分表示非完整显示位（最高位）的情况，其中分子表示最高位数字可能显示的最大数值，分母表示满量程时应显示的最高位数字。如 $3\frac{1}{2}$ 位（又称三位半）数字电压表，具有 3 位完整显示位，最大显示数字为 1999。$4\frac{3}{4}$ 位数字电压表其最大显示数字为 39999。

（2）量程

量程表示仪表测量范围的大小，是仪表测量范围上限和下限的代数差，即：仪表量程=测量上限值-测量下限值。为了能够测量不同大小的信号，仪表通常都有若干个量程，例如，某数字电压表的量程分为 200mV、2V、20V、200V 和 1000V 共 5 个量程。

（3）分辨力

数字仪表的分辨力是指使显示的末位变化一个数字所对应的被测量的变化值，它表示了仪表能够分辨的最小输入量变化的能力。显然，在不同量程上，仪表的分辨力是不同的，例如 $3\frac{1}{2}$ 位数字电压表，2V 量程下最大显示为 1.999V，分辨力为 1mV；20V 量程下最大显示为 19.99，分辨力为 0.01V。在最小量程上，仪表具有最高分辨力，常把最高分辨力作为数字式仪表的分辨力指标。

有时亦可用分辨率表示，分辨率是指分辨力与满量程之比的百分数。例如上述 $3\frac{1}{2}$ 位数字电压表的分辨率为 0.001V/2V=0.05%。

（4）准确度

数字式电测仪表的准确度等级有 0.05 级、0.1 级、0.2 级、0.5 级、1 级、2 级等。0.1 级表示仪表的引用误差不超过±0.1%。仪表的准确度等级数值越小，误差限值越小，仪表的准确度越高。

（5）响应时间

按规定的量值施加输入信号，到它的显示值达到稳定在规定的误差范围所需要的时间。响应时间分为三种，即阶跃响应时间、极性响应时间和量程响应时间。

（6）稳定性和重复性

稳定性指在所有其他条件相同时，仪表在规定的时间间隔内保持其性能特征不变的能力。

重复性指在同样的测量条件下，对同一被测量进行多次连续测量所得结果之间的一致性。

（7）抗干扰能力

数字式电测仪表的外部干扰有串模干扰和共模干扰，一般用干扰抑制比来表征抗干扰能力的大小。

4.2　电压的测量

电压测量是电测量和非电测量的基础。在电测量中，许多其他电气参数的测量都可以转化为电压测量，如电流、电阻等一般都是转换为电压再进行测量。在非电测量中，也多利用各类传感器或装置，将非电量参数（如温度、湿度、压力等）转换成电压后再进行测量。由于直流电压的测量相对简单，所以本节着重介绍交流电压的测量。

4.2.1　表征交流电压的基本参量

交流电压主要用峰值电压、平均值电压、有效值电压、波形系数和波峰系数来表征。

1. 峰值 U_p

交流电压 $u(t)$ 在一个周期内偏离零电平的最大值称为峰值，用 U_p 表示。正、负峰值不同时，分别用 U_{p+} 和 U_{p-} 表示，如图 4.7 所示。$u(t)$ 在 1 个周期内偏离直流分量的最大值称为幅值或振幅，用 U_m 表示，正负振幅不相等时分别用 U_{m+} 和 U_{m-} 表示。

2. 平均值 $\overline{U}$

$u(t)$ 的平均值在数学上的定义为

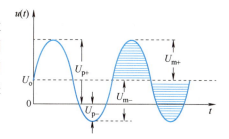

图 4.7　交流电压的峰值与幅值

$$\overline{U} = \frac{1}{T}\int_0^T u(t)\,dt \tag{4.20}$$

对周期信号而言，T 为信号的周期。按照这个定义，$\overline{U}$ 实际上就是周期性电压的直流分量 U_0，如图 4.7 中虚线 U_0 所示。对于不含直流成分的纯正弦交流电压，$\overline{U}=0$。

一般在电压测量中，正弦信号的平均值通常是指经检波以后的平均值，又可分为全波平均值和半波平均值。全波平均值可表示为

$$\overline{U} = \frac{1}{T}\int_0^T |u(t)|\,dt \tag{4.21}$$

如不另加说明，本章所指平均值为全波平均值。

3. 有效值 U

交流电压 $u(t)$ 在 1 个周期 T 内，通过某纯电阻负载 R 所产生的热量，与一个直流电压 U 在同一负载上产生的热量相等时，该直流电压 U 的数值就表示交流电压 $u(t)$ 的有效值。用数学式可表示为

$$U = \sqrt{\frac{1}{T}\int_0^T u^2(t)\,dt} \tag{4.22}$$

式（4.22）实质上就是数学上的方均根定义，因此交流电压的有效值即为交流电压的方均根值，有效值有时也写成 U_{rms}。

虽然电压量值可以用峰值、平均值和有效值表征，但实际中如不特殊说明时，一般交流电压的量值均是指有效值。除特殊情况外，各类电压表的示值一般都以正弦信号的有效值来定度。

4. 波形系数 K_F 和波峰系数 K_P

交流电压的有效值、平均值和峰值之间有一定的关系，可分别用波形系数（或称波形因数）和波峰系数（或称波峰因数）表示。

波形系数 K_F 定义为该电压的有效值与平均值之比，即

$$K_F = \frac{U}{\overline{U}} \tag{4.23}$$

波峰系数 K_P 定义为该电压的峰值与有效值之比，即

$$K_P = \frac{U_P}{U} \tag{4.24}$$

不同电压波形，其 K_F、K_P 不同。表 4.1 列出了常见波形的有效值、平均值、波峰系数和波形系数。

表 4.1 常见波形的有效值、平均值、波峰系数和波形系数

波形名称	波形图	有效值 U	平均值 $\overline{U}$	波峰系数 K_P	波形系数 K_F
正弦波	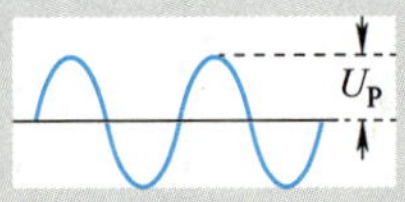	$\dfrac{U_P}{\sqrt{2}}$	$\dfrac{2U_P}{\pi}$	1.414	1.11
全波整流	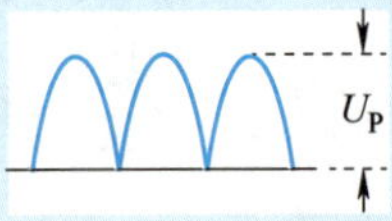	$\dfrac{U_P}{\sqrt{2}}$	$\dfrac{2U_P}{\pi}$	1.414	1.11
半波整流	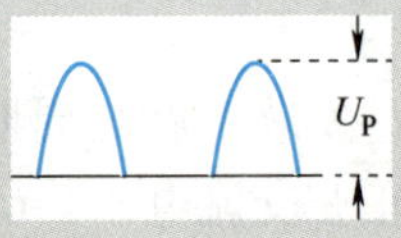	$\dfrac{U_P}{2}$	$\dfrac{U_P}{\pi}$	2	1.57

(续)

波形名称	波形图	有效值 U	平均值 $\overline{U}$	波峰系数 K_P	波形系数 K_F
三角波	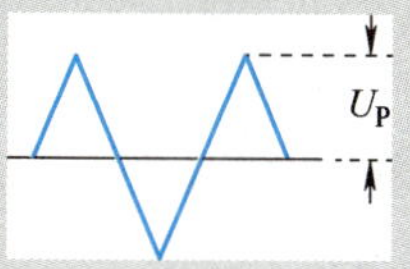	$\dfrac{U_P}{\sqrt{3}}$	$\dfrac{U_P}{2}$	1.73	1.15
锯齿波	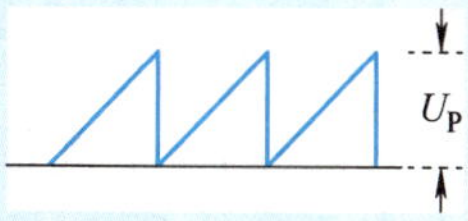	$\dfrac{U_P}{\sqrt{3}}$	$\dfrac{U_P}{2}$	1.73	1.15
方波	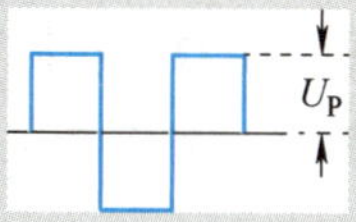	U_P	U_P	1	1
脉冲波	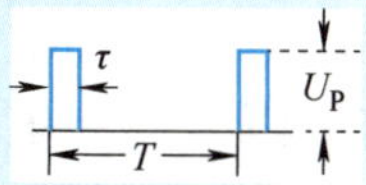	$\sqrt{\dfrac{\tau}{T}}U_P$	$\dfrac{\tau}{T}U_P$	$\sqrt{\dfrac{T}{\tau}}$	$\sqrt{\dfrac{T}{\tau}}$

4.2.2 模拟式电压测量

模拟式电压测量可以采用磁电系、电磁系、电动系仪表原理实现，本书简要介绍磁电系电压测量仪表原理。

将磁电系测量机构与被测电压并联，测量机构中流入 $I=U/R_c$ 的电流，其中 R_c 为测量机构的内阻。此电流与被测电压 U 成正比，因此磁电系测量机构本身就可以作为一只电压表，用来直接测量电压。设测量机构的满偏电流为 I_c，则直接测量电压时的量程为 $U_c=I_c R_c$，由于 I_c 很小，因此量程很小，一般不超过 mV 级。

为了测量更高的电压，就必须扩大其电压量程。扩大电压量程的方法是将测量机构与一个附加电阻（分压电阻）串联，如图 4.8a 所示，这样附加电阻分走大部分电压，测量机构承担的电压相应减小。设直接测量的量程为 U_c，测量机构的内阻为 R_c，串入附加电阻 R_d 后，可使量程扩大为 U，U 与 U_c 的关系为

$$\frac{U}{R_c+R_d}=\frac{U_c}{R_c}=I_c \tag{4.25}$$

令 $m=U/U_c$ 为量程扩大倍数，则

$$m=1+\frac{R_d}{R_c} \tag{4.26}$$

如果已知量程扩大倍数 m，可以求出需要串联的附加电阻 R_d 值为

$$R_d=(m-1)R_c \tag{4.27}$$

分压电阻一般采用电阻率大、电阻温度系数小的锰铜丝绕制而成。分压电阻分为内附式和外附式两种。通常量程低时采用内附式，安装于表壳内部。量程高时采用外附式，外附式分压电阻是单独制造的，并且要与仪表配套使用。

如果串联几个附加电阻，就构成了多量程电压表，如图 4.8b 所示。

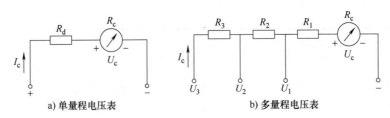

图 4.8　用附加电阻扩大电压表量程

电压表的内阻等于测量机构的内阻加上附加电阻，因此电压表的内阻与量程有关。电压表各量程内阻与相应电压量程的比值为一常数，该常数是电压表的一个重要参数，称为电压灵敏度，通常标明在电压表的表面上，单位为 Ω/V。例如某万用电压表直流电压的电压灵敏度为 20kΩ/V，则在 10V 档时电压表的内阻为 10×20kΩ = 200kΩ。相同的电压量程下，电压灵敏度越高的电压表，内阻越大，分流越小，消耗功率越小，对被测电路工作状态影响越小，测量准确度也越高。

电子电压表也是一种模拟式电压表，它通过检波器（又称为 AC/DC 变换器）将交流电压转换为直流电压，再加到磁电系仪表上，转换成指针偏转角度。由于电子电压表在传统磁电系仪表的基础上，增加了检波、放大等电子电路，因此它的频率范围、灵敏度和输入阻抗都得到了显著提高。

例 4.1　一只内阻为 500Ω、满刻度电流为 100μA 的磁电系测量机构，欲改装成 60V 量程的直流电压表，应串多大的分压电阻？该电压表的总内阻是多少？

解：测量机构的额定电压为

$$U_c = I_c R_c = 100 \times 10^{-6} \times 500 \text{V} = 0.05 \text{V}$$

电压量程扩大倍数为

$$m = \frac{U}{U_c} = \frac{60}{0.05} = 1200$$

应串联的分压电阻为

$$R_d = (m-1)R_c = (1200-1) \times 500 \Omega = 599500 \Omega$$

电压表的总内阻为

$$R = R_c + R_d = (599500 + 500) \Omega = 600 \text{k}\Omega$$

4.2.3　数字式电压测量

数字式电压测量有两种方式：一种是先采用 AC/DC 变换器将交流电压转变为直流电压，然后通过 A/D 转换将其转换为数字量，再在数字显示器上显示出测量结果；另一种是对交流电压直接进行采样和 A/D 转换，得到瞬时采样序列 $u(k)$，根据有效值的定义，按式 (4.28) 计算电压有效值。

$$U = \sqrt{\frac{1}{N} \sum_{k=1}^{N} u^2(k)} \tag{4.28}$$

式中，N 为 1 个周期的采样点数。

常用的峰值电压计算方法是以同一周波内连续最大的三个电压采样值，按插值法求出峰值电压。按照采样序列计算出电压的有效值 U 和峰值电压 U_p 后，即可按式 (4.24) 计算波峰系数。

电压平均值 $\bar{U}$ 采用1个周期内的采样值绝对值求和除以采样点的个数得到，即

$$\bar{U} = \frac{1}{N}\sum_{k=1}^{N}|u(k)| \quad (4.29)$$

求出电压的平均值 $\bar{U}$ 后，即可按式（4.23）计算出波形系数。

此外，在数字式电压测量中，可以运用第3章介绍的离散傅里叶变换对交流信号中的基波和谐波有效值等进行测量。

4.3 电流的测量

4.3.1 模拟式电流测量

模拟式电流测量可以采用磁电系、电磁系、电动系仪表原理实现，本书简要介绍电动系电流测量仪表原理。将电动系测量机构中的固定线圈和可动线圈串联或并联，就可以构成电流表。

同磁电系仪表一样，电动系仪表的可动线圈也要用比较细的导线绕制，电流也通过游丝导入可动线圈，因此，可动线圈允许通过的电流不能太大，作为小量程电流表使用时，可将固定线圈和可动线圈串联，如图4.9a所示，这时固定线圈和可动线圈中的电流相同。当测量直流电流时有 $I_1=I_2=I$，代入式（4.14）得

$$\alpha = KI_1I_2 = KI^2 \quad (4.30)$$

当测量交流电流时有 $I_1=I_2=I$，$\cos\varphi=1$，代入式（4.19）可以得到与式（4.30）相同的表达式。只是在交流的情况下，I 代表的是交流电流的有效值。

可见，无论测量直流还是交流，电动系电流表的偏转角都与电流（或交流有效值）的二次方成正比，故其标尺的刻度也是不均匀的，前密后疏。

对于大量程的电流表，需要将固定线圈和可动线圈并联，如图4.9b所示。这时有

$$I_1 = \frac{R_2}{R_1+R_2}I = K_1I, \quad I_2 = \frac{R_1}{R_1+R_2}I = K_2I \quad (4.31)$$

式中，R_1 为固定线圈的支路电阻；R_2 为可动线圈的支路电阻。

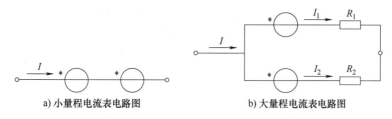

a) 小量程电流表电路图　　　　　　b) 大量程电流表电路图

图4.9　电动系电流表

代入式（4.14），可求得指针偏转角与被测电流的关系为

$$\alpha = KI_1I_2 = KK_1K_2I^2 \quad (4.32)$$

线圈并联和串联时相差一个常数 K_1K_2。因此不论是并联还是串联，不论是测交流还是直流，电动系电流表的指针偏转都与电流（或交流有效值）的 2 次方成正比。

电动系电流表不用分流器扩大量程，常采用的扩程方法是改变线圈匝数，一般把固定线圈分成几段，改变它们的串并联组合，就可以改变量程。

4.3.2 数字式电流测量

电流的数字式测量一般都是先将电流信号转换为电压信号，再进行采样和数字化测量。电流/电压转换电路的基本原理是让被测电流流过已知的标准电阻，则标准电阻两端的电压正比于被测电流，测量出标准电阻上的电压便能得到被测电流的大小。电流/电压转换（I/U 转换）电路如图 4.10 所示，其中 $R_1 \sim R_5$ 是标准电阻、S 是量程选择开关。如图 4.10 中所示电路有 5 个量程，从 $S_1 \sim S_5$ 电流流经的标准电阻逐渐减小，因此量程逐级增加。运算放大器的输出电压为

$$u_o = i_x R \left(1 + \frac{R_8}{R_7}\right)$$

式中，R 为被测电流流经的电阻，例如 S_4 闭合时，$R = R_4 + R_5$。

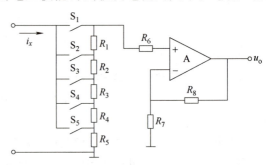

图 4.10 I/U 转换原理图

根据电流量程和 A/D 转换器要求的输入电压，选择合适的分流电阻后，可省去后面的运算放大器。例如，某电流表要求有 200μA、2mA、20mA、200mA、2A 共 5 个量程，A/D 转换器的输入电压为 200mV，这时标准电阻分别取 $R_1 = 900\Omega$、$R_2 = 90\Omega$、$R_3 = 9\Omega$、$R_4 = 0.9\Omega$、$R_5 = 0.1\Omega$，不用运放即可满足要求。但是在测量微弱的电流或要得到较大的灵敏度时，则需要较大阻值的电阻，而较大阻值的电阻反过来会改变被测电路的状态，即影响了精度，此时就需要加入运算放大器。将电流信号转换为电压信号后，后续处理与电压的数字测量相同，在此不再赘述。

4.4 频率的测量

数字频率计也称为频率计数器，它采用计数法测量频率，测量速度快，读数方便。尽管频率的测量方法有很多，但现在除精密测量外，不论低频还是高频，基本上都使用频率计数器，这也是本章重点讨论的测频方法。

4.4.1 计数法频率测量原理

1. 频率计数器原理

频率计数器按照频率定义进行频率测量，原理如图 4.11 所示，从图中可以看出，它由以下几部分组成：

（1）输入通道

一般输入通道由放大电路和整形电路组成。输入通道送出的信号，经过控制门进入计数器，为了保证计数器准确计数，要求该信号具有一定的波形和适当的幅度，放大、整形电路

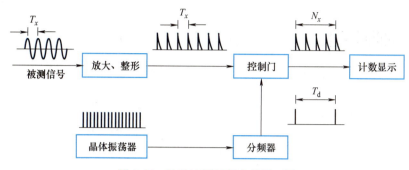

图 4.11　计数法测量频率的原理图

的作用就是将各种不同波形的被测信号（正弦波、三角波等）变换成符合计数器要求的脉冲信号。

（2）时间基准电路

通常由石英晶体振荡器和一系列分频电路构成。石英晶体振荡器产生稳定的时钟信号，经过分频可以得到一系列周期已知的标准信号。这些信号可以作为各种时间基准控制计数器的门电路，使控制门在所选择的基准时间内打开，也可以作为计数器的标准计数脉冲。

（3）控制电路

控制电路使控制门在所选择的时间内打开，允许整形后的被测脉冲信号通过并送往计数器。

（4）计数和显示电路

对控制门输出的脉冲计数，并将计数器中的数值用数字形式显示出来。

石英晶体振荡器产生的时钟信号经过分频后，得到周期为 T_d 的标准脉冲信号，控制计数器门电路在 T_d 时间内打开，让被测信号的脉冲通过控制门进入计数器。如果被测信号的周期为 T_x，在 T_d 这段时间内进入计数器的脉冲个数 N_x 为

$$N_x = \frac{T_d}{T_x} = T_d f_x \tag{4.33}$$

被测信号的频率 f_x 为

$$f_x = \frac{N_x}{T_d} \tag{4.34}$$

2. 周期测量

测量周期的原理与测量频率的原理相似，其原理框图如图 4.12 所示。被测周期信号经放大整形后作为控制门的控制信号，石英晶体振荡器经分频（或倍频）后产生周期为 T_0 的标准时钟脉冲，通过控制门进入计数器。假设被测信号周期为 T_x，即控制门打开的时间为 T_x，则在这段时间内进入计数器的脉冲个数 N_x 为

$$N_x = \frac{T_x}{T_0} \tag{4.35}$$

被测信号的周期为

$$T_x = N_x T_0 \tag{4.36}$$

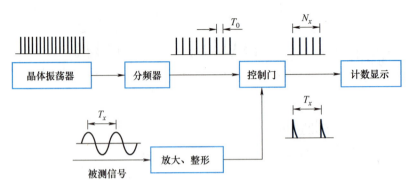

图 4.12 测量周期的原理框图

当被测信号的周期较小时,为了提高准确度,可以延长控制门的开门时间,也就是将被测信号分频后控制闸门打开时间。若分频倍数为 K,则控制门的打开时间为 $T'_x = KT_x$,则在这段时间内进入计数器的脉冲个数为 $N_x = KT_x/T_0$,被测信号的周期为

$$T_x = \frac{N_x T_0}{K} \tag{4.37}$$

4.4.2 计数法频率测量误差

1. 频率测量的误差

测量频率时,被测信号频率 f_x 由控制门的开启时间 T_d 和这段时间内计数器的计数值 N_x 确定,其关系为

$$f_x = \frac{N_x}{T_d} \tag{4.38}$$

将上式两边取对数并求导,可得到测量频率的相对误差为

$$\frac{\Delta f_x}{f_x} = \frac{\Delta N_x}{N_x} - \frac{\Delta T_d}{T_d} \tag{4.39}$$

一般最大相对误差可采用分项误差绝对值合成

$$\left(\frac{\Delta f_x}{f_x}\right)_{max} = \pm\left(\left|\frac{\Delta N_x}{N_x}\right| + \left|\frac{\Delta T_d}{T_d}\right|\right) \tag{4.40}$$

由上式可知,测量频率的相对误差由两部分组成,即计数值的相对误差和主闸门开启时间的相对误差。前者取决于主闸门开启时间的长短,在计数器计数容量允许的前提下,可通过扩大计数时间使计数个数增大。后者主要取决于晶体振荡器的准确度和频率稳定性。

(1)量化误差

在测量频率时,由于控制门开启时间和被计数脉冲周期不成整数倍,而且控制门开启时刻相对于被测信号是随机的,因此,在相同的闸门开启时间 T_d 内,计数器所计的脉冲个数可能不相同。如图 4.13 所示,在同样的闸门开启时间 T_d 内,两次开门的计数值分别为 $N_x = 7$ 和 $N_x = 6$,计数器

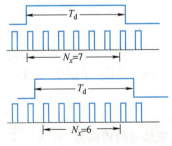

图 4.13 量化误差示意图

的计数误差 $\Delta N_x = \pm 1$。这是计数器的原理性误差,称为量化误差或±1误差。这个误差与控制门开启时间的长短以及被计数信号的频率大小没有关系,不管 N_x 为多少,计数的最大误差总是±1。所以

$$\frac{\Delta N_x}{N_x} = \pm \frac{1}{N_x} = \pm \frac{1}{f_x T_d} \tag{4.41}$$

式(4.41)说明计数值 N_x 越大,其相对误差越小。当被测信号频率一定时,控制门开启时间越长,相对误差越小。

在测量频率时,经常将时标信号进行多次分频以增大闸门开启时间来减少测频误差。另外,当被测信号频率 f_x 较低时,±1量化误差产生的误差将增大,例 $f_x = 10\text{Hz}$,$T_d = 1\text{s}$,此时±1误差产生的测量误差为10%。因此,在测量低频信号的频率时一般先测该信号的周期,然后由周期计算频率。

(2)标准频率误差

引起计数测量频率误差的另一个因素,是闸门开启时间的相对误差。它取决于晶体振荡器的频率稳定度和整形电路、分频电路以及控制门的开关速度等。开关速度等问题可设法减小,所以晶体振荡器产生的标准频率的稳定度就变为影响误差的主要因素。

设标准频率为 f_0,分频系数为 K,控制门开启时间为

$$T_d = KT_0 = \frac{K}{f_0} \tag{4.42}$$

相对误差为

$$\frac{\Delta T_d}{T_d} = -\frac{\Delta f_0}{f_0} \tag{4.43}$$

为了降低该部分误差,应选择合适的石英晶体和振荡电路。除此之外,为了获得高稳定度,常将晶体振荡器放置在恒温槽中,而恒温槽的温度应控制在石英晶体的零温度系数点。一般情况下,标准频率误差较小,可以忽略不计。

2. 周期测量的误差

(1)误差表达式

由式 $T_x = N_x T_0$,可得电子计数器测量周期的相对误差表达式为

$$\frac{\Delta T_x}{T_x} = \frac{\Delta N_x}{N_x} + \frac{\Delta T_0}{T_0} \tag{4.44}$$

可见,N_x 越大,相对误差越小。一方面可以增加进入计数器的时标信号的频率,也即减小时标信号的周期,这样计数值 N_x 自然增加。另一方面,可以通过增加开门时间来增大 N_x,将被测信号周期通过分频器展宽后开门时间拉长到 $T'_x = KT_x$,K 为周期倍乘系数(分频系数),则 $N_x = KT_x/T_0$。

因为 $\Delta N_x = \pm 1$,所以最大相对误差为

$$\left(\frac{\Delta T_x}{T_x}\right)_{\max} = \pm \left(\frac{T_0}{T_x} + \left|\frac{\Delta f_0}{f_0}\right|\right) \tag{4.45}$$

(2)中界频率

为了获得较高的测量精度,如果被测频率较高,则应采用直接测量频率法;而被测频率较低时,应采用直接测量周期法。对于同一信号用直接测量频率和直接测量周期法的误差相

等时，此时信号的输入频率称为中界频率 f_m。

根据测频和测周期相对误差相同，可确定中界频率 f_m 为

$$f_m = \sqrt{\frac{K}{T_0 T_d}} \tag{4.46}$$

式中，K 为测周期时被测信号的周期倍乘系数；T_0 为测周期时的时标信号周期；T_d 为测频率时主闸门开启的时间。

根据中界频率可以选择合适的测量方法来减小测量误差。当被测信号 $f_x > f_m$ 时，应使用直接测频的方法；当被测信号的频率 $f_x < f_m$ 时，宜采用测量周期的方法。

（3）触发误差

式（4.44）测量周期的误差表达式是在被测信号为方波，而且没有干扰的条件下获得。当被测信号为非方波（如正弦波）时，一般先转换为方波信号，但这个过程中触发电平的漂移，或者叠加的噪声和干扰等会引起一定的误差。

如图 4.14 所示，测量周期时，整形电路的触发电平为 V_B，在理想的情况下方波的周期为 T_x，控制门开启的时间刚好等于被测信号的周期。当触发电平漂移时，本来应该在 A_1 点触发，结果提前在 A_1' 点触发，于是形成的门控信号的方波周期为 T_x'，由此产生的误差 ΔT_1 称为触发误差。同样，在被测信号受到干扰时，也可能产生触发误差。

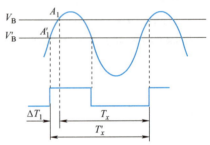

图 4.14 触发误差示意图

显然，转换电路选用触发点稳定、信噪比高的电路对提高测量精度有利；其次，整形电路采用施密特电路并采用周期倍乘扩展可在一定程度上克服触发电平的漂移。

4.4.3 其他频率测量方法

测量频率一般都使用频率计数器，但在要求测量精确度特别高或要求简单、经济的场合，有时会用到比较法，或者在高频领域采用无源测量法。

1. 比较法

比较法是将被测频率信号与已知频率信号相比较，求得被测信号的频率，包括拍频法、差频法和示波器法。

（1）拍频法

将被测频率为 f_x 的信号与已知频率为 f_c 的信号直接叠加在线性元件上，合成信号的振幅随时间变化，且振幅变化的频率等于两频率之差 $|f_c - f_x|$，这种现象称为拍频。调节 f_c，f_c 越接近 f_x，合成信号的振幅变化周期越长。当两个信号的频率相等时，拍频波的振幅不随时间变化。若用示波器检测拍频波，当看到波形幅度随两频率逐渐接近而趋于一条直线，表示 $f_x = f_c$，可以从 f_c 值求得 f_x 值。目前拍频法测量频率的绝对误差约为零点几赫兹。

拍频法通常只用于低频的测量，不宜用于高频测量。

（2）差频法

将待测频率 f_x 信号与本振频率 f_l 信号加到非线性元件上进行混频，输出信号中除了原有的频率 f_x、f_l 分量外，还有它们的谐波 $n f_x$、$m f_l$ 及其组合频率 $n f_x \pm m f_l$（式中 m、n 为整数）。

当调节本振频率 f_1 时，可能有一些 n 和 m 值使差频为零，即 $nf_x - mf_1 = 0$。

所以，被测频率为

$$f_x = \frac{m}{n} f_1 \tag{4.47}$$

一般通过混频器后的低通滤波网络选出其中的差频分量。差频法常用于高频测量，与其他测频方法相比，灵敏度高，最低可测信号电平达 0.1~1μV，有利于微弱信号的频率测量。

(3) 示波器法

用示波器测量频率的方法很多，主要采用李沙育图形法。将被测频率的信号和频率已知的标准信号分别加到示波器的 Y 通道和 X 通道，示波器屏幕上的光点轨迹由两个信号共同决定。若两个信号都是正弦波，则屏幕上的图形取决于两信号的频率比以及初始相位差。李沙育图形测频法一般也只用于低频测量。

2. 无源测量法

(1) 电桥法

交流电桥有多种形式，如果电桥的平衡条件与所加电压的频率有关，那么这种电桥就可以用来测量频率，例如文氏电桥、谐振电桥等。将被测信号加于电桥的一条对角线上，通过调节对应元件（可变电阻或电容）使电桥平衡，从平衡时各元件的参数值可以求出被测信号频率值。

电桥法测频的准确度取决于电桥各元件的精确度、判断电桥平衡的准确度和被测信号的频谱纯度。它能达到的测频精确度为 ±(0.5~1)%。测量高频时，寄生参数影响严重，会使测量精度大大下降，因此，电桥法仅适用于 10kHz 以下的频率测量。

(2) 谐振法

谐振法测频的原理是利用 R、L、C 的串、并联谐振回路的频率特性来实现频率测量。将被测频率信号接入串联（或并联）谐振电路，调节电路中的电容 C 或电感 L，使电路处于谐振状态，这时被测信号的频率与电路固有频率相同，根据谐振时的电容和电感值，即可求得被测频率 f_x。

无源测量法实质上是一种间接比较法，无论是电桥还是谐振回路，都是事先用标准频率对测量电路中的可变电阻或可变电容按频率进行刻度，然后反过来用可变电阻或可变电容的调节柄位置确定被测频率。

4.5 相位的测量

相位测量广泛地应用于电力系统、工业自动化、通信等许多领域。随着技术的发展，对相位测量的精度要求越来越高。相位的数字化测量具有精度高、速度快、频带宽、读数方便等特点，目前相位测量基本都使用数字相位表。

4.5.1 相位-电压转换原理

如图 4.15 所示，相位差为 φ_x 的两个同频率正弦信号 u_1 和 u_2，经过放大整形后变成方波，再经过微分得到两组窄脉冲，窄脉冲出现于正弦波从正到负向过零瞬间（也可以是从

负到正向过零瞬间),利用鉴相器检出过零时间差 T_x,设两正弦信号的周期为 T,有

$$\frac{T}{360°} = \frac{T_x}{\varphi_x} \tag{4.48}$$

所以有

$$T_x = \frac{\varphi_x}{360°}T \tag{4.49}$$

对鉴相器输出的方波进行滤波后的电压 u_o 为

$$u_o = u_g \frac{T_x}{T} = u_g \frac{\varphi_x}{360°} \tag{4.50}$$

所以通过测量 u_o 可以确定相位 φ_x。

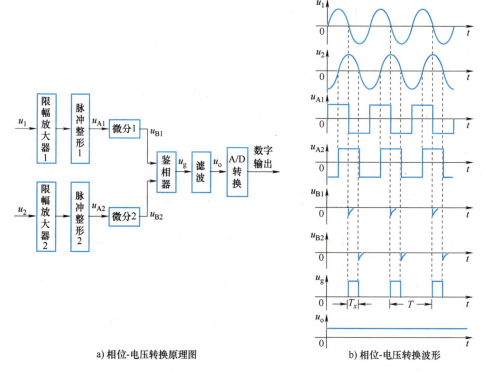

a) 相位-电压转换原理图   b) 相位-电压转换波形

图 4.15 相位-电压转换原理图及波形

4.5.2 相位-时间转换器原理

1. 瞬时数字相位计

相位-时间转换式数字相位计的原理框图如图 4.16a 所示。相位差为 φ_x 的两个信号 u_1 和 u_2 经过放大整形和鉴相后,检出过零时间差 T_x,在这段时间内打开计数,时标脉冲经过控制门至计数器,其工作波形如图 4.16b 所示。

设被测信号周期为 T,晶体振荡器经分频后输出周期为 T_0 的标准脉冲信号,在 T_x 时间内通过控制门的标准脉冲个数为 N_0,被测相位为

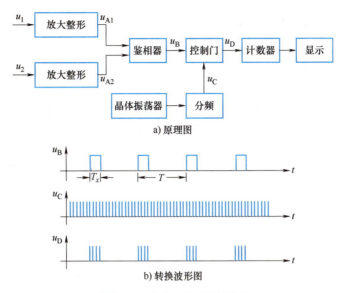

图 4.16　相位-时间转换原理

$$\varphi_x = \frac{T_x}{T} \times 360° = \frac{T_0}{T} N_0 \times 360° \tag{4.51}$$

由于 T 也是未知量，所以需要再经过一次相似的测量确定信号周期 T。设 $T = N_T T_0$，则

$$\varphi_x = \frac{N_0}{N_T} \times 360° \tag{4.52}$$

该测量方法的测量精度直接受时标频率的影响。例如，精度要求为 0.1°，则要求 $\frac{T_0}{T} \leq \frac{0.1°}{360°}$，即 $f_0 \geq 3600 f$。当被测信号频率增大时，如仍需保证 0.1° 的精度，时标信号频率也应相应增加。

另外，当输入信号为正弦波时，必须首先经过整形变为方波信号，转换时的门限电平的漂移会给测量带来较大的误差。

2. 平均值数字相位计

实际中噪声干扰使 T_x 的前沿和后沿时间均可能产生随机的摆动，在一个周期内可能使 T_x 增加，而在另一个周期内可能使 T_x 减小，采用平均法测量可以减弱噪声干扰对相位测量的影响，也能减小量化误差，从而提高测量准确度。平均值数字相位计原理框图及工作波形如图 4.17 所示。

控制门 1 的工作过程与瞬时数字相位计完全相同，有

$$\varphi_x = \frac{T_x}{T} \times 360° = \frac{T_0}{T} N_0 \times 360° \tag{4.53}$$

增加了控制门 2，控制门 2 的门控信号也由晶振产生的信号经分频得到，设其控制开门时间为 $T_2 = K_f T_0$。对应于每个被测信号的 1 个周期 T，都有一组脉冲通过控制门 1，每组脉冲数为 N（由于干扰的影响不一定每组脉冲的个数都是 N_0）。如果采用 m 组脉冲平均，则控制门 2 每开门一次，应通过 m 组脉冲，这时有

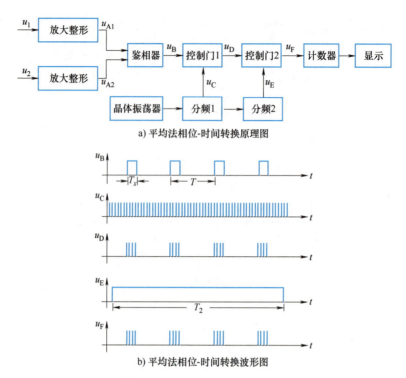

图 4.17 平均法相位-时间转换原理图及波形

$$T_2 = mT \tag{4.54}$$

在时间 T_2 内对通过控制门 2 的 m 组脉冲计数，并求平均值 $\overline{N}$，则有

$$\overline{N} = \frac{1}{m} \sum_{i=1}^{m} N_i \tag{4.55}$$

式中，N_i 为第 i 组脉冲的个数。

用平均值代替式（4.53）中 N_0 表示测量结果，有

$$\varphi_x = \frac{T_0}{T}\overline{N} \times 360° = \frac{T_0}{T}\frac{1}{m}\sum_{i=1}^{m}N_i \times 360° = \frac{N_\Sigma}{K_f} \times 360° \tag{4.56}$$

式中，$N_\Sigma = \sum_{i=1}^{m} N_i$，为在时间 T_2 内实际通过控制门 2 的脉冲累加值。

相位差 φ_x 与 N_Σ 成正比，与被测信号的周期 T 无关。

为了便于读数，通常 K_f 选用 360×10^n，$N_\Sigma = 10^n \varphi_x$ 可以直接表示度数，只是小数点位置要随取值的不同而移动。

实际中平均值数字相位计应用比较广泛，如 BX-13A 型数字相位计，工作频率为 20Hz～200kHz，测相范围为 0°～360°，分辨力为 0.03°。

4.6 阻抗的测量

电路阻抗的测量一般是指电阻、电容、电感基本参数以及表征电感性能的品质因数、表征电容器损耗的介质损耗因数等参数的测量。

电路参数的数字化测量通常是把被测参数转换成电压，然后将电压经过 A/D 转换后进行数字测量。当然也可以把被测参数转换成电流、时间或频率等信息后，再进行数字化测量。数字化测量具有测量精度高、速度快等优点，已成为电路参数测量的主流。

4.6.1 电阻的测量

4.6.1.1 磁电系欧姆表

磁电系测量机构配上适当的测量线路可以构成测量电阻用的欧姆表。欧姆表测量的是电阻，为了把无源的被测电阻转化为通入测量机构的电流，测量线路中应该有电源。图 4.18 为磁电系欧姆表测量电阻的原理电路图，其中磁电系测量机构是磁电系微安（或毫安）电流表，电流表电阻为 R_0，E 是电源电压。根据欧姆定律，流过仪表的电流为

$$I_0 = \frac{E}{R_0 + R_x} \quad (4.57)$$

式中，R_0 为磁电系测量机构的内阻。

若电源电压一定，电路中的电流和被测电阻成反比。据式（4.4），仪表的偏转角可以写成

$$\alpha = S_I I_0 = S_I \frac{E}{R_0 + R_x} \quad (4.58)$$

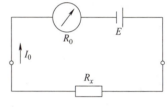

图 4.18 欧姆表原理图

并且可以直接用被测电阻 R_x 来标度。由于 R_x 与 α 成反比关系，欧姆表的刻度不均匀。

当 $R_x = 0$ 时，$I_0 = E/R_0$、$\alpha = \alpha_{max}$，此时流过表头的电流为满偏电流 I_s，指针满偏转，在标尺满刻度处标以"0"，表示被测电阻为零。当 $R_x = \infty$ 时，$I_0 = 0$、$\alpha = 0$，此时流过欧姆表的电流为零，指针不偏转，在指针指零的位置标以"∞"，表示被测电阻值为无限大。

欧姆表电阻标度的零点在标度盘的右面，指针的偏转角越大，指示值越小，这与一般仪表不同。而且，欧姆表的标尺刻度不均匀，右疏左密，一般在 0.1～10 倍中心电阻值范围内读数较准确。为此，测量电阻时，应选择欧姆表中心电阻与被测电阻相近的档位进行测量。

为了适应不同数值电阻的测量，一般将欧姆表制成多量限的，对于指针式欧姆表，通常分为 $R\times1$、$R\times10$、$R\times100$、$R\times1k$ 和 $R\times10k$ 等档位，各档量限依次增大 10 倍，标尺以 R 值来刻度，也即标尺读数是 $R\times1$ 档的测量值。各量限共用一条标尺，各档的测量值分别等于标尺读数×电阻倍率。

4.6.1.2 直流电桥法

直流电桥是精确测量电阻的比较式仪表，它通过被测电阻与标准电阻比较实现测量。直流电桥分为单臂电桥和双臂电桥。直流单臂电桥又称惠斯通（Wheatstone）电桥，适用于测量中值电阻，测量范围为 $10 \sim 10^6 \Omega$。直流双臂电桥又称凯尔文（Kelvin）电桥，适用于测量低值电阻，测量范围为 $10^{-6} \sim 10^2 \Omega$。下面以直流单臂电桥为例说明电桥法测量电阻的原理。

直流单臂电桥的原理如图 4.19 所示，图中 R_x 是被测电阻，R_2、R_3、R_4 由标准电阻构成，阻值已知且可调节改变，4 个电阻互相连接成一个环形电路，支路 ac、cb、bd、da 称为桥臂，直流电源 E 和指零仪表（如图中的检流计 P）分别接在 ab 和 cd 两个对角线上。

测量电阻时，调节桥臂电阻 R_2、R_3、R_4，使 c、d 两点电位相同，检流计指零，即 $I_g=0$，称为电桥平衡。电桥平衡时有

$$\begin{cases} I_1 R_x = I_4 R_4 \\ I_2 R_2 = I_3 R_3 \\ I_1 = I_2, I_3 = I_4 \end{cases} \quad (4.59)$$

可得

$$\frac{R_x}{R_2} = \frac{R_4}{R_3} \text{ 或 } R_x R_3 = R_2 R_4 \quad (4.60)$$

式（4.60）说明，电桥平衡时，电桥对臂电阻之积相等。由此可以得到被测电阻的阻值

$$R_x = \frac{R_2}{R_3} R_4 \quad (4.61)$$

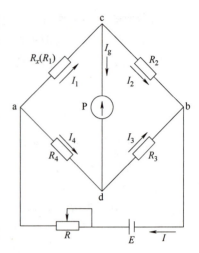

图 4.19 直流单臂电桥的原理电路

通常使 R_2 与 R_3 保持一定的比例关系，故 R_2、R_3 称为比例臂，一般选择 $R_2/R_3 = 10^n$（n 为整数），这样 R_x 便为已知电阻 R_4 的十进制倍数，便于读取被测值。测量时，首先选定 R_2 与 R_3 比值，然后调节 R_4 使电桥平衡，因此 R_4 称为比较臂。

从式（4.61）可见，电桥平衡时，被测电阻的数值与电源 E 无关，因此，平衡电桥对电源的稳定性要求不高。电桥的准确度主要由比例臂和比较臂的准确度决定，只要这两臂电阻足够准确（可选标准电阻），比较所得的 R_x 值的准确度也一定较高。

4.6.1.3 电阻的数字化测量

一般都是先将电阻转换成电压后再进行测量，这种转换器称为电阻/电压（R/U）转换器。一种电阻/电压转换器的原理如图 4.20 所示，其工作原理是将一个基准电压加在标准电阻上产生一个标准电流，将此电流通入被测电阻 R_x，从而产生一个电压，通过测量此电压来得到被测电阻值。

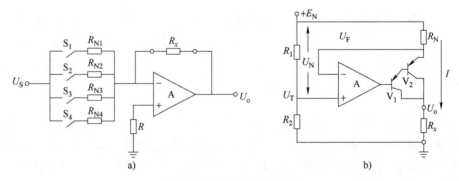

图 4.20 R/U 转换原理图

图 4.20a 中，U_S 为基准电源，$R_{N1} \sim R_{N4}$ 为标准电阻，被测电阻 R_x 接入运算放大器的反馈回路，S 为量程转换开关，接通不同的标准电阻对应不同的量程。忽略基准电源 U_S 的内阻，放大器的输出电压 U_o 为

$$U_o = -\frac{R_x}{R_N}U_S \tag{4.62}$$

可见，只要标准电阻 R_N 和基准电源 U_S 一定，测量出 U_o 的值，就能知道被测电阻 R_x 的大小。

为了保证测量的准确度，应选用高增益、低漂移和高输入阻抗的运算放大器，选用精度高和稳定性好的基准电源和标准电阻。

测量小电阻可用图 4.20b 所示的转换电路，由图可知

$$U_N = \frac{R_1}{R_1+R_2}E_N \tag{4.63}$$

根据虚短，$U_T = U_F$，同时 I 是个恒定的电流，则流过被测电阻 R_x 的电流为

$$I = \frac{U_N}{R_N} = \frac{R_1}{(R_1+R_2)R_N}E_N \tag{4.64}$$

因此输出电压 U_o 为

$$U_o = \frac{R_1 R_x}{(R_1+R_2)R_N}E_N \tag{4.65}$$

可见，U_o 与 R_x 成正比，并可测量小电阻。

将电阻测量转换成电压测量后，可对输出电压进行采样和计算输出电压值，再经过标度变换得到被测电阻值。

4.6.2 电容的测量

4.6.2.1 交流电桥法

交流电桥可以测量电容、电感和交流电阻等多种参数。与直流电桥一样，交流电桥也是通过被测参数与已知参数在电桥上比较之后，求出被测参数的数值，因此测量准确度也比较高。

交流电桥的结构与直流电桥基本相同，但是交流电桥的四个桥臂可以是阻抗元件，电源是交流电源，如图 4.21a 所示，指零仪通常采用耳机（听筒）、交流检流计、示波器或专用指零仪。

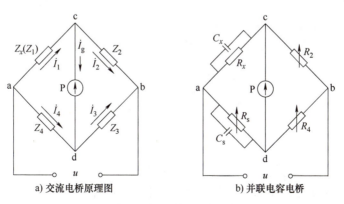

图 4.21 交流电桥与并联电容电桥原理图

调节各桥臂参数，使指零仪读数为零（$\dot{I}_g=0$），表示c、d两端电压相量$\dot{U}_{cd}=0$，电桥达到平衡，此时

$$\begin{cases} \dot{I}_1 Z_1 = \dot{I}_4 Z_4 \\ \dot{I}_2 Z_2 = \dot{I}_3 Z_3 \end{cases} \tag{4.66}$$

而且，$\dot{I}_1=\dot{I}_2$、$\dot{I}_3=\dot{I}_4$，因此可得

$$Z_1 Z_3 = Z_2 Z_4 \text{ 或 } \frac{Z_1}{Z_2} = \frac{Z_4}{Z_3} \tag{4.67}$$

设Z_1为被测阻抗Z_x，则电桥平衡后被测阻抗可以从其他3个桥臂阻抗求得。

因为阻抗为复数阻抗，可将式（4.67）写成指数的形式，用$|Z|$表示阻抗模，有

$$|Z_1|e^{j\varphi_1} \cdot |Z_3|e^{j\varphi_3} = |Z_2|e^{j\varphi_2} \cdot |Z_4|e^{j\varphi_4} \tag{4.68}$$

$$|Z_1||Z_3|e^{j(\varphi_1+\varphi_3)} = |Z_2||Z_4|e^{j(\varphi_2+\varphi_4)} \tag{4.69}$$

根据复数相等的定义，式（4.69）必须同时满足两个条件

$$|Z_1||Z_3| = |Z_2||Z_4| \tag{4.70}$$

$$\varphi_1 + \varphi_3 = \varphi_2 + \varphi_4 \tag{4.71}$$

可见，交流电桥的平衡条件有两个：①相对桥臂阻抗模的乘积必须相同；②相对桥臂阻抗角之和必须相同。

要同时满足这两个条件，就要合理选择交流电桥4个桥臂的阻抗大小和性质。如果4个桥臂的阻抗配置不当，无论如何都不能使电桥达到平衡。另外，在调节交流电桥平衡以实现对被测阻抗的测量时，至少应设置两个独立可调的元件，使两个等式同时成立。因此，交流电桥的调节比直流电桥复杂得多。

通常在实用电桥中，为了调节方便，常有两个桥臂的阻抗由纯电阻构成。如果相邻两臂的阻抗Z_1和Z_4为纯电阻，则$\varphi_1=\varphi_4=0$，根据式（4.71）可知，另外两个桥臂的阻抗性质必须相同，同为感性或容性；如果相对两臂阻抗Z_1和Z_3为纯电阻，则$\varphi_1=\varphi_3=0$，那么另外两臂的阻抗性质必须相反，一个容性阻抗，一个感性阻抗，才能保证$\varphi_2+\varphi_4=0$。

电桥法测量电容主要用来测量电容器的电容量和介质损耗。实际被测电容都并非理想元件，存在介质损耗。具有介质损耗的电容可以用两种形式的等效电路表示，一种是理想电容器和一个电阻串联的等效电路，另一种是理想电容器和一个电阻并联的等效电路。因此，电桥法测量电容电路可以采用串联电容方式或并联电容方式。图4.21b为并联电容电桥，适用于测量介质损耗大的电容器。C_x和R_x是被测电容器与并联等效电阻，根据电桥平衡可得

$$R_x = R_s \frac{R_2}{R_4}, \quad C_x = C_s \frac{R_4}{R_2} \tag{4.72}$$

并联电路的损耗因数为

$$\tan\delta = \frac{1}{\omega R_x C_x} = \frac{1}{\omega R_s C_s} \tag{4.73}$$

此外，串联电容电桥可用来测量介质损耗小的电容器，西林电桥适用于在高压条件下测量电容器或绝缘介质损耗，相关内容在后续章节中有详细介绍。

4.6.2.2 恒流法

用恒流法测量电容的原理图以及波形如图4.22所示。当开关S打向复位端时，计数

器和被测电容 C_x 两端的电压同时清零，做好测量准备。然后将开关打向测量端，这时恒流源 I 对电容 C_x 充电，同时时标脉冲经与门进入计数器。经过时间 T 后，电容两端的电压 $u_C > U_R$，比较器翻转输出零电平，使计数器停止计数。在时间 T 内，电容 C_x 上充电电荷 $Q = IT$，此时电容两端的电压 $u_C = U_R = Q/C_x$，显然只要恒流源电流 I 和充电时间 T 已知，便可计算出电容值。

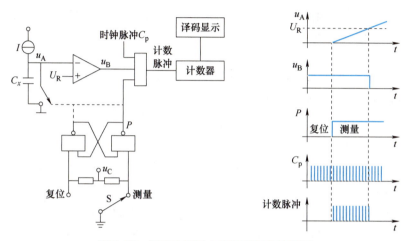

图 4.22　恒流法测量电容的原理及波形图

设时钟脉冲的周期为 T_{CP}，时间 T 内计数器计数脉冲为 N 个，则 $T = NT_{CP}$，则被测电容值为

$$C_x = \frac{INT_{CP}}{U_R} \tag{4.74}$$

4.6.2.3　容抗法

容抗法的测量电容原理如图 4.23 所示，被测电容 C_x 接入运算放大器的反相输入端，反馈电阻 R_f 根据电容的量程而定。正弦波发生器产生 400Hz 的正弦波信号，经 C_x 输入到放大器中。运算放大器的输出电压 U_{o1} 为

$$U_{o1} = \frac{R_f}{X_C} U_i \tag{4.75}$$

由电容器的容抗 $X_C = \dfrac{1}{2\pi fC}$，可得

$$U_{o1} = 2\pi f R_f U_i C_x = K_1 C_x \tag{4.76}$$

式中，$K_1 = 2\pi f R_f U_i$，R_f 和 U_i 为已知。

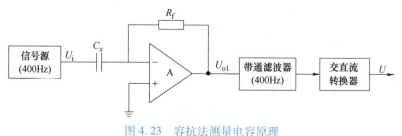

图 4.23　容抗法测量电容原理

为了消除其他频率的干扰，让 U_{o1} 通过 400Hz 的带通滤波器后，再经过交直流转换器转换成直流信号 U。设带通滤波器和交直流转换器的转换系数为 K_2，于是有

$$U = K_2 U_{o1} = K_1 K_2 C_x \tag{4.77}$$

可见，输出的直流电压和被测电容 C_x 成正比。只要合理设计并适当调节电路参数，即可由测得的电压 U 值直接读出被测电容值。许多便携式数字万用表都采用这种原理测量电容。由于放大器工作在交流状态，不存在零点漂移，交直流转换器的漂移可以忽略不计，所以电容测量档不需要手动调零电位器。

4.6.2.4 矢量电压/电流法

矢量电压/电流法的原理如图 4.24 所示，R_s 是标准电阻，采用理想电容和电阻的并联对被测电容进行等效，等效阻抗用 Z_x 表示

$$Z_x = \frac{\dot{U}_x}{\dot{I}} = -\frac{\dot{U}_x}{\dot{U}_s} R_s \tag{4.78}$$

于是，矢量电压和电流比转换成了两个矢量电压 $\dot{U}_s$ 和 $\dot{U}_x$ 的比。如果能够得到 $\dot{U}_s$ 和 $\dot{U}_x$ 的实部和虚部，那么经过运算，就可以求出交流阻抗的复数值。相敏检波器可以方便地实现实部和虚部的分离，其相位参考基准可由受微处理器控制的基准相位发生器提供，它是任意方向的精确的正交（相差 90°）基准电压信号，如图 4.25 所示。经过相敏检波器后得到 $\dot{U}_s$ 和 $\dot{U}_x$ 在 x、y 轴上的投影分别为 U_{sx}、U_{sy} 和 U_{xx}、U_{xy}。

$$\dot{U}_x = U_{xx} + jU_{xy} \tag{4.79}$$

$$\dot{U}_s = U_{sx} + jU_{sy} \tag{4.80}$$

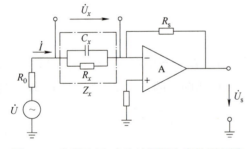

图 4.24 矢量电压/电流法测量电容的原理图

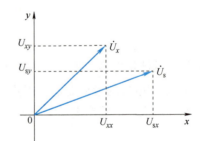

图 4.25 电压矢量关系

然后将投影分量经过 A/D 转换器变成数字量，经接口电路送到微处理器系统中存储，最后计算得到被测阻抗值

$$Z_x = -R_s \frac{U_{xx} + jU_{xy}}{U_{sx} + jU_{sy}} = -R_s \left(\frac{U_{xx} U_{sx} + U_{xy} U_{sy}}{U_{sx}^2 + U_{sy}^2} + j \frac{U_{xy} U_{sx} - U_{xx} U_{sy}}{U_{sx}^2 + U_{sy}^2} \right) \tag{4.81}$$

当被测电容采用如图 4.24 所示的并联等效形式时，经过计算可得

$$C_x = \frac{U_{xy} U_{sx} - U_{xx} U_{sy}}{\omega R_s (U_{xx}^2 + U_{xy}^2)} \tag{4.82}$$

$$R_x = -\frac{R_s (U_{xx}^2 + U_{xy}^2)}{U_{xx} U_{sx} + U_{xy} U_{sy}} \tag{4.83}$$

当被测电容采用理想电容和电阻串联的等效形式时，可得

$$C_x = \frac{U_{sx}^2 + U_{sy}^2}{\omega R_s (U_{xy} U_{sx} - U_{xx} U_{sy})} \tag{4.84}$$

$$R_x = -\frac{R_s (U_{xx} U_{sx} + U_{xy} U_{sy})}{U_{sx}^2 + U_{sy}^2} \tag{4.85}$$

矢量电压/电流法不仅可以测量电容，还可以测量电感、品质因数等参数。

4.6.3 电感的测量

4.6.3.1 电桥法

交流电桥也可以用来测电感，如麦克斯韦电桥、海氏电桥等。麦克斯韦电桥适用于测量 Q 值较小的电感，海氏电桥适用于测量 Q 值较大的电感。图 4.26 所示为麦克斯韦电桥，根据电桥平衡条件可得

$$L_x = R_2 R_3 C_4 \tag{4.86}$$

$$R_x = \frac{R_2}{R_4} R_3 \tag{4.87}$$

被测线圈的品质因数为

$$Q_x = \omega R_4 C_4$$

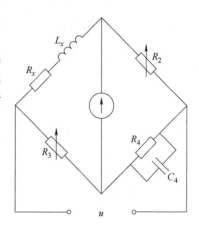

图 4.26　麦克斯韦电桥

4.6.3.2 时间常数法

一般电感可以视为一纯电感 L 和电阻 R 的串联，其时间常数 $\tau = L/R$，测量电感原理图如图 4.27 所示。

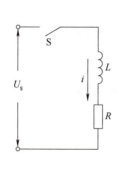

a) 时间常数法测电感原理图

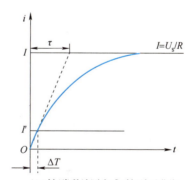

b) 时间常数法测电感时间关系曲线

图 4.27　时间常数法测电感原理及时间关系曲线

在 $t=0$ 时合上开关 S，电感中的电流 i 将按指数曲线上升，其最大值为 I。从图 4.27b 中可以看出，在开始阶段变化曲线和 $t=0$ 时刻的切线基本重合。令 $I' \ll I$，I' 与 i 交点的横坐标为 ΔT，从图中可知

$$\frac{\Delta T}{\tau} = \frac{I'}{I} \tag{4.88}$$

即

$$\tau = \frac{I}{I'}\Delta T \tag{4.89}$$

只要先测出电感线圈的直流电阻，并已知 U_s 便可计算出 I，或者保证每次测量回路的直流电阻相等，使得到的 I 为定值，则由测定的 ΔT 可求得 τ，从而算出 $L=\tau R$。

为了提高充电电流初始阶段的线性度，实际测量电感的原理图及时间关系曲线如图 4.28 所示。在被测电感中串联 R_1、R_2 是为了调节 R，使 $R+R_1+R_2$ 为常数。设施密特触发器的触发电平为 U_1，返回电平为 U_2。令 $t=0$ 时刻开始测量，施密特触发器输出 U_0 为低电平，并接通正电源。电感中的电流 i 开始上升，当上升到 U_1 时，施密特触发器翻转并接通负电源，i 将按虚线返回。由于返程时压差大，所以从 U_1 到 U_2 段比较陡。当返回到 U_2 时触发器翻转输出低电平，并接通正电源，如此周而复始。只需在触发器高电平 ΔT 内插入时标脉冲计数，就能获得 ΔT 值。

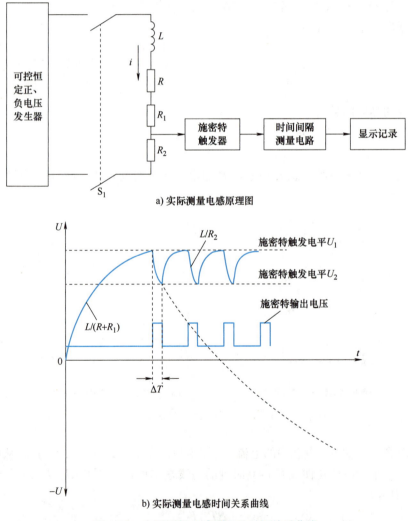

a) 实际测量电感原理图

b) 实际测量电感时间关系曲线

图 4.28 实际测量电感原理及时间关系曲线

必须指出，R 必须在测量前测定，并调节 $R+R_1+R_2$ 为一常数，否则会出现方法误差。另外，时标脉冲频率越高，分辨率就越高。如能连续测量 n 次，然后取平均值可消除随机误差。

4.6.3.3 矢量电压/电流法

如前所述，矢量电压/电流法也可以测电感。如果被测电感用理想电感和电阻的串联来等效，即 $Z_x = R_x + j\omega L_x$，根据复数相等的定义，则可得

$$L_x = -\frac{R_s(U_{xy}U_{sx} - U_{xx}U_{sy})}{\omega(U_{sx}^2 + U_{sy}^2)} \tag{4.90}$$

$$R_x = -\frac{U_{xx}U_{sx} + U_{xy}U_{sy}}{U_{sx}^2 + U_{sy}^2}R_s \tag{4.91}$$

习题与思考题

4-1 磁电系、电磁系、电动系仪表的测量机构有哪些异同点？

4-2 试分析电压有效值测量中的误差影响因素。

4-3 简述模拟式电流测量仪表扩大量程的原理和方法。

4-4 采用计数法测量频率时，被测信号频率为 1kHz，试分析控制门开启时间 T_d 分别为 10ms、0.1s、1s 时，由 ±1 量化误差产生的测量误差。

4-5 简述相位-电压转换器和相位-时间转换器的原理及测量误差影响因素。

4-6 结合图 4.19，阐述直流电桥法测量电阻的原理，分析其优缺点。

4-7 对比分析恒流法和容抗法测量电容的局限性。

4-8 试分析时间常数法测量电感的不足。

第 5 章 磁 测 量

磁测量主要包括对磁场和磁性材料的测量。磁场测量的对象是被测磁场的磁通、磁感应强度和磁场强度等。磁性材料的测量对象是磁性材料的磁化曲线和磁滞回线以及各种磁性能参数，如剩磁、矫顽力、磁导率、损耗等，这些是电机、电气、仪表及自动控制和电信等领域选择磁性元件的重要依据。磁性材料的测量又分为直流磁性能测量和交流磁性能测量。

5.1 磁测量基础

5.1.1 基本磁学量

1. 磁感应强度

磁感应强度又称磁通密度，是描述磁场强弱及方向的物理量，是一个矢量。在磁场中垂直于磁场方向的通电导线受到的磁场力 F 与电流 I 和导线长度 l 的乘积（Il）的比值，叫作通电导线所在处的磁感应强度。

$$B = \frac{F}{Il} \tag{5.1}$$

在国际单位制中，磁感应强度的单位为特斯拉（T）。在电磁单位制中，磁感应强度的单位为高斯（Gs），两者的换算关系为 $1T = 10^4 Gs$。

2. 磁通

穿过某一截面 S 的磁感应强度 B 的通量称为磁通，它定义为

$$\Phi = \int_S \boldsymbol{B} \cdot d\boldsymbol{S} \tag{5.2}$$

在均匀磁场中，若截面 S 与磁感应强度 B 相垂直，则式（5.2）可写成

$$\Phi = BS$$

在国际单位制中，磁通的单位为韦伯（Wb）。在电磁单位制中，磁通的单位为麦克斯韦，简称麦（Mx），它们之间的换算关系为：$1Wb = 10^8 Mx$。

3. 磁场强度

当磁场中存在媒质时，媒质会发生磁化现象，磁化后的媒质对所加磁场产生作用。磁场强度 H 和磁感应强度 B 的关系为

$$H = \frac{B}{\mu_0} - M \tag{5.3}$$

式中，μ_0 为真空磁导率，且 $\mu_0 = 4\pi \times 10^{-7}$（H/m）；$M$ 为磁化强度矢量（A/m）。

在国际制单位中，磁场强度的单位为安/米（A/m）。在电磁单位制中，磁场强度的单

位为奥斯特（Oe），两者之间的换算关系为：$1A/m = 4\pi \times 10^{-3}Oe$。

在线性、各向同性的媒质中

$$M = \chi_m H \tag{5.4}$$

式中，χ_m 为媒质的磁化率，无量纲。

由此可以得到

$$B = \mu_0(H+M) = \mu_0(1+\chi_m)H = \mu_0\mu_r H = \mu H \tag{5.5}$$

式中，μ 为媒质的磁导率，在国际单位制中，媒质的磁导率与真空的磁导率具有相同的量纲；$\mu_r = \mu/\mu_0$ 称为媒质的相对磁导率。

4. 磁极化强度

磁极化强度定义为媒质单位体积的磁偶极矩，与磁化强度矢量 M 的关系为

$$J = \mu_0 M = B - \mu_0 H \tag{5.6}$$

单位也是特斯拉（T）。

对于铁磁物质，其磁化强度 M 的数值，并不是随磁场强度 H 成正比例地增加，即 M 与 H 的关系以及 B 与 H 的关系都是非线性的。

5.1.2 磁性材料的磁特性

5.1.2.1 磁化曲线和磁滞回线

磁性材料在外磁场 H 的作用下，将产生磁感应强度 B，表征 B 随 H 变化的曲线称为磁化曲线即 B-H 曲线，磁化曲线是非线性的。

1. 初始磁化曲线

先对磁性材料去磁，这时材料中的 H 和 B 都为 0，这种状态称为磁中性。从这种状态开始，逐渐单向增大 H 使材料磁化，得到如图 5.1a 所示的初始磁化曲线。当 H 增大到某一值后，磁化曲线趋近于水平线，B 几乎不再变化，这时磁性材料的磁化状态为磁饱和状态。此时的 H_m 和 B_m 称为饱和磁场强度和饱和磁感应强度。

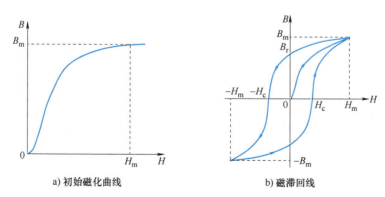

a) 初始磁化曲线   b) 磁滞回线

图 5.1　初始磁化曲线和磁滞回线

2. 磁滞回线

当磁性材料达到磁饱和状态后，再逐渐减小 H 值，这一去磁过程不沿着原来的磁化曲线进行，而是沿着另一条曲线下降，如图 5.1b 所示。可见随着 H 的减小 B 也相应减小，但 B 的变化总是滞后于 H 的变化，这种现象称为磁滞现象。当外界磁场强度 H 减小到 0 时，B

并不等于 0，而等于 B_r，即铁磁材料仍保留一定的磁性，B_r 称为剩磁。为了消除剩磁，必须加反向磁场。使 B 减小到 0 时的反向磁场强度 H_c 称为矫顽力。从剩磁状态到完全退磁状态的一段曲线称为退磁曲线。此后继续增加反向磁场直到 $-H_m$，再去磁、磁化，其过程如图 5.1b 箭头所示。当磁场强度再次回到 H_m 和 B_m 时，得到一个闭合的曲线，称为磁滞回线。不同的磁性材料具有不同的磁滞回线，从而它们的使用范围也不同。

3. 基本磁化曲线

将同一磁性材料，选择不同的磁场强度进行反复磁化，可得到一系列大小不同的磁滞回线，如图 5.2a 所示，将各磁滞回线的顶点连接起来，所得到的 B-H 曲线称为基本磁化曲线或平均磁化曲线，即通常所说的磁化曲线。基本磁化曲线与初始磁化曲线差别不大，但性质不同，工程上常用基本磁化曲线。

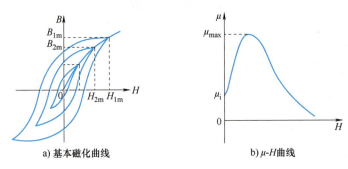

图 5.2 基本磁化曲线和 μ-H 曲线

5.1.2.2 磁性材料的直流磁性能和交流磁性能

磁性材料的有效应用，主要取决于磁性材料自身的特性。材料的磁性能与工作条件有关，在直流条件下工作和在交流条件下工作，其性能是不同的。因此，磁性材料的性能分为直流磁性能和交流磁性能，或静态磁性能和动态磁性能。

1. 直流磁性能

直流磁性能是指磁性材料在直流磁场磁化下的磁性能，即磁性材料的直流磁化曲线、直流磁滞回线以及由此定义的磁性能参数。软磁材料的直流磁性能参数包括剩磁、矫顽力、起始磁导率和最大磁导率等；硬磁材料的直流磁性能参数包括剩磁、矫顽力、磁导率、最大磁能积等。

（1）剩磁和矫顽力

如前所述，剩磁 B_r 是指利用外磁场将磁性材料磁化到饱和状态后再逐渐减小外磁场到零时，磁性材料内所保留的磁感应强度。矫顽力 H_c 是指去除剩磁所需的反向磁场强度。

在软磁材料典型应用中，磁场强度 B 的值通常不大于 1kA/m，而磁极化强度 $J=B-\mu_0 H$，所以磁感应强度 B 和磁极化强度 J 之间区别极小。而在硬磁材料中，这种区别是非常显著的，一般有 B-H 和 J-H 这两种关系曲线。当反向磁场等于 H_c 时，磁感应强度降为零，但磁性材料本身的磁化强度并不为零。内禀矫顽力是指使磁化强度降为零所需的反向磁场强度，可以从 J-H 的内禀退磁曲线上获得。

（2）磁导率

由于铁磁材料的磁化曲线是非线性的，所以磁导率 $\mu = B/H$ 将随 H 值的变化而变化，μ-H 曲线如图 5.2b 所示。可见，开始磁化时，μ 较小，以后迅速增大，在某一个点上磁导率达最大值，而后又重新下降。

基本磁化曲线在接近 $H=0$ 处的磁导率为

$$\mu_i = \lim_{H \to 0} \frac{B}{H} \tag{5.7}$$

式中，μ_i 为初始磁导率。

（3）最大磁能积

在退磁曲线上各点磁感应强度 B 与相应磁场强度 H 的乘积，称为磁能积，BH 的最大值称为最大磁能积 $(BH)_{max}$。用 $(BH)_{max}$ 可以全面地反映硬材料存储磁能的能力，$(BH)_{max}$ 越大，则在外磁场撤去后，单位面积所储存的磁能也越大，性能也越好。

2. 交流磁性能

交流磁性能是指磁性材料在交变磁场磁化下的磁性能，即磁性材料的交流磁化曲线、交流磁滞回线以及剩磁、复数磁导率、损耗、矫顽力等磁性能参数。

（1）交流磁化曲线和磁滞回线

交流磁化曲线又称为动态磁化曲线，是磁性材料在一定频率的交变磁场中的 B-H 曲线。纵坐标可以是 B_m（最大值）、B_{av}（平均值）或 B_{rms}（有效值）等，相应横坐标可以是 H_m、H_{av} 和 H_{rms} 等，具体采用哪种由工程技术决定。

在交变磁场作用下，磁性材料被周期性地反复磁化而得到的磁滞回线称为交流磁滞回线或动态磁滞回线。磁性材料处于交变磁场中时，除了有磁滞损耗外，还产生涡流损耗。因此交流磁滞回线较直流磁滞回线要宽，即在相同大小的磁场范围内，交流磁滞回线比直流磁滞回线包围的面积大。对于更高的工作频率，交流磁滞回线逐渐趋于椭圆形状。

（2）复数磁导率

磁性材料在交变磁场中磁化时，磁感应强度 B 总是比磁场强度 H 的变化落后一个相位，因此磁导率是一个复数，称为复数磁导率。复数磁导率同时反映 B 和 H 之间的振幅及相位关系。

（3）磁损耗

磁损耗是磁性材料的重要性能参数之一，对其应用有很大影响。在交变的磁场中，磁性材料一方面会被磁化，另一方面会产生能量损耗，导致热量的产生。磁损耗即是指磁性材料在交变场作用下产生的各种能量损耗的统称。通常包括涡流损耗、磁滞损耗和剩余损耗三部分。单位质量的损耗称为比总损耗，有时也用单位体积的损耗来表示。由于磁损耗与频率、波形、磁感应强度大小都有关系，测量时应尽量创造与材料实际工作时相同的条件。

5.1.3 磁性材料及分类

磁性材料按照化学成分分类，基本上可分为金属磁性材料和铁氧体磁性材料两大类。

（1）金属磁性材料

金属磁性材料主要是铁、镍、钴元素及其合金，如铁硅合金、铁镍合金、铁钴合金、钐钴合金、铂钴合金、锰铝合金等。它们具有金属的导电性能，通常呈现铁磁性，具有较高的饱和磁化强度、较高的居里温度、较低的温度系数，在交变电磁场中具有较大的涡流损耗与趋肤效应。金属软磁材料通常适用于低频、大功率的电力、电子工业，例如硅钢片大量用于中低频变压器和电机铁心,尤其是工频变压器。金属永磁材料具有很高的磁能积和矫顽力,因此在电机、发电机、传感器等领域得到了广泛应用,其缺点是镍、钴以及稀土金属价格贵,材料来源少。

(2) 铁氧体

铁氧是指以氧化铁为主要成分的磁性氧化物。大多数为亚铁磁性,饱和磁化强度较低,电阻率比金属磁性材料高 10^6 倍以上,在交变电磁场中损耗较小,在高频、微波、光频段应用时更显出其独特的优点。

磁性材料按照功能分类,主要包括硬磁材料、软磁材料、矩磁材料和功能磁性材料。其中硬磁材料和软磁材料既包括金属类,又包括铁氧体类,功能磁性材料主要有磁致伸缩材料、磁记录材料、磁电阻材料、磁泡材料、磁光材料、旋磁材料以及磁性薄膜材料等。

1) 软磁材料

软磁材料的特点是磁导率高,剩磁和矫顽力都小,磁滞回线窄,回线面积小,磁滞损耗小,其磁滞回线如图 5.3a 所示。纯铁、铸铁、电工钢片(硅钢片)、铁硅合金系、铁镍合金系、锰锌铁氧体、镍锌铁氧体等都是软磁材料。软磁材料易于磁化,也易于退磁,在电力工业中主要是用作变压器、电机、各类继电器的铁心,在电子工业中制成各种磁性元件,广泛地应用于电视、广播、通信等领域。

2) 硬磁材料

硬磁材料又称永磁材料,主要特点是剩磁 B_r 和矫顽力都较大,磁滞回线宽肥,其磁滞回线如图 5.3b 所示。常用的硬磁材料有铝镍钴系合金、铁铬钴系合金、永磁铁氧体、稀土永磁材料等。硬磁材料在磁化后磁能长久保持很强磁性,难退磁,用于制造各种永磁体以提供磁场空间。例如永磁发电机(包括步进电机)以及钟表用电机中都使用硬磁材料。

3) 矩磁材料

矩磁材料是磁滞回线呈矩形,而矫顽力较小的一种软磁材料。矩磁材料的磁滞回线如图 5.3c 所示。矩磁材料主要有锂锰铁氧体、锰镁铁氧体等,用在电子计算机、自动控制等技术中常用作记忆元件、开关和逻辑元件等的材料。

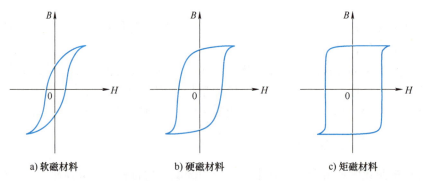

a) 软磁材料　　　　b) 硬磁材料　　　　c) 矩磁材料

图 5.3　三种磁性材料的磁滞回线

4) 功能磁性材料

旋磁材料是利用旋磁效应的磁性材料,通常用于微波频段,又称微波铁氧体材料。常用的材料为石榴石型铁氧体、锂铁氧体等。旋磁材料在微波技术中有着广泛的应用,可制作各种类型的微波器件，如隔离器、环流器、相移器等线性器件和振荡器、倍频器、限幅器等非线性器件。

压磁材料是利用磁致伸缩效应的磁性材料，通常用于机械能与电能的相互转换。例如，可制成各种超声器件、滤波器、磁扭线存储器、振动测量器等，常用的材料为镍片、镍铁氧体等。

磁记录材料主要包括磁头材料与磁记录介质两类，前者属于软磁材料，后者属于永磁材料，由于其应用的重要性与性能上的特殊要求而另列一类。

另外，还有不断涌现出的新型磁性材料，如稀土超磁致伸缩材料、磁性塑料、磁性液体、非晶态磁性材料、磁性半导体、高分子有机磁性材料、纳米磁性材料等。

5.2 磁场的测量

5.2.1 电磁感应法

电磁感应法是以法拉第电磁感应定律为基础的磁场测量方法，它可用于测量直流磁场、交流磁场和脉冲磁场。用这种方法测量磁场的仪器通常有冲击检流计、磁通计、电子积分器、数字磁通计、转动线圈磁强计、振动线圈磁强计等。

电磁感应法的磁传感器是一个匝数为 N、面积为 S 的固定探测线圈。将探测线圈放入磁场中，根据电磁感应定律，当穿过线圈的磁通发生变化时，线圈两端将产生感应电动势 e

$$e = -N\frac{\mathrm{d}\Phi}{\mathrm{d}t} \tag{5.8}$$

通过测量感应电动势的大小就可以得到磁通 Φ，进而根据 $B = \Phi/S$ 计算磁感应强度 B。

1. 电磁感应法测量交变磁场

将探测线圈置于被测交变磁场中，并使线圈平面与磁场垂直，则在线圈中产生如式（5.8）所示的感应电动势。感应电动势和磁通的波形如图 5.4 所示，感应电动势的全波整流平均值为

$$E_{\mathrm{av}} = \frac{1}{T}\int_0^T |e|\mathrm{d}t = \frac{2}{T}\int_0^{\frac{T}{2}} e\mathrm{d}t = -\frac{2N}{T}\int_0^{\frac{T}{2}}\frac{\mathrm{d}\Phi}{\mathrm{d}t}\mathrm{d}t = -\frac{2N}{T}\int_{+\Phi_{\mathrm{m}}}^{-\Phi_{\mathrm{m}}}\mathrm{d}\Phi = 4Nf\Phi_{\mathrm{m}} \tag{5.9}$$

所以

$$\Phi_{\mathrm{m}} = \frac{E_{\mathrm{av}}}{4Nf} \tag{5.10}$$

用平均值电压表测出感应电动势的平均值 E_{av}，可以用式（5.10）算出穿过线圈的磁通幅值 Φ_{m}。如果探测线圈面积是 S，则被测磁场的磁感应强度幅值 B_{m} 和磁场强度幅值 H_{m} 为

$$B_{\mathrm{m}} = \frac{\Phi_{\mathrm{m}}}{S} = \frac{E_{\mathrm{av}}}{4NfS} \tag{5.11}$$

$$H_{\mathrm{m}} = \frac{B_{\mathrm{m}}}{\mu_0} = \frac{E_{\mathrm{av}}}{4NfS\mu_0} \tag{5.12}$$

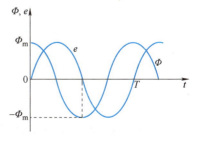

图 5.4 感应电动势 e 和磁通的波形

若被测磁场按正弦规律变化时有

$$E = \frac{\pi}{2\sqrt{2}} E_{av} \tag{5.13}$$

则

$$B = \frac{E}{2\pi f NS} \tag{5.14}$$

$$H = \frac{E}{2\pi f NS \mu_0} \tag{5.15}$$

2. 旋转线圈法

旋转线圈法适用于直流恒定磁场的测量。若被测磁场是直流恒定磁场,需要用人为的方法改变穿过测量线圈的磁通,以便在线圈中产生感应电动势。令被测恒定磁场中的线圈匀速旋转(如由一个角速度固定为 ω 的电动机带动),并且旋转轴线与磁场方向垂直,则穿过测量线圈的磁通为 $\Phi = BS\sin\omega t$,线圈中的感应电动势为

$$e = -N\frac{d\Phi}{dt} = -\omega NSB\cos\omega t \tag{5.16}$$

其有效值为

$$E = \omega NSB/\sqrt{2} = \sqrt{2}\pi f NSB \tag{5.17}$$

测出线圈两端的感应电动势 E 即可计算出被测磁场的磁感应强度 B 和磁场强度 H。

3. 冲击法

冲击法是测量直流磁场的经典方法,直到现在仍被广泛使用。冲击法的原理是人为地使通过线圈的磁通发生突变,从而在线圈两端产生脉冲感应电动势,测量出脉冲感应电动势的数值,就可以计算出变化的磁通量。常用冲击检流计和磁通计测量脉冲感应电动势。

(1)用冲击检流计测量磁通

用冲击检流计测量磁通的电路如图 5.5 所示,将匝数为 N、面积为 S 的测量线圈放在被测磁场中,线圈平面与磁场垂直,测量线圈与冲击检流计 G 相连。当通过线圈的磁通突然变化时,在线圈中产生一个电动势 e,在 e 的作用下,线圈回路得到一个脉冲电流。脉冲电流使冲击检流计的可动线圈产生偏移,其最大偏转角为 α_m。为求出 α_m 与磁通 Φ 的关系,写出图 5.5 电路的电压平衡方程式,即

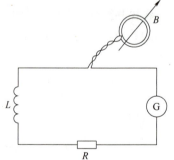

$$e = -N\frac{d\Phi}{dt} = iR + L\frac{di}{dt} \tag{5.18}$$

图 5.5 冲击检流计测量磁通

式中,R 为冲击检流计的电阻 R_g 和测量线圈的电阻 R_n 之和;i 为线圈中由感应电动势 e 引起的脉冲电流;L 为线圈的电感。

线圈中的磁通从 $t = t_1$ 时开始变化,到 $t = t_2$ 时停止变化,对式(5.18)积分可得

$$-N\int_{t_1}^{t_2}\frac{d\Phi}{dt}dt = R\int_{t_1}^{t_2}idt + L\int_{t_1}^{t_2}\frac{di}{dt}dt \tag{5.19}$$

因为测量线圈在测量开始时刻 t_1 和测量终止时刻 t_2 时的磁通均停止变化,所以 $t = t_1$ 和 $t = t_2$ 时 $i = 0$,式(5.19)最后一项积分为零,则得

$$-N(\Phi_2-\Phi_1)=N\Delta\Phi=RQ \tag{5.20}$$

式中，$\Delta\Phi$ 为测量线圈中的磁通变化量；$Q=\int_{t_1}^{t_2}idt$ 为在 $t_1\sim t_2$ 时间间隔内流过冲击检流计的电量。

根据冲击检流计的工作原理，流过冲击检流计的脉冲电量为

$$Q=C_q\alpha_m \tag{5.21}$$

式中，C_q 为冲击检流计的电量冲击常数；α_m 为冲击检流计的第一次最大偏转角。所以在 $t_1\sim t_2$ 时间内，测量线圈中磁通变化量为

$$\Delta\Phi=\frac{C_qR\alpha_m}{N}=\frac{C_\Phi\alpha_m}{N} \tag{5.22}$$

式中，C_Φ 为磁通冲击常数，$C_\Phi=RC_q$。

可见，冲击检流计的最大偏转角 α_m 与测量线圈的磁通变化量 $\Delta\Phi$ 成正比。被测磁通 Φ 与磁通变化量 $\Delta\Phi$ 之间的关系，与线圈中磁通的改变方法有关。如果将测量线圈从被测磁场中突然移开或者从磁场外突然置入，则磁通变化量等于 Φ；如果测量线圈在被测磁场中以线圈平面为轴旋转 180°，则磁通变化量为 2Φ。当采用测量线圈在磁场内旋转 180°的方法改变磁通时，被测磁场的磁感应强度和磁场强度分别为

$$B=\frac{\Phi}{S}=\frac{C_\Phi\alpha_m}{2NS}, H=\frac{C_\Phi\alpha_m}{2\mu_0 NS} \tag{5.23}$$

从式（5.22）可以看出，冲击检流计的最大偏转角 α_m 与测量线圈的移动速度无关，这是因为线圈移动速度变慢，感应脉冲电流固然变小，但是由于持续时间长，在 $t_1\sim t_2$ 时间内，通过回路总电荷量是不变的。当然，如果移动的速度太慢，感应脉冲电流太小，以至于小于检流计的灵敏度，必然就会造成误差。所以，无论采用哪种方法改变线圈磁通，均力求磁通的变化时间尽量短。

磁通冲击常数 C_Φ 的值一般通过测量获得，其测量原理是用标准互感线圈产生一个数值已知的磁通 $\Delta\Phi$，然后根据式（5.22）求出 C_Φ 值。测量 C_Φ 的电路如图 5.6 所示，标准互感线圈的二次绕组（匝数为 N_2）与测量线圈、冲击检流计 G 和附加电阻 R_g 串联。R'_h 和 M 是互感线圈二次绕组的电阻和互感值。电阻 $R_h=R'_h$，称为替代电阻。

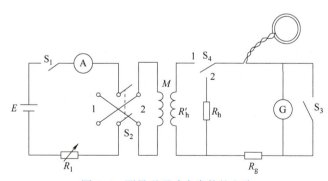

图 5.6　测量磁通冲击常数的电路

测量前，开关 S_1 和 S_3 闭合，S_2 置于任意一侧（如置于 1 侧），S_4 置于 1 侧，调节电阻 R_1，使互感线圈的一次侧电流达到一个合适值 I，其数值由电流表 A 读出，这时互感器二次

绕组交链的磁链为 $\Psi = MI$。调整好电流后，打开开关 S_3，接入检流计，把换向开关 S_2 由位置 1 迅速投向位置 2，互感器一次绕组中的电流由 I 变到 $-I$，有

$$\Delta\Psi = M\Delta I = -2MI \tag{5.24}$$

根据式（5.22）有

$$|\Delta\Psi| = N_2|\Delta\Phi| = C_\Phi \alpha_m \tag{5.25}$$

所以

$$C_\Phi = \frac{2MI}{\alpha_m} \tag{5.26}$$

因为磁通冲击常数 C_Φ 的值和测量回路的电阻有关，回路电阻改变时，C_Φ 的值也发生变化。用上述方法测量出的磁通冲击常数 C_Φ 是在回路电阻为 $R = R_g + R_h'$ 时的数值。用测量线圈测量磁通时，必须保证回路的总电阻 R 不变。为此，使电阻 $R_h = R_h'$，这样当测量磁通时把开关 S_4 投向位置 2，回路总电阻保持不变。

（2）磁通计

磁通计又称"韦伯计"，常用的有磁电式、电子式、数字积分式三类。

磁电式磁通计结构类似于磁电系检流计，由测量线圈和一个无反作用力矩的磁电系测量机构组成。无反作用力矩是指这种测量机构的可动部分不装游丝，用一个柔软的薄金属皮作为可动线圈的引线，指针在偏转后能随意平衡，不返回零位。

将匝数为 N 的测量线圈置于待测磁场中，线圈两端接到磁通计上。线圈中磁通的改变方法与前面所述相同，线圈中的磁通在 $t_1 \sim t_2$ 这段时间内变化。在 t_1 时刻，测量线圈中的磁通为 Φ_1，磁通计的偏转角为 α_1。在 $t_1 \sim t_2$ 这段时间内，线圈中产生脉冲感应电动势，有脉冲电流流过磁通计，在 t_2 时刻，测量线圈中的磁通变为 Φ_2，磁通计的偏转角由 α_1 变为 α_2。由于没有反作用力矩，脉冲电流消失后，指针仍会停留在 α_2 位置，便于观察和记录。根据磁通计的原理，被测的磁通量值为

$$\Delta\Phi = \frac{1}{N}C_\Phi(\alpha_2 - \alpha_1) = \frac{1}{N}C_\Phi\Delta\alpha \tag{5.27}$$

式中，C_Φ 为磁通计的磁通常数。

根据电磁感应定律有 $e = -N\mathrm{d}\Phi/\mathrm{d}t$，将其对时间积分可得

$$\Delta\Phi = \frac{1}{N}\int_{t_1}^{t_2} e\,\mathrm{d}t \tag{5.28}$$

因此，对测量线圈中的感应电动势直接进行积分也可求出磁通变化量。

电子式磁通计采用模拟积分器和指示仪表组成，指示仪表可以是机械式指示仪表，也可以是数字仪表。数字积分式磁通计采用数字积分器，数字积分的方法很多，一种数字积分器是将测量线圈中磁通变化 $\Delta\Phi$ 所感应的电动势经电压频率（V/F）转换器转化为与其成正比的脉冲序列，再用计数器累积计数，则所计数值正比于磁通的变化。

5.2.2 磁通门法

磁通门法也称为二次谐波法，是利用高磁导率铁心在饱和交变励磁下，选通和调制铁心中的直流弱磁场，并将直流磁场转变为交流电压输出的一种测量方法。基于这种方法的测磁装置称为磁通门磁强计，主要用于测量恒定的弱磁场。

磁通门磁强计由探头和测量电路两部分组成。探头实际上是一个磁传感器，由高导磁、低矫顽力的软磁材料（如坡莫合金）制成，上面绕有励磁线圈 N_1 和测量线圈 N_2。一种单铁心磁通门探头结构如图 5.7 所示。假设铁心有如图 5.8a 所示的折线形磁特性，H_s 为铁心的饱和磁场强度。给励磁线圈 N_1 提供一个正弦波励磁电流（也可以是方波、三角波等波形，还可是恒压源），在无外磁场（$H_0=0$）时励磁电流在铁心中产生一个交变的磁场 $H=H_m\sin\omega t$，如图 5.8b 所示，其中 $H_m>H_s$，使铁心充分饱和。当 $-H_s<H<H_s$ 时，B-H 曲线近似看作是直线，这段时间内 B 随时间的变化是正弦波。当 $H\geq H_s$ 时，B 达到饱和值 B_m，并保持一个常值，因此铁心中的磁感应强度 B 是对称的平顶波，如图 5.8c 所示。根据傅里叶级数分析，它只含奇次谐波而没有偶次谐波。

若把探头放在待测直流磁场 H_0 中，铁心中除了交流励磁磁场 H 外，还有直流磁场 H_0，铁心中的合成励磁磁场为 $H'=H_0+H_m\sin\omega t$，如图 5.8b 所示。在 H 与 H_0 同向时，铁心提前进入饱和区，滞后退出饱和区，保持常值 B_m 的时间较长。当 H 与 H_0 反向时，铁心滞后进入饱和区，提前退出饱和区，保持常值 B_m 的时间较短。因此铁心中的磁感应强度 B' 是不对称的平顶波，如图 5.8d 所示。根据傅里叶级数分析可知，它不仅含有奇次谐波还含有偶次谐波，偶次谐波中 2 次谐波幅值最大，这个 2 次谐波和外磁场的存在有关。

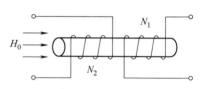

图 5.7 单铁心磁通门磁强计探头结构

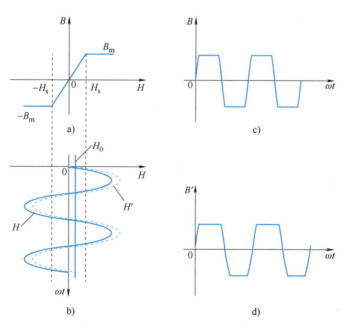

图 5.8 磁通门磁强计探头的工作原理

根据 $e=-N\dfrac{d\Phi}{dt}=-NS\dfrac{dB}{dt}$，测量线圈中的感应电动势 e 和磁感应强度 B 应含有相似的波形成分，因此可以通过检测感应电动势中 2 次谐波分量的大小和相位来测量直流磁场 H_0 的幅值和方向。

磁通门磁强计的原理电路框图如图 5.9 所示。相敏检波器不仅有检波作用，还能把 2 次谐波分量的相位与经倍频器和移相器送来的频率为 $2f_0$ 的参考电压的相位进行比较，根据相敏检波器输出电压的极性可以鉴别被测直流磁场的方向。

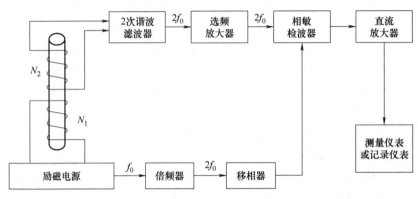

图 5.9　磁通门磁强计原理电路框图

采用图 5.7 所示的单铁心探头结构，在 $H_0 \neq 0$ 时，测量线圈中输出的感应电动势中含有幅值很大且又无益的基波分量，为了抑制这些基波信号的干扰，实际中不采用单铁心的探头，而采用双铁心、跑道形铁心、环形铁心或其他结构的探头。图 5.10 所示为双铁心和跑道形铁心结构，铁心上缠绕的励磁线圈反向串联。由于励磁线圈反向串联，两铁心励磁方向在任一瞬间的空间上都是反向的，在形状尺寸和电磁参数完全对称的条件下，励磁磁场在测量线圈中建立的感应电动势互相抵消，励磁磁场只起调制铁心磁导率的作用。任一时刻，交流励磁磁场和被测磁场 H_0 在两部分铁心中，一为同向，一为反向，两部分磁通的 2 次谐波相互叠加，在测量线圈两端输出相应的 2 次谐波电压。

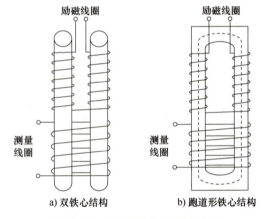

图 5.10　磁通门磁强计的传感器

5.2.3　霍尔效应法

霍尔效应是 1879 年物理学家霍尔（Hall）发现的，但是，当时因为这种效应对一般材料来讲很不明显，导致这一发现没有得到广泛应用。从 20 世纪 50 年代以来，随着半导体材料的发展，制成了霍尔效应特别显著的半导体材料，以此制成了灵敏度很高的霍尔元件，于是，应用霍尔效应测量磁场的技术得到了飞速发展。

霍尔效应是指运动着的电荷在磁场中受力的一种效应。如图 5.11 所示，图中长方形片状 N 型半导体称为霍尔元件，在霍尔元件的 x 方向通以电流 I（称为控制电流），并在 z 方向施以磁感应强度为 B 的磁场，那么载流子（电子）在磁场中就会受到 y 轴方向的洛伦兹力，并向 y 轴侧偏转，在该侧积累。洛伦兹力的大小为

$$F_L = Bqv \tag{5.29}$$

式中，q 为每个载流子的电荷量，对于自由电子来说 $q=-e$；v 为载流子的速度。

电荷的累计将产生静电场，即为霍尔电场，相应的电压 U_H 称为霍尔电压。该静电场对电子的作用力为 F_E，其方向与洛伦兹力的方向相反。电场力的大小为

$$F_E = qE_H = q\frac{U_H}{a} \tag{5.30}$$

式中，E_H 为霍尔电场强度；U_H 为霍尔电压。

当洛伦兹力和电场力相等（$F_L = F_E$）时，电子的积累达到动态平衡

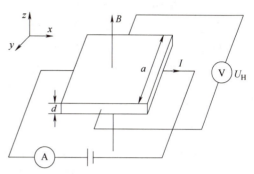

图 5.11 霍尔效应原理图

$$Bqv = q\frac{U_H}{a} \tag{5.31}$$

所以

$$Bav = U_H \tag{5.32}$$

根据电流的定义，流过霍尔元件的电流为

$$I = nqvad \tag{5.33}$$

式中，n 为单位体积内自由电子数（载流子浓度）。

则

$$U_H = \frac{IB}{nqd} = \frac{R_H IB}{d} = K_H IB \tag{5.34}$$

式中，R_H 为霍尔系数，$R_H = \frac{1}{nq}$，是反应霍尔效应强弱的重要参数；K_H 为霍尔片的灵敏度，$K_H = R_H / d$。

式（5.34）表明，当霍尔片的厚度 d 和电流 I 确定后，霍尔电压 U_H 就与霍尔元件所处的磁场强弱即磁感应强度 B 成正比。

实际应用中，霍尔电压引出电极不能保证完全绝对对称地焊接在等电位面上，这使得不加控制电流时也出现霍尔电动势 U_0，称为不等位电动势，又称零位电动势。一般要求 $U_0 < 1\text{mV}$，必要时应予以补偿。另外，当温度变化时，霍尔元件的载流子浓度、迁移率、电阻率及霍尔系数都将发生变化，从而使霍尔元件产生测量误差。为了减小温度引起的测量误差，除采用恒温措施和选用温度系数较小的材料（如砷化铟）做霍尔基片外，还可以采用适当的补偿电路进行温度补偿。

特斯拉计（也称为高斯计）就是利用霍尔效应测量磁感应强度的仪器。将霍尔元件装在如图 5.12 所示的霍尔探头上，然后将霍尔元件放置在被测磁场中，保持电流 I 不变，测出霍尔电压 U_H 的数值，即可求出磁感应强度 B。

在实际应用中，为保持磁感应强度 B 和霍尔电压 U_H 之间具有线性关系，电流 I 一般由恒流源供电。霍尔电压的数值较小，一般在毫伏级，需经放

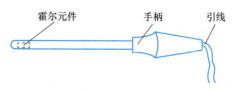

图 5.12 特斯拉计探头

大后测量。由于交流电压易于放大，所以测出来的霍尔电压 U_H 最好为交流电压。当测量恒定磁场时，常采用交流恒流源供电，这时霍尔电压 U_H 为交流电压。在测量交变磁场时，可以采用直流恒流源供电，由于 B 的交变所产生的霍尔电压 U_H 也必定是交流电压。

利用霍尔效应测量磁场的特点是可以连续、线性地读取被测磁感应的数值，且无触点、无可动元件，因此测量装置的机械性能好，使用寿命长。另外，霍尔元件可以做得很小、很薄，所以能在很小的空间（小到零点几立方毫米）和小气隙（几微米）中测量磁场。

5.2.4 其他测量方法

1. 磁阻效应法

磁阻效应法是利用物质在磁场作用下电阻发生变化的特性进行磁场测量的方法。具有这种效应的传感器主要有半导体磁阻元件和铁磁薄膜磁阻元件等。

给通以电流的金属或半导体材料的薄片施加一个与电流垂直的外磁场时，由于电流的流动路径会因磁场作用而加长（即在洛伦兹力作用下载流子路径由直线变为斜线），从而使其阻值增加，这种现象称为磁阻效应。

磁阻效应与材料本身载流子的迁移率有关（物理磁阻效应），若某种金属或半导体材料的两种载流子（电子和空穴）的迁移率相差较大，则主要由迁移率较大的一种载流子引起电阻变化（当材料中仅存在一种载流子时，磁阻效应很小，此时霍尔效应更为强烈），它可表示为

$$\frac{\rho-\rho_0}{\rho_0}=\frac{\Delta\rho}{\rho}=0.275\mu^2 B^2 \tag{5.35}$$

式中，B 为磁感应强度；ρ 为材料在磁感应强度为 B 时的电阻率；ρ_0 为材料在磁感应强度为 0 时的电阻率；μ 为载流子迁移率。

2. 磁共振法

磁共振法是利用物质量子状态变化而精密测量磁场的一种方法，其测量对象一般是均匀的恒定磁场。

物质具有磁性和相应的磁矩，当这些物质置于外磁场 B 作用下时，这些具有磁矩的微观粒子（核、电子、原子）在外磁场中会有选择性地吸收或辐射一定频率的电磁波，从而引起微观粒子的共振跃迁，可以通过测量共振频率来进行磁场测量。由于共振微粒的不同，可制成各种类型的磁共振磁强计，如核磁共振磁强计、电子共振磁强计、光泵共振磁强计等。其中核磁共振磁强计是测量恒定磁场精度最高的仪器，因而可作为磁基准的传递装置。

3. 磁光法

磁光法是利用传光材料在磁场作用下，引起光的振幅、相位或偏振态发生变化进行磁场测量的方法。最早用于测量磁场的是 1846 年法拉第发现的磁光效应：当偏振光通过处于磁场中的传光物质，而且光的传播方向与磁场方向一致时，光的偏振面会发生偏转，其偏转角 α 与磁感应强度 B 以及光穿过传光物质的长度 l 成正比，即

$$\alpha=vlB \tag{5.36}$$

式中，v 为韦尔代常数，其值与材料、光波波长和温度等有关。

由式（5.36）可见，当 v 和 l 选定时，α 与 B 成正比，因而通过测量 α 便可求出被测磁

感应强度 B。为了提高测量灵敏度，希望韦尔代常数 v 大，一般可采用铅玻璃、铯缘玻璃等材料。此外，增加磁场中光路的长度 l 也可提高测量灵敏度。

4. 磁致伸缩法

磁致伸缩法利用紧贴在光纤上的铁磁材料如镍、金属玻璃（非晶态金属）等在磁场中的磁致伸缩效应来测量磁场。当这类铁磁材料在磁场作用下，其长度发生变化时，与它紧贴的光纤会产生纵向应变，使得光纤的折射率和长度发生变化，因而引起光的相位发生变化，这一相位变化可用光学中的干涉仪测得，从而求出被测磁场值。

5. 超导效应法

利用具有超导结的超导体中超导电流与外部被测磁场的关系（约瑟夫森效应）来测量磁场的磁强计，称为超导量子干涉仪，具有极高的灵敏度，主要用于测量微弱磁场。

5.3 磁性材料的测量

为了合理选用磁性材料或检验磁性材料的磁性能，就需要对材料进行磁性能的测量。磁性材料特性的测量只能离线进行，这是因为材料的磁特性与工作条件和环境因素有关，任何外接入式测量工作都会影响到磁性材料的特性。因此，要测量就要将材料制成试样，试样必须和实际应用的材料一致，最好是同一个生产批次的产品。测量时要求试样全部工作在同一工作环境下，也就是说要求测试样品内部有一个均匀的磁场，否则，样品各点的 B 和 H 值不同，测出的只是一个平均状态。

磁性材料在直流条件下和在交流条件下的磁性能有差异，同样在交流条件下工作，交流电的频率不同，其参数也有差异。所以，测量磁性能必须按照磁性材料实际工作条件和环境进行。磁性材料的测量包括直流磁性能测量和交流磁性能测量，硬磁材料一般可以只测量直流静态特性，而软磁材料除了测量直流静态特性，还需要测量交流动态特性。

5.3.1 直流磁性能测量

直流磁性能测量的主要任务是测量直流磁场磁化下的磁化曲线和磁滞回线以及各种磁性参数，如剩磁、矫顽力、磁导率、最大磁能积等。

5.3.1.1 软磁材料直流磁性能测量

1. 磁性材料试样

常用的磁性材料试样有闭合磁路和棒状开路两种。闭合磁路试样有方形和环形两种，以环形试样漏磁较少而应用较多。环形试样如图 5.13 所示，截面为方形或长方形，其上绕有磁化线圈 N_1 和测量线圈（B 线圈）N_2，前者在磁路中产生磁通，后者供磁感应强度 B 测量之用。为了减小磁场强度径向变化的影响，环形试样的内外径相差不宜过大，应满足

$$D \leqslant 1.1d \tag{5.37}$$

式中，D 为试样的外径（m）；d 为试样的内径（m）。

试样的平均磁路长度为

$$L = \pi \frac{D+d}{2} \tag{5.38}$$

棒状试样本身无法形成闭合磁路，漏磁较大，测量时通常采用磁导计对试样进行磁化。

一种磁导计的结构如图 5.14 所示。将试样夹在两块磁轭中间，这两块磁轭为试样提供闭合磁路。磁导计的截面应比试样大许多倍，由高磁导率的铁磁材料做成。

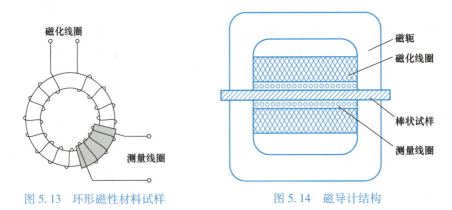

图 5.13　环形磁性材料试样　　　　图 5.14　磁导计结构

2. 退磁

测量应该从原始状态（$H=0$，$B=0$）开始，如果测量磁化曲线和磁滞回线时起始点不是原点，会影响测量结果的正确性，从而影响到磁性材料的应用。一般试样初始状态是任意的，所以测量前必须退磁，即回到 $H=0$ 和 $B=0$ 的状态。

退磁又称磁清洗、消磁。退磁方法有热退磁、交流退磁和直流退磁。热退磁是将试样加热到材料的居里温度（磁性材料中自发磁化强度降到零时的温度）以上，然后在无外加磁场的条件下，缓慢冷却至室温。这种方法的优点是退磁完全，而且能消除应力的作用，但操作手续麻烦，而且可能导致试样晶粒结构的变化。

直流退磁是通过磁化线圈给试样施加一个逐步缓慢减小的磁化电流，同时不断改变电流的方向，使试样内部的 B 和 H 经过多次循环不断减弱，直到等于零。

交流退磁将退磁材料置于交变磁场中，使材料产生磁滞回线，当交变磁场的幅值逐渐递减时，磁滞回线的轨迹也越来越小。当磁场强度降到零时，使磁性材料中的剩磁 B_r 接近或趋于零。退磁时电流的方向和大小的变化必须换向和衰减同时进行。

磁性材料特性测量前，必须退磁。退磁后的试样不能立即测量，需要稳定一段时间。铁镍合金制成的磁性材料需稳定 10～30min，硅钢片制成的磁性材料需要的稳定时间更长。

3. 环形试样的直流磁性能测量

采用冲击法测量环形试样直流磁性能的测量电路如图 5.15 所示。磁化线圈 N_1 通过转换开关 S_1 由电源 E 供电。电阻 R_1 和 R_2 可以调节励磁回路电流，电流值由电流表 A 读出。测量基本磁化曲线时不用 R_2，R_2 用 S_2 短接，R_2 仅在测量磁滞回线时使用。测量线圈 N_2 连接磁通积分器 F，测量磁感应强度 B。这里的磁通积分器是一种泛称，可以是冲击检流计、电子积分器、磁通计或其他装置。

（1）磁场强度的测量

当环形试样的磁化线圈中流过电流 I 时，试样中的磁动势为

$$F = HL = IN_1 \tag{5.39}$$

环形试样中的磁场强度按式（5.40）计算

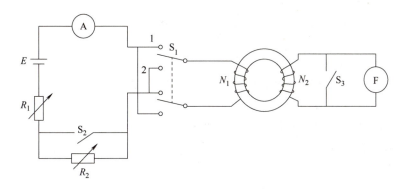

图 5.15　环形试样直流磁性能测量电路原理图

$$H = \frac{N_1 I}{L} \tag{5.40}$$

式中，H 为磁场强度（A/m）；I 为直流磁化电流（A）；L 为环形试样的平均磁路长度（m）；N_1 为磁化线圈的匝数。

（2）磁感应强度的测量

采用冲击检流计时，根据式（5.22），试样中的磁感应强度变化量为

$$\Delta B = \frac{\Delta \Phi}{S} = \frac{C_\Phi \alpha_m}{N_2 S} \tag{5.41}$$

式中，C_Φ 为冲击检流计的磁通冲击常数；α_m 为冲击检流计的最大偏转角；S 为试样的截面积（m²）；N_2 为测量线圈的匝数。

假设磁化线圈中流过电流 I，在试样中产生磁通 Φ，并利用转换开关 S_1 倒向使磁化线圈中的电流改变方向，从而使试样中的磁场方向发生改变。这时 $\Delta \Phi = 2\Phi$，$\Delta B = 2B$，试样中的磁感应强度为

$$B = \frac{C_\Phi \alpha_m}{2 N_2 S} \tag{5.42}$$

图 5.15 中的磁通积分器 F 还可以是电子积分器或者磁通计等其他设备，为不失一般性，磁感应强度变化量改写为

$$\Delta B = \frac{K_B \alpha_B}{N_2 S} \tag{5.43}$$

式中，K_B 为磁通积分器的校准常数（V·s）；α_B 为磁通积分器的示值。

上面的计算是基于测量线圈的有效截面积等于试样的截面积。实际上，测量线圈的截面积通常大于试样的截面积，这时测量线圈交链的磁通为试样中的磁通和测量线圈与试样表面之间的气隙磁通之和，即磁通测量值=试样中的实际磁通+气隙磁通，也可以写为

$$B'S = BS + \mu_0 H (S_C - S) \tag{5.44}$$

式中，B 为试样中的磁感应强度（T）；B' 为磁感应强度测量值（T）；H 为磁场强度（A/m）；S 为样品的截面积（m²）；S_C 为测量线圈的截面积（m²）；μ_0 为真空磁导率 $4\pi \times 10^{-7}$（H/m）。

气隙磁通的存在必然给测量带来误差。为了消除气隙磁通产生的误差，必要时应当对磁感应强度测量值进行修正。根据式（5.44），磁感应强度的修正值为

$$B = B' - \mu_0 H \left(\frac{S_C - S}{S} \right) \tag{5.45}$$

(3) 基本磁化曲线的测量

基本磁化曲线是不同磁场强度下对应的磁滞回线顶点的连接线，因此，在基本磁化曲线的测量过程中，需要调制出不同的励磁电流 I，得到不同的 H 值，如图 5.16 中横轴上的 H_1、H_2、…、H_m，通过测量得到其对应的 B 值，即 B_1、B_2、…、B_m，再将所有 H-B 值对应第一象限的点连接起来就是基本磁化曲线，如图 5.16 中所示的 O-a_1-a_2-a_m 曲线。

测量前先退磁。直流退磁时，开关 S_2 和 S_3 闭合，S_1 置于任意位置（如置于位置 1）。调节 R_1，把回路中的电流 I 调节到等于磁性材料充分饱和时所需的电流。此时，试样已被磁化到充分饱和。逐渐缓慢地增大电阻 R_1，使磁化电流逐渐减小，与此同时，不断地用开关 S_1 给电流换向，电流减小到最小值后断开开关 S_1，使试样磁化线圈中的电流等于零，则试样中的磁场也是零，完成了去磁操作。

测量从实验条件下所能测的最小磁场开始。先闭合开关 S_2、S_3，将 S_1 置于任意位置（如置于位置 1），磁化线圈接通电源。调节 R_1 使磁化电流等于 I_1，则在磁化线圈中产生磁场强度 H_1，并且在环形试样中产生磁感应强度 B_1。为了得到稳定的磁滞回线，磁材料的每个磁化状态都要反复磁化，这种反复磁化的过程称为磁锻炼。磁锻炼的方法是将转换开关 S_1 在位置 1 和 2 之间反复变化多次，保证试样中的磁感应强度在 B_1 和 $-B_1$ 之间变化多次，最后 S_1 停留在位置 1。一般需 10 次左右即可达到稳定的磁状态，对于每一个测量点都要进行此操作。然后断开开关 S_3，接通磁通积分器，将开关 S_1 快速由位置 1 投向位置 2，记录磁通积分器的示值，然后立刻将 S_3 短路以保护磁通积分器。磁场强度和磁感应强度分别按式（5.40）和式（5.43）计算。

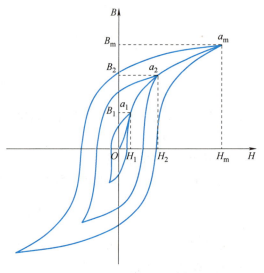

图 5.16　基本磁化曲线测量图

持续增加电流，重复上述操作，得到 a_2、…、a_m 各点，以此绘制出基本磁化曲线。上述过程中不应出现减小磁化电流的情况，否则需对试样退磁，重新测量。

(4) 磁滞回线的测量

实际中往往要求测量磁性材料的最大磁滞回线，因此测量从第一象限中饱和值 B_m 和 H_m 所对应的 a 点开始。

1) 测量 a 点 (H_m, B_m) 和 b 点 (0, B_r)

将试样退磁，闭合开关 S_2、S_3，开关 S_1 闭合至位置 1，调节 R_1 使磁化电流 $I=I_m$，试样中的磁场强度 $H=H_m$、$B=B_m$，按照基本磁化曲线中所述的测量方法测量 a 点，最后将开关 S_1 闭合至位置 1。固定电阻 R_1 值，在测量磁滞回线的全过程中不再改变。

断开开关 S_3，接入磁通积分器，再断开开关 S_1，使磁化电流 $I=0$，试样中的磁感应强度由 B_m 下降为 B_r，对图 5.17 中的 b 点。

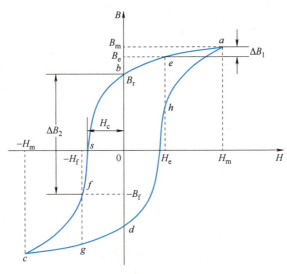

图 5.17　磁滞回线测量

测量线圈中磁感应强度的变化为

$$\Delta B = B_m - B_r$$

在切断磁化电流的同时，记录磁通积分器的示值，然后立刻将 S_3 短路以保护磁通积分器。按式（5.43）计算出 ΔB，从而算出 B_r。

最后，应使试样的磁状态沿着磁滞回线上的 $b \to c \to d \to a$ 的顺序返回到 a 点。磁状态按磁滞回线的回路返回到 a 点，可避免产生局部磁滞回线影响测量的准确度。

2）测量磁滞回线的 ab 部分

断开开关 S_2，调节 R_2，使电流从 I_m 减小到 I_1，此时试样中的磁场强度 $H=H_e$、$B=B_e$，对应图 5.17 中的 e 点。然后沿着磁滞回线使试样中的磁状态又回到 a 点。

断开开关 S_3，断开开关 S_2，此时磁化电流由 I_m 下降到 I_1，试样的磁状态由 a 点变到 e 点。由测量线圈测出磁感应强度变化 ΔB_1，则 e 点磁感应强度为

$$B_e = B_m - \Delta B_1 \tag{5.46}$$

再断开开关 S_1 从而切断磁化电流，使试样的磁状态沿着磁滞回线变到 b 点，这时 $H=0$、$B=B_r$。

3）测量磁滞回线的 bc 部分

断开开关 S_3，接入磁通积分器，将开关 S_1 迅速闭合于位置 2，磁化电流由 0 减小到 $-I_1$，此时 $H=-H_f$、$B=-B_f$，对应图 5.17 中的 f 点。由测量线圈测出磁感应强度变化 ΔB_2，则 f 点的磁感应强度为

$$B_f = B_r - \Delta B_2 \tag{5.47}$$

再使试样中的磁状态沿磁滞回线返回到 a 点。

4）通过调节 R_2 来调节磁化电流，重复 2）、3）两步，即可测量出磁滞回线的 ac 部分。测出一半磁滞回线后，根据回线的对称性，就可以画出完整的磁滞回线。

需要注意的是，在上述操作中每次记录完磁通积分器的示值后都应立刻将 S_3 闭合以保护磁通积分器，而且，试样中的磁状态应该沿着磁滞回线变化，以使试样保持稳定的循环状

态。例如从 e 点返回 a 点的顺序为 e→b→f→c→g→d→h→a，对应磁化电流分别为 I_1→0→$-I_1$→$-I_m$→$-I_1$→0→I_1→I_m，这可以通过改变开关 S_1、S_2 的不同状态实现。

除了上面所述的逐点记录法外，还可以采用连续记录的方法。退磁，磁通积分器调零，然后在磁化线圈 N_1 中通以足够产生所需最大磁场强度的电流，慢慢减小电流至 0，然后换向增大至最大负值，再减小到 0，换向并增大至最大正值，控制每次励磁电流的变化量，这种方法也称为扫描法。

(5) 基本磁参量的确定

对给定的磁滞回线，剩磁是当磁场强度为 0 时的磁感应强度，由磁滞回线上的 b 点位置确定。矫顽力是磁感应强度为 0 时的磁场强度值，由磁滞回线上的 s 点位置确定。

在基本磁化曲线 $B=f(H)$ 的基础上，可推算出磁化曲线上每一点的相对磁导率 μ_r 与 H 间的关系曲线 $\mu_r=f(H)$，求出初始磁导率和最大磁导率等参数。

目前磁性能测量仪都能够自动完成整个测量过程，在计算机屏幕上直接绘出磁化曲线和磁滞回线，并完成参数计算，但原理上仍然是依照经典冲击法的测量原理实现的。

4. 棒状试样的直流磁性能测量

(1) 磁场强度的测量

棒状试样的磁化采用如图 5.14 所示的磁导计形成闭合回路。由于磁导计的截面大、磁导率高，故磁化安匝可以认为全部降落在试样的有效长度上。对于棒状开路磁性材料试样，有效长度为 l，则棒状试样中的磁场强度 H 为

$$H = \frac{N_1 I}{l} \tag{5.48}$$

虽然可以按式 (5.48) 计算棒状试样的磁场强度，但误差较大。

棒状试样的磁场强度一般用磁场探测线圈（H 线圈）配合相应的仪器测量，也可以采用霍尔探头或其他直接检测磁场的仪器来测量。

根据电磁场理论，在两种磁介质分界面的两侧磁场强度的切线分量彼此相同。这里所说的两种磁介质就是试样和试样外部的空气，磁介质的分界面就是试样的表面。如果试样内部的磁场是轴向的，并且是均匀的，那么试样内部的磁场强度的切线分量就等于试样内部的磁场强度，也就等于试样外表面空气中的磁场强度，如图 5.18 所示。因此，通过测量紧贴试样表面空气中的磁场强度 H_0 就能确定试样内部的磁场强度 H。

一种磁场探测线圈为扁平线圈，用其测量试样内部磁场强度的原理电路如图 5.19 所示。在绝缘薄片上，用细单线均匀地绕 N 匝线圈，将此线圈紧贴到试样的表面上，由于绝缘薄片非常薄，所以可以认为磁场在线圈截面 S 上均匀分布，其平均磁场强度为 H_0，线圈中的磁通为 $\Phi = \mu_0 H_0 S$。测出 H_0 后，试样内部的磁场强度 $H \approx H_0$。

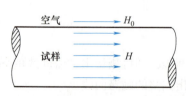

图 5.18 试样表面内外的磁场强度

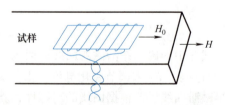

图 5.19 用扁平线圈测量试样内部磁场强度

图 5.20 为同心型探测线圈，内外两层线圈的匝数相同，均为 N 匝，与试样同轴绕制，并反相串联，内、外层线圈之间垫着绝缘垫。内层线圈紧贴试样表面，面积为 S_1，外层线圈的面积为 S_2，穿过内层线圈截面的磁通为试样内部的磁通，穿过外层线圈截面的磁通为试样内部的磁通再加上 S_2-S_1 的环形面积中穿过的磁通。当两层线圈反向串联时，线圈中的总磁通为

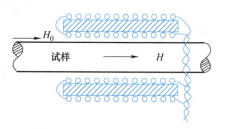

图 5.20　同心型磁场强度探测线圈

$$\Phi = \mu_0 H_0 (S_2 - S_1) \tag{5.49}$$

式中，H_0 为紧贴试样表面空气中的磁场强度（A/m）。

测量磁场强度的方法与测量磁感应强度的方法类似，将磁场探测线圈与磁通积分器相连，根据式（5.43），线圈中磁场强度的变化可按式（5.50）计算。

$$\Delta H = \frac{K_H \alpha_H}{\mu_0 (NS)} \tag{5.50}$$

式中，K_H 为磁通积分器的校准常数（V·s）；α_H 为磁通积分器的示值；NS 为探测线圈的有效截面积与匝数的乘积（m²）；μ_0 为真空磁导率 $4\pi \times 10^{-7}$（H/m）。

（2）磁感应强度的测量

棒状试样的磁感应强度测量利用磁通测量线圈（B 线圈）测量，测量方法与环形试样相同。由于线圈中空气磁通的存在，应对磁感应强度值进行修正。

（3）磁化曲线和磁滞回线的测量

测量基本磁化曲线和磁滞回线的电路如图 5.21 所示，加入了测量磁场强度的磁通积分器 F_1 和开关 S_3。基本磁化曲线和磁滞回线的测量方法与环形试样相同，不再赘述。

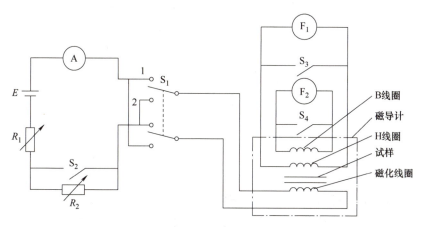

图 5.21　棒状试样测量基本磁化曲线和磁滞回线的电路原理图

5.3.1.2　硬磁材料的磁性能测量

对于硬磁材料，需要在较强的外磁场条件下，才能磁化至饱和，因此环状试样是不适用的。硬磁材料通常将试样制成圆形截面或方形截面的条状、棒状，试样无法自身形成闭合磁路，需要借助于磁导计或电磁铁进行磁化。电磁铁的结构如图 5.22 所示，由磁轭、极柱、

极头和磁化线圈等组成。将试样紧密夹在电磁铁的两个极头之间，磁轭、极柱、极头和试样构成闭合磁路，电磁铁产生的磁场对试样进行磁化和退磁。

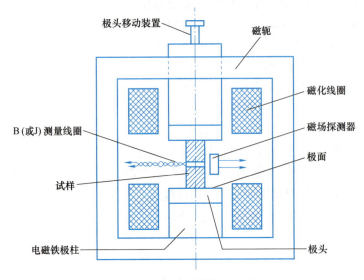

图 5.22　电磁铁结构示意图

磁性测量原理电路如图 5.23 所示，图中 H 为磁场强度测量装置，B（或 J）为磁感应强度（或极化强度）测量装置，E 为励磁电源，S 为转换开关。

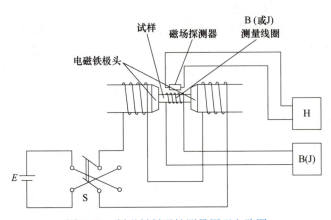

图 5.23　硬磁材料磁性测量原理电路图

磁场强度既可用磁场探测线圈（H 线圈）配合相应的仪器测量，也可以采用霍尔探头配合电测仪器测量。磁感应强度采用 B 测量线圈测量，考虑到测量线圈中包括空气磁通，磁感应强度需按式（5.45）进行修正。

在软磁材料中，磁场强度 B 和极化强度 J 区别极小，在硬磁材料中，这种区别非常显著，所以硬磁材料通常需测出 $B\text{-}H$ 和 $J\text{-}H$ 这两种曲线。磁极化强度采用 J 测量线圈连接来测量，J 测量线圈由磁通测量线圈和磁场补偿线圈组成。

硬磁材料主要测量退磁曲线，即处于第二（或第四）象限的磁滞回线部分。退磁曲线可分为 B-H 退磁曲线和 J-H 退磁曲线,测得其中一种退磁曲线,另一种可根据公式 $B=J+\mu_0 H$ 换算得到。退磁曲线的测量方法是:用电磁铁将试样磁化到饱和状态,然后使励磁电流单调减小到零。再改变励磁电流的方向,缓慢增加励磁电流,使退磁曲线经过 H_{cB} 点或 H_{cJ} 点。记录退磁曲线上各点的 B 或 J 值和相应的 H 值,即可得到退磁曲线。

绘出如图 5.24 所示的退磁曲线后,取退磁曲线与 B 轴交点的磁感应强度值即为剩磁 B_r。B-H 退磁曲线与 $B=0$ 直线交点的磁场强度值为矫顽力 H_{cB},J-H 退磁曲线与 $J=0$ 直线交点的磁场强度值 H_{cJ} 为内禀矫顽力。最大磁能积 $(BH)_{max}$ 由退磁曲线上相应 B 和 H 乘积的最大值确定。

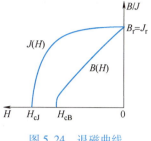

图 5.24 退磁曲线

5.3.2 交流磁性能测量

交流磁性能测量的对象主要是软磁材料,主要任务是测量交流磁化曲线、交流磁滞回线和给定工作频率下的损耗以及复数磁导率等。

5.3.2.1 交流磁化曲线的测量

交流磁化曲线又称动态磁化曲线,是指磁性材料在一定频率的交变磁场作用下,不同的磁场强度峰值 H_m 和在磁性材料内部产生的相应磁感应强度峰值 B_m 的关系曲线,即 $B_m=f(H_m)$。

交流磁化曲线的测量电路如图 5.25 所示,图中 E 为交流电源,其幅度可调;A 为有效值电流表;Hz 为频率计;V_1 为峰值电压表;V_2 为平均值电压表。

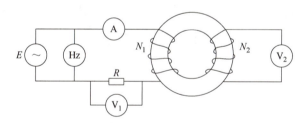

图 5.25 测量交流磁化曲线的电路原理图

在测量过程中,很难满足磁化电流和二次感应电压同时为正弦波。例如在磁性材料试样饱和时,如果励磁电流为正弦波,则产生的磁通是平顶波,二次感应电压为尖顶波,而如果想获得正弦波的二次感应电压,则需要尖顶波的励磁电流。为了获得可比较的测量结果,测量前应明确选择是二次感应电压还是磁化电流保持正弦波,并且在规定的频率条件下测量。

磁场强度峰值可按式(5.51)计算

$$H_m = \frac{N_1 I_m}{L} \quad (5.51)$$

式中,I_m 为磁化电流峰值;L 为环形样品的平均磁路长度(m);N_1 为一次线圈的匝数。

通常,从电流表读出磁化电流的有效值 I,则其最大值为 $I_m=\sqrt{2}I$。对于正弦磁化电流,由此计算的磁场强度峰值是正确的。如果磁化电流不是正弦波,则计算出来的是等效的磁场强度峰值。

当磁化电流为非正弦波时,可采用峰值电流表测量 I_m,或者在磁化回路串联一个无感

电阻 R,用峰值电压表 V_1 测量出电阻 R 两端的峰值电压 U_m,那么 $I_m = U_m/R$,再按照式(5.51)计算 H_m。

用平均值电压表 V_2 测出二次电压的整流平均值为 E_{av},根据式(5.10),试样中的磁感应强度峰值为

$$B_m = \frac{E_{av}}{4fN_2S} \tag{5.52}$$

式中,f 为磁化电流的频率(Hz),由频率表测出;S 为样品的截面积(m^2);N_2 为二次线圈的匝数。

首先对试样进行退磁,然后逐步增大磁化电流,由式(5.51)和式(5.52)可确定相应的 H_m 与 B_m 值,就可绘出交流磁化曲线。

5.3.2.2 动态磁滞回线的测量

测量交流磁滞回线的方法有示波器法、铁磁仪法、采样法等,这里主要介绍示波器法。

示波器可用于在较宽的频率范围(10Hz~100kHz)内直接观察和摄取软磁材料的磁滞回线,可以测量磁滞回线的专用示波器称为铁磁示波器。根据示波器上磁滞回线的图形,还可以确定磁性材料的有关参数。测量磁滞回线时,可用环形试样,也可用开磁路试样。

示波器测量动态磁滞回线的电路如图 5.26 所示,在一次线圈回路串接一个电阻,将励磁电流变成与之成正比的电压,经过放大后加到示波器 X 轴上,因此示波器的 X 轴显示磁场强度 H。为了避免磁化电流波形畸变产生的测量误差,电阻 R 的值尽量小。二次线圈两端感应的电动势通过 R-C 积分器后变成与磁感应强度成正比的电压,将此电压加到示波器的 Y 轴,因此示波器的 Y 轴显示磁感应强度 B。这样,从示波器的屏幕上可以直接摄取磁滞回线的波形。但 B-H 曲线上的对应参数不代表材料的真实数据。对于数字式示波器,可以通过事先设定好的数字标尺计算出相应参数。

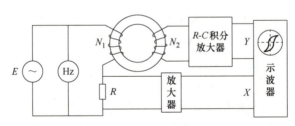

图 5.26 示波器测量动态磁滞回线

示波器法适合同种材料的比对测量,测试速度快,但不能对材料的磁特性参数进行准确测量,误差较大。主要有两种原因使磁滞回线畸变:①由于 B 通道和 H 通道的放大器和积分器没有足够的频带宽度,以至对基波和高次谐波电压不能同时进行线性放大,其结果是合成波发生畸变;②B 通道电路中有电感和电容元件,当 B 信号通过此电路之后,就不能维持试样内部 B 和 H 之间原有的相位关系,而产生相位误差。

5.3.2.3 功率表法测量磁损耗

磁性材料在交变磁场中被反复磁化所消耗的功率是标志材料品质的重要动态特性之一。工频或低频下,功率表法是一种广泛应用的测量损耗的方法,在高频下,也可以用电桥法、量热仪法等。损耗与频率、波形、磁感应强度大小都有关系,因此测量应该在与材料实际工

作条件相同的环境下进行。

软磁材料应用最多的是硅钢片，硅钢片损耗的测量方法主要采用功率表法，也称为"爱泼斯坦方圈"法。片状的硅钢片样品按照如图 5.27 所示方式叠成方圈，构成闭合磁路的 4 个边。每个边上绕有两个线圈，一次线圈在外层，二次线圈在内层，各边的一次线圈串联，总匝数为 N_1，各边的二次线圈也串联，总匝数为 N_2。标准 25cm 爱泼斯坦方圈的样品尺寸为 280mm×30mm，频率为 50Hz 时，$N_1 = N_2 = 880$ 匝；频率为 400Hz 时，$N_1 = 440$ 匝，$N_2 = 220$ 匝。

功率表法测量磁损耗的电路如图 5.28 所示，其中 E 为电源，输出可调，Hz 为频率计，W 为功率表，V_1 为平均值电压表（可反映磁感应强度 B_m，一般 V_1 可不用），V_2 为有效值电压表。功率表的电压线圈接二次侧电压，以避免一次线圈铜损带来的影响。比总损耗的测量应在正弦磁通的条件下进行。

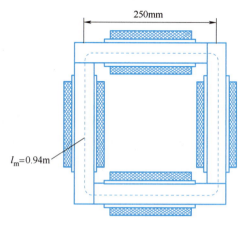

图 5.27　标准 25cm 爱泼斯坦方圈

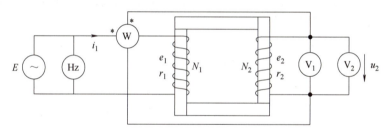

图 5.28　功率表法测量磁损耗

功率表测得的功率瞬时值为

$$p_m = u_2 i_1 = \frac{R_i}{R_i + r_2} e_2 i_1 \tag{5.53}$$

式中，e_2 为二次线圈中的感应电动势（V）；r_2 为二次线圈的电阻（Ω）；R_i 为与二次线圈连接的仪表（两个电压表和功率表）的总等效电阻（Ω）。

将 $\dfrac{e_1}{e_2} = \dfrac{N_1}{N_2}$ 代入上式有

$$p_m = \frac{R_i}{R_i + r_2} \frac{N_2}{N_1} e_1 i_1 \tag{5.54}$$

一次线圈输出的功率包括三部分：样品磁化所消耗的功率 p_c，即铁心损耗、二次侧线圈的铜损耗、电压表内阻的损耗。可表示为

$$e_1 i_1 = p_c + r_2 \left(\frac{u_2}{R_i}\right)^2 + \frac{u_2^2}{R_i} \tag{5.55}$$

将式（5.55）代入式（5.54）可得

$$p_c = p_m \frac{(R_i+r_2)N_1}{R_i N_2} - \left(1+\frac{r_2}{R_i}\right)\frac{u_2^2}{R_i} \tag{5.56}$$

又因为 $R_i \gg r_2$,故式(5.56)可以写成

$$p_c = \frac{N_1}{N_2} p_m - \frac{u_2^2}{R_i} \tag{5.57}$$

对式(5.57)两边在一个周期内积分,可得到样品的总损耗平均值 P_c 为

$$P_c = \frac{N_1}{N_2} P_m - \frac{U_2^2}{R_i} \tag{5.58}$$

式中,P_m 为功率表测得的功率(W);U_2 为二次线圈感应电压的有效值(V),也就是电压表 V_2 的示值;R_i 为与二次线圈连接的仪表的总等效电阻(Ω)。

总损耗 P_c 除以样品的有效质量 m 即为比总损耗 P_s。

$$P_s = \frac{P_c}{m} \tag{5.59}$$

测量时,待测试样应首先退磁,然后缓慢增加电源的输出,确保功率表电流回路不过载,直到二次电压达到预定值。

用功率法测量环形试样损耗的原理与爱泼斯坦方圈法相似,仅是用环形试样代替爱泼斯坦方圈,损耗的计算也与其相同。

习题与思考题

5-1 磁测量主要指对哪些量的测量?
5-2 阐述磁滞回线的测量过程。
5-3 简述电磁感应法测量磁感应强度的工作原理。
5-4 简述磁通门磁强计的工作原理。
5-5 简述霍尔效应法测量磁感应强度的原理,并说明基于霍尔效应的特斯拉计的特点。
5-6 磁性材料的直流磁性能有哪些?简述直流磁性能测量方法。
5-7 磁性材料的交流磁性能有哪些?简述交流磁性能测量方法。
5-8 简述用功率表法测量磁损耗的工作原理。

第 6 章　电能计量技术

电能计量通常是指对电能消费、供给、传输等情况进行测量、记录和统计的过程。电能计量是贸易结算的依据，其准确性、公正性涉及发电厂站、电网企业、用电客户以及新兴能源服务公司等的根本利益。电能计量装置是用于测量和记录发电量、厂用电量、供电量、线损电量和客户用电量的电能计量器具及其辅助设备的总称。电能计量装置包括各种类型的电能表、计量用电压、电流互感器及其二次回路等。根据国家计量法律、法规的规定，用于贸易结算的电能表属于强制检定计量器具，其计量单位、计量器具（计量基准、标准）、计量方法以及计量人员的专业技能等均有明确规定和具体要求。

电能计量包括交流电能计量和直流电能计量，本章主要介绍交流电能计量。

6.1　电能计量基础知识

6.1.1　功率与电能基础

6.1.1.1　瞬时功率

一般通过电源向负载两端施加正弦交流电压，则负载有一定的电流流过，此时能量形式出现转换（如电机转动、电炉发热等），表明电源做功。设电源 $u(t)$ 给负载 Z 供电，则有电流 $i(t)$ 流过负载，并对负载做功。在某一瞬时 t，电源输送给负载的功率定义为瞬时功率 $p(t)$，表示为

$$p(t) = u(t)i(t) \tag{6.1}$$

式中，$p(t)$ 为瞬时功率；$u(t)$ 为瞬时电压；$i(t)$ 为瞬时电流。

对正弦交流电路，设电压 $u(t) = U_m \sin\omega t$，电流 $i(t) = I_m \sin(\omega t - \varphi)$，则瞬时功率可进一步表示为

$$\begin{aligned} p(t) &= U_m \sin(\omega t) I_m \sin(\omega t - \varphi) \\ &= \frac{U_m I_m}{2}[\cos\varphi - \cos(2\omega t - \varphi)] \end{aligned} \tag{6.2}$$

式中，U_m 为电压幅值；I_m 为电流幅值；φ 为电流初始相位；ω 为角频率。

瞬时功率可正可负，当 $p(t) > 0$ 时，表示电源向负载输出功率，即负载吸收能量。当 $p(t) < 0$ 时，表示负载向电源回馈能量，这是由于负载中的储能元件（L 或 C）和电源之间产生了能量的交换。

在正弦交流电路中，将负载电流 $i(t)$ 做正交分解为

$$i(t) = I_m \sin(\omega t - \varphi) = I_m \cos\varphi \sin(\omega t) - I_m \sin\varphi \cos(\omega t) \tag{6.3}$$

第一项为瞬时有功电流 $i_p(t) = I_m\cos\varphi\sin(\omega t)$，第二项为瞬时无功电流 $i_q(t) = -I_m\sin\varphi\cos(\omega t)$。因此，负载瞬时电流 $i(t)$ 与有功电流、无功电流的关系可表示为 $i(t) = i_p(t) + i_q(t)$。

瞬时有功功率为

$$p_s(t) = u(t)i_p(t) = U_m\sin(\omega t)I_m\cos\varphi\sin(\omega t) = U_mI_m\cos\varphi\sin^2\omega t$$

$$= \frac{U_mI_m}{2}\cos\varphi - \frac{U_mI_m}{2}\cos\varphi\cos(2\omega t) \tag{6.4}$$

瞬时无功功率为

$$q_s(t) = u(t)i_q(t) = -U_m\sin(\omega t)I_m\sin\varphi\cos(\omega t)$$

$$= -\frac{U_mI_m}{2}\sin\varphi\sin(2\omega t) \tag{6.5}$$

在一个周期内，瞬时无功功率 $q_s(t)$ 的均值为零，表示这部分功率不做功，但它表示负载与电源存在能量交换。

瞬时功率有几点需要注意：

1) 瞬时电流 $i(t)$、瞬时功率 $p(t)$ 是由负载的性质及所加的电压决定的。

2) 有功电流 $i_p(t) = I_m\cos\varphi\sin(\omega t)$ 与电压 $u(t) = U_m\sin(\omega t)$ 同形、同步，即 $i_p(t) = Ku(t)$，K 是实常数。

3) 无功电流 $i_q(t) = i(t) - i_p(t)$，并且 $i_p(t)$ 与 $i_q(t)$ 正交。

4) $i(t) = i_p(t) + i_q(t)$ 两边同乘电压 $u(t)$，就得到 $p(t) = p_s(t) + q_s(t)$。

6.1.1.2 平均功率、有功功率与无功功率

在交流电路中，有功功率指消耗在电阻元件上、不可逆转换的功率（如转变为热能、光能或机械能），简称"有功"，用"P"表示，单位是瓦（W）或千瓦（kW）。有功功率反映了交流电源在电阻元件上做功的能力大小，或单位时间内转变为其他能量形式的电能数值。有功功率是瞬时功率在一个周期内的平均值，故又称平均功率。在正弦条件下有功功率 P 为

$$P = \frac{1}{T}\int_0^T UI[\cos\varphi - \cos(2\omega t - \varphi)]dt = UI\cos\varphi \tag{6.6}$$

式中，T 为周期；U 为电压有效值；I 为电流有效值。

无功功率指负载（如电感或电容元件）与交流电源往复交换的功率，简称"无功"，用"Q"表示，单位是乏（var）或千乏（kvar）。正弦条件下无功功率为

$$Q = UI\sin\varphi \tag{6.7}$$

无功功率是负载与电源能量交换强度的一个度量。这部分能量不做功，但占用电网供电设备的容量资源、降低效率、增大线损。当 $\varphi > 0$ 时，表示感性负载；$\varphi < 0$，表示容性负载。

1) 若负载为纯阻性，则电流 $i(t) = u(t)/R$，电流与电压同步、同形，电流 $i(t)$ 就是有功电流 $i_p(t)$，无功电流 $i_q(t) = 0$，系统中没有无功。

2) 若负载中存在储能元件，或负载是非线性的，电流 $i(t)$ 与电压 $u(t)$ 不同步、不同形，$i(t) \neq i_p(t)$，这时电源除向负载提供与电压同步、同形的有功电流 $i_p(t)$ 外，还必须向负载提供一个无功电流 $i_q(t)$，使 $i(t) = i_p(t) + i_q(t)$，即电源除向负载提供有功功率 $p_s(t) = u(t)i_p(t)$ 外，还必须提供无功功率 $q_s(t) = u(t)i_q(t)$，这是负载正常工作的必要条件和必然结果，也

就是无功现象产生的机理。因此除了负载中的储能元件，负载的非线性也是产生无功的一个重要原因。

6.1.1.3 视在功率和功率因数

视在功率表示负载可吸收（消耗）的最大功率，也表示电源可供给的最大功率，用"S"表示，单位为伏安（VA）或千伏安（kVA）。视在功率在数值上是交流电路中电压与电流的乘积 $S=UI$。视在功率既不等于有功功率，又不等于无功功率，但它既包括有功功率，又包括无功功率。通常视在功率用来表示交流电源设备（如变压器）的容量大小。

正弦条件下，有功功率、无功功率、视在功率满足功率三角形，即

$$S^2 = P^2 + Q^2 \tag{6.8}$$

功率因数的定义为

$$P_f = \frac{P}{S} \tag{6.9}$$

这个定义在任何波形条件下都成立，在正弦条件下 $P_f = \cos\varphi$。显然，提高功率因数，可以充分利用电网设备的容量，从而具有很大的经济意义。

6.1.1.4 有功电能计量

按照接线方式，有功电能计量可分为单相、三相四线制和三相三线制电路的计量。本节重点讨论三相电路的有功电能计量方法。

1. 三相四线制电路有功功率

三相四线制电路可看成由三个单相电路组成，所以总的电能为各相电能之和。三相四线制电路的有功功率为

$$P = U_a I_a \cos\varphi_a + U_b I_b \cos\varphi_b + U_c I_c \cos\varphi_c \tag{6.10}$$

式中，U_a、U_b 和 U_c 分别为 A 相、B 相和 C 相的电压有效值；I_a、I_b 和 I_c 分别为 A 相、B 相和 C 相的电流有效值；φ_a、φ_b 和 φ_c 分别为 A 相、B 相和 C 相的电压和电流相位差。

当三相对称时，三相电压、电流及其相位差分别满足 $U_a = U_b = U_c = U_p$，$I_a = I_b = I_c = I_p$ 和 $\varphi_a = \varphi_b = \varphi_c = \varphi$。因此三相四线制电路三相对称时的有功功率为

$$P = 3U_p I_p \cos\varphi \tag{6.11}$$

式中，U_p 和 I_p 分别为相电压和相电流的有效值；φ 为相电压与相电流的相位差。

2. 三相三线制电路有功功率

三相三线制星形（Y 形）负载的有功功率为

$$P = U_{aN'} I_a \cos\varphi_a + U_{bN'} I_b \cos\varphi_b + U_{cN'} I_c \cos\varphi_c \tag{6.12}$$

式中，$U_{aN'}$、$U_{bN'}$ 和 $U_{cN'}$ 分别为 A 相、B 相和 C 相的相电压有效值；I_a、I_b 和 I_c 分别为 A 相、B 相和 C 相的电流有效值。

对于三相三线制电路，相电压 $U_{aN'}$、$U_{bN'}$、$U_{cN'}$ 不可测量，因此用上式直接测量每相的有功电能是不可能的。但由基尔霍夫定律 $i_a + i_b + i_c = 0$，考虑到 $i_b = -(i_a + i_c)$ 可得瞬时功率

$$p(t) = u_{aN'} i_a + u_{bN'}(-i_a - i_c) + u_{cN'} i_c = (u_{aN'} - u_{bN'})i_a + (u_{cN'} - u_{bN'})i_c$$
$$= u_{ab} i_a + u_{cb} i_c \tag{6.13}$$

式中，$u_{aN'}$、$u_{bN'}$ 和 $u_{cN'}$ 分别为 A 相、B 相和 C 相的瞬时相电压；i_a、i_b 和 i_c 分别为 A 相、B

相和 C 相的瞬时电流；u_{ab} 为 A 相和 B 相之间的线电压；u_{cb} 为 B 相和 C 相之间的线电压。

采用两表法进行测量时，三相三线制电路的有功功率可以记为

$$P = U_{ab}I_a\cos\varphi_1 + U_{cb}I_c\cos\varphi_2 \tag{6.14}$$

式中，U_{ab} 为 A 相和 B 相之间的线电压有效值；I_a 为 A 相电流有效值；U_{cb} 为 B 相和 C 相之间的线电压有效值；I_c 为 C 相电流有效值；φ_1 为 $\dot{U}_{ab}$ 与 $\dot{I}_a$ 的相位差；φ_2 为 $\dot{U}_{cb}$ 与 $\dot{I}_c$ 的相位差。

当三相对称时，$U_{ab}=U_{bc}=U_1=\sqrt{3}\,U_a=\sqrt{3}\,U_p$，其中，$U_1$ 表示线电压有效值；$I_a=I_c=I_1$，其中 I_1 表示线电流有效值；$\varphi_1=30°+\varphi_a=30°+\varphi$；$\varphi_2=30°-\varphi_c=30°-\varphi$。

所以三相对称时，三相三线制电路的有功功率为

$$\begin{aligned}P &= U_1I_1[\cos(30°+\varphi)+\cos(30°-\varphi)] \\ &= 2U_1I_1\cos30°\cos\varphi \\ &= \sqrt{3}\,U_1I_1\cos\varphi\end{aligned} \tag{6.15}$$

对于三相三线制三角形（Δ形）负载，利用 Δ-Y 变换，可以把 Δ 形负载等效变换成 Y 形负载，可以得到相同的结果。

对于三相四线制电路，当三相不对称时，零线电流 $i_N \neq 0$，$i_a+i_b+i_c \neq 0$，所以不能用式（6.14）计算三相四线制电路的功率。

有功功率对时间积分，得到有功电能为

$$E = \int P\mathrm{d}t \tag{6.16}$$

式中，E 为有功电能，单位为 kWh。

6.1.1.5 无功电能计量

为了充分发挥供电设备的运行效率，尽量减少无功电能损耗，加强对供电系统的无功测量和监管是十分重要的。本节所讨论的无功电能计量方法是基于正弦条件下的经典方法，若用于谐波条件下，会存在较大的误差。

1. 三相四线制电路无功功率

三相四线制电路的无功功率为

$$Q = U_aI_a\sin\varphi_a + U_bI_b\sin\varphi_b + U_cI_c\sin\varphi_c \tag{6.17}$$

当三相对称时，三相电压、电流和相位角分别满足 $U_a=U_b=U_c=U_p$，$I_a=I_b=I_c=I_p$，$\varphi_a=\varphi_b=\varphi_c=\varphi$。因此三相四线制电路三相对称时的无功功率为

$$Q = \sqrt{3}\,U_1I_1\sin\varphi \tag{6.18}$$

在三相对称条件下，瞬时无功功率为

$$Q_s(t) = u_ai_{aq} + u_bi_{bq} + u_ci_{cq} = 0 \tag{6.19}$$

式中，$Q_s(t)$ 为瞬时无功功率；i_{aq}、i_{bq} 和 i_{cq} 为 A 相、B 相和 C 相无功电流。

该式说明三相电路的无功功率是在三相负载之间进行交换的，但这个交换需要经过电源进行，因此仍需占用供电设备的容量。

2. 三相三线制电路无功功率

在传统的感应式无功电能表中，电压元件绕组的电感量很大，可以看作一个纯电感在电压元件上串联一个电阻 R，使其电压与电流的相位差为 60°，故称为 60°无功电能表。在这个条件下可以证明，在三相对称时

$$Q = U_1I_1[\sin(60°+\alpha)+\sin(60°+\beta)]$$
$$= U_1I_1[\sin(\varphi+30°)+\sin(\varphi-30°)]$$
$$= 2U_1I_1\cos 30° \cdot \sin\varphi$$
$$= \sqrt{3}\,U_1I_1\sin\varphi \tag{6.20}$$

式中，φ 为电压和电流的夹角；β 为测量机构的电压内相角，即工作电压磁通与电压的夹角；α 测量机构的电流内相角，满足 $\alpha=\beta+60°$ 和 $\varphi=\beta+90°$。

无功功率对时间积分，得到无功电能为

$$E_Q = \int Q\mathrm{d}t \tag{6.21}$$

式中，E_Q 为无功电能，单位为 kvarh。

6.1.2 电能计量离散化实现方式

6.1.2.1 有功和无功功率的离散化计算原理

现代电测仪表中，电压、电流信号经采样后均为离散序列。功率和电能的离散化计算是采用点积和方式。例如，一个周期内的有功功率的离散化计算为

$$P = \frac{1}{N}\sum_{n=0}^{N-1}[u(n)\cdot i(n)] \tag{6.22}$$

式中，N 为每周期采样点数。

将电压或电流信号移相 90°，即 1/4 周期，再进行点积和计算，即可得到无功功率的离散化实现形式。由于电压信号比较稳定，一般对电压信号进行移相

$$Q = \frac{1}{N}\sum_{n=0}^{N-1}[u(n-N/4)\cdot i(n)] \tag{6.23}$$

当每个周期的采样点数 N 不是整数或 $N/4$ 不是整数时，会引起移相误差，进而产生无功功率测量误差。

通常采用的移相方法是 Hilbert 滤波器，其具有两个重要性质：

1) 幅频特性：全通滤波器，幅频响应为 1，经过滤波处理后，信号频谱的幅度不发生变化。

2) 相频特性：所有正频部分相移 -90°，所有负频部分相移 90°，即可以把各次谐波分别移相 90°。

设电压和电流信号均为非正弦信号，包含 H 次谐波，且第 h 次谐波初相位分别为 φ_{uh} 和 φ_{ih}。电压信号 $u(t)=\sum_{h=1}^{H}U_h\sin(h\omega t+\varphi_{uh})$ 经过 Hilbert 滤波器的移相后变为 $u_{\mathrm{Hil}}(t)=\sum_{h=1}^{H}U_h\sin(h\omega t+\varphi_{uh}+\pi/2)$，此时瞬时功率的周期平均值为

$$Q = \frac{1}{T}\int_0^T u_{\mathrm{Hil}}(t)i(t)\mathrm{d}t = \frac{1}{T}\int_0^T \sum_{h=1}^{H} U_h\sin(h\omega t+\varphi_{uh}+\pi/2)\sum_{h=1}^{H} I_h\sin(h\omega t+\varphi_{ih})\mathrm{d}t$$
$$= \frac{1}{T}\int_0^T\Bigg[\sum_h 2U_hI_h\cos(h\omega t)\sin(h\omega t+\varphi_{ih}-\varphi_{uh}) + \sum_{m\neq n} 2U_mI_n\cos(m\omega t)\sin(n\omega t+\varphi_{in}-\varphi_{um})\Bigg]\mathrm{d}t$$
$$= \sum_h U_hI_h\sin(\varphi_{ih}-\varphi_{uh}) = -\sum_h Q_h \tag{6.24}$$

因此，在非正弦情况下，利用 Hilbert 滤波器将各次谐波电压分别移相 90°后求得的周期平均功率就是 Budeanu 定义的无功功率（不考虑前面的负号），也就是各次谐波无功功率 Q_h 的代数总和。

运用 Hilbert 滤波器移相后，无功功率和无功电能的离散化计算可采用数值积分算法实现。

6.1.2.2　有功和无功电能的数值积分计算

电能是功率对时间的积分，因此有功和无功电能的离散化计算需采用数值积分的方法。根据数值积分的定义，如果积分公式对函数 $f(x)=x^k(k=0,1,\cdots,m)$ 均能准确成立，但对于 $f(x)=x^{m+1}$ 不能准确成立，则该积分公式具有 m 阶代数精度。正弦条件下具有 0 阶代数精度的点积和求积分的方法可以较准确地计算电能，主要是因为正弦条件下的有功功率波形具有对称性，部分积分误差出现了抵消。具体分析如下：

设 $u(t)=i(t)=\sin(\omega t)$，则有 $p(t)=\sin^2(\omega t)$。简单起见，令 $x=\omega t$，则 $p(x)=\sin^2 x$，在 $x=0$ 处对 $p(x)$ 进行泰勒级数展开，可得

$$p(x)=[\sin(x)]^2=\frac{1-\cos(2x)}{2}$$

$$=\sum_{n=0}^{\infty}\frac{p^{(n)}(x)}{n!}x^n=\frac{1}{2}-\frac{1}{2}\left[1-\frac{(2x)^2}{2!}+\frac{(2x)^4}{4!}-\cdots+\frac{(-1)^{(n)}(2x)^{(2n)}}{(2n)!}\right] \quad (6.25)$$

这表明 $p(x)$ 为无穷次多项式，根据代数精度定义，式（6.22）所示的积分公式不足以对 $p(x)$ 进行准确积分。但是 $p(x)$ 的波形关于 $x-\pi/2$ 及 $x-3\pi/2$ 对称，积分误差在对称轴两边相互抵消，因此即使是代数精度较低的矩形积分也可取得很高的积分精度。但是当输入电压、电流信号不是理想正弦信号时，$p(x)$ 的这种对称性就会被破坏，积分公式的计算误差将随之增加。必须指出的是，在电能计量实践中，这种不对称的或非理想正弦电压、电流信号十分普遍，因此电能计量离散化实现需要考虑采用具有更高精度的积分方法。

提高点积算法对任意确定输入信号的计算精度主要有两类方法：①通过缩小积分子区间长度，即增加计算点数或采样点数，但由于电能表硬件与成本等因素的限制，不可随意提高信号采样率；②在采样频率不变的前提下，采用具有更高代数精度的高阶积分算法，比如辛普森积分公式、牛顿-柯特斯求积公式以及复化积分方法等。6.3.3 节中对复化积分计算电能及误差有较详细的分析。

6.1.2.3　信号周期的过零点检测

根据前文分析，电压与电流的有效值和频率、有功和无功功率、有功和无功电能等重要参数的计算均依赖于完整且准确的信号周期。因此，在电能计量中需要对交流电压和电流信号的过零点进行准确检测。过零点检测一般是基于信号过零点的特征，即通过检测信号穿过零点的次数来推断信号的频率或周期。但在实际应用中，由于电力系统谐波、噪声与干扰等因素影响，实际信号在过零点附近往往来回抖动，不但增加了软件过零判别、信号去抖的工作量，而且使相位、频率检测误差较大。另外受采样率的限制，数字信号处理的方法存在最小相位分辨率问题。

在电能计量中，比较常用的是基于一元线性回归分析的过零点检测方法。该方法根据正弦信号在过零附近可近似线性化的原理，在粗略检测过零位置后，对过零点附近的采样值进行一元线性回归分析，得到信号在时间轴坐标上的截距，即为该信号过零时刻。由于一元线

性回归分析是对零点附近信号进行统计分析,所计算出来的结果满足误差二次方和最小关系,因此它对过零抖动等情况不敏感,不仅对信号噪声和干扰有很强的抑制作用,而且准确性较好。

电压和电流的波形与时间变量 t 为正弦函数关系,且在零点附近可以局部线性化。利用泰勒展开将正弦信号在零点附近线性化

$$\sin x = x - \frac{x^3}{3!} + \frac{x^5}{5!} - \frac{x^7}{7!} + \cdots \tag{6.26}$$

当信号零点附近 x 取值很小时,可忽略高次项式,近似为 $\sin x \approx x$。当 x 的弧度值范围在 $[-0.0774, 0.0774]$ 时,近似式与真值相对误差 $\leq 0.1\%$。

由于谐波、噪声与干扰等影响,电压和电流信号在过零点时间等局部特征呈现一定随机性。也就是说,电压和电流正弦函数的幅值、相位和频率不再是确定的值,而是以一定概率发生随机变化,可视为服从一定分布函数的随机变量。因此,可将被检测电压、电流在零点附近的采样结果视为两部分叠加而成:①一部分由时间 t 的线性函数引起,记为 $at+b$;②另一部分是由随机因素引起的,记为 ε。以电压信号 $u(t) = U_m \sin(\omega t + \varphi)$ 为例,t 时刻的采样结果可以记为

$$u(t) = at + b + \varepsilon \tag{6.27}$$

式中,参数 a 和 b 由三个随机变量(幅值、相位和频率)的数学期望决定;随机变量 ε 是引起信号过零点抖动、甚至重复过零的主要因素。

根据统计学中数据回归分析的思想,将被检信号零点附近的 N 个采样值作为独立观察样本 $(t_i, u(t_i))$,$i = 1, 2, \cdots, N$,进行一元线性回归分析,得到参数 a 和 b 的最佳估计值,即

$$\hat{u}_i = \hat{u}(t_i) = \hat{a}t_i + \hat{b} \tag{6.28}$$

$$\begin{cases} \hat{a} = \dfrac{\sum\limits_{i=1}^{N}(t_i - \bar{t})(u_i - \bar{u})}{\sum\limits_{i=1}^{N}(t_i - \bar{t})^2} \\ \hat{b} = \bar{u} - \hat{a}\bar{t} \end{cases} \tag{6.29}$$

式中,$\bar{u}$ 和 $\bar{t}$ 表示均值,且

$$\begin{cases} \bar{u} = \sum\limits_{i=1}^{N} u(t_i) \\ \bar{t} = \sum\limits_{i=1}^{N} t_i \end{cases} \tag{6.30}$$

若令 $\hat{u} = 0$,可得

$$\hat{t} = -\frac{\hat{b}}{\hat{a}} = \bar{t} - \bar{u} \frac{\sum\limits_{i=1}^{N}(t_i - \bar{t})^2}{\sum\limits_{i=1}^{N}(t_i - \bar{t})(u_i - \bar{u})} \tag{6.31}$$

式中,$\hat{t}$ 为当前信号过零时刻的最佳估计值。

利用相邻两过零点,即可准确计算出信号周期时间,进而算出信号频率。

算法基于正弦信号零点附近可局部线性化这一前提，因此需分析确保一定过零点检测精度所需采样点数。例如，当要求近似式与真值线性化相对误差≤0.1%时，正弦信号过零点附近最大弧度应≤0.0774。设信号基波频率为50Hz，每基波周期采样256点，则采样点间隔弧度为$2\pi/N=0.0245$。因此，在信号过零点左右可各取$0.0774/0.0245≈3$点，共6点进行计算。

值得注意的是，上文提到的"相对误差≤0.1%"是近似式与真值线性化相对误差，反映的是信号拟合曲线的精度。相比于信号拟合曲线精度，工程实际中更关心的是信号过零点的准确时刻。因此，考虑到正弦信号的零点奇对称性与时间轴选择的左右对称性，实际过零点检测选择分析点数的条件还可以适当放宽，不必受线性化误差的约束。

采用过零点检测方法得到完整且准确的信号周期后，运用式（6.22）和式（6.23）等所示的点积和的方法即可计算有功和无功功率、有功和无功电能。值得注意的是，由于电网信号的频率总是在50Hz附近波动，运用点积和法计算电能参数时，往往需要根据过零点检测结果调整参与计算的采样点数N。

6.2 电能计量装置

狭义的电能计量装置一般是指电能表，广义的电能计量装置包括各种类型电能表、计量用电压、电流互感器及其二次回路等。

6.2.1 电能计量装置的分类

根据《电能计量装置技术管理规程》（DL/T 448-2016），运行中的电能计量装置按其所计量电能量的多少和计量对象的重要程度分为五类：

1）Ⅰ类电能计量装置（用于66kV以上电压供电客户的计量）。月平均用电量500万kWh及以上或变压器容量为10000kVA及以上的高压计费用户、200MW及以上发电机、发电企业上网电量、电网经营企业之间的电量交换点、省级电网经营企业与其供电企业的供电关口计量点的电能计量装置。

2）Ⅱ类电能计量装置（多数用于10kV电压供电客户的计量）。月平均用电量100万kWh及以上或变压器容量为2000kVA及以上的高压计费用户、100MW及以上发电机、供电企业之间的电量交换点的电能计量装置。

3）Ⅲ类电能计量装置（大工业客户计量）。月平均用电量10万kWh及以上或变压器容量为315kVA及以上的计费用户、100MW以下发电机、发电企业厂（站）用电量、供电企业内部用于承包考核的计量点、考核有功电量平衡的110kV及以上的送电线路电能计量装置。

4）Ⅳ类电能计量装置（一般动力用户）。负荷容量为315kVA以下的计费用户、发供电企业内部经济技术指标分析、考核用的电能计量装置。

5）Ⅴ类电能计量装置（居民及小动力用户）。单相供电的电力用户计费用电能计量装置。

6.2.2 互感器

根据应用场景，互感器有仪用和电力系统用两类，本节仅针对后者。互感器将高电压或大电流按比例变换成标准低电压（100V、$100/\sqrt{3}$ V）或标准小电流（5A或1A，均指额定值)。互感器在电能计量装置中的主要作用是扩大电能表的量程、减少电能表制造规格和隔离高电压、大电流,保证人身和设备的安全。

6.2.2.1 互感器类型

互感器可按如下分类:

1) 按互感器功能分:电流互感器(TA 或 CT)和电压互感器(TV 或 PT)。
2) 按互感器工作原理分:电磁式、电容式、光电式等。
3) 按测量对象分:单相、三相等。
4) 按用途分:计量用、测量用、保护用互感器。
5) 按互感器绝缘结构分:干式、固体浇注式和油浸式,以及气体绝缘式互感器。

电磁式互感器是目前使用最多的互感器,其基本工作原理与一般变压器相同,仅在结构型式、所用材料、容量、误差范围等方面有所差别。按照变换电压、电流又分作电压互感器和电流互感器。

随着一次电压的增高,电磁式电压互感器的体积越来越大,成本随之增高,高电压场合普遍采用电容式电压互感器。电容式电压互感器是由串联电容器分压,再经电磁式互感器降压和隔离,用于电量测量、继电保护等的一种电压互感器。与电磁式电压互感器相比,电容式电压互感器除可防止因电压互感器铁心饱和引起铁磁谐振外,在经济和安全上还有很多优越之处。电容式电压互感器的误差是由空载电流、负载电流以及阻尼器的电流流经互感器绕组产生压降而引起的,其误差由空载误差、负载误差和阻尼器负载电流产生的误差等几部分组成。误差除了受一次电压、二次负荷和功率因数的影响外,还与电源频率有关。

光电式互感器是应用光电技术,通过光纤传送信息来测量大电流或高电压的互感器,一般分为有源型、无源型或全光纤型。在高电位(或远)端,由待测电流或电压调制产生的光信号经光纤传输到地电位(或测量)端;测量端再通过光电变换和电子电路解调,得到被测电流或电压。

长期以来,电磁式互感器在电力系统中占主导地位,下面主要介绍这类互感器的工作原理。

6.2.2.2 电磁式电压互感器

电磁式电压互感器(下文简称为电压互感器)的工作原理与变压器相同,构造和连接方式也相似,如图 6.1 所示。

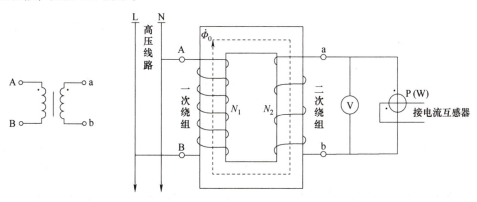

图 6.1 电磁式电压互感器的符号及其应用接线

其特点是：

1）电压互感器一次绕组与被测电路并联，二次绕组与测量仪表和保护装置的电压线圈并联。

2）电压互感器容量很小，类似一台小容量变压器，但结构上要求有较高的安全系数。

3）电压互感器二次绕组所接仪表的电压线圈阻抗很大，正常情况下，电压互感器近于开路（空载）状态运行。

电压互感器一次、二次绕组额定电压之比，称为电压互感器的额定变压比，用 K_U 表示为

$$K_U = \frac{U_{1N}}{U_{2N}} = \frac{N_1}{N_2} \tag{6.32}$$

式中，U_{1N} 和 U_{2N} 分别为一次和二次额定电压；N_1 和 N_2 分别为一次和二次绕组匝数。

电压互感器的等效电路与相量图如图 6.2 所示，图中二次绕组阻抗 r_2'、x_2'，负荷阻抗 Z_2' 和二次电动势 $\dot{E}_2'$、电压 $\dot{U}_2'$、电流 $\dot{I}_2'$ 的数值均是归算到一次侧的值。二次电压 $\dot{U}_2'$ 较 $\dot{I}_2'$ 超前 φ_2 角（二次负荷功率因数角）；已知 $\dot{E}_2' = \dot{I}_2'(r_2' + jx_2') + \dot{U}_2'$，由于电压互感器二次侧相当于开路运行，$\dot{I}_2'$ 很小，$\dot{E}_2' \approx \dot{U}_2'$，铁心磁通 $\dot{\Phi}$ 较 $\dot{E}_2'$ 超前 90°，也即 $\dot{\Phi}$ 较 $\dot{U}_2'$ 超前 90°；由于磁通 $\dot{\Phi}$ 穿过铁心时，受磁滞和涡流损耗的影响，使得 $\dot{\Phi}$ 滞后于励磁电流 $\dot{I}_0$ 一个铁心损耗角 ψ。

根据磁动势平衡原理

$$\dot{I}_1 N_1 + \dot{I}_2 N_2 = \dot{I}_0 N_1 \tag{6.33}$$

即 $\dot{I}_1 N_1 = \dot{I}_0 N_1 - \dot{I}_2 N_2$，可得

$$\dot{I}_1 = \dot{I}_0 - \dot{I}_2/K_U = \dot{I}_0 - \dot{I}_2' \tag{6.34}$$

由图 6.2a 可得

$$\begin{aligned}\dot{U}_1 &= \dot{I}_1(r_1 + jx_1) - \dot{I}_2'(r_2' + jx_2') - \dot{U}_2' \\ &= \dot{I}_0(r_1 + jx_1) - \dot{I}_2'(r_1 + r_2') - j\dot{I}_2'(x_1 + x_2') - \dot{U}_2' \end{aligned} \tag{6.35}$$

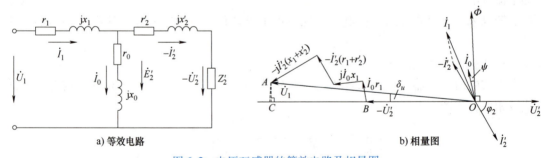

图 6.2　电压互感器的等效电路及相量图

由式（6.35）和相量图可见，由于电压互感器存在励磁电流和内阻抗，使折算到一次侧的二次电压 $-\dot{U}_2'$ 与一次电压 $\dot{U}_1$ 在数值和相位上都有误差，即测量结果有两种误差：电压幅度误差（又称比值误差或比差）和相位差（又称角误差、相角差或角差）。

电压互感器的电压误差 f_u 为二次电压测量值 U_2 乘以额定变压比 K_U 所得到的一次电压近似值 $K_U U_2$（$= U_2'$）与实际一次电压 U_1 之差相对于 U_1 的百分数。通常 δ_u 很小，U_2' 与 U_1 之差可用电压降 $\dot{I}_0(r_1 + jx_1) - \dot{I}_2'(r_1 + r_2') - j\dot{I}_2'(x_1 + x_2')$ 在水平轴上的投影表示，即 $\overline{OB} - \overline{OA} \approx -\overline{BC}$，由相量图可推导得

$$f_u = \frac{K_U U_2 - U_1}{U_1} \times 100(\%)$$

$$\approx -\left[\frac{I_0 r_1 \sin\psi + I_0 x_1 \cos\psi}{U_1} + \frac{I_2'(r_1 + r_2')\cos\varphi_2 + I_2'(x_1 + x_2')\sin\varphi_2}{U_1}\right] \times 100(\%)$$

$$= f_0 + f_1(\%) \tag{6.36}$$

式中，f_0、f_1 分别为空载电压误差和负载电压误差。

二次电压相量 $-\dot{U}_2'$ 与一次电压相量 $\dot{U}_1$ 的夹角为 δ_u，即为电压互感器的相位差。由于 δ_u 通常很小，所以 $\delta_u \approx \sin\delta_u$，由相量图可推导得

$$\delta_u \approx \sin\delta_u$$

$$\approx \left[\frac{I_0 r_1 \cos\psi - I_0 x_1 \sin\psi}{U_1} + \frac{I_2'(r_1 + r_2')\sin\varphi_2 - I_2'(x_1 + x_2')\cos\varphi_2}{U_1}\right] \times 3440'$$

$$= \delta_0 + \delta_1(') \tag{6.37}$$

式中，δ_0、δ_1 分别为空载相位差和负载相位差。

因 δ_u 较小，单位用分（'）表示，$1\text{rad} = 57.3 \times 60' \approx 3440'$。规定当 $-\dot{U}_2'$ 超前 $\dot{U}_1$ 时，δ_u 为正值；反之，δ_u 为负值。

一般根据测量时电压误差的大小确定电压互感器的准确度等级，即在规定的一次电压和二次负载变化范围内，负荷功率因数为额定值时最大电压误差的百分数。常用的测量用电压互感器的准确度等级有 0.2 级、0.5 级、1 级、3 级。如准确度等级 0.5 级的电压互感器，是指在规定的二次负载变化范围内，电压互感器的电压误差不超过 ±0.5%。

电压互感器的额定容量是指在二次额定电压下，所规定的二次允许负载。通常用视在功率表示为

$$S_{2N} = U_{2N}^2 Y_{2N} \tag{6.38}$$

式中，Y_{2N} 是二次侧所接仪表、导线等的导纳总值。

随着二次负载的加大，电压互感器的电压误差和相位差均线性增加，所以，如果二次负载超过额定值，电压互感器的准确度等级会随之下降。

6.2.2.3 电磁式电流互感器

电磁式电流互感器实际上就是一个"降流"变压器，如图 6.3 所示。其一次绕组串联在电路中，并且匝数很少，故一次绕组中的电流完全取决于被测电路的负荷电流，而与二次电流大小无关。

电流互感器的一次、二次额定电流之比，称为电流互感器的额定变流比，用 K_I 表示为

$$K_I = \frac{I_{1N}}{I_{2N}} = \frac{N_2}{N_1} \tag{6.39}$$

式中，I_{1N} 和 I_{2N} 分别为一次和二次额定电流；N_1 和 N_2 分别为一次和二次绕组匝数。

在工程测量中，一般规定电流互感器二次绕组的额定电流为 5A 或 1A。有些电流互感器仅有铁心和二次绕组，测量时将被测电路的导线直接穿过铁心，这种电流互感器称为穿心式互感器。

电流互感器的等效电路与相量图如图 6.4 所示，相关符号与电压互感器等效电路及相量图中具有相同含义。

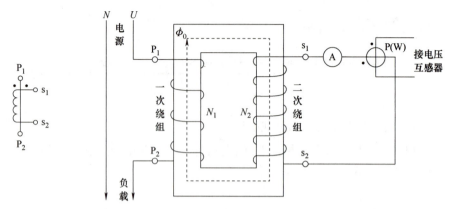

图 6.3 电磁式电流互感器的符号及应用接线图

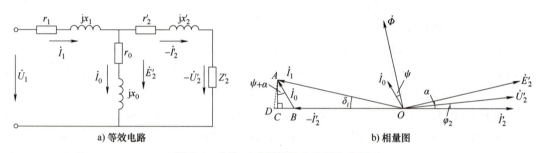

图 6.4 电流互感器等效电路及相量图

从图 6.4b 可见,由于电流互感器存在励磁电流 $\dot{I}_0$,使得一次侧电流 $\dot{I}_1$ 与折算到一次侧的二次电流 $-\dot{I}_2'$ 在数值和相位上均有差异,即测量结果有两种误差:电流幅度误差和相位误差。

电流互感器的电流幅度误差(比差)f_i 为二次电流测量值乘以额定电流比所得到的一次电流近似值 K_1I_2($=I_2'$)与实际一次电流 I_1 之差相对于 I_1 的百分数,即

$$f_i = \frac{K_1 I_2 - I_1}{I_1} \times 100\% \tag{6.40}$$

由相量图可知,I_2' 和 I_1 的大小之差为线段 $\overline{BD}$ 的长度,由于实际电流互感器中 δ_i 通常很小,故可近似认为 $\overline{BD} = \overline{BC}$,即有

$$I_2' - I_1 = -\overline{BC} = -I_0 \sin(\psi + \alpha) \tag{6.41}$$

由此可得到电流互感器的电流误差表达式为

$$f_i = -\frac{I_0}{I_1}\sin(\psi+\alpha)\times100\% = -\frac{I_0 N_1}{I_1 N_1}\sin(\psi+\alpha)\times100\% \tag{6.42}$$

二次电流相量 $-\dot{I}_2'$ 与一次电流相量 $\dot{I}_1$ 的夹角为 δ_i,即为相对误差(角差)角误差,其表达式为

$$\delta_i \approx \sin\delta_i = \frac{I_0 N_1}{I_1 N_1}\cos(\psi+\alpha)\times 3440 \, (') \tag{6.43}$$

规定当 $-\dot{I}_2'$ 超前 $\dot{I}_1$ 时,δ_i 为正值;反之,δ_i 为负值。

电流互感器的准确度等级与电压互感器的准确度等级的含义是一样的，代表一定工况下的误差容许值。电流互感器的额定二次负荷是在保证准确度等级的前提下，允许电流互感器二次侧所接仪表、导线等的阻抗总值为 Z_{2N}。常用额定二次电流通过额定二次负荷时所输出的视在功率表示，故又称额定容量，其定义式为

$$S_{2N} = I_{2N}^2 Z_{2N} \tag{6.44}$$

电流互感器的额定容量是为保证一定准确度而要求的一种保证容量，与其他电气设备长期允许发热所确定的极限容量不同。电流互感器的误差与二次负载阻抗成正比关系，如果电流互感器的二次侧所接的实际负荷大于额定值，则电流互感器的准确度将降低。因此，电流互感器对负载的要求是负载阻抗之和不能超过互感器的额定二次阻抗值。

电流互感器绕组的方向影响电动势或回路电流方向，错误连接可能会造成继电保护装置误动或拒动。通常互感器采用减极性标识，即在同极性端给出标识"·"或"*"。根据磁动势平衡原理，在某一时刻一次侧的电流从 P_1 端流向 P_2 端，则二次侧的电流流出端与 P_1 属同极性端。

此外，电流互感器二次绕组所接仪表的电流线圈阻抗很小，所以正常情况下，电流互感器在近于短路的状态下运行。电流互感器的二次侧在使用时不可开路。使用过程中拆卸仪表或继电器时，应事先将二次侧短路；安装时接线应可靠，不允许二次侧安装熔丝；二次侧必须有一端接地。

根据电流、电压互感器的误差，合理组合配对，使互感器合成误差尽可能小。配对原则是尽可能使配用电流互感器和电压互感器的比差符号相反，大小相等；角差符号相同，大小相等。

6.2.3 互感器二次回路

互感器二次回路是指互感器二次侧与电能表及其附件相连接的线路。在高电压回路计量现场，电压和电流互感器往往与电能表有较远的距离，它们之间的二次连接导线较长，中间可能存在熔断器、转换开关和接线端子等部件。这些部件自身电阻、电抗以及连接处的接触阻抗等均会产生压降，使电能表侧的输入电压值与电压互感器的二次侧输出电压值不一致。因此二次回路的电压降导致的电能计量误差甚至超过互感器本身误差，直接影响电能计量的公平合理性，不能忽视。

减少互感器二次回路对电能计量准确度影响的主要措施：

1) 电流互感器的二次接线应采用分相接线方式。对于三相三线制接线的电能计量装置，其 2 台电流互感器二次绕组与电能表之间宜采用四线连接；对于三相四线制连接的电能计量装置，其 3 台电流互感器二次绕组与电能表之间宜采用六线连接。

2) 接入三相三线制系统的 3 台电压互感器的一次侧接线，35kV 及以上宜采用星形联结方式，35kV 以下宜采用三角形联结方式；接入三相四线制系统的 3 台电压互感器，宜采用星形联结方式，其一次侧接地方式与系统接地方式相一致。

3) 经电流互感器接入的低压三相四线制电能表，其电压引入线应单独接入，不得与电流线共用；电压引入线的另一端应接在电流互感器一次电源侧；二次回路不与保护和测量同回路，避免两者在零线之间产生环流导致的电能表侧的中性点电位发生位移、电压降增大且不稳定等问题；尽量减少表计使用数量，从而减轻二次负荷阻抗，降低电压互感器二次回路电压降。

4) 二次回路导线截面积的选择：连接导线截面积应按电流互感器的额定二次负荷计算

确定，面积应不小于 4mm²；电压二次回路导线截面积应按允许的电压降计算确定，面积应不小于 2.5mm²；辅助单元的控制、信号等回路的导线截面积应不小于 1.5mm²。

5) 对 35kV 以上计费用电能计量装置中的电压互感器二次回路，应不装设隔离开关辅助触点，但可装设熔断器；对 35kV 及以下的计费用电能计量装置中的电压互感器二次回路，应不装设隔离开关辅助触点和熔断器。

6) 在二次回路负荷比较小的情形下，可以采用安装电压补偿器的方式来调节电压降，以提高计量装置的计量准确性。电压补偿器是一种可调节输出电压大小和相位的装置，通过安装电压补偿器可以提高电压二次回路的电压和电流，用来补偿二次压降产生的差额，降低互感器二次回路压降误差。

6.2.4 电能表

6.2.4.1 电能表的发展

电能表是用来测量电能的仪表，又称电度表、火表、千瓦小时表。1880 年，爱迪生用电解原理制成的直流电能表是世界上最早的电能表。1889 年，匈牙利岗兹公司布勒泰制作了一只无单独电流铁心感应式电能表。19 世纪末，人们逐步采用永久磁铁产生制动力矩，改进计数机构，生产了单相和三相的感应式交流电能表。

在 20 世纪很长的时间内，机械感应式电能表占绝对主导，其可满足基本的电表走字功能，具有价格便宜、制造简单、经久耐用等优点。采用双宝石轴承和磁力轴承的机械感应式电能表寿命达到 15~30 年。机械感应式单相电能表准确度可达 1.0 级，三相电能表可达 0.5 级。但感应式电能表存在准确度低、适用频率窄、功能单一、对非线性负荷和冲击负荷的计量误差较大等缺点。

20 世纪 60 年代，机电一体式的电脉冲式电能表开始出现，它是感应式电能表向电子式电能表发展过程中的过渡产品。以感应式电能表作为基础，同时应用电子电路来扩展新的功能，也称感应式脉冲电能表。但其仍然继承了感应式电能表准确度低、功能扩展困难、防窃电能力差的固有缺点。

20 世纪 70~90 年代，随着电子技术的发展，具备各种性能和功能的电子式电能表逐步成为电能计量的主力。先后出现了热电乘法器构成的电子式电能表、时分割乘法器构成的电子式电能表和四象限模拟乘法器的技术方案。随后集成电路开始在计量装置中应用，使电子式电能表准确度达 0.5~0.05 级。功能简单的感应式电能表逐步过渡到机电脉冲式电能表、全电子式电能表，直到智能型多功能电能表。电子式电能表优点是功能强大、准确度高、计量稳定、灵敏，便于安装使用、过载能力强、防窃电能力强。缺点是维修复杂、抗干扰能力差等。

进入 21 世纪后，半导体技术和通信技术的发展，使电子式电能表的功能更加丰富，除了具备传统电能表基本用电量的计量功能以外，还具有双向计量、分时段费率、负荷辨识等功能，陆续出现了智能电能表、物联网电能表等产品。

6.2.4.2 电能表的类型

电能表的分类方法较多，例如：

1) 电能表按其使用的电路可分为直流电能表和交流电能表。交流电能表按其相线又可分为单相电能表、三相三线电能表和三相四线电能表。

2) 电能表按其工作原理可分为电气机械式电能表和电子式电能表（又称静止式电能

表、固态式电能表)。电气机械式电能表用于交流电路作为普通的电能测量仪表,其中最常用的是感应式电能表。电子式电能表可分为全电子式电能表和机电式电能表。

3)电能表按其结构可分为整体式电能表和分体式电能表。

4)电能表按其用途可分为有功电能表、无功电能表、最大需量表、标准电能表、复费率分时电能表、预付费电能表、损耗电能表和多功能电能表等。

5)电能表按其准确度等级可分为普通安装式电能表和携带式精密级电能表。

每只电能表在表盘上都有一块铭牌,各国电能表的标识有所不同,我国电能表各项主要标志的含义如下:

1)电能表的名称及型号:如表 6.1 所示,包含类别代号+组别代号+设计序号+派生号信息。例如 DSSD 表示三相三线多功能全电子式电能表。

表 6.1　电能表型号表示示例

类 别 代 号	组 别 代 号		设 计 序 号	派 生 号
D-电能表	表示相数	D-单相 S-三相三线 T-三相四线	862、95、68 等	T-湿热、干燥两用 TH-温热带用 TA-干热带用 G-高原用 H-船用 F-化工防腐用 ⋮
	表示功能	B-标准 D-多功能 X-无功 F-复费率 S-全电子式 Y-预付费 Z-最大需量 ⋮		

2)电能计量单位:有功电能表为 kWh;无功电能表为 kvarh。

3)准确度等级:以最大引用误差来表示准确度等级,如 0.5 级。

4)基本电流和额定最大电流:作为计算负载的基数电流值叫基本电流,用 I_b 表示;能长期工作,而且误差与温升完全满足技术条件的最大电流值叫额定最大电流,用 I_m 表示。如 DS8 型三相电能表铭牌标明"3×5(20)A"时,表明基本电流为 5A,额定最大电流为 20A。

5)额定电压:三相电能表额定电压的标注有三种方法:直接接入式三相三线,标注"3×380V",表示三相,额定线电压为 380V;直接接入式三相四线,标注"3×380/220V",表示三相,额定线电压为 380V,额定相电压为 220V;间接接入式,标注"3×$\frac{6000}{100}$V",表示经电压互感器接入式的电能表,用电压互感器的额定变比形式来标注,电能表的额定电压为 100V。

6)电能表常数:表示电能表记录的电能和转盘转数或脉冲数之间的比例数。有功电能表以 Wh/r 或 r/(kWh)表示,如 1200r/(kWh)表示电能表转盘转 1200 圈电能表记录的用电量为 1 度。也可以用 imp/kWh 表示,如 1600imp/(kWh)表示每 1600 个脉冲代表一度电,也就是脉冲灯每闪 1600 次电能表记录的用电量为 1 度。

7)额定频率:50Hz。

6.2.4.3 单相电子式电能表设计简介

本节介绍单相电子式电能表设计实例,选择单相多功能防窃电专用计量芯片 RN8209 作为信号采集计量模块的核心器件。RN8209 是锐能微公司推出的一款单相多功能防窃电计量芯片。RN8209 提供 3 路 Σ-ΔADC,可以实现有功功率、无功功率、有功电能以及无功电能的测量,并能同时提供两路互相独立的有功功率及其有效值、电压有效值、线频率、过零中断等,可以实现灵活的电能计量和防窃电功能。RN8209 系统框图如图 6.5 所示。

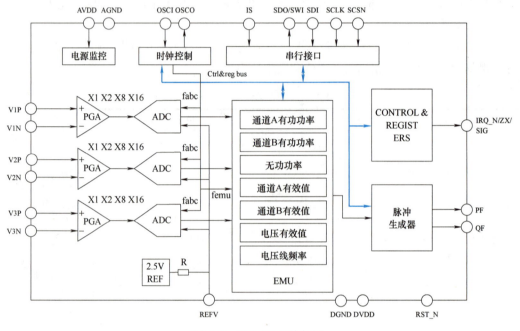

图 6.5 RN8209 系统框图

图 6.5 中,V1、V2 和 V3 分别为 RN8209 的三路 Σ-ΔADC,均采用完全差分输入方式。被测电流、电压信号输入后经可编程增益放大器处理,输出范围放大到 AD 变换电路的输入范围,电信号经 ADC 转换成数字量,作为计量控制寄存器 EMU 的输入。

其中相线和零线电流输入分别经过通道 V1 和 V2 的正、负模拟输入引脚,电压输入经通道 V3 的正、负模拟输入引脚。三路 Σ-ΔADC 通道的正、负模拟输入引脚的最大输入电压幅度峰值为 700mV。因此,需要通过计量模块调理电路将零线和相线的电流、电压信号幅值调整到峰值范围内。

电流取样通常有锰铜分流和电流互感器两种方式,电压采样通常采用电阻分压或电压互感器降压。在本设计中,零线电流采用电流互感器;相线电流选择锰铜分流器取样;电压取样采用电阻分压方式,具有电路简单、低成本的特点。计量模块调理电路如图 6.6 所示。

根据多功能电能表对 I/O 口、定时器、串行口、ROM 及 RAM 等数量要求,设计中 MCU 采用 STC12C5A60S2 单片机作为电能表的主控制器。RN8209 与主控制器之间的通信采用 SPI 串行接口,计量芯片接收主控制器发来的命令,上传电量数据或输出电能脉冲。

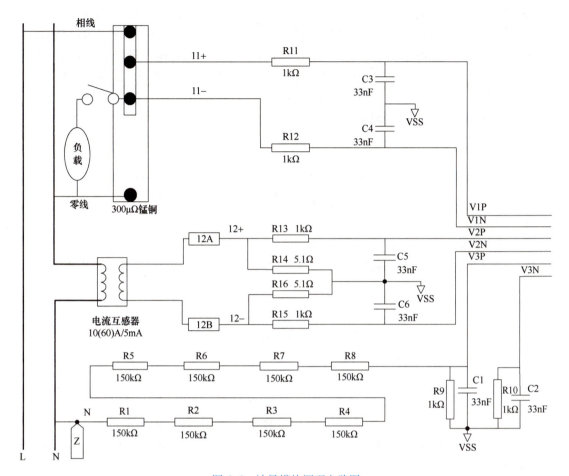

图 6.6　计量模块调理电路图

6.2.4.4　三相电子式电能表设计简介

本节介绍三相电子式电能表设计实例，采用 ADC+DSP+MCU 方案。三相电能表总体硬件模块框图如图 6.7 所示。

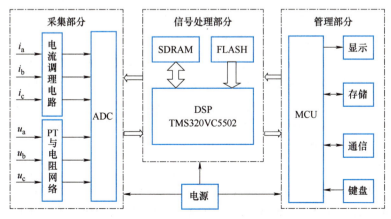

图 6.7　三相电能表硬件模块框图

采用 AD73360L 完成对三相电网电压、电流信号的实时同步采样，采样数据通过串行接口 SPI 送往信号处理单元 DSP。DSP 采用 TI 公司的 16 位定点数字信号处理器 TMS320VC5502，其根据 A/D 转换器采样数据计算出电压、电流有效值等参数，完成电参量测量、电能计量等任务；处理结果通过串口 SPI 发送到管理单元 MCU。MCU 选用 TI 公司的高性能单片机 M30624FGPFP，完成数据显示、数据统计、存储、通信以及功能配置等工作。

电网三相电压经电阻分压网络转变为符合 A/D 转换器输入要求的小电压，电气原理如图 6.8 所示。

各相电流需经电流互感器转变为小电流，并通过取样电阻转换为符合 A/D 转换器输入的小电压。A/D 转换器的输入要求是 0～1.2V 的电压信号，所以电流互感器二次侧

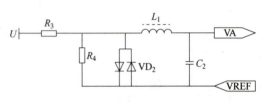

图 6.8 电压测量信号变换电路

输出的电流在取样电阻上的压降应小于 1.2V。电流互感器网络电气原理如图 6.9 所示。

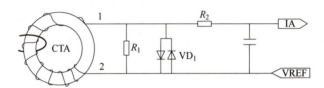

图 6.9 A 相电流测量信号变换电路

AD73360L 是 ADI 公司推出的专为高速同步数据采集系统设计的高速、低功耗、6 通道同步采样的 16 位 A/D 转换芯片，最高采样率可达 64kHz。AD73360L 每个通道进行同步采样时能确保每个通道没有相位的延时，适合三相电能计量。AD73360L 上的串行接口（SPI）能够轻松连接到工业标准 DSP 设备上，串口时钟由 AD73360L 提供，速率可调。

与 DSP 通信时，AD73360L 作为 SPI 总线上的主机，DSP 作为从机，串口输入和输出数据使用相同的帧同步信号和时钟信号，均由 AD73360L 提供。TMS320VC5502 采用 DMA 方式完成数据传送，一次性接收六路通道的采样数据，每帧 6 个字数据。

6.2.4.5 电能表的配置与运行要求

我国供电企业对各种用户的交流电能计量方式有 3 种：

（1）高压供电、高压侧计量（高供高计）

指我国城乡普遍使用的国家电压标准 10kV 及以上的高压供电系统，须经高压电压互感器（PT）、高压电流互感器（CT）计量。电表额定电压为 3×100V（三相三线三元件）或 3×100/57.7V（三相四线三元件），额定电流为 1(2)A、1.5(6)A、3(6)A。计算用电量须乘高压 PT、CT 倍率。10kV/630kVA 受电变压器及以上的大用户为高供高计。

（2）高压供电、低压侧计量（高供低计）

指 35kV、10kV 及以上供电系统，有专用配电变压器的大用户，须经低压电流互感器（CT）计量。电表额定电压为 3×380V（三相三线二元件）或 3×380/220V（三相四线三元件）。额定电流为 1.5(6)A、3(6)A、2.5(10)A。计算用电量须乘以低压 CT 倍率。10kV 受电变压器 500kVA 及以下的用户为高供低计。

（3）低压供电、低压计量（低供低计）

指城乡普遍使用，经 10kV 公用配电变压器供电用户。电表额定电压：单相 220V（居民用电），3×380V/220V（居民小区及中小动力和较大照明用电）；额定电流为 5(20)A、5(30)A、10(40)A、15(60)A、20(80)A 和 30(100)A。用电量直接从电表内读出。10kV 受电变压器 100kVA 及以下用户为低供低计。低压三相四线制计量方式中，也可以用 3 只单相电表来计量，用电量是 3 只单相电表之和。

为实现准确计量，高压计量装置要根据电力系统主接线的运行方式配置。如为了提高供电可靠性，城乡普遍使用的 10kV 配电系统，是采用中性点不接地运行方式，应配置三相三线二元件电表。为了节约投资和金属材料，我国 500kV、220kV 的跨省（市）高压输电系统，目前普遍使用自耦式降压变压器，是中性点直接接地运行方式，应配置三相四线三元件电表。低压电网是带有零线的三相四线制供电（单相 220V、三相 380V），为防止漏计，应配置三相四线三元件电表。一般居民生活照明用电配置单相电表。

在实际工作中，一般考虑以下技术要求：

1）为了保证电能计量装置能够准确地测量电能，必须按照有关规程要求，合理选择电能表的型式、电压等级、基本电流、最大额定电流以及准确度等级。由于电子技术的飞速发展，现在全电子式电能表技术与功能已日趋完善，其误差较为稳定，且基本呈线性。一只多功能电子表可同时兼有正、反向有功，正、反向无功 4 种电能计量和脉冲输出、失压记录、追补电量等辅助功能，且过载能力强、功耗小。因此应优先选择高精度、稳定性好的多功能电能表。

2）采用正确的计量方式，减少计量误差。由于三相负载不平衡，中性点普遍有电流存在，而 $\dot{I}_b = \dot{I}_n - \dot{I}_a - \dot{I}_c$。所以，三相三线制电能表缺少电流 I_b 所消耗的功率，用三相三线电能表测量三相四线制电能将引起附加误差。对接入中性点绝缘系统的电能计量装置，应采用三相三线制电能表，其 2 台电流互感器二次绕组与电能表之间宜采用四线连线；对接入非中性点绝缘系统的电能计量装置，应采用三相四线制电能表，其 3 台电流互感器二次绕组与电能表之间宜采用六线连线。如采用四线连接，若公共线断开或一相电流互感器极性相反会影响计量，且在进行现场检验中采用单相法测试时，由于每相电流互感器二次负载电流与实际负载电流不一致，将给测试工作带来困难，且造成测量误差。

3）在实际运行中，若用户的负荷电流变化幅度较大或实际电流经常小于电流互感器额定一次电流的 30%，长期运行于较低负荷点，会造成计量误差。为提高计量的准确性，应选用过载 4 倍及以上的宽负载电能表，特别是轻负载、季节性负载以及有冲击性负载的重要计量点就更需要配置宽负载的 S 级电能表。

6.2.5 电能计量准确度

实际使用中，受环境或自身因素的影响，电能计量装置（电能表、电压互感器和二次回路等）记录的电能计量结果与用户真实消耗的电能量不一致，即电能计量结果存在误差。影响电能计量误差的因素很多，包括电能计量装置自身特性和用户负载特性或运行工况等。电能计量装置自身特性一般是指其在设计、生产过程中，因技术水平和零部件材料的质量等因素导致的测量精确性和运行稳定性等特性。用户负载特性或运行工况对于电能表计量的精确性也有着很大的影响。例如，电能表在负载较小（小电流）的情况下，所产生的电能计量误差要远大于在电能表额定负载运行时所产生的误差。另外，电压、频率、环境温度的变化，以及相序改变、负载不平衡等，都会使电能计量装置产生附加误差。

电能计量装置的准确度受电能表准确度、互感器准确度和二次回路误差的综合影响。各类别配置要求应不低于表6.2所示值。另外，Ⅰ、Ⅱ类用于贸易结算的电能计量装置中电压互感器二次回路电压降应不大于其额定二次电压的0.2%；其他电能计量装置中电压互感器二次回路电压降应不大于其额定二次电压的0.5%。

表6.2 准确度等级

电能计量装置适应类别	准确度等级			
	有功电能表	无功电能表	电压互感器	电流互感器
Ⅰ	0.2S 或 0.5S	2.0	0.2	0.2S 或 0.2*
Ⅱ	0.5S 或 0.5	2.0	0.2	0.2S 或 0.2*
Ⅲ	1.0	2.0	0.5	0.5S
Ⅳ	2.0	3.0	0.5	0.5S
Ⅴ	2.0	—		0.5S

注：S代表特殊用途电能表的精度标准，0.2*级电流互感器仅指发电机出口电能计量装置中配用。

普通居民和工商业用户普遍关注的是电能表的准确度等级。根据《电子式交流电能表检定规程》（JJG 596—2012），常用的有功电能表的准确度可分为0.2S级、0.5S级、1级、2级。准确度1级表示电能计量误差不超过±1%，2级表示电能计量误差不超过±2%。字母S表示电能表在设计、检定、使用中的负载电流范围更宽，即要求负载电流为 1% $I_n \sim I_{max}$ 时（I_n 表示额定电流，I_{max} 表示最大电流），电能表都能符合其准确度等级规定；而不含S则表示负载电流要求为 5% $I_n \sim I_{max}$。

在《电测量设备（交流）特殊要求 第21部分：静止式有功电能表（A级、B级、C级、D级、E级）》（GB/T 17215.321—2021）中，规定有功电能表的准确度等级分为A级、B级、C级、D级和E级，对应原体系的2级、1级、0.5级、0.2级和0.1级。该标准以IEC 62052-11-2020标准为基本框架，结合国际建议OIML R46 2012（E）和我国电能表生产企业生产标准要求进行了修订，在技术指标、试验项目等方面与国际技术标准高度吻合，实现了国内电能表生产标准与国际法制计量技术规范在技术层面的一致。

电能计量装置的技术参数应严格要求，另外也应按照规程规定做好电能表、互感器的现场检验、周期检定（轮换）、随机抽检等相关环节的管理工作。只有注重电能计量装置的全过程管理，才能更加行之有效地从根本上保障电能计量的准确、可靠和安全。

6.3 数字化电能计量

6.3.1 总体结构

基于IEC 61850标准的全数字化电能计量系统如图6.10所示，由过程层设备，即电子式电流互感器（Electronic Current Transformer，ECT）、电子式电压互感器（Electronic Voltage

Transformers，EVT）和合并单元（Merging Unit，MU），以及间隔层设备数字化电能表共同组成，各设备之间采用光纤连接。

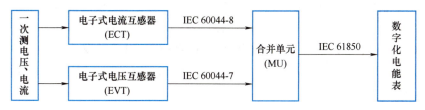

图 6.10　全数字化电能计量系统结构图

一次侧电压、电流信号经 EVT 和 ECT 转换为符合 IEC 60044-7 和 IEC 60044-8 协议标准的采样值报文，并经光纤传输至合并单元。合并单元在同步时钟的作用下，按照 IEC 61850-9-1/2 协议标准规定的格式，对来自多个 EVT 和 ECT 的符合时间一致性的采样值报文进行打包和处理。数字化电能表接收合并单元的输出数据，实现电参量和电能量计算、数据存储处理、人机交互和信息交换等功能。

在传统电能计量中，二次电流/电压模拟量直接输入到电能表，没有采样值传输的过程。但在数字化电能计量系统中，二次电流/电压值在前端完成采样并通过 IEC 61850 通信协议传输到数字化电能表，这就成为数字化电能计量的重要特点之一。采样值传输过程中，除传输协议本身的量化精度和采样率会对数字化电能计量产生影响外，通信异常时报文丢失等情况也会影响计量的准确性。

如图 6.11 所示，IEC 61850-9-1/2 定义了两种特殊通信服务映射（SCSM），将采样值传输模型映射到具体的通信网络及协议。就网络传输而言，IEC 61850-9-1 和 IEC 61850-9-2 的数据帧传输方式基本相同，为保证数据传输的实时、快速的性能要求，省略一般网络通信所采用的 TCP/IP 协议栈，直接由应用层（表示层）映射到数据链路层。TCP/IP 是保证大量数据可靠传输的首选协议。

图 6.11　IEC 61850-9-1/2 协议栈对比

IEC 61850-9-1/2 的通信协议栈省略了 TCP/IP 层，避免了 TCP/IP 造成的延时，节省了硬件资源且不需要对网络底层设备的网络驱动进行较大开发，有利于降低成本和程序复杂度，但是保证不了数据帧传输的可靠性。IEC 61850-9-1/2 的通信协议栈没有捕捉通信异常的机制，检测不到数据帧的乱序、少传、多传、重传、丢失，更没法进行流量控制。如果采样值采取组网的模式传输，特别是在与通用面向对象变电站事件（Generic Object Oriented Substation Event，GOOSE）报文组网的情况下，IEC 61850-9-1/2 报文更有可能丢失。数字化电能表可以通过检查 IEC 61850-9-2 报文中采样值计数器（smpCnt）值是否连续来判断采样值报文是否丢失。

6.3.2 电子式互感器

根据 IEC 60044-7 和 IEC 60044-8，所有使用电子设备的互感器和光学互感器都属于电子式互感器。电子式互感器是由连接到传输系统和二次转换器的一个或多个电压或电流传感器组成，用以传输正比于被测量的量，供给测量仪器、仪表和继电保护或控制装置的设备，其基本结构如图 6.12 所示。

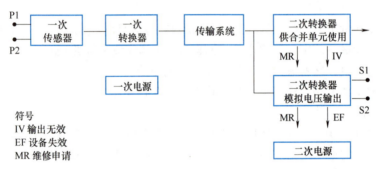

图 6.12　电子式互感器通用框图

根据一次传感器部分是否需要提供电源，电子式互感器可分为无源型和有源型两大类。无源电子式互感器传感元件的高压侧无电子器件，不需要供电电源。有源电子式互感器的传感元件或一次侧的电路一定要依靠外电源供电。前者基于光学传感技术，也称为光学互感器，后者基于电磁感应原理。

6.3.2.1　电子式电流互感器

电子式电流互感器的二次转换器的输出实质上正比于一次电流，且在联结方向正确时，相位差接近于已知相位角。

无源型电子式电流互感器采用光学器件做被测电流传感器，光学器件由全光纤、光学玻璃等构成，传输系统用光纤光缆，输出电压正比于被测电流，在高压侧不需要电源供电，具有不受电磁干扰、测量范围大、响应频带宽、体积小及便于数字传输等优点。基于法拉第效应的光学电流互感器是典型无源型电子式电流互感器。

1864 年，法拉第发现在磁场的作用下，本来不具有旋光性的物质也产生了旋光性，即光矢量发生旋转，这种现象称作磁致旋光效应或法拉第效应。设一次导线的电流为 i，其周围将有交变磁场，当一束线偏振光通过该磁场时，线偏振光的会产生偏振角度 θ。此时旋转角正比于磁场沿着线偏振光通过材料路径的线积分为

$$\theta = V \int \boldsymbol{H} \cdot \mathrm{d}\boldsymbol{l} \tag{6.45}$$

若将光路设计成围绕电流导体 N 圈的闭合环路,则上式是闭合环路的线积分,根据全电流定律,偏振角 θ 可记为

$$\theta = V \oint_L \boldsymbol{H} \cdot \mathrm{d}\boldsymbol{l} = VNi \tag{6.46}$$

式中,V 为磁光玻璃的 Verdet 常数;H 为磁场强度;L 为光线在磁光玻璃中的通过路径长度。

如图 6.13 所示,基于偏振检测方法的全光纤电流互感器通常将线偏振光的偏振面角度变化的信息转化为光强变化的信息,然后通过光电转换将光信号变为电信号,并进行放大处理,以正确反映最初的电流信息。光源发出的单色光经起偏器变换为线偏振光,由透镜将光波耦合到单模光纤中。高压载流导体通有电流,光纤缠绕在载流导体上,这一段光纤将产生磁光效应。光纤中线偏振光的偏振面旋转 θ 角,出射光由透镜耦合到渥拉斯顿棱镜,棱镜将输入光分成振动方向相互垂直的两束偏振光,并分别送达到光电探测器,经过信号处理,即能获得外界被测电流。当载流导体没有电流时,使渥拉斯顿棱镜的两个主轴与入射光纤的线偏振光的偏振方向成±45°,可获得最大灵敏度。

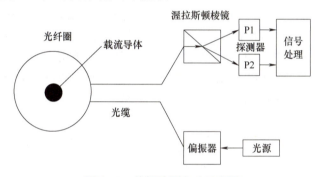

图 6.13 偏振检测方法示意图

参见图 6.14,基于干涉检测方法的全光纤电流互感器通过法拉第效应作用的两束偏振光的干涉,检测其相位差的变化来测量电流。系统中处于高压侧的传感光纤为经退火处理的单模光纤;而处于高、低压两侧之间的传感光纤为椭圆芯保偏光纤。由低压侧光源发出的光束经过光纤起偏器后变为线偏振光,其偏振方向与椭圆光纤的长、短轴成45°角,故在传感光纤中传输的是互为垂直的二束线偏振光。通过高压侧的 $\lambda/4$ 波片后再变为旋转方向相反的圆偏振光,即左旋偏振光和右旋偏振光。它们在传感光纤中继续传输,并在电流产生的磁场作用下,各自旋转不同角度。二束光在光纤末端被反射镜反射,它们的旋转方向发生交换,即左旋偏振光变为右旋偏振光,右旋偏振光变为左旋偏振光。返程的二束光在电流作用下,偏振角再次发生旋转,再经 $\lambda/4$ 波片后,变为互相垂直的两束线偏振光,但它们原来的偏振方向发生

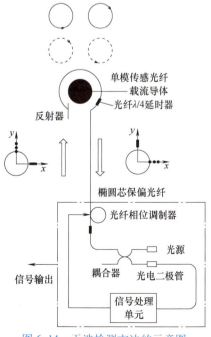

图 6.14 干涉检测方法的示意图

了交换，即正向传播时在 x 方向的偏振光，返程时变为 y 方向的偏振光，反之亦然。对于不同的入射偏振面，传感器具有不同的测量灵敏度。由于线性双折射的存在，对不同偏振面的入射线偏振光，双折射引入的位相不同，使得整个探头的灵敏度随偏振面方位的改变而周期性变化。线性双折射对温度和振动等环境因素变化十分敏感，会造成偏振光偏振态输出的不稳定，影响测量准确度。

有源型电子式电流互感器一般采用电磁感应原理，可分为罗可夫斯基（Rogoswki，简称罗氏）线圈型和低功率线圈型（Low Power Coil Type，LPCT）。低功率线圈型多用于测量级，往往采用传统的电流互感器铁心线圈结构，只是二次负荷较小，用一标准电阻进行电流/电压转换，以输出电压信号的模式采集、处理和传输电流量。罗氏线圈型多用于保护级，由漆包线均匀绕制在非磁性环形骨架上制成，不会出现磁饱和及磁滞等问题。当载流导体从线圈中心穿过时，在线圈两端将会产生一个感应电动势 e，它与一次电流 i 的关系为

$$e(t) = -\frac{\mathrm{d}\Phi}{\mathrm{d}t} = -\mu_0 nS \frac{\mathrm{d}i}{\mathrm{d}t} \tag{6.47}$$

式中，Φ 为磁通；μ_0 为真空磁导率；n 为线圈匝数密度；S 为线圈截面积。

因此，利用电子电路对线圈的输出信号进行积分变换便可求得被测电流 i。有源型电子式电流互感器的原理示意图如图 6.15 所示。信号调制可以采用光强调制式，电路变换后驱动高亮 LED 实现电光转换，LED 工作在线性区，其输出光强和待测电流成比例。LED 的输出信号经多模光纤传输到低压侧，由光电检测器实现光电转换后，送往信号处理电路实现放大、滤波和显示等功能。

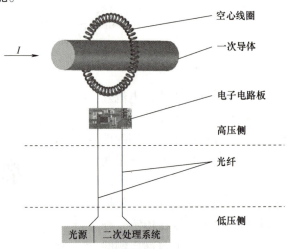

图 6.15 有源型电子式电流互感器

信号如果采用数字调制式，则将待测电流转化为电压信号，送往前置放大电路，然后经快速采样和 A/D 转换电路转换为数字信息去驱动发光二极管。低压侧的光电转换器件将由光纤传送来的光信号转换为电信号，然后由数字信号处理器实现数字滤波、信号解调和显示等功能。数字调制的缺点是在高压侧数据发送电路和低压侧接收电路必须有同步的时钟信号，才能保证数据的正确性，因此需要两个光电传输系统来完成高低压侧之间的数据传送和同步。

在供电方式上，可以采用悬浮式电源变换器从一次导线上取能量，也可以采用低压侧的半导体激光器通过供能光纤给高压侧的调制电路供电。前者当一次电流很小，如低至额定电流的5%甚至1%以下时，电源变换器则不足以维持正常的激励状态，无法供出能量，存在小电流供电死区，可能使电子式互感器无法正常工作。后者存在的关键问题是高压侧工作的电路功耗过大，一般光电转换的效率较高时为30%，要求光源（半导体激光器）的出纤功率至少达到180mW以上，而出纤功率在这种数量级的光源，一般寿命较短。目前高压侧的供能方法一般是采取复合供能的方式：一次电流较大时，采用CT供电方式；一次电流较小时，采用激光供能方式。

6.3.2.2 电子式电压互感器

无源型电子式电压互感器的传感器利用光学晶体材料在电场作用下的电光效应制成。常用的如Pockels效应（一级电光效应，某些晶体在外加电场的作用下导致其光折射率改变的一种线性电光效应）、Kerr效应（存在于某些光学各向同性介质中的一种二次电光效应）以及基于逆压电效应或电致伸缩效应（压电晶体受到外加电场作用时，晶体除了产生极化现象以外，同时形状也将产生微小变化）。无源型电子式电压互感器通过光学传感器把电压信号变为光信号，再通过光纤传输系统、光电转换电路等，最后还原出被测电压值。无源型电子式互感器的传感结构十分简单，可靠性好，是新型互感器发展的趋势。

有源电子式电压互感器一般都原理相对简单，容易实现。它使用成熟的分压技术代替光电互感器复杂的光学传感结构；同时采用光纤作为传输系统，利用光纤的特点很好地实现了信号的传递和隔离，并解决了电磁干扰等问题。

有源电子式电压互感器的传感器一般有电容分压器、电阻分压器和阻容分压器。电阻分压器误差的主要原因是杂散电容。杂散电容是由电阻分压器和附近地电位的物体间的固有电场引起的，如果电压等级过高，电阻分压器尺寸明显增大，则必须考虑杂散电容的影响。一般来说，电阻分压器用于35kV及更低电压等级。阻容分压器是采用电阻并联或串联于电容的方式，其在输入电压频率发生变化时，分压比、相位偏移发生变化，且不同的频率变化导致的相位误差不同，此外阻容分压器包括两个电容、两个电阻共四个元件，均需有较高的精度和参数稳定性，才能保持分压比的精度和稳定，不利于设计实现。电容分压器采用的是电容串联分压的原理，分为纯电容分压器和微分型电容分压器。电容分压器的本体和大地或接地屏蔽之间存在的杂散电容、环境温度的变化、互感器的相间干扰、外界电磁波的干扰等都将造成分压器测量上的误差。

纯电容分压器作为电子式互感器的传感器暂态性能较差，现在较多的做法是把电容分压器设计成为微分型电容分压器，即在低压电容上并联上一个分压电阻，如图6.16所示。

根据微分型电容分压器原理图，输入电压和输出电压的关系为

$$(\dot{U}_1-\dot{U}_2)j\omega C_1 = \dot{U}_2 j\omega C_2+\dot{U}_2/R \qquad (6.48)$$

式中，$\omega = 2\pi f$。

电子式电压互感器数据采集系统结构如图6.17所示，在达到二次设备之前，采样信号一般要经过信号调理电路（可能包括滤波电路、电压跟随、功率放大、移

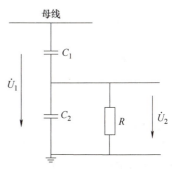

图6.16　微分型电容分压器原理图

相电路、积分电路等）、模/数（A/D）转换电路及电/光（E/O）转换电路、光/电（O/E）转换电路等。由于微分型电位容分压器输出的信号均是微分形式，还要利用积分环节还原信号，如输出信号与输入信号相差高于标准要求，还需进行相位补偿，然后经模/数（A/D）转换电路将模拟信号变成数字信号，再通过电/光（E/O）转换电路将电信号变成光信号，通过光纤传输系统传送到二次侧。需要指出的是，实现信号积分可以采取模拟法和数字法，在电子式电压互感器中一般利用数值方法进行数字积分来还原被测信号。

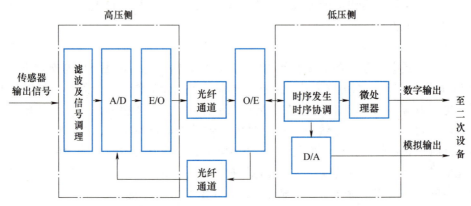

图 6.17　电子式电压互感器数据采集系统结构框图

6.3.3　数字化电能表

数字化电能表主要完成报文解析和电能计量算法的实现。与传统的感应式电能表和电子式电能表相比，基于 IEC 61850 的数字化电能表在结构上发生了根本性的改变，传统电能表中的预处理电路，包括信号调理电路和 A/D 转换电路都被集成到合并单元和电子式互感器上，因此数字化电能表直接接收含有模拟量采样值信息的以太网数据包。基于 IEC 61850 的数字化电能表主要由通信模块、数字信号处理器、中央微处理器和实时时钟等构成，其典型的结构如图 6.18 所示。

图 6.18　数字化电能表典型结构图

数字化电能表的工作过程主要包括正确接受采样值报文、计算和处理得到电量信息、显示和发送计量结果三部分。来自合并单元的采样值报文发送给数字化电能表后，数字化电能表对接收的数据协议包进行光/电转换，利用以太网控制器对数字信号进行解包处理，然后由数字信号处理器计算电参量和电能量等数据，得到的数据传输至中央微处理器，由其完成信息统计、存储、显示、交换和人机交互等功能。

传统的电子式电能表无论采用专用芯片还是通用 A/D 芯片，采样值数值积分一般使用点积和方式。这是由于传统的电子式电能表专用芯片一般是使用 Σ-Δ 原理的 A/D 芯片，通过过采样原理使得每个采样数值本身就等同于一个采样间隔内信号的积分的平均值，等效于使用高阶插值型求积，所以理论上使用 Σ-Δ 原理的传统电子式电能表有功电能在实验室稳态环境和现场实际环境下的计量结果差异比较小，从而使得点积和算法在传统的电子式电能表中具有大量的应用。

若采样后的电压、电流序列分别为 $u(t_k)$、$i(t_k)$，t_k 时刻的瞬时功率为 $p(t_k)=u(t_k)i(t_k)$，则电压/电流有效值和有功功率分别为

$$U=\sqrt{\frac{1}{N}\sum_{k=0}^{N-1}u^2(t_k)} \tag{6.49}$$

$$I=\sqrt{\frac{1}{N}\sum_{k=0}^{N-1}i^2(t_k)} \tag{6.50}$$

$$P=\frac{1}{N}\sum_{k=0}^{N-1}u(t_k)i(t_k) \tag{6.51}$$

积分时间 $T=[a,b]$ 内电能累积量为

$$E\approx\frac{b-a}{N}\sum_{k=0}^{N-1}u(t_k)i(t_k) \tag{6.52}$$

上式是矩形公式积分，是所有数值积分方法中代数精度最低的算法。根据矩形积分的余项可以得到点积和下电能累积量的误差为

$$\varepsilon=\frac{(b-a)^2}{2N}p'(\xi),\xi\in[a,b] \tag{6.53}$$

式中，$p'(\ )$ 为一阶导函数。

通过增加积分区间中的计算节点数，并利用复化积分的思想，将积分区间划分为若干个小区间，可以在各个小区间上采用低次积分算法，再利用积分的可加性得到新的积分公式，可提高积分计算精度。低次积分公式一般选择 $n=1$ 时的梯形公式，或 $n=2$ 时的辛普森公式。

复化梯形积分计算式为

$$E_T\approx\frac{b-a}{2N}\left[p(t_0)+p(t_N)+2\sum_{k=1}^{N-1}p(t_k)\right] \tag{6.54}$$

式中，$t_0=a$，$t_N=b$，$t_k=a+k(b-a)/N$。其积分导致的误差为

$$\varepsilon=-\frac{(b-a)^3}{12N^2}p''(\xi),\xi\in[a,b] \tag{6.55}$$

复化辛普森积分计算式为

$$E_S\approx\frac{b-a}{3N}\left[p(t_0)+p(t_N)+4\sum_{k=0}^{N/2-1}p(t_{2k+1})+2\sum_{k=1}^{N/2-1}p(t_{2k})\right] \tag{6.56}$$

其积分导致的误差为

$$\varepsilon=-\frac{(b-a)^5}{180N^4}p^{(4)}(\xi),\xi\in[a,b] \tag{6.57}$$

数字化电能表通常选用 10 个周波作为计算周期，采用复化积分公式可实现比点积和积分公式更小的误差。

IEC 61850 规定，当采样频率为 80 点/周期或 256 点/周期时，每个数据帧会包含 1 个或 8 个采样点。所以，每丢一帧计算中就会失去 1 个或 8 个采样点信息。若数字化电能表不对

丢失的数据进行补全处理必然会影响电压、电流有效值和有功功率的计量准确度。数字化电能表采用插值方法补偿丢帧误差，常用的丢帧补偿办法主要包括前点补偿插值、拉格朗日插值、牛顿插值、三次样条插值和曲线拟合等方法。

习题与思考题

6-1 简述电能计量的离散化实现方法，并分析计量过程中存在的主要误差因素。
6-2 简述电能计量装置的组成和分类。
6-3 分析电能计量装置中互感器二次回路导致计量误差的原理。
6-4 简述电磁式电压和电流互感器的工作原理和使用注意事项。
6-5 简述单相电子式电能表的原理和结构。
6-6 分析电子式电流互感器的原理及误差因素。
6-7 简述数字化电能系统的原理。
6-8 对比分析数字化电能表与电子式电能表工作原理和误差影响因素的异同点。

第 7 章　电能计量法规与误差

电能计量直接影响电能贸易结算的公平、公正和合理性，关系到电力企业的收益，同时也关系到广大电力用户的利益。电能表是实现电能计量的专用器具，其性能受运输中的振动、环境温度湿度、电源电压、工作电流、电磁辐射等因素的影响。为了保证电能计量的公平合理性，需要对电能表误差进行测量分析。电能表检测是指依据指定的方法通过对电能表特性参数进行检查、测量或试验，以确定其是否符合相应要求的活动。电能表校准是指依据相关校准规范，通过实验确定电能表示值，通常采用与精度较高的标准电能表比对得到被测电能表相对标准电能表的误差，从而得到被测电能表示值的修正值。电能表检定是指依据国家计量检定规程，通过实验确定计量器具示值误差是否符合要求的活动。电能表属于我国计量法明确规定的强制检定的计量器具，必须由法定计量检定机构或者政府计量行政部门依法授权设置的计量检定机构进行检定。本章主要介绍电子式电能表误差及检定技术。

7.1　电能计量法规体系

电能计量的法规体系一般是指电能计量方面的法律、法规、电能管理章程以及必须要强制执行的电能计量检定规程等。电能计量法规体系具体规定了电能表的技术要求和检定方法，包括试验负载点和试验要求，是保证电能计量和电能表质量的重要技术文件。电能计量技术法规并不完全等同于国家标准，它既规范电能计量各个环节，也随着新电能计量技术的发展而不断修正和更新，反映了社会对电能公正贸易的技术要求。

7.1.1　国际电能计量标准法规简况

国际电工委员会（International Electrotechnical Commission，IEC）成立于 1906 年，是世界上成立最早的国际性电工标准化机构，专门负责有关电气工程和电子工程领域内的国际标准化工作，它所编写的电能计量法规一直以来被全世界广泛采用。《电能测量设备（交流）通用要求、试验和试验条件》（IEC 62052）是国际电工委员会发布的与电测相关的系列标准，其中与电能表计量误差试验方法相关的标准具体为《电能计量设备（交流）通用要求、试验和试验条件第 11 部分：计量设备》（IEC 62052-11），该标准包括了电能表的型式、额定电压、额定电流、工作温度范围、基本误差等性能要求。该标准还涵盖了电能表的结构和材料、安装要求、检定和验证方法等内容。通过对这些内容的规范，IEC 62052-11—2020 对应国标能够确保电能表在各种条件下都能够准确地测量电能消耗，保障电能计量的准确性和可靠性。

国际法制计量组织（International Organization of Legal Metrology，法文缩写 OIML）是处理包括衡器在内的法制计量器具和法制计量学的一般问题和基本问题的国际组织。1955 年 10 月 12 日，美国、联邦德国等 24 个国家在巴黎签署了《国际法制计量公约》，同时建立了独立于联合国系统之外的政府间组织——国际法制计量组织,总秘书处设在巴黎,名为国际法制计量局(法文缩写为 BIML);最高决策和权力机构是国际法制计量大会,一般每 4~6 年召开一次会议;领导和咨询机构是国际法制计量委员会,一般每两年召开一次会议。后者对总秘书处及分设在几个成员国的技术秘书处的工作计划进行协调和监督;技术秘书处由指导秘书处及其附属的报告秘书处组成。我国于 1985 年 4 月 25 日起成为正式成员国之一。

2002 年开始,OIML 下属第 12 技术委员会 TC12 组织起草电能表国际建议 R46,为新设计生产的电能表的型式批准提出建议,是法制计量的重要组成部分。R46 国际建议主要针对电能表,规定了其计量要求、技术要求、管理要求、检定方法、检定用设备和误差处理等,目的是为了确保电能表计量的准确可靠。R46 国际建议与 IEC 标准有明显区别。例如,IEC 标准规定的谐波影响量试验主要考虑的是 5 次谐波,而 R46 国际建议中选用具有相同电压电流失真度的方顶波和尖顶波代替。因为方顶波和尖顶波的谐波成分更丰富,包含 3 次、5 次、7 次、11 次和 13 次电压电流谐波,和电网实际运行状态更贴近,更能体现电能表计量抗干扰的性能。与 IEC 国际标准体系相比,R46 更加重视电能表在实际运行工况下的计量性能要求,给出了"综合最大允许误差"概念,即需要评估表计在任意工作条件下的测量误差,对电能表做出一个全面的真正的计量性能的评估。此外,R46 提出转折电流(transitional current)I_{tr},也被翻译为过渡电流,指制造商规定的满足与电能表准确度等级对应的最大允许误差的最小电流值。根据 R46,制造商可将电能表准确度等级规定为 A、B、C 以及 D 级,分别对应 IEC 标准中的 2、1、0.5S 以及 0.2S 级。

7.1.2 国内电能计量标准法规简况

我国建成了完善的计量法规体系,形成了以《中华人民共和国计量法》为根本法及与其配套的若干计量行政法规、规章(包括规范性文件)的计量法群。我国计量管理的根本大法是《中华人民共和国计量法》,1985 年 9 月 6 日由第六届人大常委会第十二次会议通过,自 1986 年 7 月 1 日起施行。我国的计量法规有国家计量行政法规和地方行政法规两种。国家计量行政法规一般由国务院计量行政部门起草、经国务院批准后直接发布或由国务院批准后由国家计量行政部门发布。计量规章可分为三类:①国家行政部门批准发布的全国性计量规章,如《工业企业计量工作定级、升级办法》;②国务院有关主管部门制定发布的部门行业或专业性计量规章制度;③各省级政府制定的规章。

技术法规是规定技术要求的法规,直接规定或引用包括标准、技术规范或规程的内容而提供技术要求的法规。包括:国家计量检定规程、国家计量检定系统表、计量技术规范。计量检定规程是指对计量器具的计量性能、检定项目、检定条件、检定方法、检定周期以及检定结果处理所做的技术规定。由于《计量法》赋予它们具有法律效力,使其成为我国的技术法规,因此是国家法定性的技术文件。检定规程一般应包括以下内容:①标准的适用范围;②技术要求,包括计量性能、安全性、可靠性等内容;③检定条件,即检定时计量标准装置及被检计量器具所处的技术条件和环境条件;④检定方法,受检项目具体的操作方法和步骤;⑤检定结果的处理;⑥检定周期。电能计量方面的检定规程主要有:《机电式交流电能表检定规程》(JJG 307—2006)、《电子式交流电能表检定规程》(JJG 596—2012)、《交流电能表检定装置检定规程》(JJG 597—2005)等。

由于电能计量直接涉及电能经济贸易结算,深受各方关注。因此,有关电能计量器具的技术标准较多，包括国家标准"GB"、电力行业标准"DL"等，标准代号后带字母"T"时表示该标准为推荐性标准。大多标准主要用于指导电能计量器具的制造和生产，各部门/行业标准的技术要求不能低于国家标准。考虑到与国际接轨，"GB"国家标准内容基本等同IEC标准。由于电能贸易结算直接关系到电力企业和消费者的利益，因此"DL"电力行业标准的项目较为全面和严格。

一般来说，电能计量器具检定合格与否以计量检定规程"JJG"为准。普通的产品合格与否一般以"GB"国家标准为准，产品符合要求与否以用户提出的技术要求为准。因此，合格的产品及符合要求的产品不一定是检定合格的产品，检定合格的产品不一定是符合要求的产品。例如，满足IEC标准的国际品牌产品，但其个别功能和参数可能与检定规程不一致，可能检定为不合格。因此，检定不合格的产品不一定是伪劣产品，但伪劣产品必是检定不合格的产品。同时检定合格的产品其技术要求也不一定能满足用户的要求。

我国不断修改和完善电能计量器具相关技术标准。2021年，《电测量设备（交流）通用要求、试验和试验条件第11部分：测量设备》（GB/T 17215.211—2021）经批准发布。该标准以IEC 62052—11 2020标准为基本框架，结合国际建议OIML R46 2012（E）和我国电能表生产企业生产标准要求进行了修订。表7.1列出了与电能计量检定相关的常用技术标准。

表7.1　与电能计量检定相关常用的技术标准

标准代号、发布序号、名称		标准代号、发布序号、名称	
GB/T 11150—2011	电能表检验装置	DL/T 726—2023	电力用电磁式电压互感器使用技术规范
GB/T 17215.701—2011	标准电能表	DL/T 614—2007	多功能电能表
GB/T 19882.214—2012	自动抄表系统 第214部分：低压电力线载波抄表系统 静止式载波电能表特殊要求	DL/T 645—2007	多功能电能表通信协议
GB/T 32856—2016	高压电能表通用技术要求	DL/T 1369—2014	标准谐波有功电能表
GB/T 37006—2018	数字化电能表检验装置	DL/T 1478—2015	电子式交流电能表现场检验规程
GB/T 38317	智能电能表外形结构和安装尺寸	DL/T 1485—2015	三相智能电能表技术规范
GB/T 15284—2022	多费率电能表 特殊要求	DL/T 1486—2015	单相静止式多费率电能表技术规范
GB/T 17215	电测量设备（交流）系列标准	DL/T 1487—2015	单相智能电能表技术规范
JJG 1085—2013	标准电能表	DL/T 1488—2015	单相智能电能表型式规范
JJG 313—2010	测量用电流互感器检定规程	DL/T 1489—2015	三相智能电能表型式规范
JJG 314—2010	测量用电压互感器检定规程	DL/T 1490—2015	智能电能表功能规范
JJG 596—2012	电子式交流电能表检定规程	DL/T 460—2016	智能电能表检验装置检定规程
JJG 597—2005	交流电能表检定装置检定规程	DL/T 1507—2016	数字化电能表校准规范
JJG 842—2017	电子式直流电能表	DL/T 1763—2017	电能表检测抽样要求
JJG 1186—2022	直流电能表检定装置	JB/T 14253—2022	直流电能表检验用功率源技术规范
DL/T 5136—2012	火力发电厂、变电所二次接线设计技术规程	SN/T 1843.4—2014	进出口测量、控制和实验室用电气设备检验规程 第2部分：静止式交流电能表
DL/T 725—2023	电力用电流互感器使用技术规范		

7.2 电子式电能表的误差及校正

电子式电能表内部原因造成的误差包括硬件电路引起的误差、软件算法引起的误差等，这些误差中的系统误差成分可以通过一定的校正方法进行消除。

7.2.1 硬件电路引入的误差分析

硬件电路引入的误差主要有电气元件的比差、滤波器和互感器的角差以及温度对器件的影响。

7.2.1.1 计量前端模拟电路比差

电能表采样前端电气元件（互感器、分压电路的电阻等）实际值与标称值不一致会导致实际输入输出比与理论输入输出比的不一致，由此引起的误差称为比差。例如图 7.1a 所示的电阻分压网络，理论输入输出比为

$$U_o/U_i = R_2/(R_1+R_2) \tag{7.1}$$

式中，U_i 为输入电压；U_o 为输出电压；R_1、R_2 为分压电阻。

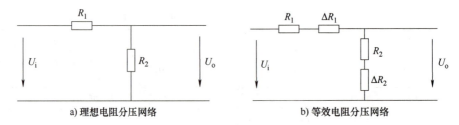

图 7.1 电阻分压网络

但由于电阻元件误差，实际电阻分压网络可等效为图 7.1b，其输入输出比为

$$U_o/U_i = (R_2+\Delta R_2)/(R_1+R_2+\Delta R_1+\Delta R_2) \tag{7.2}$$

式中，ΔR_1、ΔR_2 分别为 R_1、R_2 相对于标称值的偏差。

电能表采样前端比差主要由电压采样网络比差、电流互感器比差和电流互感器二次侧匹配电阻比差组成。

7.2.1.2 计量前端模拟电路角差

1. 互感器或其他传感器引入的误差

电能表的输入信号是大电压和大电流，必须通过互感器或其他传感器转换成符合 A/D 转换器输入的小信号才能进行下一步处理。互感器或其他传感器在信号转换过程中，不可避免地存在角度转换误差。例如，与互感器一次侧输入信号相比，互感器输出的小信号存在时间延迟，即互感器存在角差。

2. 抗混叠滤波器引入的误差

电压、电流通道抗混叠模拟低通滤波器相频特性不一致存在角差。抗混叠滤波器电气原理如图 7.2 所示。

如图 7.2 所示的抗混叠滤波器传递函数为

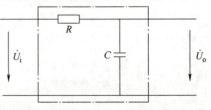

图 7.2 抗混叠滤波器电气原理图

$$H(j\omega) = \frac{\dot{U}_o}{\dot{U}_i} = \frac{1/j\omega C}{R + 1/j\omega C} = \frac{1}{1 + j\omega RC} = \frac{1}{\sqrt{1 + (\omega RC)^2}} \angle -\arctan \omega RC \quad (7.3)$$

式中，$\dot{U}_i$、$\dot{U}_o$ 分别为输入输出信号；ω 为输入信号角频率；R、C 分别为滤波器电阻和电容。

电压、电流通道均采用相同配置的抗混叠滤波器，由滤波器的传递函数可知，当电压、电流通道滤波器 R、C 实际值不一致时，会造成同相电压、电流的相角误差。

3. A/D 转换器引入的角差

某些三相电能表使用多路开关切换型 A/D 转换器采样电压、电流信号。由于采用多路开关切换的方式采样，同一时刻只能采样一路信号，会给同相电压、电流造成误差。假设使用多路单通道 A/D 转换器采样三相电压、三相电流信号，采样顺序为 u_a、i_a、u_b、i_b、u_c、i_c，采样率为 N 点每秒，则多路开关循环时间为 $1/N$ 秒，由此可知多路开关从某相电压通道切换到电流通道的时间为 $1/(6N)$ 秒，则在工频条件下，切换时间对应角差 δ 为

$$\delta = \frac{360°}{6NT} \quad (7.4)$$

式中，T 为工频信号周期。

观察上式可知，工频信号周期产生波动时角差 δ 也将变动。

7.2.1.3 硬件电路引入的其他误差

1. A/D 转换器的误差

A/D 转换器存在零点漂移、量化误差等。在不考虑其他误差的情况下，一个分辨率有限的 A/D 转换器的阶梯状转移特性曲线与具有无限分辨率的 A/D 转移特性曲线（直线）之间的最大偏差，称之为量化误差。例如，若电能表采用 AD73360L 的 16 位 A/D 转换器作为整个电能计量装置的核心部件，采用单极性输入方式满量程为 1.2V，量化过程最大误差约 15μV。

2. 温度影响

电能表在实际工作时，工作环境的温度不可能不发生变化，温度变化对计量单元模拟器件、A/D 转换器、A/D 转换器参考源、外接晶振都会产生影响，从而导致精度变差，需要采取相应措施消除误差。

7.2.1.4 减小硬件误差措施

为尽量消除前端电气元件造成的比差和角差以及温度的影响，采取以下措施提高系统精度：

1）选用温度系数好的精密元件代替普通元件，例如电阻可采用 1% 精度，电流互感器采用 0.1% 精度。

2）选用同步 A/D 转换器消除 A/D 转换器非同步采样造成的角度误差。

3）选用温度系数好的电压基准做 A/D 转换器参考源。

4）选用温度系数好的晶振。

7.2.2 软件算法引入的误差分析

电子式电能表中，计量单元采用一定的软件算法进行数据处理，也是重要的电能计量误差来源之一。软件算法的系统误差主要包括非同步采样误差、电能脉冲输出误差、舍入误差

和截断误差。

1. 非同步采样误差

在非周期连续信号的数字信号处理过程中,需要对时域信号做离散化截断处理,再采用 DFT 获得离散信号的频谱。由于电网频率存在波动,因此不可避免地存在非同步采样误差,在离散频谱上表现为频谱泄漏和栅栏效应现象,导致信号参数(频率、幅值、相位)估计结果不准确。采用性能优良的窗函数可减小频谱泄漏引起的误差;对计算结果进行插值修正可减小栅栏效应引起的误差。该部分内容在第 3 章已经有比较详细的介绍。

2. 电能脉冲输出误差

电能表以脉冲方式输出电能计量结果。电能表软件不断对用户消耗电能进行累加,并根据设定时间判断累积电能是否大于预定的脉冲电能输出阈值。如果累加电能大于预定的脉冲电能输出阈值,电能表发出电能脉冲,作为电能累积量标志。电能脉冲输出误差在于:电能表发出脉冲后,可能存在剩余电能没有也无法以脉冲的形式发送出去,造成电能计量误差。

一般采用同步放大实际累积电能数值和预定脉冲对应的能量值来消除这类误差。具体方法为:软件设定参数比较中断频率(即设定定时器,以固定频率中断),在中断时间内将实际累积电能累加,与已经放大的预定脉冲能量(放大倍数为定时器中断频率,如中断频率为 m Hz,则将预定脉冲能量放大 m 倍)对比,如果没有达到脉冲输出条件则继续等待下一次中断做同样处理,直到累加的电能值大于预定脉冲能量时发出电能脉冲。电能脉冲发出后,剩余电能值引起的误差与预定脉冲能量的放大倍数成反比,只要取符合设计要求的放大倍数(即定时器中断频率)就可以达到精度要求。

3. 舍入误差和截断误差

电能计量中涉及大量乘/除法和加/减法运算,由于计算机的字长有限,进行数值计算时,某些结果数据要使用"四舍五入"或其他规则取近似值,使得数值计算结果(近似解)与理论结果(精确解)之间存在舍入误差或截断误差。例如,若使用的 DSP 为 16 位定点 DSP,在做数据处理时需要将被处理数据做定标处理,例如将某 $-1 \sim +1$ 范围内的浮点数做 Q15 定标(浮点数乘以 32768)时,DSP 会将小数去除,其最大误差为 $0.9999/32767 \approx 0.003\%$,可以忽略。但是,在做多次乘法或多次除法时需考虑舍入误差或截断误差的影响。

7.2.3 电子式电能表误差校正

电能表硬件造成的系统误差主要来自计量单元电压、电流通道的比差和角差。计量结果的准确与否除了同电压、电流信号采集通道的比例误差有关,还与通道间相位误差有关。据此,确立电能计量比差、角差模型与修正方法。

单相计量时,比差、角差只需各校正一次,三相计量需要分相完成。为简化校正过程,首先进行电压、电流通道的比差校正,然后在不同的功率因数条件下对角差进行校正。

7.2.3.1 直流偏置补偿与比差校正

这里分析的直流偏置不是指电网信号直流分量,而是指由采样电路和 A/D 转换带来的偏置失调量。该值随着温度和环境的改变而变化,高精度电能计量必须消除其影响。电压通道和电流通道的直流偏置分别如图 7.3a、图 7.3b 所示。

1. 电压通道直流偏置与比差校正

设电压通道输入端电压为参比电压,实时计算整周期采样数据的平均值 $\bar{u}_N$ (N 为周期

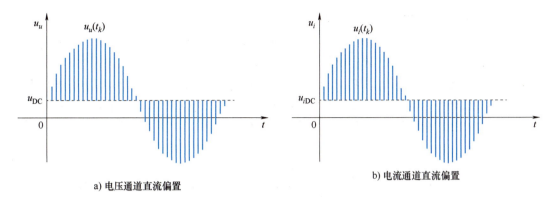

图 7.3　电压通道与电流通道直流偏置图

采样点数),由于正弦交流信号的平均值为零,所以电压通道的直流偏置 u_{DC} 为

$$u_{DC} = \bar{u}_N \tag{7.5}$$

令电压通道各采样点减去该通道对应的直流偏置即可实现信号转换的直流偏置校正。由此可得电压通道的直流偏置与比差校正模型为

$$u'_u(n) = (1+K_u)[u_u(n) - u_{DC}] \tag{7.6}$$

式中,$u'_u(n)$ 为经过偏置与比差校正后的电压信号;K_u 表示电压通道电压比;$u_u(n)$ 为电压通道采集数据。

2. 电流通道直流偏置与比差校正

设电流通道输入端电流为额定电流,实时计算整周期采样数据的平均值 $\bar{i}_N$(或用电压表示为 $\bar{u}_{iN}$),由于正弦交流信号的平均值为零,所以电流通道直流偏置 i_{DC}(或用电压表示为 u_{iDC})为

$$i_{DC} = \bar{i}_N \text{ 或 } u_{iDC} = \bar{u}_{iN} \tag{7.7}$$

同理,电流通道的直流偏置与比差校正模型为

$$i'(n) = (1+K_i)[u_i(n) - u_{iDC}] \tag{7.8}$$

式中,$u_i(n)$ 为电流通道采集数据;$i'(n)$ 为经过偏置与比差校正后的电流信号;K_i 为比差校正系数。

若采用瞬时功率的方法计算有功功率,则有功功率的比差为电压通道比差与电流通道比差的乘积。

7.2.3.2　角差校正

因电压和电流通道均存在角差,但电能计量时只需要考虑电压和电流之间的相位差。因此在实际操作中,一般考虑的角差校正是针对电压和电流之间相位差的综合角差 φ_1。

电网电压、电流信号经过比差校正后,运用频谱分析得到基波电压、电流的有效值分别为 U'_1、I'_1。设标准源示值分别为 U_1、I_1,电压和电流之间的相位差为 θ_1,则基波有功功率标准值 P_1 为

$$P_1 = U_1 I_1 \cos\theta_1 \tag{7.9}$$

考虑到经过理想的比差校正后,U'_1、I'_1 分别等于 U_1、I_1,则基波有功功率测量值 P'_1 为

$$P'_1 = U'_1 I'_1 \cos(\theta_1 + \varphi_1) = U_1 I_1 \cos(\theta_1 + \varphi_1) \tag{7.10}$$

由式（7.9）和式（7.10），可得基波有功误差

$$\text{err} = \frac{P_1' - P_1}{P_1} \times 100\% = \frac{\cos(\theta_1 + \varphi_1) - \cos\theta_1}{\cos\theta_1} \times 100\% \quad (7.11)$$

角差校正的输入条件可选取功率因数为 1.0 与 0.5L 两点。其中 0.5L 表示功率因数为 0.5 的感性负载条件，即电流滞后电压的夹角为 60°。在功率因数 1.0 时完成比差校正，功率因数 0.5L 时 $\theta_1 = \pi/3$，将其代入式（7.11），有

$$\varphi_1 = \arccos\left[\frac{1}{2}(1 + \text{err}_{0.5L})\right] - \frac{\pi}{3} \quad (7.12)$$

式中，$\text{err}_{0.5L}$ 为基波功率因数 0.5L 时的有功误差率，该值可由电能表误差校正系统获得。

7.3 电能表运行误差的影响因素

国内外研究表明，电能表从出厂经过贮存、运输、使用到失效的寿命周期内，无时无刻不在进行着缓慢的物理化学变化。在运行外界环境下，其承受各种气候、电气、机械应力，会使原来的物理化学反应加速，从而促使电能表出现各种功能失效与性能衰减。在运行状态下，电能表的计量性能与工作性能主要受气候因素、电气因素、机械因素、电磁干扰因素等影响。

气候因素一般是指温度、湿度、阳光辐射、沙尘、烟雾等；电气因素一般是指电压、谐波、电流等；机械因素包括振动、冲击；电磁干扰因素主要是指磁场干扰、电磁辐射等。

7.3.1 温度对电能表运行误差的影响

国内外相关标准对影响电能表误差的各种因素进行了规定，并制定了有关的测试或检定项目。相关标准均将环境温度作为一项重要影响量，给出了误差容许限值。温度对电能表的性能会产生较大的影响，在不同的温度下，电能表的性能，尤其是误差会有一定的变化，这是由电能表各部件的温度特性决定的。温度对模拟信号采样电路部分有很大的影响，该部分电路主要由采样电阻、电流互感器、计量芯片等组成，而温度对采样电阻的阻值、电流互感器的比差和相位差以及计量芯片的基准电压 V_{ref} 都有不同程度的影响，进而影响计量的精度。

温度对电能表运行可靠性影响的经验式为

$$\frac{dM}{dt} = A e^{(-E_\alpha / kT)} \quad (7.13)$$

式中，dM/dt 是化学反应速率；A 是常数；E_α 是引起失效或退化过程的激活能；k 是玻尔兹曼常数；T 是绝对温度。

以激活能 E_α 作为参数，可以绘出不同 E_α 时温度与电能表运行可靠性的关系，激活能越大，与温度的关系越密切。

运行条件下温度、湿度越大，电子元器件的寿命越短。因此在试验中施加适当的温度、湿度，能够起到鉴别电能表对环境的适应性程度的作用。

首先，分析温度对采样电阻的影响。根据电阻随温度的变化关系

$$R_1 = R \times [1 + \alpha \times (T - T_0)] \quad (7.14)$$

式中，R 为标准阻值；α 为温度系数；T_0 为与标准阻值相对应的温度值；T 为实际温度值。

其次，分析温度对电流互感器的影响。电流互感器的设计使用温度一般为 $-40 \sim +80$℃，

相对湿度<90%，但在温度范围内电流互感器的参数还是会有一定的变化，因为电流互感器用于电流采样通道中，所以会对整表的误差造成影响。

最后，分析温度对计量芯片的影响。温度主要影响计量芯片的基准电压 V_{ref} 的温度系数 T_C，进而影响到精度。基准电压 V_{ref} 由本身的模拟特性和数字补偿两部分构成。以钜泉生产的计量芯片 ATT70×× 和 HT70×× 系列，其基准电压的温度系数典型值为 0.01‰/℃，最大值在 0.015‰/℃ 以内；ADI 的 78×× 系列芯片，其基准电压的温度系数典型值为 0.01‰/℃，最大值为 0.05‰/℃。为保证基准的精度，高等级的电能表一般会在计量芯片外部接专用的基准电压芯片，其温度系数小于 0.005‰/℃。

7.3.2 电压波动对电能表运行误差的影响

供电电压在两个相邻的、持续 1s 以上的电压方均根值 U_1 和 U_2 之间的差值，称为电压变动，供电系统总负荷或部分负荷改变，导致供电电压偏离标准电压，会引起电压变动。电压波动是一系列电压变动或连续的电压偏差，电压波动值为电压方均根值的两个极值 U_{max} 和 U_{min} 之差，常以其标称电压的百分数表示，即

$$d = \frac{U_{max} - U_{min}}{U_N} \times 100\% \tag{7.15}$$

电压波动常会导致许多电工设备不能正常工作，尤其是对电力计量装置的正确计量造成影响，增大计量误差。

无论是基于时分割乘法器的模拟式电能表，还是基于数字乘法器的数字式电能表，在对电压、电流信号进行计算得到瞬时功率后，都需要接入电能累计模块进行瞬时功率的积分。为达到较好的功率稳定性，一般会选取较长的功率积分时间窗口，如 1~2s。在稳态条件下，这种时间积分窗口一般可以达到较好的误差稳定性。但当输入信号快速波动时，瞬时功率的相应波动会导致在较长的功率积分时间窗口内，电能计量不能及时响应瞬时功率的变化，导致积分时间内的功率累计产生误差。

对电能表进行电压波动的影响量试验，主要考查由于供电电压在额定工作电压范围内变化导致的电能计量误差变化量（误差偏移量）。对于多相电能表，试验电压应平衡。如果规定标称电压值，针对每个标称电压值，重复进行试验。应至少在功率因数为 1 和 0.5，电流为 10 倍转折电流且电压为 0.9 倍标称电压和 1.1 倍标称电压的条件下进行试验。

7.3.3 电磁干扰对电能表运行误差的影响

电能表运行时不可避免地会受到电磁干扰，可能造成电能表计量失准或工作异常。形成电磁干扰的三个基本要素：电磁干扰源、耦合途径或传输通道、敏感设备。根据电磁波传播方式的不同，可以把电磁干扰分为传导干扰和辐射干扰两种，传导干扰主要是指干扰电磁波通过导电介质或公共电源线干扰设备的运行；辐射干扰是指干扰电磁波通过空间将干扰耦合到电网或电子设备中，影响其正常运行。对应电磁干扰的两种方式，敏感性分为传导敏感性和辐射敏感性两种。

常见的电磁干扰源有：

1) 瞬变及高频脉冲：当低压电网中的熔断器由于大电流而熔断时，电路中的能量就会释放。能量释放过程中使电压出现不稳定，电压在恢复稳定的过程中就会形成瞬时过电压。切换电网中的小电感性负载（比如继电器、接触器）时，同样也会有瞬变脉冲形成。高压

开关操作时，关断口电弧的熄灭和重燃会引起一系列的高频振荡。这些干扰通过电源端口、信号和控制端口对电能表造成电磁干扰。

2）静电：当人或动物接触到智能电能表的外壳时会出现电荷的转移。因为两个不同物体接触时，一个物体会失去一些电荷带上正电，另一个物体得到电荷带上负电。如果人或动物与电能表在分离的过程中电荷不能中和，智能电能表上没有中和的电荷就会使其带上静电。静电产生的电磁场可能影响电路的正常工作，造成设备的误动作。严重时还可能引起器件的击穿和损坏，造成电能表的计量性能不精确、不稳定。

3）辐射电磁场：广播电视、通信、雷达和导航等无线电设备工作时会发射电磁能量。各种传输电线、家电和工业、医院里的各种电气设备在完成自身功能的同时会有电磁能量的发射。这些辐射电磁被智能电能表电路板上的导线接收，就形成了电磁干扰。

4）印制电路板（Print Circuit Board，PCB）串扰：电能表电路板上的模拟电路和数字电路可相互干扰，相邻导线之间的串扰也是引起电磁干扰的重要原因。有些元件还会向空间辐射电磁场，耦合到附近的走线或敏感器件上。高频器件辐射的电磁干扰、大电流和大功率电路形成的电磁干扰、系统电源自身产生的电磁干扰、信号传输线之间的交叉干扰，都可能会使电能表工作异常。目前，对电能表电磁兼容性的研究已经取得了显著进步。国际上已经形成了一套完整的针对电能表的电磁兼容测试和认证体系，国际标准化组织、国际电工委员会、国际无线电干扰特别委员会、德国电气工程师协会等组织在其文件中规定了抗干扰检测的干扰类型和严格等级、电能表电磁兼容测试规范，明确了对电能表进行电磁兼容检测、管理和认证的机构。

7.3.4 信号畸变对电能表运行误差的影响

非线性负荷和分布式新能源发电并网等带来的信号畸变（谐波、间谐波、调制波等）会导致电能表运行误差超出合理范围。一方面是由于信号畸变导致参数估计误差所引起的电能计量误差，另一方面是由于谐波和间谐波导致的功率潮流变化所引起的电能表不适应问题。

当信号中含有谐波成分时，在 T_0 时间内的电能可以表示为

$$E = \sum_{n=1}^{M} U_n I_n \cos\varphi_n T_0 \tag{7.16}$$

式中，M 为谐波的最高次数；U_n 和 I_n 分别为电压和电流第 n 次谐波的有效值；φ_n 表示第 n 次电压和电流谐波分量的相角差。

在电能计量时，谐波潮流方向是极为重要的，因为电力系统中的有功功率为基波和各次谐波功率之和，电力系统因为谐波和间谐波的存在导致了功率的结构性变化。对于电力系统而言，不同相角下的谐波功率有可能为正数也有可能为负数，谐波功率方向不是固定的，其方向变化也可以是时刻变化的。对于谐波源而言，一个独立的谐波源既可以从系统中吸收谐波能量也可以向系统中释放谐波能量。而对于电力系统中的间谐波来说，间谐波与所有频率分量都可能产生相互作用关系从而消耗功率，由于不同分量的相角不同，间谐波功率大小可正可负，方向不固定且时刻变化，因此在电能计量时需要考虑到间谐波功率潮流方向。如图 7.4 所示为间谐波和谐波同时存在时的潮流分布图。

当电力系统中同时存在谐波和间谐波时，分别讨论间谐波、谐波和基波功率潮流。图 7.4 中，S 是电压源；Z 是电压内阻和线路阻抗；M_1 为谐波源，M_2 为间谐波源；用户侧分别含有线性负载和非线性负载，其中 Z_L 为线性负载，Z_M 为非线性负载。系统侧存在背景谐

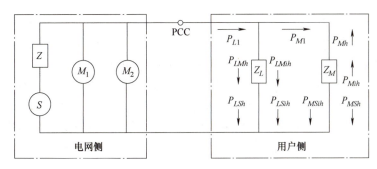

图 7.4　间谐波和谐波同时存在时的潮流分布图

波与间谐波,因此用户与电网的公共连接点(PCC)处的电压存在波形畸变,则非线性负载 Z_M 消耗的电能 P_M 为

$$P_M = P_{M1} + P_{MSh} + P_{MSih} - P_{Mh} - P_{Mih} \tag{7.17}$$

式中,P_{M1} 表示非线性负载吸收的基波功率;P_{MSh} 表示非线性负载 Z_M 上消耗的由系统侧提供的谐波功率;P_{MSih} 表示非线性负载 Z_M 上消耗的由系统侧提供的间谐波功率;P_{Mh} 表示非线性负载 Z_M 向系统侧注入的谐波功率;P_{Mih} 表示非线性负载 Z_M 向系统侧注入的间谐波功率。

同理,可将线性负载 Z_L 消耗的功率 P_L 表示为

$$P_L = P_{L1} + P_{LSh} + P_{LSih} + P_{LMh} + P_{LMih} \tag{7.18}$$

式中,P_{L1} 表示线性负载吸收的基波功率;P_{LSh} 表示线性负载 Z_L 上消耗的由系统侧提供的谐波功率;P_{LSih} 表示线性负载 Z_L 上消耗的由系统侧提供的间谐波功率;P_{LMh} 表示线性负载 Z_L 上消耗的由非线性负载提供的谐波功率;P_{LMih} 表示线性负载 Z_L 上消耗的由非线性负载提供的间谐波功率。

在电力系统中谐波源和间谐波源都存在时,会导致非线性负载多发出/吸收的功率为 $P_{MSh} + P_{MSih} - P_{Mh} - P_{Mih}$,而线性负载多吸收的功率为 $P_{LSh} + P_{LSih} + P_{LMh} + P_{LMih}$。因此,非线性负载的总功率是基波与谐波、间谐波潮流功率的差,说明在非线性负载中谐波及间谐波功率方向与基波相反,起到抵消作用。而线性负载的总功率是基波、谐波、间谐波三个潮流功率的和,其吸收了非线性负载和系统侧共同提供的谐波和间谐波功率。也就是说,如果电能表不考虑谐波和间谐波功率潮流方向,产生谐波和间谐波的非线性用户反而因此收益,其向系统注入的谐波和间谐波污染了电网,导致信号畸变,却缴纳更少的电费;而吸收了谐波和间谐波功率(或者被谐波和间谐波污染/畸变影响)的线性用户,却需要多付出电费。对于这类可能出现不合理计量结果的场合,需要采用具备双向谐波电能计量功能的电能表。

考虑到电能表在实际运行工况下往往受到多种环境因素的影响,需要针对各种组合环境因素对电能表计量性能的影响,分析组合环境因素对电能表影响的试验方法及考核的技术指标。例如,R46 国际建议中对组合环境因素影响提供了综合误差评价方案,给出最大允许综合误差模型及试验方法。

7.4　电能表检定与综合误差评估

7.4.1　电能表检定简介

电能表是国家强制检定的计量器具,必须由法定计量检定机构或者政府计量行政部门依法

授权设置的计量检定机构进行检定。电能表检定一般是指按检定规程，通过电能表检定装置对电能表进行性能检验和测试，查看在标准工作条件下，电能表所具有的性能是否达标，特别是计量误差是否在规定范围之内。电能表检定装置主要包括标准电能表、标准功率源和控制系统等。

对于电能表的计量误差检定工作可采用标准表法或瓦秒法，在检定过程中，标准功率电源按检定规程中实验项目的要求输出电流和电压，同时输送至标准表和被检表，控制系统读取标准表与被检表的读数，计算相应的电能计量误差。采用标准表法检定电能表是指在标准电能表和受检电能表都处于连续工作情况下，用光电转换的方法，根据电能表脉冲数确定被检电能表的相对误差

$$\gamma = \frac{m_0 - m}{m} \times 100\% \tag{7.19}$$

式中，γ 为被检表的计量相对误差；m_0 为被检表的算定脉冲数；m 为实测脉冲数，即被检表产生 N 个脉冲数时标准表的脉冲数。

算定脉冲数 m_0 的计算式为

$$m_0 = \frac{Nk_0}{k_x} \times 100\% \tag{7.20}$$

式中，k_x 为被校表的脉冲常数；k_0 为标准表的脉冲常数。

在分析了温度、信号畸变、电压波动和电磁干扰等环境因素对电能表运行误差影响的基础上，以 GB/T 17215.211—2021 为基础介绍电能表综合误差评估方法。

7.4.2 计量性能试验

GB/T 17215.211—2021 中的"计量性能试验"包含电能表常数试验、潜动试验、起动电流试验、初始固有误差试验、重复性实验、误差一致性试验等。篇幅所限，本节主要介绍电能表常数试验、潜动试验、起动电流试验和初始固有误差试验。

7.4.2.1 电能表常数试验

试验时通过被检表的最小电能量 $E_{\min}$ 为

$$E_{\min} = \frac{1000R}{b} (\text{Wh}) \tag{7.21}$$

式中，R 为电能寄存器的可见分辨力，单位为瓦时（Wh）；b 为基本最大允许误差，单位用百分数（%）表示。

进一步可得所需的最短试验时间 $t_{\min}$，由于 $E_{\min} = t_{\min} U_n I \cos\varphi$，由此可得

$$t_{\min} = \frac{1000R}{bU_n I \cos\varphi} \tag{7.22}$$

式中，U_n 为额定电压。

GB/T 17215.211—2021 规定，试验应在 $I_{tr} \leqslant I \leqslant I_{\max}$ 的任一电流工作点下进行，要求计算仪表记录的电能与由测试输出的脉冲数给出的通过仪表的电能之间的相对差，不应超过仪表基本最大误差限的 1/10。

7.4.2.2 电能表潜动试验

试验时，电流电路应开路，电压电路应施加 1.1 倍标称电压 U_{nom}，辅助电源电路（若有）应施加标称电压，仪表的测试输出不应产生多于一个的脉冲。如果仪表适用于多个标

称电压,应采用最高的标称电压。最短的试验时间 Δt 计算式为

$$\Delta t = \frac{100 \times 10^3}{1.1 bkmU_{\text{nom}}I_{\text{min}}} \quad (7.23)$$

式中,b 为最小电流 I_{min} 时的以百分数表示的基本最大允许误差,取正值;k 为电能表脉冲常数;m 为单元数量,对单相电能表 $m=1$,对三相四线电能表 $m=3$,对三相三线电能表 $m=\sqrt{3}$。

7.4.2.3 起动电流试验

电能表在起动电流 I_{st}(对三相电能表,带平衡负载)和 $\cos\varphi$ 或 $\sin\varphi=1$ 的条件下,能输出速率均匀的脉冲,且基本误差不超过规定的基本误差限,即认为仪表通过起动电流试验。

试验步骤如下:

1)起动仪表。
2)使第一个脉冲在 1.5τ 秒出现。
3)使第二个脉冲在下一个 1.5τ 秒出现。
4)计算两个脉冲之间的有效时间。
5)第三个脉冲应在(第二个脉冲之后的)有效时间内出现。

其中 τ 由式(7.24)给出

$$\tau = \frac{3.6 \times 10^6}{kmU_{\text{nom}}I_{\text{st}}}(\text{s}) \quad (7.24)$$

式中,k 为电能表脉冲常数;m 为单元数量;I_{st} 为起动电流。

如果被测的仪表具有双向电能计量功能,则应施加双向电能进行试验,并应考虑电能方向反向所造成的测量延时的影响。

7.4.2.4 初始固有误差试验

电能表初始固有误差试验也称基本误差试验。在对电能表进行影响量误差试验之前,以及在进行与误差极限变化要求或误差的重大故障条件相关的扰动试验之前应进行初始固有误差(在参比条件下)的确定。GB/T 17215.211—2021 规定基本误差试验的顺序应从最小电流到最大电流,然后从最大电流到最小电流。对于最大电流 I_{max},最长测量时间应为 10min,其中包括稳定时间。每一个试验点,误差结果应是两次测量的平均值。而 JJG 596—2012 要求按负载电流逐次减小的顺序测量基本误差。

GB/T 17215.211—2021 用转折电流 I_{tr}、起动电流 I_{st}、最小电流 I_{min} 和最大电流 I_{max} 取代 IEC 标准所规定的基本电流 I_{b} 和最大电流 I_{max},并给出了电能表在 $I_{\text{st}} \leq I \leq I_{\text{max}}$ 时的基本误差限。表 7.2 给出了不同等级电能表的基本最大允许误差限值。

表 7.2 基本最大允许误差限值

测量负载点		不同等级电能表基本最大允许误差/%			
电流值 I	功率因数	A	B	C	D
$I_{\text{tr}} \leq I \leq I_{\text{max}}$	1	±2.0	±1.0	±0.5	±0.2
	0.5L/0.8C	±2.5	±1.5	±0.6	±0.3
$I_{\text{min}} \leq I < I_{\text{tr}}$	1	±2.5	±1.5	±1.0	±0.4
	0.5L/0.8C	±2.5	±1.8	±1.0	±0.5
$I_{\text{st}} \leq I < I_{\text{min}}$	1	±2.5I_{min}/I	±1.5I_{min}/I	±1.0I_{min}/I	±0.4I_{min}/I

7.4.3 影响量试验及综合误差

影响电能表计量特性的单一影响量主要有电压波动、频率波动、负载不平衡、谐波、温湿度等，国内外通用的电能表检定试验方法也是规定对电能表施加单一影响量，通过单一影响量下的电能表计量误差不超过标准规定的误差限值来评估电能表的准确性，而 GB/T 17215.211—2021 给出了一个评估电能表综合计量误差性能的综合最大允许误差模型，对电能表进行综合最大误差检定，完成电能表的综合计量误差性能评估。

7.4.3.1 单一影响量试验

影响量试验的目的是考核由于单一影响量变化而引起电能表电能计量误差是否满足对应等级电能表的误差极限值要求，考核由任何单一影响量变化引起的误差偏移是否在表 7.3 中规定的误差偏移的相应限制之内。

表 7.3 由影响量导致的误差偏移极限

影响量	测量值	电流值	功率因数	各等级电能表误差偏移极限（%）			
				A	B	C	D
自热	电流 I_{max} 且连续	I_{max}	1/0.5L	±1	±0.5	±0.25	±0.1
负载平衡[1]	仅在一个电流回路输入电流	$I_{tr} \leq I \leq I_{max}$	1	±1.5[2]	±1.0	±0.7	±0.3
			0.5L	±2.5	±1.5	±1	±0.5
电压变化[3]	$U_{nom} \pm 10\%$	$I_{tr} \leq I \leq I_{max}$	1	±1.0[9]	±0.7	±0.2	±0.1
			0.5L	±1.5	±1.0	±0.4	±0.2
频率变化	$f_{nom} \pm 2\%$	$I_{tr} \leq I \leq I_{max}$	1	±0.8	±0.5	±0.2	±0.1
			0.5L	±1.0	±0.7	±0.2	±0.1
电压和电流线路谐波	方顶波、尖顶波[4]	$I_{tr} \leq I \leq I_{max}$	1	±1.0[5]	±0.6	±0.3	±0.2
倾斜	≤3°	$I_{tr} \leq I \leq I_{max}$	1	±1.5	±0.5	±0.4	不适用
电压跌落	$0.8U_{nom} \leq U < 0.9U_{nom}$；$1.1U_{nom} < U \leq 1.15U < 0.8U_{nom}$	$10I_{tr}$	1	±1.5[11]	±1	±0.6	±0.3
一相或两相中断[6]	断开一相或两相	$10I_{tr}$	1	±4	±2	±1	±0.5
电流线路次谐波	次谐波等功率电流信号	$10I_{tr}$	1	±3	±1.5	±0.75	±0.5
电流线路谐波	90°相位触发	$10I_{tr}$	1	±1	±0.8	±0.5	±0.4
逆相序	任意两相互换	$10I_{tr}$	1	±1.5	±1.5	±0.1	±0.05
外部恒定磁感应[10]	与核心表面相距 30mm 处为 200mT[10]	$10I_{tr}$	1	±3	±1.5	±0.75	±0.5
交流工频	400A/m	$10I_{tr}$, I_{max}	1	±2.5	±1.3	±0.5	±0.25
辐射射频和电磁场	$f = 80 \sim 6000$MHz，磁场强度 ≤10V/m	$10I_{tr}$	1	±3	±2	±1	±1
射频场感应的传导骚扰[7]	$f = 0.15 \sim 80$MHz，幅值 ≤10V	$10I_{tr}$	1	±3	±2	±1	±1
交流电流电路中的直流电流[8]	正弦电流、两倍幅值、半波整流；$I \leq I_{max}/\sqrt{2}$	$I_{max}/\sqrt{3}$	1	±6	±3	±1.5	±1
高次谐波	$0.02U_{nom}$；$0.1I_{tr}$；$15f_{nom} \sim 40f_{nom}$	I_{tr}	1	±1	±1	±0.5	±0.5

表中：

1）仅适用于多相和单相三线电能表。

2）当误差在±2.5%范围内时，误差偏移可超出表中规定的数值范围。

3）对于多相电能表，要求适用于对称电压变化。

4）电流有效值 $I_{rms} \leqslant I_{max}$，电流峰值小于等于 $1.41I_{max}$。此外，单次谐波分量的幅值，电流不得大于（I_1/h），电压不得大于（$0.12U_1/h$），其中 h 为谐波次数。

5）对于机电式电能表，当误差在±3.0%范围内时，误差偏移可超出表中规定的数值范围。

6）仅适用于多相电能表。二相中断仅在使用断相法这种连接方式时出现，这时可输送电能。要求仅适用于网络故障情况，但不适用于备用连接方式。对于仅从任一相获得电量的多相电能表，不得为了进行本试验而中断该相的电压。

7）射频电场感应的直接或间接传导干扰。

8）仅适用于直接连接的电能表。若本要求适用，国家主管部门可进行确定。

9）对于 A 级机电式电能表，本要求不适用于 $10I_{tr}$ 以下试验点。

10）当直流磁感应大于 200mT 时，制造商可以增加包括报警的检查装置。国家主管部门可选择一个较低的磁感应值作为国家要求。

11）对机电式电能表，本值加倍。

为确保将准确的电能量值传递到最终用户，不仅需要建立量值准确可靠的装置，还需建立并完善技术法规和执行监督的技术机构。因此，表 7.4 给出了国内外相关标准在电能表计量性能具体指标值方面的对比情况。

表 7.4 国内外相关标准在具体指标值方面的对比情况

内容	GB/T 17215.211—2021	IEC	ANSI
参考电流基准	GB/T 17215.211—2021 提出转折电流（I_{tr}），但以 I_{max} 为参考电流基准	IEC 提出基本电流（I_b/I_n），I_b 为参考电流基准	5A
潜动测试电压	U_{nom}	$1.15U_b$	额定电压（1±3%）
温度影响测量范围	15~23K	20K	23±5℃
电流电压谐波	方波和尖顶波	5 次谐波	无明确规定
电压变化	明确了强制测量点，即 70% U_{nom}、60% U_{nom}、50% U_{nom}、40% U_{nom}、30% U_{nom}、20% U_{nom}、10%U_{nom} 和 0V，并且增加了两个测量点，电能表±2V 的测试点要求	电压范围从−20%~10% 和从+10%~+15%时，以百分数误差表示的改变量极限为本表规定值的 3 倍	无明确规定
外部恒定磁场	表面积≥2000mm²	采用电磁铁的方式，要求为 1000 安培匝（AT），并有相应图纸	与测试电流同频率的外部交变磁场由长度为 1.5m 的直导体产生，该直导体与其回路引线形成一个边长 1.5m 的正方形

(续)

内　容	GB/T 17215.211—2021	IEC	ANSI
辐射电磁场	频率范围：80~6000MHz	频率范围：80~2000MHz	200kHz~10GHz
电压跌落和中断	测试a：跌落30%电压，持续0.5周期；测试b：跌落60%电压，持续一个周期；测试c：跌落60%电压，持续25个周期（50Hz），30个周期（60Hz）；电压中断包括电压降低至0%，持续250个周期（50Hz），300个周期（60Hz）；电压跌落和中断需至少重复10次，间隔至少10s	电压跌落包括，跌落50%电压，持续1min［3000/3600周期（50Hz/60Hz）］，重复1次；电压中断包括电压降至0%，持续1个周期（50/60Hz）	电压中断：不施加电流到计量装置的电流线圈，电压完全中断6个工频周期时间（100ms），在不超过10s的时间内，应做10次电压中断
脉冲电压	10000V	6000V	无明确规定

此外，GB/T 17215.211 新增了频率波动的要求，被测信号频率应从 f_{nom} 的 -2% 改变到 +2%，由频率改变引起仪表的误差偏移不应超过对各准确度等级仪表规定的极限；对于外部工频交流磁场，磁场大小为 1000A/m（3s），要求无重大故障发生。

7.4.3.2　最大允许综合误差模型

GB/T 17215.211—2021 中对电能表最大误差的合成或评价的思路是在基本最大允许误差的基础上，考虑各影响量引起的误差偏移量。因此，使用时评价合格的电能表的实际误差可能超过标准中规定的基本最大允许误差限值。也就是说，直接用代数方法将基本最大允许误差和所有的误差偏移相加，再对测量的不确定度进行估计是不符合实际的。这是因为对于不同的影响因素，误差合成时置信因子值的设置可能具有随机性，一些误差偏移小，一些还可能出现异号导致抵消。此外，电能表计量包含积分过程，在一定程度上置信因子值会随时间变化，所以应平均这些影响量所引起的电能计量误差。GB/T 17215.211—2021 做出以下假设：

1）可忽视整合效果。
2）置信因子的影响不相关。
3）相对于额定操作条件限值，影响量的值更接近参考值。
4）影响量和置信因子的影响可被当作正态分布。

因此，对于标准的不确定度，可使用最大允许误差变化一半的值。那么，估计综合最大允许误差（假设置信因子为2，置信概率接近95%）

$$v = 2\sqrt{\frac{v_{base}^2}{4} + \frac{v_{voltage}^2}{4} + \frac{v_{frequency}^2}{4} + \frac{v_{unbalance}^2}{4} + \frac{v_{harmonic}^2}{4} + \frac{v_{temperature}^2}{4}} \tag{7.25}$$

式中，v_{base} 是基本最大允许误差；$v_{voltage}$ 是电压变化允许的最大误差偏移；$v_{frequency}$ 是频率变化允许的最大误差偏移；$v_{unbalance}$ 是不平衡变化允许的最大误差偏移；$v_{harmonic}$ 是谐波含量允许的最大误差偏移；$v_{temperature}$ 是温度变化允许的最大误差偏移。

对于特定电能表类型，也可使用型式试验的结果来估计最大综合误差。型式试验结果通常比标准要求小，导致对于整体的最大误差有一个保证的较小值。

假设影响因子为正态分布，从试验结果中评估最大综合误差

$$e_{c(p,i)} = \sqrt{e^2(PF_p, I_i) + \delta e_{p,i}^2(U) + \delta e_{p,i}^2(f) + \delta e_{p,i}^2(T)} \tag{7.26}$$

式中，对于每个电流 I_i 和每个功率因数 PF_p，$e(PF_p, I_i)$ 为试验过程中测量的电能表的基本误差；$\delta e_{p,i}(T)$、$\delta e_{p,i}(U)$、$\delta e_{p,i}(f)$ 为温度、电压和频率各自随着规定的额定操作条件中的整个范围变化时，试验过程中测量的最大附加误差。

假设影响因子不服从正态分布，而为矩形分布，从试验结果的结合中估计综合最大误差为

$$e_c = 2\sqrt{\frac{e_{base}^2}{3} + \frac{e_{voltage}^2}{3} + \frac{e_{frequency}^2}{3} + \frac{e_{unbalance}^2}{3} + \frac{e_{harmonic}^2}{3} + \frac{e_{temperature}^2}{3}} \tag{7.27}$$

考虑了类型试验测量不确定度后，式中，e_{base} 为基本最大误差试验的最大误差；$e_{voltage}$ 为电压变化试验的最大误差偏移；$e_{frequency}$ 为频率变化试验的最大误差偏移；$e_{unbalance}$ 为不平衡变化试验中的最大误差偏移；$e_{harmonic}$ 为谐波含量变化试验中的最大误差偏移；$e_{temperature}$ 为温度变化试验中的最大误差偏移。

习题与思考题

7-1 分析电子式电能表中调理电路产生误差的原理。
7-2 简述电子式电能表比差和角差的来源及校正方法。
7-3 试分析谐波对电能表运行误差的影响。
7-4 简述电能表检定装置工作原理。
7-5 简述电能表比差和角差校正方法。
7-6 电能表计量性能试验包括哪些试验项目？
7-7 简述环境温度如何影响电能表的误差，应采取哪些措施减小其影响？
7-8 简述如何评定电能表最大允许综合误差。

第 8 章　电能质量检测技术

电能是一种特殊的商品，具有无法低成本大规模储存以及简单物理交割的属性。电力生产企业并不能完全控制电能质量，有些电能质量的变化是由电力用户引起的（比如，谐波、电压波动和闪变等），或是自然灾害及非控制因素引起的。因此，电能质量需要供电、用电双方共同维护，电能质量检测对于保障供用电质量，提升能源效率具有重要意义。

8.1　电能质量的基本概念

8.1.1　电能质量的定义和内涵

电能质量涉及如何描述供用电双方的相互作用和影响，迄今为止关于电能质量还没有一个准确、统一的定义。尽管国内外关于电能质量的范畴以及电能质量下降的起因等许多方面仍存在分歧，但对应用电能质量这一专业术语以及内涵达成了共识。使用比较广泛的电能质量定义包括：

IEEE Std 1100-2005 定义：合格电能质量的概念是指给敏感设备提供电力和设置的接地系统均适合于该设备正常工作。

IEC 1000-2-2/4 定义：电能质量是指供电装置在正常工作情况下不中断和不干扰用户使用电力的物理特性。这个定义概括了电能质量问题的成因和后果，还包括了供电可靠性的问题。根据这一定义，电能质量除了保证额定电压和额定频率下的正弦波形外，还包括频率偏差、电压偏差、电压波动与闪变、三相不平衡、波形畸变及所有电压瞬变现象，如冲击脉冲、电压下跌、瞬时间断及供电连续性等。

国标《电能质量　术语》（GB/T 32507—2016）定义：电力系统指定点处的电特性，关系到供用电设备正常工作（或运行）的电压、电流的各种指标偏离基准技术参数的程度。

电能质量的内涵已经取得了普遍共识，主要包括以下四方面：

1）电压质量。给出实际电压与理想电压间的偏差，以反映供电部门向用户分配的电力是否合格。电压质量通常包括电压偏差、电压频率偏差、电压不平衡、电磁暂态现象、电压波动与闪变、短时电压变动、电压谐波、电压间谐波、电压缺口、欠电压、过电压等。

2）电流质量。电流质量与电压质量密切相关。为了提高电能的传输效率，除了要求用户汲取的电流是单一频率正弦波外，还应尽量保持该电流波形与供电电压相同。电流质量通常包括电流谐波、间谐波、电流相位超前与滞后、噪声等。研究电流质量有助于电网电能质量的改善，降低线路损耗，但不能概括大多数因电压原因造成的质量问题，而后者往往并不总是由用电造成的。

3）供电质量。它包括技术含义和非技术含义两部分：技术含义有电压质量和供电可靠性；非技术含义是指服务质量，包括技术供电部门对用户投诉与抱怨的反应速度和电力价目的透明度等。

4）用电质量。用电质量反映供用电双方相互作用与影响的责任和义务，它包括技术含义和非技术含义。技术含义包括对电力系统电能质量技术指标的影响和要求；非技术含义是指用电责任和义务的履行质量，如用户是否按时、如数缴纳电费等。

8.1.2 电能质量的特点

从技术角度讲，提供优质电能是由供用电双方共同保证的，因而对电能质量日益关注的原因是多方面的。早期受关注的电能质量问题主要局限在频率偏移和电压偏移两个方面。20 世纪 80 年代以来，电能质量问题产生原因和区分责任的复杂性，使得更宽范围的电能质量问题引起电力公司和用户的重视。一方面，对各种电磁干扰极为敏感的新型用电设备被大量使用，它们对电能质量的要求比传统设备更高。另一方面，电力电子装置等非线性负荷日益增多、新能源发电比例迅速增大，导致谐波、电压波动、瞬时脉冲等各种电能质量干扰问题。例如，电弧炉、荧光灯和晶闸管换流设备等负荷使电流产生波形畸变，输入输出两端的电压和电流之间为非线性关系；高电压直流输电中换流器的非线性产生谐波电压和电流，导致波形畸变；变频调整装置、同步串级调速装置、循环变流器以及感应电动机铁心饱和、铁磁谐振等诸多因素会引起电流幅值、相位、波形发生或快或慢的变化（毫秒级及以下），产生间谐波。

电能是一种产品形式单一，生产、输送与消耗的全过程独具特色的商品。因此，电能质量与一般产品质量不同，有如下特点：

1）电能质量现象的动态性。对于不同的供（或用）电点在不同的供（或用）电时刻，电能质量指标往往是不同的。也就是说，电能质量在时间上和空间上均处于动态变化之中。

2）电能质量扰动的潜在性。电力系统运行过程中，总是会存在各种电能质量扰动，电能质量扰动发生的时间、位置以及发生扰动的类型，都存在随机性、偶然性和潜在性。

3）电能质量扰动的传播性。电力系统某一点的电能质量扰动可以传播到电力系统中的其他地方。

4）电能质量责任的特殊性。引起电能质量问题的原因主要有电力公司、电力用户和自然现象三个方面。电能质量不完全取决于电力生产部门，甚至有的电能质量指标（例如谐波、电压波动和闪变、三相电压不平衡度）往往由用户干扰所决定。因此在出现电能质量问题时，电力公司和电力用户对电能质量问题起因的看法有很大的分歧，厘清责任需要更完善的技术手段。

5）电能质量控制的整体性。电能质量不仅仅反映"电"的质量，而且和用电设备的性能密切相关。也就是说，电能质量标准的制定应充分考虑电力系统实际的可能性和电气设备的标准，从国民经济总体效益出发，使两者得到合理兼顾。

8.2 电能质量标准与扰动分类

8.2.1 电能质量标准

8.2.1.1 国际相关标准

IEC 从电磁兼容（Electromagnetic Compatibility，EMC）的角度认识和分析电能质量问题，组织制定了与电能质量密切相关的 IEC 61000 电磁兼容系列标准，主要包括以下部分：

1）IEC 61000-1 系列标准主要是有关电磁兼容的基本介绍，包括电磁兼容的基础原理、功能安全、定义、术语等内容。该系列标准包括 61000-1-1~61000-1-6，共 6 个标准。IEC 61000-1 的国内对应标准为 GB 17624 系列标准。

2）IEC 61000-2 系列标准主要包括测试和操作环境描述，对环境和兼容水平进行分类等内容。该系列标准包括 61000-2-1~61000-2-14，共 14 个标准。IEC 61000-2 的国内对应标准为 GB 18039 系列标准。

3）IEC 61000-3 系列标准主要针对发射标准和导则的综述，以及对发射水平的限值等。如对低频谐波与间谐波电流、电压波动和闪变的发射限值，中高压系统的波动性负荷的发射标准等。该系列标准包括 61000-3-1~61000-3-12，共 12 个标准。IEC 61000-3 的国内对应标准为 GB 17625 系列标准。

4）IEC 61000-4 系列标准为"试验和测量技术"，包含各种干扰环境下的抗扰水平试验和测量技术以及测量仪器要求等，是目前应用最多的标准系列之一。这些标准对试验的基本情况进行了介绍，一般包括试验等级/限值、设备、配置、程序、结果和报告等内容。IEC 61000-4 的国内对应标准为 GB/T 17626 系列标准。

5）IEC 61000-5 主要是安装和抑制导则，包含接地设置与电缆铺设、外部电磁干扰的抑制方法等。

6）IEC 61000-6 主要是通用标准，包括对民用、商业和轻工业用电设备等的发射水平和抗扰水平的标准。

应该注意的是，IEC 系列标准中规定的 EMC 水平是为了保证设施安全正常运行、国际贸易等目的而确定的参考值，不能将其简单地完全等同于电能质量的限值。

美国电能质量相关标准遵循 IEEE 制定的系列标准。IEEE 制定了涉及电能质量基本术语定义、测试方法、监测设备、电能质量控制等多方面的电能质量标准体系。美国国家标准学会根据美国实际情况，转化 IEEE 标准为美国国家标准。如 IEEE Std 519 电力系统谐波控制的推荐规程和要求；IEEE Std 1159 电能质量监测推荐规程；IEEE Std 1459 在正弦、非正弦，平衡或不平衡条件下电能质量测量的定义等。

日本的电能质量标准较为多样化和分散化，包括 JIS（Japanese Industrial Standards）、JEC（Japanese Electrotechnical Committee）和 JEMA（Japan Electrical Machinery）等标准，并逐步与 IEC 标准取得一致。日本电能质量的标准或导则主要针对频率偏差、电压偏差、电压暂降、闪变及谐波等，如《电力系统及其连接设备的谐波和间谐波测量方法及测量装置》（JIS C61000-4-7）；《电压波动与闪变的限值标准》（JIS TRC0014）等。

欧洲标准化委员会 CEN 和欧洲电工标准化委员会 CENELEC 以及它们的联合机构是欧洲最主要的电能质量标准制定机构。欧盟国家大部分电能质量标准直接采用 IEC 标准。欧洲标准化组织将电能质量分为电压质量与电流质量，认为电压质量由供电侧决定，电流质量主要受用户影响。EN 50160 公用配电系统供电特性是欧洲国家强制执行的电网电压质量评估标准，是国际第一个关于供电产品的质量标准。

8.2.1.2 中国相关标准

我国标准主管部门及行业组织等制定的电能质量指标、监测等相关的主要标准包括：

1）电能质量术语与规划：《电能质量　术语》（GB/T 32507—2016）、《电能质量规划　总则》（GB/T 40597—2021）。

2）电能质量指标：《电能质量　电力系统频率偏差》（GB/T 15945—2008）、《电能质量 供电电压偏差》（GB/T 12325—2008）、《电能质量　电压波动和闪变》（GB/T 12326—2008）、《电能质量　三相电压不平衡》（GB/T 15543—2008）、《电能质量　公用电网谐波》（GB/T 14549—1993）、《电能质量　公用电网间谐波》（GB/T 24337—2009）、《电能质量　暂时过电压和瞬态过电压》（GB/T 18481—2001）、《电能质量　电压暂降与短时中断》（GB/T 30137—2013）。

3）电能质量监测：《配电网电能质量监测技术导则》（GB/T 42154—2022）、《供电系统中的电能质量测量》（GB/T 39853—2021）、《电能质量监测系统技术规范》（DL/T 1297—2013）、《电能质量监测设备通用要求》（GB/T 19862—2016）、《电磁兼容　试验和测量技术》（GB/T 17626—2012）。

4）电能质量监测设备校准与检测：《电能质量监测设备自动检测系统通用技术要求》（GB/T 35725—2017）、《电能质量监测终端检测技术规范》（DL/T 1862—2018）、《电能质量标准源校准规范》（DL/T 1368—2014）、《电能质量技术监督规程》（DL/T 1053—2017）。

此外，还有电能质量治理、电能质量经济性评估、风电光伏并网技术规定等国家标准和行业标准。

8.2.2　电能质量扰动的分类

8.2.2.1　按扰动的表现特征分类

按照电能质量扰动现象的两个重要表现特征——变化的连续性和事件的突发性将电能质量扰动分成两类：变化型电能质量扰动和事件型电能质量扰动。

（1）变化型电能质量扰动

所谓变化型是指连续出现的电能质量扰动现象，其重要的特征表现为电压或电流的幅值、频率、相位差等在时间轴上的任一时刻总是在发生着小的变化。例如系统频率不可能一成不变地等于 50Hz（或 60Hz），系统电压有效值也不可能每时每刻恒等于其额定值，与理想值的偏差始终存在。这一类现象包括电压幅值变化、频率变化、电压和电流间的相位变化、电压不平衡、电压波动、电压和电流畸变、电压缺口、主网载波信号干扰等。由于电力系统中的电能质量现象多为随机现象，在对变化型电能质量进行质量评估时，往往采用概率统计方法来处理，即采用概率密度函数给出相应变量在某已确定点的概率值，并且用概率分布函数反映该变量处在某确定范围内的可能性有多大。

（2）事件型电能质量扰动

所谓事件型是指突然发生的电能质量扰动现象，其重要的特征表现为电压或电流短时严重偏离其额定值或理想波形。这一类现象包括电压暂降和电压短时间中断、欠电压、瞬态过电压、阶梯形电压变化、相位跳变等。在对事件型电能质量进行评估时，通常采用其特征量，如用幅值偏移的多少、事件持续时间长短以及发生的频次等来描述，并且用概率论和数理统计方法以及可靠性计算来处理。监测事件型电能质量时，要求有一个事件启动信号，如电压方均根值低于某一预定的阈值便开始记录，待事件结束时停止记录。

8.2.2.2　按扰动的时间特性分类

按照电能质量扰动的时间特性来分，电力系统中各种扰动引起的电能质量问题主要可分为稳态和暂态两大类：

1）稳态电能质量扰动。稳态电能质量扰动主要包括频率偏差、电压偏差、三相不平衡、闪变、波形畸变以及噪声等。

2）暂态电能质量扰动。暂态电能质量问题可分短时电压变动和电磁暂态两大类。短时电压变动包括短时过电压、瞬态过电压、电压骤降、电压骤升以及供电瞬时中断问题。电磁暂态包括脉冲暂态和振荡暂态。

8.2.2.3 按电磁干扰的现象分类

IEEE 对引起电能质量劣化的电磁干扰的基本现象进行了分类见表 8.1，对表中列出的各种现象可进一步用其属性和特征加以描述。对于稳态现象，可利用以下属性：幅值、频率、频谱、调制、电源阻抗、陷落深度、陷落面积；对于非稳态现象，可利用以下属性：上升率、幅值、相位移、持续时间、频谱、频率、发生率、能量强度、电源阻抗等。

表 8.1　电力系统电能质量电磁现象的分类及其特征

种类			典型频谱成分	典型持续时间	典型电压幅值
电磁瞬态	冲击	纳秒级	5ns 上升	<50ns	
		微秒级	1μs 上升	50ns~1ms	
		毫秒级	0.1ms 上升	>1ms	
	振荡	低频	<5kHz	0.3~50ms	0~4pu
		中频	5~500kHz	20μs	0~8pu
		高频	0.5~5MHz	5μs	0~4pu
短时电压变动	即时	暂降		0.5~30T	0.1~0.9pu
		暂升		0.5~30T	1.1~1.8pu
	瞬时	中断		0.5T~3s	<0.1pu
		暂降		30T~3s	0.1~0.9pu
		暂升		30T~3s	1.1~1.4pu
	暂时	中断		3s~1min	<0.1pu
		暂降		3s~1min	0.1~0.9pu
		暂升		3s~1min	1.1~1.2pu
长时电压变动		持续中断		>1min	0.0pu
		欠电压		>1min	0.8~0.9pu
		过电压		>1min	1.1~1.2pu
电压不平衡				稳态	0.5%~2%
波形失真（畸变）		直流偏置		稳态	0~0.1%
		谐波	0~100 次	稳态	0~20%
		间谐波	0~6kHz	稳态	0~2%
		陷波		稳态（0.5T）	
		噪声	宽带	稳态	0~1%
电压波动			<25Hz	断续（间歇）	0.1%~7%
频率偏差				<10s	

注：T 为电力系统的工频信号周期；pu 表示标幺值。

1. 电磁瞬态

冲击性瞬态是一种在稳态条件下，电压和电流的非工频、单极性的突然变化现象，如雷达引起的冲击电流变化。一般用上升和衰减时间来描述其特性。

振荡性瞬态是一种在稳态条件下，电压和电流的非工频、有正负极性的突然变化现象，如电容器组投切引起的振荡性瞬态电流。

2. 短时电压变动

短时电压中断是指公共电压有效值小于额定电压的 0.1pu，持续时间 0.5 周波~1min 的过程。短时电压中断也称电压间断，可分为瞬时电压中断和暂时电压中断。瞬时电压中断是指持续时间 0.5 周波~3s 的短时电压中断，暂时电压中断是指持续时间 3s~1min 的短时电压中断。

短时电压下降是指供电电压有效值突然降至额定电压的 0.1~0.9pu，然后又恢复至正常电压，这一过程的持续时间为 0.5 个周波到 1min。短时电压下降又称电压跌落、电压暂降、电压骤降、电压降低、电压下跌或电压凹陷。短时电压下降分即时电压下降、瞬时电压下降和暂时电压下降。即时电压下降是指持续时间 0.5~30 周波的短时电压下降，瞬时电压下降是指持续时间 30 周波~3s 的短时电压下降，暂时电压下降是指待续时间 3s~1min 的短时电压下降。

短时电压上升是指在工频条件下，电压或者电流的有效值上升到额定电压的 1.1~1.8pu，然后又恢复至正常电压，这一过程的持续时间为 0.5 个周波到 1min。短时电压上升也称电压骤升、电压暂升、电压凸起、电压升高或电压突出。短时电压上升分即时电压上升、瞬时电压上升和暂时电压上升。即时电压上升是指持续时间 0.5~30 周波的短时电压上升，瞬时电压上升是指持续时间 30 周波~3s 的短时电压上升，暂时电压上升是指持续时间 3s~1min 的短时电压上升。

3. 长时电压变动

电压持续中断是指供电电压迅速下降为 0，并且持续时间超过 1min。

过电压是指工频下交流电压方均根升高，超过额定值的 10%，并且持续时间大于 1min 的电压变动现象。过电压的出现通常是负荷投切的结果（例如，切断某一大容量负荷或向电容器增能时）。

欠电压是指工频下交流电压方均根值降低，小于额定值的 90%，并且持续时间大于 1min 的电压变动现象。可以说引起欠电压的原因与过电压正好相反。某一负荷的投入或某一电容器组的断开都可能引起欠电压，直到系统电压调节装置再将电压拉升至容限范围之内。

4. 电压不平衡

理想的三相交流电力系统是平衡（或对称）系统，三相电压应有相同幅值，且相位角互差 $2\pi/3$。但是在实际中，由于种种因素，电力系统并不是完全平衡的。电压不平衡一般是指与三相电压平均值的最大偏差，并且用该偏差与平均值的百分比表示。

5. 波形失真（畸变）

直流偏置是指在交流系统中出现直流电压或电流。

失真或畸变的波形可以分解为基波和谐波之和。谐波是指频率为基波频率整数倍的电压或电流。间谐波是指频率为基波频率非整数倍的电压或电流。

陷波是指交流电流从一相切换到另一相时产生的周期性电压扰动（换相缺口）。

噪声指带有低于 200kHz 宽带频谱，混杂在系统线路中的有害干扰信号。

6. 电压波动

电压波动是指电压包络线有规则的变化或一系列随机电压波动，通常幅值波动范围在 0.1%~7%。

7. 频率偏差

一般是指基波频率偏离规定正常值的现象。频率偏差及持续时间取决于负荷特性和发电控制系统对负荷变化的响应时间。

8.3 电能质量测量

8.3.1 电能质量参数测量概述

根据电能质量测量目的、测量参数和应用场景的不同，IEC61000-4-3 定义了三个类别：A（advanced，高级）类、S（surveys，调查）类和 B（basic，基本）类。A 类用于要求精密测量的场合，例如标准符合性检查、解决争议、电能质量合同仲裁等。在测量同一信号时，用两台符合 A 类要求的不同仪器测量同一信号的某参数，所得任意测量结果应在所规定的不确定度范围内。S 类用于调查或电能质量评估等统计性应用，使用的参数可能只是所有参数的一个有限子集。例如调查或可能采用有限的参数子集的电能质量评估。S 类采用与 A 类一样的测量间隔，但 S 类的处理要求比 A 类低。B 类是为了避免使已有或在用的仪器被废弃，因此对于新的电能质量测量方案，IEC 不推荐使用 B 类。

IEC 61000-4-3 规定的电能质量测量包括测量传感器、测量单元和评估单元。其中传感器是将电气输入信号转化为适应测量单元的输入量，测量单元完成输入信号的测量并给评估单元提供测量结果，评估单元实现电能质量的评估并报告结果。电能质量测量的主要参数见表 8.2。

表 8.2 电能质量测量的主要参数

序号	参 数	序号	参 数
1	相/线电压方均根值	16	正序、负序和零序电流
2	电流方均根值	17	电流负序和零序不平衡度
3	相/线电压基波（幅值、频率、相位）	18	各相有功功率
4	电压总畸变率	19	各相无功功率
5	电流基波（幅值、频率、相位）	20	各相功率因数
6	电流总畸变率	21	各相基波功率因数
7	2~50 次电压谐波（有效值、频率、相位）	22	总有功功率
8	2~50 次电流谐波（有效值、频率、相位）	23	总无功功率
9	2~50 次电压谐波含有率（谐波集、谐波子集）	24	三相功率因数
10	2~50 次电压间谐波含有率（间谐波集、间谐波子集）	25	基波功率因数
11	2~50 次电流谐波含有率（谐波集、谐波子集）	26	频率与频率偏差
12	2~50 次电流间谐波含有率（间谐波集、间谐波子集）	27	电压波动
13	基波，2~50 次谐波有功功率	28	短时间闪变值
14	正序、负序和零序电压	29	长时间闪变值
15	电压负序和零序不平衡度	30	电压偏差

多数表征电能质量的参数是时变的，测量必须持续一定的时间。IEC 61000-4-3 规定，对于 50Hz 系统的谐波、电压幅值和三相不平衡等参数的分析计算时间窗为 10 个基波周期，对于 60Hz 系统则为 12 个基波周期。通常以日或周的记录为依据，计算 95%概率大值、最大值和平均值等指标，绘制柱状图、概率密度和概率分布图、日趋势图等进行电能质量评估。

8.3.2 频率偏差

为表征电力系统频率偏差，在正常运行工况下使用以下指标：

（1）频率偏差 Δf 和相对频率偏差 ε_f（%），用于评价缓慢频率变化，定义式为

$$\Delta f = f_{re} - f_n \tag{8.1}$$

式中，f_{re} 为实际频率；f_n 为系统标称频率。

$$\varepsilon_f = \frac{\Delta f}{f_n} \times 100\% \tag{8.2}$$

（2）日积累偏差 I_f，用于评价 24h 内频率偏差的累积量，定义式为

$$I_f = \int_0^{24} \Delta f \, dt \tag{8.3}$$

频率测量通常采用测量周期的方法，如简单周期法和插值周期法等。简单周期法采用硬件检测输入信号波形的过零点，通过倍频计数求出周期；插值周期法对采样后的数据进行数字滤波，运用插值算法求过零时刻，进而计算周期。这些方法易于实现，但测量精度受谐波、噪声和非周期分量的影响较大。

IEC 61000-4-3 推荐的频率测量方法中，基波频率为 10s 间隔内包括的完整周期个数 n 除以完整周期的累计时间 T，即

$$f = \frac{n}{T} \tag{8.4}$$

要求：①测量间隔之间没有重叠；②每个绝对 10s 时刻开始频率测量；③应对谐波和间谐波进行滤波。

我国《电能质量 电力系统频率偏差》（GB/T 15945—2008）规定，电力系统正常运行条件下的频率偏差限值为±0.2Hz，当系统容量较小时，可以放宽到±0.5Hz。频率质量的评估可以考虑以下方面：

1）测量时间段：最小评估周期为 1 周波。

2）基于频率测量的 10s 值，可以：①在测量评估时间段内，统计超出合同值上限或下限值的数量或百分比；②将最坏情况的值与合同值的上限值或下限值进行比较；③将每周波测量的以 Hz 表示的一个或多个概率（如 95%）大值与合同值的上限值或下限值进行比较；④统计连续超过合同值的上限值或下限值的个数；⑤将偏离标称频率的值在测量时间段内求和，然后与合同值进行比较。

8.3.3 电压偏差

电压偏差定义为电压测量值与系统标称电压之差对系统标称电压的百分数，计算式为

$$\delta_U = \frac{U_{re} - U_n}{U_n} \times 100\% \tag{8.5}$$

式中，U_{re} 为电压测量值；U_n 为系统标称电压。

电压偏差的测量本质是电压有效值的测量，常用的方法包括平均值法和真有效值法。对于正弦波，平均值法可根据正弦波有效值与平均值的恒定对应关系计算有效值，即有效值=1.111×平均值。对于非正弦波，系数 1.111 须进行相应变化。实际测量中，被测波形一般不是标准正弦波，因此平均值法测量电压有效值存在较大偏差。

真有效值法是最常用的电压偏差测量方法，通过计算信号的方均根值计算有效值的公式为

$$U_{RMS} = \sqrt{\frac{1}{N}\sum_{k=1}^{N} u(k)^2} \tag{8.6}$$

式中，$u(k)$ 为电压信号采样序列的第 k 个值；N 为一个周期的采样点数。

在我国《电能质量 供电电压偏差》（GB/T 12325—2008）中，规定 A 类电压偏差测量误差不超过±0.2%；B 类电压偏差测量误差不超过±0.5%，推荐的测量步骤为：

1）选取测量时间长度，推荐为 1min 或 10min。其中对于 A 类，可以选择 3s、1min、10min、2h；对于 B 类，应标明测量时间窗口和计算电压偏差的时间长度。

2）以 10 个基波周期作为测量时间窗口，相邻测量时间窗口接近但不重叠。

3）连续测量每个窗口有效值并计算有效值的平均值，计算电压偏差。

电压偏差的评估可以考虑以下方面：

1）测量时间内超过合同正/负偏差限值的数值个数或比例。

2）最严重情况下的测量值对比合同正/负偏差限值。

3）每周波一个或多个概率（如 95%）大值与合同正/负偏差限值进行比较。

4）统计连续超过合同正/负偏差限值的个数。

《电能质量 供电电压偏差》（GB/T 12325—2008）规定了供电电压偏差的限值：220V 单相供电电压偏差为标称电压的-10%～+7%；20kV 及以下三相供电电压偏差为标称电压的±7%；35kV 及以上供电电压正、负偏差绝对值之和不超过标称电压的 10%。

8.3.4 电压合格率

电压合格率指在一段时间内（如周、月、季、年）监测点电压在合格范围内的时间总和与电压监测总时间的百分比，一般统计的时间单位为 min。

供电电压偏差超限的时间累计之和为电压超限时间，监测点电压合格率计算公式如下：

$$V = \frac{T_c}{T_s + T_c} \times 100\% \tag{8.7}$$

式中，T_c 为电压合格时间；T_s 为电压超限时间。

电网电压监测分为 A、B、C、D 四类监测点：

1）A 类为带地区供电负荷的变电站和发电厂的 20kV、10（6）kV 母线电压。

2）B 类为 20kV、35kV、66kV 专线供电的和 110kV 及以上供电电压。

3）C 类为 20kV、35kV、66kV 非专线供电的和 10（6）kV 供电电压，每 10MW 负荷至少应设一个电压监测点。

4）D 类为 380V/220V 低压网络供电电压，每百台配电变压器至少设 2 个电压监测点，监测点应设在有代表性的低压配电网首末两端和部分重要用户处，各类监测点每年应随供电网络变化进行调整。

供电系统的年（季、月）度综合电压合格率为

$$\gamma(\%) = 0.5\gamma_A + 0.5\left(\frac{\gamma_B + \gamma_C + \gamma_D}{3}\right) \tag{8.8}$$

式中，γ_A、γ_B、γ_C、γ_D 分别是 A、B、C、D 四类电压监测点的年（季、月）度电压合格率。

8.3.5 谐波和间谐波

国际上公认的谐波定义为：谐波是一个周期电气量的正弦波分量，其频率为基波频率的整数倍。由于谐波的频率是基波频率的整数倍，也常称之为高次谐波。国际电工标准（IEC 6100-3-2）、国际大电网会议（CIGRE）工作组报告 36-05 中对谐波也都有明确的定义：谐波分量为周期量的傅里叶级数中大于 1 的 h 次分量。对谐波次数 h 的定义则为：以谐波频率和基波频率之比表达的整数。IEEE 519—1992 中谐波的定义为：谐波为一周期波或量的正弦波分量，其频率为基波频率的整数倍。周期性畸变波形可分解为基波分量和谐波分量。谐波畸变是由电力系统中的非线性特性的设备或负荷引起的。

根据 IEC 的定义，电力系统间谐波是指频率为基波非整数次的波形，也就是说间谐波的频率介于工频和谐波频率之间，它们可能是离散的频率，也可能是以连续频带的形式出现。有时候也将间谐波称为分数次谐波，将频率低于工频频率的间谐波称为次谐波，它可看成直流与工频之间的间谐波，其原理和其他间谐波的原理一样。

8.3.5.1 谐波术语

（1）谐波频率 $f_{H,h}$

谐波频率指频率是电力系统（基波）频率的整数倍数，即 $f_{H,h} = h f_{H,1}$。

（2）谐波次数 h

谐波次数指谐波频率与电力系统（基波）频率的（整数）比。

一般情况下通过离散傅里叶变换（DFT）或快速傅里叶变换（FFT）进行谐波和间谐波分析。设 N 为时间窗宽度内的基波周期数（基波频率为 f_0），J 为每个基波周期内的采样点数，则 $M=NJ$ 点 DFT 的频率分辨率 $\Delta f = f_s/M = f_s/(NJ) = f_0/N$，其中 f_s 为采样频率，也即相邻两根谱线之间的频率间隔为 Δf。则在同步采样条件下，离散频谱的第 $k=Nh$ 根谱线代表第 h 次谐波。例如，时间窗采用 $N=10$ 个基波周期宽度，基波频率为 50Hz，这时相邻频谱之间的频率间隔为 5Hz，h 次谐波对应频谱中第 $10h$ 条谱线。

（3）频谱分量的方均根值 $Y_{C,k}$

频谱分量的方均根值指对时域采样信号进行 DFT 后，各频谱分量的方均根值，$Y_{C,k}$ 表示第 k 次频谱分量的方均根值。

（4）谐波分量的方均根 $Y_{H,h}$

谐波分量的方均根值指一个非正弦波形经过 DFT 分析后，某一个谐波频率分量的方均根值。谐波分量 $Y_{H,h}$ 等于频谱分量 $Y_{C,k}$，$k=h\times N$，即 $Y_{H,h}=Y_{C,h\times N}$。甄别不同的信号，可以用符号 I 代替 Y 则表示电流，用符号 U 代替 Y 则表示电压。下标 H 则表示 I 或 U 的谐波分量。

（5）谐波群的方均根值 $Y_{g,h}$

谐波群的方均根值指某一次谐波的方均根值和在时间窗之内与两侧相邻的频谱分量的方均根值的平方和的平方根值，如此把谐波能量以及两侧相邻频谱分量的能量值累加在一起，见式（8.12）和图 8.2。

(6) 谐波子群的方均根值 $Y_{sg,h}$

谐波子群的方均根值指某一谐波方均根值和与之两侧紧邻的两个频谱分量的方均根值的平方和的平方根值。在电压测量过程中，考虑到电压波动的影响，将 DFT 输出的谐波能量加上紧邻其两侧的两个频率分量的能量，得到一个子群，见式（8.13）和图 8.3。

(7) 总谐波畸变率 THD

总谐波畸变率指不大于特定次数（$h_{\max}$）的所有谐波分量的方均根值 $Y_{H,h}$ 相对于基波分量方均根值 $Y_{H,1}$ 的比值的方和根。

$$\text{THD}_Y = \sqrt{\sum_{h=2}^{h_{\max}} \left(\frac{Y_{H,h}}{Y_{H,1}}\right)^2} \tag{8.9}$$

在 IEC 61000-3 系列标准中，$h_{\max}$ 的取值为 40（谐波的最大次数）。

(8) 总谐波群畸变率 THDG

总谐波群畸变率指谐波群的方均根值 $Y_{g,h}$ 相对于基波群方均根值 $Y_{g,1}$ 的比值的方和根。

$$\text{THDG}_Y = \sqrt{\sum_{h=h_{\min}}^{h_{\max}} \left(\frac{Y_{g,h}}{Y_{g,1}}\right)^2}, h_{\min} \geqslant 2 \tag{8.10}$$

例如在 IEC 61000-3 系列标准中，$h_{\max}$ 取值 40，$h_{\min}$ 取值 2。

(9) 总谐波子群畸变率 THDS

总谐波子群畸变率指谐波子群的方均根值 $Y_{sg,h}$ 相对于基波子群方均根值 $Y_{sg,1}$ 的比值的方和根。

$$\text{THDS}_Y = \sqrt{\sum_{h=h_{\min}}^{h_{\max}} \left(\frac{Y_{sg,h}}{Y_{sg,1}}\right)^2}, h_{\min} \geqslant 2 \tag{8.11}$$

8.3.5.2 间谐波术语

(1) 间谐波分量的方均根值 $Y_{C,i}$

间谐波分量的方均根值指介于两个相邻谐波频率之间的某一频谱分量的方均根值 $Y_{C,k \neq h \times N}$。间谐波的频率由谱线的频率给定，该频率不是基波频率的整数倍。

(2) 间谐波群的方均根值 $Y_{ig,h}$

间谐波群的方均根值指在两个相邻谐波频率之间所有频谱分量的方均根值。

为便于表述，谐波次数在 h 和 $h+1$ 之间的间谐波群的方均根值表示为 $Y_{ig,h}$。例如，在 $h=5$ 和 $h=6$ 之间的间谐波群表示为 $Y_{ig,5}$。

(3) 间谐波中心子群的方均根值 $Y_{isg,h}$

间谐波中心子群的方均根值指在两个相邻谐波频率之间，除去与谐波频率直接相邻的两个频谱分量之后余下的全部频谱分量的方均根值。

为便于表述，谐波次数在 h 和 $h+1$ 之间的间谐波中心子群的方均根值表示为 $Y_{isg,h}$。例如，在 $h=5$ 和 $h=6$ 之间的间谐波中心子群表示为 $Y_{isg,5}$。

(4) 间谐波群频率 $f_{ig,h}$

指间谐波群两侧的两个谐波频率的平均值。

(5) 间谐波中心子群频率 $f_{isg,h}$

指该间谐波子群两侧的两个谐波频率的平均值。

8.3.5.3 IEC 推荐的谐波测量方法

IEC 61000-4-7（对应国标 GB/T 17626.7—2017）规定 50Hz 系统的谐波和间谐波测量，

以 10 个基波周期时间窗、5Hz 的频谱分辨率对信号进行傅里叶变换和频谱分析。IEC 61000-4-7 推荐的基于 DFT 的谐波分析仪的主要结构如图 8.1 所示。

仪器的输出 "输出 1" 分别给出电流或电压在 DFT 后的每一个傅里叶系数 a_k 和 b_k，以及 $Y_{C,k}$，即计算出每个频率分量的值。

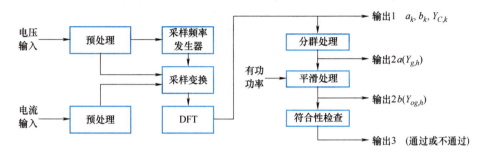

图 8.1 谐波测量仪器的通用结构

1. 谐波群的测量

为评估谐波，将图 8.1 中 DFT 的 "输出" 首先进行分群处理，谐波群和间谐波群的分群示意图如图 8.2 所示。对于 50Hz 系统，$N=10$ 的情况，根据图 8.2 的分群方式，h 次谐波群幅值 $Y_{g,h}$ 由 h 次谐波及其对称两侧的间谐波按式（8.12）计算，式中仅对 2 次谐波以上的中间分量进行计算。

$$Y_{g,h}^2 = \frac{1}{2}Y_{C,(Nh)-N/2}^2 + \sum_{k=(-N/2)+1}^{(N/2)-1} Y_{C,(Nh)+k}^2 + \frac{1}{2}Y_{C,(Nh)+N/2}^2 \tag{8.12}$$

式中，$Y_{C,(Nh)+k}$ 为与 DFT 输出值（频谱分量）对应的方均根值；下标 $(Nh)+k$ 为频谱分量的次数；$Y_{g,h}$ 为所得到的谐波群方均根值。

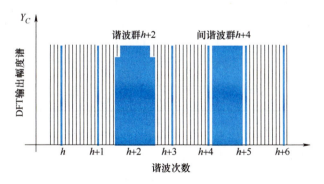

图 8.2 谐波群和间谐波群示意图

2. 谐波子群的测量

傅里叶变换分析假设信号是稳态的。然而，电力系统的电压幅值可能会出现波动，将谐波分量的能量扩散到与之邻近频率的频谱上。为提高电压评估准确度，DFT 后每 5Hz 的输出分量 $Y_{C,k}$，应根据图 8.3 和式（8.13）加以分群

$$Y_{sg,h}^2 = \sum_{k=-1}^{1} Y_{C,(N\times h)+k}^2 \tag{8.13}$$

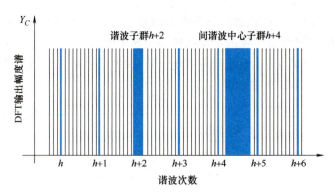

图 8.3　谐波子群和间谐波中心子群示意图

3. 谐波平滑

应对根据式（8.12）（图 8.1 中"输出 2a"）输出的各次谐波的方均根值 $Y_{g,h}$ 都进行平滑处理。使用一阶数字低通滤波器，其时间常数为 1.5s，如图 8.4 所示。图中，z^{-1} 表示时间窗延迟；α、β 为滤波器系数（数值参见表 8.3）。

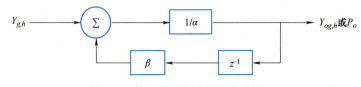

图 8.4　数字低通滤波器的实现原理

表 8.3　依据窗口宽度的平滑滤波器的系数

频率/Hz	时间窗内周波数 N	采样率/ms	α	β
50	10	≈1/200	8.012	7.012
60	12	≈1/200	8.012	7.012
50	16	≈1/320	5.206	4.206
60	16	≈1/267	6.14	5.14

对于基波分量 $Y_{H,1}$，如果需要，应对从"输出 1"输出的方均根值进行同样的平滑处理。

对有功功率 P 和功率因数，若需要，应对有功功率值和功率因数值的模值进行相似的平滑处理。如果测量功率 P 的时间分辨率约为 200ms，则可使用外部功率表。

8.3.5.4　IEC 推荐的间谐波测量方法

在两个连续的谐波分量之间有一组频谱分量，从而构成一个间谐波群。这种组合给出了在两个相邻谐波分量之间所有间谐波分量的综合值，包含了谐波分量波动的影响。可用式（8.14）计算间谐波群的值

$$Y_{ig,h}^2 = \sum_{k=1}^{N-1} Y_{C,(N\times h)+k}^2 \tag{8.14}$$

式中，下标 ig,h 表示第 h 次间谐波群，参见图 8.2。

从式（8.14）中剔除紧邻谐波频率的分量，可以部分减小谐波幅值和相位角变化的影

响。同样为了确定间谐波中心子群的方均根值 $Y_{isg,h}$，可用图 8.1 中 DFT 的"输出 1"的输出数据，由下面的公式来重新组合

$$Y_{isg,h}^2 = \sum_{k=2}^{N-2} Y_{C,(Nh)+k}^2 \tag{8.15}$$

式中，$Y_{C,(Nh)+k}$ 是由 DFT 得到的相应频率超出第 h 次谐波频率的频谱分量的方均根值；$Y_{isg,h}$ 则是第 h 次间谐波中心子群的方均根值。

若仅仅对谐波值进行评估，则可用分群式（8.12）。如果要分别评估谐波和间谐波的值（例如，在评估设备是否产生间谐波时），则第 h 次谐波和与其相邻的频谱分量（$k=-1$ 和 +1）一起组合成一个第 h 次的谐波子群，而其他的频谱分量（$k=2\sim 8$）则按照式（8.15）构成一个第 h 次的间谐波中心子群，见图 8.3。

8.3.6 电压暂降与短时中断

8.3.6.1 定义

电压暂降是指供电电压方均根值突然下降，然后又恢复至正常电压的事件。IEEE Std 1159 中定义电压方均根值突然下降至 0.1~0.9pu，且这一过程的持续时间为 10ms~1min。IEC 中对电压暂降的定义为电压方均根值突然下降至 0.01~0.9pu，且持续时间为 10ms~1min。

短时电压中断也称电压间断，指电压方均根值降低至接近于零，而持续事件较短，是电压暂降的一种特例。IEEE Std 1159 中定义短时电压中断为电压降落至小于 0.1pu，持续时间达到 10ms~1min。IEC 中对短时电压中断定义为暂降幅值低于 0.01pu，持续时间小于 3min。

我国《电能质量 电压暂降与短时中断》（GB/T 30137—2013）对电压暂降的定义与 IEEE Std 1159 相同，对短时中断的定义为电压方均根值小于 0.1pu，持续时间 10ms~1min 的过程。

8.3.6.2 电压暂降与短时中断的检测

1. 电压方均根的测量方法

IEC61000-4-30 规定了三类电压方均根的测量方法。

（1）A 类测量方法

电压暂降的基本测量量为每个测量通道上的半周波刷新电压方均根值，表示为 $U_{\text{rms}(1/2)}$。测量 $U_{\text{rms}(1/2)}$ 的周波持续时间取决于系统基波频率。

$U_{\text{rms}(1/2)}$ 是指从基波的过零点开始，每半个周波更新、测量整周方均根值，计算式为

$$U_{\text{rms}(1/2)}(k) = \sqrt{\frac{1}{N}\sum_{i=1+(k-1)\frac{N}{2}}^{(k+1)\frac{N}{2}} u^2(i)} \tag{8.16}$$

式中，N 为每周波的采样点数；$u(i)$ 为第 i 次采样到的电压波形瞬时值；k 为被计算的窗口序号（$k=1$，2，3，…），即第一个值是在一个周波内（从样本 1 到 N）获得的，下一个值则从样本 $N/2+1$ 到样本 $N/2+N$，依次计算。

值得注意的是，$U_{\text{rms}(1/2)}$ 是从基波过零点开始，在整周波内测量的电压方均根值，但每半个周波刷新一次。由此可见，$U_{\text{rms}(1/2)}$ 值包括了谐波间、谐波和电网载波信号等。

（2）S 类测量方法

电压暂降的基本测量量为每个测量通道的半周波刷新电压方均根值 $U_{\text{rms}(1/2)}$ 或每个测量通道的每周波刷新电压方均根值 $U_{\text{rms}(1)}$，由制造商规定所采用的测量方法。

$U_{rms(1)}$ 指在一个周波内测量得到的电压方均根值,且每 1 个周波更新一次,计算式为

$$U_{rms(1)}(k) = \sqrt{\frac{1}{N} \sum_{i=1+(k-1)N}^{kN} u^2(i)} \qquad (8.17)$$

式中,N 为每周波的采样点数;$u(i)$ 为第 i 次采样到的电压波形瞬时值;k 为被计算的窗口序号($k=1,2,3,\cdots$),即第一个值是在一个周波内(从样本 1 到样本 N)获得的,下一个值则从样本 $N+1$ 到样本 $2N$,依次计算。

(3) B 类测量方法

制造商应规定测量电压方均根值 U_{rms} 所采用的方法。

2. 检测阈值

单相系统中,当 $U_{rms(1/2)}$ 或 $U_{rms(1)}$ 低于暂降阈值时,电压暂降开始;当 $U_{rms(1/2)}$ 或 $U_{rms(1)}$ 等于或者高于暂降阈值与迟滞电压之和时,电压暂降结束。多相系统中,当一相或多相的 $U_{rms(1/2)}$ 或 $U_{rms(1)}$ 低于暂降阈值时,电压暂降开始;当所有相的 $U_{rms(1/2)}$ 或 $U_{rms(1)}$ 等于或者高于暂降阈值与迟滞电压之和时,电压暂降结束。设置迟滞电压的目的是为了当参数幅值在阈值水平附近振荡时,避免将其计为多个事件,迟滞电压通常为公称输入电压的 2%。这里提到的公称电压一般是指经供电公司和用户协商而采用的并不等于标称电压的供电电压。电压暂降阈值和迟滞电压大小均由用户根据用途进行设定,例如 IEEE 相关标准中将电压暂降的阈值设置为 0.9pu,迟滞电压通常为公称输入电压的 2%。

单相系统中,当 $U_{rms(1/2)}$ 或 $U_{rms(1)}$ 低于短时中断阈值时,短时中断开始;当 $U_{rms(1/2)}$ 或 $U_{rms(1)}$ 等于或者高于短时中断阈值与迟滞电压之和时,短时中断结束。多相系统中,当一相或多相的 $U_{rms(1/2)}$ 或 $U_{rms(1)}$ 低于短时中断阈值时,短时中断开始;当所有相的 $U_{rms(1/2)}$ 或 $U_{rms(1)}$ 等于或者高于短时中断阈值与迟滞电压之和时,短时中断结束。短时中断阈值和迟滞电压大小均由用户根据用途设定,例如 IEEE 相关标准中短时中断的阈值设置为 0.1pu,迟滞电压通常为公称输入电压的 2%。

8.3.6.3 电压暂降与短时中断的统计

1. 电压暂降与短时中断的特征参数

电压暂降的特征参数包括残余电压 U_{res}、持续时间等。残余电压为暂降过程中所有相上测得的最低 U_{rms} 值。电压暂降的开始时间为触发电压暂降记录的 U_{rms} 值的计算结束时间,电压暂降的终止时间为电压暂降结束时的 U_{rms} 值的计算结束时间,暂降结束 U_{rms} 值由阈值和迟滞电压之和决定。电压暂降的持续时间是从电压暂降起始到结束所用的时间。

短时中断的特征参数包括残余电压 U_{res}、持续时间等。残余电压为短时中断过程中任一相上测得的最低 U_{rms} 值。短时中断的开始时间为触发短时中断记录的 U_{rms} 值的计算结束时间,短时中断的终止时间为短时中断结束时的 U_{rms} 值的计算结束时间,短时中断结束 U_{rms} 值由阈值和迟滞电压之和决定。短时中断的持续时间是从短时中断起始到结束所用的时间。

2. 电压暂降与短时中断推荐指标

电压暂降与短时中断统计指标主要采用系统平均方均根值变动频率指标(System Average RMS Frequency Index,SARFI)。SARFI 用来描述特定周期内某系统或某单一测量点电压暂降(短时中断)事件的发生频度。

SARFI 包括两种形式:①针对某一阈值电压的统计指标 $SARFI_X$;②针对某类敏感设备

的容限曲线的统计指标 $\text{SARFI}_{\text{CURVE}}$。

SARFI_X 常采用以下两种形式，分别为利用事件影响用户数进行统计的 $\text{SARFI}_{X\text{-}C}$ 和仅利用事件发生次数进行统计的 $\text{SARFI}_{X\text{-}T}$，分别如式（8.18）和式（8.19）所示

$$\text{SARFI}_{X-C} = \frac{\sum N_i}{N_T} \tag{8.18}$$

式中，X 为电压方均根阈值，X 可能的取值为 90、80、70、50 或 10 等，用电压方均根值占标称电压的百分数形式表示，即为 $X\%$；当 $X<100$ 时，N_i 为第 i 次事件下承受残余电压小于 $X\%$ 的电压暂降（或短时中断）的用户数；N_T 为所评估测点供电的用户总数。

$$\text{SARFI}_{X-T} = \frac{ND}{D_T} \tag{8.19}$$

式中，X 为电压方均根阈值，X 可能的取值为 90、80、70、50 或 10 等，用电压方均根值占标称电压的百分数形式表示，即为 $X\%$。当 $X<100$ 时，N 为监测时间段内残余电压小于 $X\%$ 的电压暂降（或短时中断）的发生次数；D_T 为监测时间段内的总天数；D 为指标计算周期天数，可取值 30 或 365，对应指标分别表示每月或每年残余电压小于 $X\%$ 的电压暂降（或短时中断）的平均发生次数，$D \leq D_T$。

$\text{SARFI}_{\text{CURVE}}$ 是统计电压暂降（短时中断）事件超出某一类敏感设备容限曲线所定义的区域的概率，不同的容限曲线对应不同的 $\text{SARFI}_{\text{CURVE}}$。

8.3.6.4 电压暂降与短时中断的评估

为了评估电压暂降和短时中断对电网电能质量水平的影响，宜采用以下三个步骤进行：

1）用统一的采样速率和方法来采集电压，并据此确定电压暂降与短时中断的事件特征参数，包括电压暂降和短时中断的持续时间、残余电压等。

2）在一定时间周期内从所测量的所有事件的单一事件特征参数中计算单测点指标。单测点指标计算是对某一测点一定时间（典型值为一年）内所有事件的统计，主要包括电压暂降与短时中断时间统计表、SARFI_X 和 $\text{SARFI}_{\text{CURVE}}$ 等指标的计算。

3）基于某个地区电网的全部检测点的单测点指标计算系统指标。对于区域电网，包括有若干测点，可考虑将监测点单个测点指标累计求平均来计算区域电网系统指标。对于 $\text{SARFI}_{X\text{-}C}$ 指标，则可以直接基于各监测点每次事件受影响的用户数与系统总供电用户数计算系统 $\text{SARFI}_{X\text{-}C}$ 指标。系统指标需要更长的监测周期（至少一年），它能够用于评估计及电压暂降和短时电压中断的区域电网的电能质量状况。

8.3.7 暂时过电压与瞬态过电压

8.3.7.1 定义与限值要求

交流电力系统中的电气设备，在运行中除了作用有持续工频电压（其值不超过系统最高运行电压 U_m、持续时间等于设计的运行寿命）之外，还受到过电压的作用。按照作用于设备和线路绝缘上的过电压的幅值、波形及持续时间，电力系统过电压可分类如图 8.5 所示。

暂时过电压和瞬态过电压属于动态电能质量问题。根据《电能质量 暂时过电压和瞬态过电压》（GB/T 18481—2001），以 U_m 表示三相系统最高电压，则峰值超过系统最高相对地电压峰值 $\sqrt{2/3}\,U_\text{m}$ 或最高相间电压峰值 $\sqrt{2}\,U_\text{m}$ 的任何波形的相对地或相间电压分别为相对地或相间过电压。

暂时过电压是指在给定安装点上持续时间较长的不衰减或弱衰减的（以工频或其一定

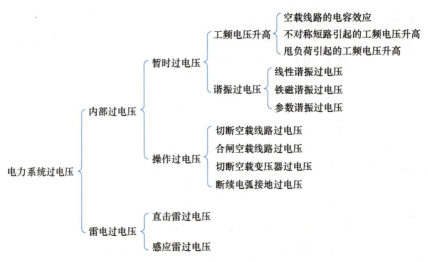

图 8.5　电力系统过电压分类

的倍数、分数)振荡的过电压,包括工频过电压和谐振过电压。暂时过电压的频率范围为 10~500Hz,持续时间为 0.03~3600s。

瞬态过电压是指持续时间数毫秒或更短,通常带有强阻尼的振荡或非振荡的一种过电压,包括操作过电压和雷电过电压,这种电压可以叠加于暂时过电压上。

《电能质量　暂时过电压和瞬态过电压》(GB/T 18481—2001)对过电压限制进行了规定,说明见表 8.4。

表 8.4　国家标准中有关过电压的要求说明

标准编号	标准名称	允许限值		说　明
GB/T 18481—2001	电能质量暂时过电压和瞬态过电压	工频过电压限值		(1) 暂时过电压包括工频过电压和谐振过电压。瞬态过电压包括操作过电压和雷击过电压。 (2) 工频过电压 $1.0\text{pu}=U_m/\sqrt{3}$。谐振过电压和操作过电压 $1.0\text{pu}=\sqrt{2}U_m/\sqrt{3}$。 (3) 除统计过电压(不小于该值的概率为 0.02)外,凡未说明的操作过电压限值均为最大操作过电压(不小于该值的概率为 0.0014)。 (4) 瞬态过电压还对空载线路分闸过电压、断路器开断并联补偿装置及变压器等过电压限值做出了规定
		电压等级	过电压限值	
		$U_m>252\text{kV}$(Ⅰ)	1.3pu	
		$U_m>252\text{kV}$(Ⅱ)	1.4pu	
		110kV 及 220kV	1.3pu	
		35~66kV	$\sqrt{3}$pu	
		3~10kV	$1.1\sqrt{3}$pu	
		操作过电压限值 空载线路合闸、单相重合闸、成功的三相重合闸、非对称故障分闸及振荡解列过电压限值		
		电压等级	过电压限值	
		500kV	2.0pu*	
		330kV	2.2pu*	
		110~252kV	3.0pu	

注:1. U_m 指工频峰值电压。
　　2. $U_m>252\text{kV}$(Ⅰ)和 $U_m>252\text{kV}$(Ⅱ)分别指线路断路器变电站侧和线路侧。
　　3. *表示该过电压为相对地统计操作过电压。

8.3.7.2 暂时过电压测量方法

暂时过电压的特征参数包括最大幅值和持续时间。暂时过电压的最大幅值和持续时间的测量均可归结为对电压方均根值的测量，电压方均根值的测量方法与电压暂降测量方法相同。IEC 61000-4-30 规定了两种类型的方均根值计算方法：每半周波更新的电压方均根值 $U_{\text{rms}(1/2)}$ 和每周波更新的电压方均根值 $U_{\text{rms}(1)}$。与 $U_{\text{rms}(1/2)}$ 相比，$U_{\text{rms}(1)}$ 对一个周波的起始点不做要求。$U_{\text{rms}(1/2)}$ 与 $U_{\text{rms}(1)}$ 可以是相与相之间的值，也可以是相与中性点之间的值。IEC 61000-4-30 对于暂时过电压的测量方法分为三类：①A 类，测量暂时过电压的 U_{rms} 应该是每个测量通道的 $U_{\text{rms}(1/2)}$；②S 类，测量暂时过电压的 U_{rms} 可以是每个测量通道的 $U_{\text{rms}(1/2)}$，也可以是每个测量通道的 $U_{\text{rms}(1)}$，生产商必须明确采用哪个量；③B 类，生产商规定测量 U_{rms} 的方法。

暂时过电压的阈值是指为检测暂时过电压的起始和结束而设定的电压幅值。在暂时过电压的测量中，阈值的选择十分关键。所测量到的 U_{rms} 大于所设定的起始阈值的时刻即为暂时过电压起始时刻，直至所测量到的 U_{rms} 小于所设定的结束阈值时，此时刻认为是暂时过电压的结束时刻。

暂时过电压阈值分为固定参考电压值以及滑模参考电压值：

1) 固定参考电压值，用于测量暂时过电压的固定参考电压值，一般为一定比例的公称输入电压 U_{din}，一般为 $110\% U_{\text{din}}$。

2) 滑模参考电压值，滑模参考电压值考虑了发生暂时过电压前的实际电压水平，可以利用时间常数是 1min 的一阶滤波器计算滑模参考电压。滤波器可表示为

$$U_{\text{sr}(n)} = 0.9967 U_{\text{sr}(n-1)} + 0.0033 U_{(10/12)\text{rms}} \tag{8.20}$$

式中，$U_{\text{sr}(n)}$ 为滑模参考电压的当前值；$U_{\text{sr}(n-1)}$ 为滑模参考电压的前一个值；$U_{(10/12)\text{rms}}$ 为最近的 10 或 12 周波的方均根值。

测量开始时，滑模参考电压的初始值设定为公称电压。每 10 或 12 个周波，滑模参考电压更新一次。

暂时过电压持续时间的测量一般是通过电压方均根值 U_{rms} 与过电压阈值 U_{ref} 的比较确定：

1) 当 $U_{\text{rms}} \geq U_{\text{ref}}$ 时，对应的时刻 t_1 即为暂时过电压的起始时刻；

2) 当 $U_{\text{rms}} \leq U_{\text{ref}} - U_z$ 时，对应的时刻 t_2 为暂时过电压的结束时刻。其中，U_z 为迟滞电压，通常 $U_z = 2\% U_{\text{din}}$。由起始时刻和结束时刻即可确定暂时过电压的持续时间

$$t_{\text{du}} = t_2 - t_1 \tag{8.21}$$

需要注意的是，由于在多相系统中，暂时过电压持续期可能起始于某条通道而终止于另一条通道。于是，当任一通道满足 $U_{\text{rms}} \geq U_{\text{ref}}$ 时，标记为暂时过电压的开始，当所有通道均满足 $U_{\text{rms}} \leq U_{\text{ref}} - U_z$ 时，才认为暂时过电压结束。

暂时过电压最大幅值的测量指在暂时过电压的持续时间内，所测量得到的所有通道中的最大方均根值 U_{rms} 即为暂时过电压的最大幅值。

IEC 61000-4-30 对暂时过电压的幅值和持续时间的测量不确定度均有规定：

（1）暂时过电压幅值测量不确定度

A 类测量不确定度不超过 $\pm 0.2\% U_{\text{din}}$；S 类测量不确定度不超过 $\pm 1.0\% U_{\text{din}}$；B 类生产商规定不确定度，不应超过 $\pm 2.0\% U_{\text{din}}$。

（2）持续时间的测量不确定度

1) A 类，暂时过电压持续时间不确定度等于暂时过电压起始不确定度（半个周期）加上暂时过电压终止不确定度（半个周期）。

2) S 类，如果利用 $U_{rms(1/2)}$，暂时过电压持续时间不确定度等于暂时过电压起始不确定度（半个周期）加上暂时过电压终止不确定度（半个周期）；如果利用 $U_{rms(1)}$，暂时过电压持续时间不确定度等于暂时过电压起始不确定度（一个周期）加上暂时过电压终止不确定度（一个周期）。

3) B 类，生产商规定持续时间的测量不确定度。

8.3.7.3 瞬态过电压测量方法

瞬态过电压测量的结果取决于瞬态过电压的实际特性和用户的选择，以及仪器显示的参数。当绝缘是主要考虑因素时，瞬态过电压测量通常是按相对地进行的。当仪器损坏是主要考虑因素时，瞬态过电压测量通常是按相间或相对中性点间进行的。根据 IEC 61000-4-30，瞬态过电压的测量方法主要有以下 5 种：

1) 比较法。超过固定的绝对阈值时，就认为瞬态过电压。例如对电压非常敏感的浪涌保护装置（SPD）。

2) 包络法。与比较法类似，但在分析之前要去掉基波分量。例如电容耦合的瞬态分析。

3) 滑动窗口法。将瞬时值和前一个周波对应的值进行对比。例如用于功率因数校正的电容器组的低频投切瞬变。

4) dv/dt 法。当超过 dv/dt 的固定绝对阈值时，就检测为瞬态过电压。例如电力电子电路的误触发、电感线圈的非线性分布。

5) 方均根值法。与暂时过电压不同的是，测量瞬态过电压的方均根值法需利用非常快的采样速度，计算远少于基波周期时段上的方均根值，然后将其与阈值比较。例如，要进一步计算浪涌保护装置的能量沉积或电荷转移。

需要注意的是，前四种方法是针对瞬时值而言，而方均根值法则是针对一个时间段上的电压方均根值而言。

一旦利用以上方法检测到了瞬态过电压，就可以进行分类。瞬态过电压分类方法和参数主要包括：

1) 峰值电压。不同的采样间隔，可能导致测量得到的峰值电压有所不同。

2) 过冲电压。

3) 上升沿的上升速度。

4) 频率参数。

5) 持续时间（但是由于衰减、波形不规则等因素，该参数难以定义）。

6) 衰减系数。

7) 发生频率等。

测量瞬态过电压时，传感器的频率响应特性是重要的考虑因素。为防止测量扰动时诱发饱和，对于低频瞬变，要求电压传感器饱和曲线的拐点电压至少是 200% 的系统标称电压。高阻抗负荷下，通常电压传感器的响应频率至少是 2kHz。当精确测量频率至少是 1MHz 的瞬变特性时，可以采用专用电容式分压器。

此外,瞬态过电压测量时需注意浪涌保护装置对测量结果的影响。这是因为具有最低限制电压的浪涌保护装置会将瞬态电压限制在其限值内,并将流入大部分的瞬态电流。因此,测量瞬态电流通常要比测量瞬态电压更能反映交流系统瞬态变化的严重程度。

8.3.8 电压波动与闪变

8.3.8.1 电压波动

理想供电系统中,三相交流电源对称,电压方均根值恒定,用户负荷分配三相平衡,且功率恒定。但实际供电系统中,电压时刻发生变化,通常以电压整周期的方均根值 U_{rms} 来衡量电压的大小。

$$U_{rms} = \sqrt{\frac{1}{N}\sum_{k=0}^{N-1} u_k^2} \tag{8.22}$$

式中,N 为一个周期内的采样点数;u_k 为第 k 点电压瞬时值。

电压波动(Voltage Fluctuation)也称为快速电压变动或动态电压变动,指电压方均根值(有效值)一系列的快速变动或连续改变的现象,其变化周期大于工频周期。电压的周期性波动幅值一般不超过 10%。如果电压波动的变化率低于每秒 0.2%,应视为电压偏差。

电压变动和电压变动频度是衡量电压波动大小和快慢的指标。电压变动 d 指一系列电压方均根值变化中的相邻两个极值之差与系统标称电压的相对百分数,即

$$d = \frac{U_{max} - U_{min}}{U_N} \times 100\% \tag{8.23}$$

电压变动频度 r 指单位时间内电压变动的次数(电压由大到小或由小到大各算一次变动)。不同方向的若干次变动,如间隔时间小于 30ms,则算一次变动。

在波动负荷的一个工作周期或规定的一段检测时间内,沿时间轴对被测电压每半个周期求得一个方均根值,并按时间轴顺序排列,即可得到连续的电压波动的包络线,称为电压方均根值曲线,可用于描述电压波动。

在电压方均根值曲线图中,一般将工频电压看作载波,将波动电压看作调幅波,也就是说电压方均根值或峰值的包络线代表调幅波变化曲线,是一个时间函数波形,可以表达为

$$u(t) = U_0(1 + m\cos\Omega t)\cos\omega t \tag{8.24}$$

式中,U_0 为基波电压幅值;m 为调幅波的幅值与载波电压的幅值之比,m 的值必须小于 1,否则包络线将会发生畸变;Ω 为调幅波的频率;ω 为基波频率。

图 8.6 所示为波动电压 v 对工频电压峰值的调制波形图。图 8.6a 中,v 为 8Hz 的正弦调幅波,用它对 50Hz 工频载波电压的峰值进行幅度调制得到工频瞬时值电压 u。图 8.6b 中,纵轴为工频载波电压峰值的平均电平线;v_m 为正弦调幅波的幅值或峰值;ΔU 为 v 的峰谷差值,通常作为电压波动的量度。

《电能质量 电压波动和闪变》(GB/T 12326—2008)中对各级电压在一定频度范围内的电压波动限值作了规定,见表 8.5。

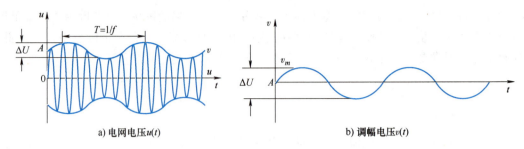

图 8.6　波动电压 v 对工频电压峰值的调制

表 8.5　各级电网电压波动限值

变动频度 r（次/h）	波动限值 d（%）		变动频度 r（次/h）	波动限值 d（%）	
	LV、MV	HV		LV、MV	HV
$r \leq 1$	4	3	$10 < r \leq 100$	2	1.5
$1 < r \leq 10$	3	2.5	$100 < r \leq 1000$	1.25	1

表中公共连接点标称电压等级划分如下：

1）低压（LV）：$U_N \leq 1\mathrm{kV}$。

2）中压（MV）：$1\mathrm{kV} < U_N \leq 35\mathrm{kV}$。

3）高压（HV）：$35\mathrm{kV} < U_N \leq 220\mathrm{kV}$。

IEC 61000-4-30 推荐的电压波动测量方法如下：

1）根据用户需要，设置电压稳态阈值与动态阈值，一般可分别取为 $1\%U_N \sim 6\%U_N$、$0.5\%U_N \sim 3\%U_N$。

2）测量初始阶段，计算前 100 个半周波的方均根值 $U_{\mathrm{rms}(1/2)}$，进而计算算数平均电压 U_{avg}，并认为此时为电压稳定状态。

3）实际测量开始后，采用滑窗法，根据新的 $U_{\mathrm{rms}(1/2)}$ 值更新算数平均电压 U_{avg}，且当该 $U_{\mathrm{rms}(1/2)}$ 值在 U_{avg} 的稳态阈值范围内时，则认为此时依然处于电压稳定状态，否则认为发生了电压变动。

4）当连续 100 个 $U_{\mathrm{rms}(1/2)}$ 均在 U_{avg} 的动态阈值范围内时，认为电压变动终止，并进入新的电压稳定状态。

5）对每次电压变动，需要记录特征量：电压变动特征开始时间、终止时间、最大电压变化 $\Delta U_{\max}$、以及稳态电压变化 ΔU_{ss}。其中，$\Delta U_{\max}$ 为电压变动开始前最后一个电压平均值 U_{avg} 与变化持续过程中任意一个 $U_{\mathrm{rms}(1/2)}$ 值绝对值之差的最大值；ΔU_{ss} 为电压变动开始前最后一个电压平均值 U_{avg} 与电压变动终止后第一个电压平均值 U_{avg} 之差。

8.3.8.2　闪变

闪变是指电光源的电压波动造成灯光照度不稳定的人眼视感反应，常用电压闪变（Voltage Flicker）一词代替闪变。严格地讲，闪变是电压波动引起的有害结果，是指人对照度波动的主观视觉反映，它不属于电磁现象。人的主观视感度不仅与电压变动大小有关，还与电压变动的频谱分布和电压出现波动的次数（或称为发生率）以及照明灯具的类型等许多因素有关。

闪变的评价方法不是通过纯数学推导与理论证明得到的，而是通过对同一观察者反复进行闪变实验和对不同观察者的闪变视感程度进行抽样调查，经统计分析后找出相互间有规律性的关系曲线，最后利用函数逼近的方法获得闪变特性的近似数学描述来实现的。

IEC 推荐采用不同波形、频度、幅值的调幅波及工频电压作为载波向工频 230V、60W 白炽灯供电照明。对观察者（不少于 500 人）的闪变视感进行统计，得到有明显觉察者与难以忍受者的数量之和占观察者总数量的比，定义为闪变觉察率

$$F = \frac{C+D}{A+B+C+D} \times 100\% \tag{8.25}$$

式中，A 代表没有觉察的人数；B 代表略有觉察的人数；C 代表有明显觉察的人数；D 代表不能忍受的人数。

瞬时闪变视感度 $S(t)$ 是指电压波动引起照度波动对人的主观视觉反应。通常以闪变觉察率为 $F=50\%$ 作为瞬时闪变视感度的衡量单位，即 $S(t)=1$ 觉察单位。当 $S(t)>1$ 时，表明观察者中有更多的人对灯光闪烁有明显感觉，则规定为对应闪变不允许水平。因此，与 $S(t)=1$ 觉察单位相对应的各频率电压波动值 ΔU 是研究闪变的实验依据。

闪变是经过灯-眼-脑环节反映人对照度的主观视感，受人的感光特性和大脑反映特性影响。人脑神经对照度变化需要有最低的记忆时间，当照度波动高于某一频率时，普通人便觉察不到。经统计分析，闪变的一般觉察频率范围为 1~25Hz；闪变的最大觉察频率范围 0.05~35Hz；最大敏感频率为 8.8Hz。IEC 定义视感度频率特性系数 $K(f)$ 为 $S(t)=1$ 觉察单位下，最小电压波动值与各频率电压波动值的比

$$K(f) = \frac{S(t)=1 \text{ 觉察单位的 8.8Hz 正弦电压波动值}}{S(t)=1 \text{ 觉察单位的频率为 } f \text{ 的正弦电压波动值}} \tag{8.26}$$

采用传递函数对灯-眼-脑环节从本质上进行表述，通过五个典型环节：比例环节、微分环节、惯性环节、比例微分环节、振荡环节来逼近视感度频率特性曲线，各系数根据均方差值最小的原则来确定，得到人眼的闪变视感系统的传递函数表达式为

$$K(s) = \frac{k\omega_1 s}{s^2 + 2\lambda s + \omega_1} \times \frac{1 + s/\omega_2}{(1 + s/\omega_3)(1 + s/\omega_4)} \tag{8.27}$$

式中，$k=1.74802$；$\lambda=2\pi \times 4.0598$；$\omega_1=2\pi \times 9.15494$；$\omega_2=2\pi \times 2.27979$；$\omega_3=2\pi \times 1.22535$；$\omega_4=2\pi \times 21.9$。

由视感度 $S(t)=1$ 觉察单位的电压波动数据可以得到波动电压波形与频率的关系曲线。查询 IEC 给出的 $S(t)=1$ 觉察单位的电压波动值可知，对应闪变最大敏感频率 8.8Hz 的正弦电压波动最小值为 0.25%。

不同波形的电压波动引起的闪变反应是不同的。通过对相同频率的两种波形的电压波动比较，可计算波形因数 $R(f)$

$$R(f) = \frac{S(t)=1 \text{ 觉察单位的正弦电压波动值}}{S(t)=1 \text{ 觉察单位的矩形电压波动值}} \tag{8.28}$$

查询 IEC 给出的 $S(t)=1$ 觉察单位的电压波动与频率的关系曲线，可知矩形电压波动比正弦电压波动对闪变的影响更大。

IEC 61000-4-15 提供了闪变测量仪的设计规范，通过模拟视感生理过程（即灯-眼-脑反应链），将输入电压波动转换为与闪变觉察相关的参数输出。

参见图 8.7，框 1 是输入级，通过增益调节将被测电压适配为适合仪器输入的电压范

围，并产生一个标准调制波，用于仪器自检；框 2～框 4 是模拟灯-眼-脑环节对电压波动的响应特性；框 5 是对框 4 输出的 $S(t)$ 进行统计分析，输出短时间闪变值和长时间闪变值。

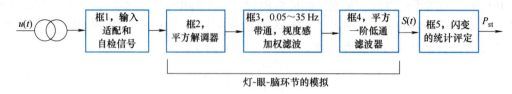

图 8.7 IEC 推荐的闪变仪框图

框 2 为平方解调器，从正弦载波中分离出调制信号。简单起见，设基波被单一频率的调幅波调制，如式（8.24）所示。将式（8.24）平方，可以得到下式

$$u^2(t) = \frac{U_0^2}{2}\left(1+\frac{m^2}{2}\right) + mU_0^2\cos\Omega t + \frac{m^2 U_0^2}{4}\cos2\Omega t + \frac{U_0^2}{2}\left(1+\frac{m^2}{2}\right)\cos2\omega t +$$

$$\frac{m^2 U_0^2}{8}\cos2(\omega+\Omega)t + \frac{m^2 U_0^2}{8}\cos2(\omega-\Omega)t + \frac{mU_0^2}{2}\cos(2\omega+\Omega)t + \frac{mU_0^2}{2}\cos(2\omega-\Omega)t$$

(8.29)

从上式中可以看出，调制波电压的平方项除了有直流成分外，还有以下频率分量：Ω、2Ω、$2(\omega\pm\Omega)$、$2\omega\pm\Omega$。后续采用带通滤波器滤去直流分量和工频及以上的频率分量，并且考虑到实际上的调制指数 $m\ll 1$，存在的调幅波电压的倍频分量幅值远小于调幅波的幅值，可忽略不计。因此，滤波后便可实现解调，检测出调幅波，即电压波动分量，其输出为

$$u_f(t) = mU_0^2\cos\Omega t \tag{8.30}$$

这种方法简便易行，但忽视了波动量中的频移分量。

框 3 模拟人眼的视觉频率选择特性。它由两个级联滤波器实现，即 0.05～35Hz 带通滤波器和视感度加权滤波器。带通滤波器采用一阶高通滤波器抑制直流分量，并采用截止频率为 35Hz 的低通滤波器滤除载波工频成分及其以上的频率分量。其中一阶高通滤波器的传递函数为

$$H_P(s) = \frac{s/\omega_c}{1+s/\omega_c} \tag{8.31}$$

式中，$\omega_c = 2\pi \times 0.05$。

35Hz 的低通滤波器可以多种方式实现，例如 6 阶巴特沃斯低通滤波器的传递函数为

$$H_L(s) = \frac{b_1}{s^6+b_6 s^5+b_5 s^4+b_4 s^3+b_3 s^2+b_2 s+b_1} \tag{8.32}$$

式中，$b_1 = 219.91^6$；$b_2 = 3.86 \times 219.91^5$；$b_3 = 7.46 \times 219.91^4$；$b_4 = 9.14 \times 219.91^3$；$b_5 = 360768.64$；$b_6 = 848.85$。

视感度加权滤波器模拟人眼视觉系统在白炽灯受到正弦电压波动影响下的频率响应（即由实验得到的觉察率为 50% 的闪变视感度-频率特性）。简而言之，即按照幅频特性对视感度频率范围内的调幅波信号分别取不同的加权系数（如对应 8.8Hz 调幅波信号，其增益为 1 而其他频率信号的加权系数都小于 1）。视感度加权滤波器的传递函数见式（8.32）。视感度加权滤波器的传递函数是以 8.8Hz 为中心频率的加权滤波器，距离 8.8Hz 远的频率分

量衰减厉害，靠近 8.8Hz 的则衰减少，8.8Hz 的不衰减，得到的信号就反映了该波动信号对人脑影响的强度。

框 4 模拟人脑神经对视觉反应的非线性和记忆效应，包含一个平方器和积分滤波两个环节。其中，平方器模拟了人眼脑觉察过程的非线性，而具有积分功能的一阶低通滤波器起着平滑平均作用，模拟人脑的存储记忆效应。一阶低通滤波器的传递函数为

$$H_L(s) = \frac{1}{1+s\tau} \tag{8.33}$$

式中，$\tau = 300\text{ms}$。

框 4 的输出 $S(t)$ 反映了人的视觉对电压波动的瞬时闪变感觉水平，框 5 对 $S(t)$ 进行等间隔采样，完成大量的概率统计计算和记录最终计算得到的短时间闪变严重度和长时间闪变严重度。

对于短时间闪变严重度的计算，一般取足够长观察期（不少于 10min）的电压波动，得到瞬时闪变视感度 $S(t)$ 变化曲线。根据时间-水平统计方法，将 $S(t)$ 变化曲线分级，计算每级瞬时闪变视感水平所占总检测时间之比（即概率分布），得到概率分布直方图。对概率分布直方图进行累加计算，得到累积概率函数（CPF）图。

常用 5 个概率分布 P_k 测定值计算短时间（10min）闪变的统计值。短时间闪变严重度 P_{st} 为

$$P_{st} = \sqrt{k_{0.1}P_{0.1} + k_1 P_1 + k_3 P_3 + k_{10} P_{10} + k_{50} P_{50}} \tag{8.34}$$

式中，$k_{0.1} = 0.0314$，$k_1 = 0.0525$，$k_3 = 0.0657$，$k_{10} = 0.28$，$k_{50} = 0.08$；$P_{0.1}$、P_1、P_3、P_{10}、P_{50} 分别为 CPF 曲线上等于 0.1%、1%、3%、10% 和 50% 时间的 $S(t)$ 值。

对于长时间闪变严重度的计算，一般取 1h 以上（国标要求 2h）。在 2h 或更长时间测得并统计得到累积概率函数（CPF）图。将瞬时闪变视感度不超过 99% 概率的短时间闪变严重度 P_{st}（记为 $P_{st,0.99}$）或超过 1% 时间的 P_{st} 值（记为 P_1）作为长时间闪变严重度 P_{lt}，即

$$P_{lt} = P_{st,0.99} = P_1 \tag{8.35}$$

实际处理中，长时间闪变严重度可以采用不同方法计算，如用 95% 概率替代 99% 概率；对顺序测得的 n 个 10min 短时间闪变严重度 P_{st} 计算其立方和并求立方根，计算式为

$$P_{lt} = \sqrt[3]{\frac{1}{n}\sum_{j=1}^{n}(P_{stj})^3} \tag{8.36}$$

式中，n 为长时间闪变严重度测量时间内包含的短时间闪变严重度个数。

8.3.9 三相不平衡度

电力系统中的三相平衡是指三相电压、电流的幅值相等且三相的相位差为 $2\pi/3$。当电压、电流的幅值不相等或三相的相位差不为 $2\pi/3$ 时，则称之为三相不平衡。引起电力系统三相不平衡的原因主要分为正常性和事故性。正常性三相不平衡主要由三相负载不平衡、供电线路阻抗不对称等原因造成，其不平衡度较小。

三相不平衡的程度常用电压不平衡度（Voltage Unbalance Factor，VUF）和电流不平衡度（Current Unbalance Factor，CUF）来表示，但目前对于不平衡度的定义并没有统一的规定。

根据美国 NEMA MG1-1993 标准，线电压不平衡率（Line Voltage Unbalance Rate，

LVUR）定义为线电压和线电压平均值之间的最大偏差值与线电压平均值的比值

$$\text{LVUR} = \frac{\max\{|v_{ab}-v_{avg}|, |v_{bc}-v_{avg}|, |v_{ac}-v_{avg}|\}}{v_{avg}} \tag{8.37}$$

类似地，IEEE 141-1993 标准中采用相电压不平衡率（Phase Voltage Unbalance Rate，PVUR），定义为相电压和相电压平均值之间的最大偏差值与相电压平均值的比值，如下式所示：

$$\text{PVUR} = \frac{\max\{|v_a-v_{avg}|, |v_b-v_{avg}|, |v_c-v_{avg}|\}}{v_{avg}} \tag{8.38}$$

IEEE 936-1987 标准中将相电压不平衡率定义为最大相电压和最小相电压之差与相电压平均值的比值，如下式所示

$$\text{PVUR}_1 = \frac{\max(v_a, v_b, v_c) - \min(v_a, v_b, v_c)}{v_{avg}} \tag{8.39}$$

《电能质量 三相电压不平衡》（GB/T 15543—2008）中定义三相不平衡度采用电压或电流负序基波分量或零序基波分量与正序基波分量的方均根值百分比表示，电压、电流的负序不平衡度和零序不平衡度分别用 ε_{U2}、ε_{U0} 和 ε_{I2}、ε_{I0} 表示。以电压为例，设 $\dot{U}_a$、$\dot{U}_b$、$\dot{U}_c$ 分别为三相电压信号的相量形式，则有

$$\begin{bmatrix} \dot{U}_{a1} \\ \dot{U}_{a2} \\ \dot{U}_{a0} \end{bmatrix} = \frac{1}{3} \begin{bmatrix} 1 & a & a^2 \\ 1 & a^2 & a \\ 1 & 1 & 1 \end{bmatrix} \begin{bmatrix} \dot{U}_a \\ \dot{U}_b \\ \dot{U}_c \end{bmatrix} \tag{8.40}$$

式中，$\dot{U}_{a1}$、$\dot{U}_{a2}$、$\dot{U}_{a0}$ 分别为 A 相电压的正序、负序和零序分量；$a = e^{j120°}$ 为旋转因子。

A、B、C 三相电压的正序分量有效值（方均根值）相同，即 $U_{a1} = U_{b1} = U_{c1} = U_1$，同样，负序分量 $U_{a2} = U_{b2} = U_{c2} = U_2$，零序分量 $U_{a0} = U_{b0} = U_{c0} = U_0$。电压不平衡度的表达式为

$$\begin{cases} \varepsilon_{U2} = \dfrac{U_2}{U_1} \times 100\% \\ \varepsilon_{U0} = \dfrac{U_0}{U_1} \times 100\% \end{cases} \tag{8.41}$$

将式（8.40）和式（8.41）中的 U 换为 I，则可以写出电流不平衡度的表达式。

IEEE 1159—2019 标准中定义的电压不平衡度（VUF）考虑了幅值和相位，如下式所示

$$\text{VUF} = \frac{U_2}{U_1} \tag{8.42}$$

式中，U_1 和 U_2 分别表示三相电压信号的正序、负序分量的方均根值（或者幅值）。

在 IEC 标准中也考虑零序不平衡度（VUF_0），其定义为

$$\text{VUF}_0 = \frac{U_0}{U_1} \tag{8.43}$$

式中，U_0 表示三相电压信号的零序分量方均根值。

《电能质量 三相电压不平衡》（GB/T15543—2008）中规定：电力系统公共连接点正常运行时负序电压不平衡度不超过 2%，短时不得超过 4%。接于公共连接点的每个用户引

起该点负序电压不平衡度的一般限值为 1.3%，短时不超过 2.6%。电压不平衡度测量的绝对误差不超过 0.2%；电流不平衡度测量的绝对误差不超过 1%。对于波动性较小的场合，三相电压不平衡度允许值应和实测的五次接近数值的算术平均值对比；对于波动性较大的场合，应和实测值的 95% 概率值对比，以判断是否合格。实测值的 95% 概率值可将实测值（不少于 30 个）按由大到小次序排列舍弃前面 5% 的大值，取剩余实测值中的最大值；对于日波动负荷，也可以按日累计超标时间不超过 72min，且每 30min 中超标时间不超过 5min 来判断。

习题与思考题

8-1 简述电能质量的定义及主要特点。
8-2 简述电能质量扰动的分类方法。
8-3 试分析我国电力系统对频率偏差的要求及测量方案。
8-4 简述说明电压偏差、电压波动、电压暂降/升的区别与联系。
8-5 简要回答谐波与间谐波测量的异同点。
8-6 简述我国电能质量标准中三相不平衡度的表示方法及要求。
8-7 简述我国对于电压偏差限值的规定和要求。
8-8 简述电压闪变的定义和测量原理。

第 9 章 电气设备绝缘状态监测技术

电气设备在电网中运行时，如果其内部存在因制造不良、老化以及外力破坏造成的绝缘缺陷，会发生影响设备和电网安全运行的绝缘事故。在设备投运后，传统的做法是定期停电进行预防性试验和检修，以便及时检测出设备内部的绝缘缺陷，防止发生绝缘事故。随着社会对电力供应的可靠性要求越来越高，传统的定期停电进行预防性试验的做法已不能满足电网高可靠性的要求。电气设备绝缘在线监测技术是在电气设备处于运行状态中，监测各种绝缘特征参数（介质损耗值、电容量、泄漏电流、绝缘电阻、母线电压和三相不平衡信号等），对绝缘状况做出比较准确的判断。

9.1 电气设备绝缘概述

电气设备是由导电、导磁、绝缘材料和结构材料组成。常用的导电材料有铁、铝、铜；常用的导磁材料有硅钢片等；常用的结构材料有铸铁、钢板等。电气绝缘一般是指采用绝缘材料在不同电位导体之间进行电气隔离，主要目的是保持不同电位导体间的电压（电位差）。常用的绝缘材料可以是固体、液体和气体，如发电机的环氧-云母复合绝缘、电缆的塑料绝缘（交联聚乙烯、聚氯乙烯、氯塑料等）、绝缘子与套管的绝缘（电瓷、玻璃、环氧玻璃纤维硅橡胶）、变压器中的油绝缘、充油电缆中的油绝缘、气体绝缘开关设备（Gas Insulated Switchgear，GIS）中的 SF_6 或 SF_6 混合气体绝缘等。在实际运行中，绝缘材料的电气和机械性能往往决定着整个电力设备的寿命。统计表明，电力设备运行中 60%~80% 的事故是由绝缘性能下降或破坏导致的。因此，电气设备绝缘状态监测对于保障供用电质量，提升能源效率具有重要意义。

9.1.1 电气设备绝缘缺陷及试验

电力设备在制造、运输、安装和运行过程中不可避免地会产生绝缘缺陷，特别是在长期运行过程中，电力设备受到电场、热场、机械应力、化学腐蚀以及环境条件等的影响，电力设备绝缘的品质逐渐劣化，可能导致绝缘系统的破坏。电气设备的绝缘缺陷通常可以分成两大类：一类是集中性缺陷，指缺陷集中于绝缘的某一个或某几个部分，例如局部受潮、局部机械损伤、绝缘内部气泡、瓷介质裂纹等。它又可分为贯穿性缺陷和非贯穿性缺陷，这类缺陷的发展速度较快，因而具有较大的危险性。另一类是分布性缺陷，指由于受潮、过热、动力负荷及长时间过电压作用导致的电气设备整体绝缘性能下降，例如绝缘整体受潮、充油设备的油变质等，它是一种普遍性的劣化，是缓慢演变而发展的。

绝缘缺陷的发现一般通过预防性试验手段实现，可以通过离线或在线的方式实现。按照被试绝缘的危险性，可以分为非破坏性试验和破坏性试验：非破坏性试验施加的电压较低或不需施加电压,不会损伤设备的绝缘性能,常见的试验项目如绝缘电阻测量、泄漏电流测量、介质损耗角正切测量、油中气体含量检测等;破坏性试验一般指在高于工作电压下所进行的试验,如交流耐压、直流耐压试验和冲击耐压试验等。按照测量的信息进行分类,预防性试验可以分为电气法和非电气法:电气法需要测量各种电信息,如绝缘电阻、局部放电量、泄漏电流、介质损耗因数等;非电气法一般通过测量电气设备的非电信息实现,如油中溶解气体色谱分析和油中含水量测定等。

9.1.2 电介质

电介质一般是指用作电气绝缘的材料,也被称为绝缘介质。电介质按其化学性质可分为无机电介质(如电瓷、云母等)和有机电介质(如聚乙烯、环氧树脂等)。按形态可分为气体电介质、液体电介质和固体电介质。使用得最多的气体电介质是空气,例如架空输电线路各相导线对地以及各相导线之间,除了采用固体电介质(绝缘子)外,还利用了空气作为绝缘介质。SF_6 气体作为一种绝缘性能优良的气体电介质被广泛用于断路器、气体绝缘封闭组合电器 GIS 中。在液体电介质中,使用最多的是变压器油、电容器油和电缆油,除用作绝缘介质外,液体电介质还兼作冷却介质(在油浸式电力变压器中)和灭弧介质(在油断路器中)。在电气设备中,固体电介质用得最多,这是因为固体电介质除了用作绝缘外、还起到必需的支撑带电导体的作用。常用的固体电介质有绝缘纸、绝缘纸板、塑料薄膜、云母(都作为设备内绝缘)、环氧树脂(干式变压器绝缘)、电瓷、(钢化)玻璃和合成材料如硅橡胶(用于外绝缘)。在实际应用中,常将不同形态的电介质组合起来使用,如油浸纸绝缘就是采用了液固体电介质的组合。

当作用电场强度小于击穿场强时,电介质中会进行极化、电导过程,同时伴随有损耗。表征不同电介质的这三个物理过程程度强弱的物理量分别是介电系数、电导率(或电阻率)、介质损耗角正切值。当作用于电介质上的电压(更确切地说是电介质中的电场强度)增大到某个临界值时,流过电介质的电流就会急剧增大,说明此时电介质已失去绝缘性能而成为导体,电介质由绝缘状态突变为良好导电状态的过程称为击穿。发生击穿时的临界电场强度称为击穿场强或绝缘强度(其值与电介质的材料有关),发生击穿时的临界电压称为击穿电压(其值与电介质的材料及厚度有关)。固体电介质一旦击穿,将永久性地丧失绝缘性能。而气体、液体电介质击穿后则只引起绝缘性能的暂时性失去,击穿后撤去电压,其绝缘性能能够自行恢复,例如 SF_6 断路器灭弧室内的 SF_6 气体,在断路器分闸引起的电弧熄灭后,能自行恢复原来的绝缘性能。液体、固体电介质具有一个不同于气体电介质的特点,就是在电压(电场)、热、化学、机械(应力)等因素长期作用下会逐渐老化(即电气绝缘性能不可逆地劣化),使它们的物理、化学及各种电气参数发生改变,从而影响电气绝缘强度与绝缘寿命。

9.2 绝缘电阻的测量

9.2.1 测量原理

绝缘电阻是表征电气设备的电介质和绝缘结构状况的最基本参数之一。测量电气设备的绝缘电阻可以发现绝缘整体或贯通性受潮、表面脏污、绝缘油劣化、绝缘击穿和绝缘老化等故障，是检测其绝缘状况的最常用方法。

绝大部分电气设备的绝缘采用多种介质分层结构，对于此类设备，在直流电压下均会表现出明显的吸收现象，即电路中的电流随时间而衰减。

1. 吸收曲线

绝缘材料在一定的直流电压作用下，总会有微弱的电流通过，根据电介质材料的性质和构成等不同，该电流可分为三部分，即电导电流（泄漏电流）、电容电流和吸收电流。电气设备的绝缘材料在直流电压作用下的电路及电流变化曲线如图 9.1 所示。

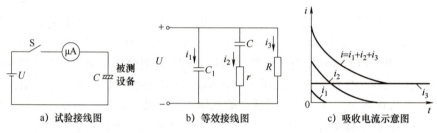

图 9.1　电气设备的绝缘材料在直流电压作用下的电路及电流变化曲线

图 9.1a 为电气设备绝缘材料在直流电压作用下的试验电路，图 9.1b 为被测设备 C 的并联等效电路图，图 9.1c 为闭合开关 S 后的分支电流和总电流随时间变化的曲线。图 9.1b 所示等效电路中，C_1 支路中的电流代表电容电流 i_1，它是由快速极化（电子极化、离子极化）过程形成的位移电流，瞬间即逝。r、C 支路中的电流代表吸收电流 i_2，是离子自由移动形成的充电电流，通常与被试品受潮有关。R 支路中的电流代表电导电流（泄漏电流）i_3，是由离子移动产生，大小取决于电介质在直流电场中的导电率，反映绝缘内部是否受潮或存在局部缺陷、脏污等（绝缘正常情况下，i_3 不随时间变化）。上述三个电流之和 $i=i_1+i_2+i_3$，即为在直流电压作用下通过被试品的总电流 i。从图 9.1c 可见，随着时间增加，电容电流 i_1 和吸收电流 i_2 趋近于零，最终总电流 i 趋近于 i_3。也就是说，总电流 i 随加压时间的增长而减少，经过一段时间后趋于电导电流，总体上呈现出明显的吸收现象。因此总电流 i 的变化曲线，也被称为吸收曲线。通常认为，对于一般的绝缘材料，总电流衰减过程通常会持续 1min 左右。因此，规定以加压 1min 时测定的电阻值作为被试品的绝缘电阻。

2. 吸收比

正常情况下，泄漏电流 i_3 很小且不随时间变化；在绝缘体受潮、脏污或存在其他缺陷时，在直流电压作用下，绝缘电阻相应减小，泄漏电流会急剧增加。因此，对于同一电气设备可根据吸收曲线是否发生变化来判断绝缘状况。理想情况是采用初始电流与稳定电流之比或稳定时的绝缘电阻与初始绝缘电阻之比来判断绝缘状况，但实际过程无法真正测得这两个时刻的电流值或绝缘电阻值。通常采用加压后 15s 的绝缘电阻 R_{15} 和加压后 60s 的绝缘电阻 R_{60} 来代替，其比值称为吸收比 K

$$K=\frac{R_{60}}{R_{15}}=\frac{U/I_{60}}{U/I_{15}}=\frac{I_{15}}{I_{60}} \tag{9.1}$$

K 的最小值为 1。K 值越大，电气设备绝缘的耐电性能越好；K 值越小，表明设备的绝缘可能受潮或者存在裂纹等缺陷；受潮严重时吸收比可能接近于 1。此外，吸收比还和温度有关：一般来说，温度升高时，绝缘介质极化加剧，绝缘介质内部的水分及含有的杂质也呈扩散趋势，使电导增加，绝缘电阻变小。

3. 极化指数

对于大容量的变压器、发电机、电缆等电气设备，吸收电流衰减得很慢，在 1min 时测量的绝缘电阻仍会受吸收电流的影响，吸收比不足以反映绝缘介质的电流吸收全过程。为了便于更好地判断绝缘体是否受潮，可采用较长时间的绝缘电阻比值进行衡量，即 10min 和 1min 时的绝缘电阻比值，称为绝缘的极化指数

$$P = \frac{R_{10\min}}{R_{1\min}} \tag{9.2}$$

极化指数测量加压时间较长，测定的比值与温度无关。被试品受潮或处于污染状态时，不随时间变化的泄漏电流所占比例较大，所以 P 接近于 1；绝缘体处于干燥状态时，P 较大。变压器的极化指数一般大于 1.5，绝缘性能较好时可达到 3~4。

此外，某些集中性缺陷虽已发展得相当严重，但尚未发展为贯通整个绝缘时，测得的绝缘电阻、吸收比或极化指数并不低，在耐压试验时绝缘被击穿。可见仅凭绝缘电阻和吸收比或极化指数的测量结果来判断绝缘状态仍是不够可靠的。

9.2.2 测量方法

绝缘电阻表是测量电气设备绝缘电阻的专用仪器。传统的绝缘电阻表都带有手摇直流发电机，故俗称摇表，目前工程上也有电子式的。因以 MΩ 为计量单位，通常又称为兆欧表或高阻表。

绝缘电阻表的额定直流输出电压有 250V、500V、1000V、2500V、5000V 等规格。以测交流电动机的绝缘电阻为例，额定电压为 3kV 以下者使用 1000V 绝缘电阻表；3kV 及以上者使用 2500V 绝缘电阻表。对于额定电压较高的电气设备，一般要求用相应较高电压等级的绝缘电阻表。

绝缘电阻表采用流比计的原理，结构如图 9.2 所示。它有两个相互垂直并固定在同一转轴上的线圈，一个为电压线圈 L_v，另一个为电流线圈 L_i，它们处在同一个永久磁场中。绝缘电阻表有 3 个接线端子 L、G、E。测量时，将被试品接在两个测量端子 L 和 E 之间（见图 9.3），其中线路端子 L 接被试品的高压导体，接地端子 E 接被试品外壳或法兰等处，同时应良好接地；屏蔽端子 G 接被试品的屏蔽环或屏蔽电极，屏蔽端子用以消除被试品表面泄漏电流对测量结果的影响。

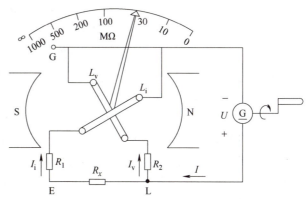

图 9.2 绝缘电阻表的原理结构图

测试时，摇动手摇发电机产生一定的直流电压，这时形成两个回路：电流回路从电源正极经被试品绝缘电阻 R_x 和限流电阻 R_1、电流线圈 L_i 回到电源负极；电压回路从电源正极经限流电阻 R_2、电压线圈 L_v 回到电源负极。电流 I_v 和 I_i 流经线圈 L_v 和 L_i 时，在磁场中产生的转矩的方向是相反的，在两转矩差值的作用下指针旋转，直到两个转矩平衡为止。此时指

针偏转角度 α 只与 I_v/I_i 的比值相关，而 I_i 又与被试品绝缘电阻 R_x 成反比，所以偏转角 α 就反映了被测绝缘电阻的大小，可直接将偏转角 α 的读数标定为被测绝缘电阻的值。

测量绝缘电阻时，可以在被试品表面的适当位置设置一个金属屏蔽环，利用非测量相作为两端屏蔽环的连线，并将此屏蔽环接到绝缘电阻表的 G 端子。这样测得的便是消除了表面泄漏影响的被试品的真实电阻值。屏蔽环的位置应靠近接 L 端子的电极，这个位置使被试绝缘中的电场分布畸变最小，测量误差最小。

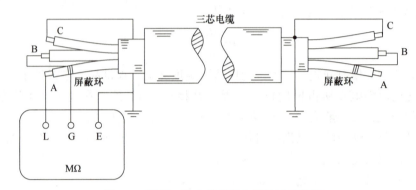

图 9.3　测量三芯电缆绝缘电阻的试验接线

根据所测电气设备绝缘电阻或吸收比进行绝缘状况判断时，必须将测量值与以往记录进行纵向比较，与同一设备其他相或同期同类产品进行横向比较，才能判断有无贯穿性故障或整体受潮。这是因为电气设备的绝缘电阻与其尺寸、结构类型及运行状况有关，与测量时的温度、湿度、表面状况等因素有关。根据一次测量值是无法做出正确判断的。

影响测量绝缘电阻的因素主要有以下 4 个方面：

1. 温度的影响

运行中的电力设备的温度随周围环境变化，其绝缘电阻也随温度而变化。一般温度每下降 10℃，绝缘电阻为原阻值的 1.5～2 倍。为了比较测量结果，需将测量结果换算成同一温度下的数值。实际测量绝缘电阻时，必须记录试验温度（环境温度及设备本体温度），而且尽可能在相近温度下进行测量，以避免温度换算引起的误差。

2. 湿度及表面脏污的影响

空气相对湿度增大时，绝缘物表面吸附许多水分、潮气，使表面电导率增加，绝缘电阻降低。当绝缘物表面形成连通水膜时，绝缘电阻更低。如雨后测得一组 220kV 磁吹避雷器的绝缘电阻仅为 2000MΩ；当屏蔽掉其表面电流时，绝缘电阻为 10000MΩ 以上；隔天天气晴朗时，在表面干燥状态下测量其绝缘电阻也在 10000MΩ 以上。电力设备的表面脏污也会使设备表面电阻降低，整体绝缘电阻显著下降。

根据以上两种情况，现场测量绝缘电阻时都必须用屏蔽环消除表面泄漏电流的影响，或烘干、清洁干净设备表面，以得到真实的测量值。

3. 残余电荷的影响

大容量设备运行中有遗留的残余电荷，或者试验中（尤其是直流试验）形成的残余电荷未完全放尽，这些情况下都会造成绝缘电阻偏大或偏小。所以为消除残余电荷的影响，测量绝缘电阻前必须充分接地放电，重复测量中也应充分放电，大容量设备应至少放电 5min。

4. 感应电压的影响

电气设备现场试验中，由于带电设备与停电设备之间的电容耦合，使得停电设备带有一定的感应电压。感应电压对绝缘电阻测量有很大影响，感应电压不大时可能造成指针不稳定、乱摆，得不到真实的测量值；感应电压较大时甚至会损坏绝缘电阻表，必要时应采取电场屏蔽等措施以消除感应电压的影响。

9.3 泄漏电流的测量

9.3.1 测量原理

如图 9.1 所示，当直流电压加于被试品时，其充电电流（电容电流和吸收电流）随着时间的延长而逐渐衰减至零，而泄漏电流则保持不变，因此微安表在加压一定时间后其指示趋于恒定，这时读取的数值则等于或近似于泄漏电流。对于良好的绝缘，其泄漏电流与一定的外加电压的关系应为一直线。但是，实际上泄漏电流与电压的关系曲线，仅在一定的电压范围内才是类似直线的，如图 9.4 中的 OA 段，即电压小于 U_0 区域。超过此范围后，离子活动加剧，此时电流的增加要比电压增长快得多，如 AB 段。到 B 点后，如果电压继续再增加，则电流将急剧增长，产生更多的损耗，以至绝缘被破坏，发生击穿。

在预防性试验中，测量泄漏电流时所加的电压大都在 U_0 以下。当绝缘有缺陷（局部或全部）或受潮的现象存在时，泄漏电流急剧增大，其伏安特性曲线就不再是直线。因此，测量泄漏电流可以发现绝缘材料中未完全贯通的集中性缺陷，如变压器套管密封不严进水、高压套管有裂纹、绝缘材料炭化、变压器油劣化以及内部受潮等。

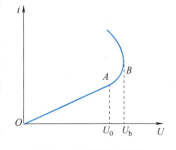

图 9.4　绝缘伏安特性

泄漏电流的测量原理和作用与绝缘电阻相似。与绝缘电阻测量相比，泄漏电流的测量有如下特点：

1）使用电压更高，且可调节。绝缘材料中的某些缺陷或弱点，只有在较高电场强度下才能暴露出来，因此泄漏电流的测量过程中，施加的电压比绝缘电阻表的额定电压高得多，更容易将绝缘材料本身的弱点暴露出来。

2）通常使用微安表，灵敏度高。从泄漏电流的测量结果可换算得到绝缘电阻值，但用绝缘电阻表测出的绝缘电阻值则无法换算出泄漏电流值。这是因为在绝缘电阻测量中，受绝缘电阻表内阻压降影响，被试品两端的实际电压值并不等于绝缘电阻表两端的电压值，只有当绝缘电阻趋于无穷大时，两者才近似相等。

9.3.2 测量方法

在泄漏电流的测量中，微安表有 3 种接线方式，如图 9.5 所示。

1. 微安表接于高压侧

如图 9.5 中的 PA_1 位置，图中 T_1 为自耦调压器，用来调节电压；T_2 为试验变压器，用来供给整流前的交流高压；V 为高压整流硅堆；R 为均压电阻，用来在多只硅堆串联时，使每只硅堆电压分配均匀；C 为滤波电容器，用来减小输出整流电压的脉动，使电流表读数稳

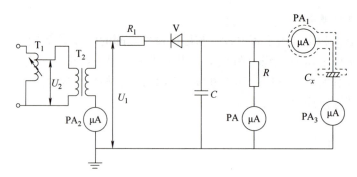

图 9.5 测量泄漏电流电路原理接线图

定,当被试品的电容 C_x 较大时,C 可以不用,当 C_x 较小时,则需接入 0.1μF 左右的电容器以减小电压脉动;R_1 为保护电阻,用来限制被试品击穿时的短路电流不超过高压硅堆和试验变压器的允许值,以保护变压器和高压硅堆,其值可按 10Ω/V 选取,通常用玻璃管或有机玻璃管充水溶液制成。

这种接线适合于被试绝缘一极接地的情况。此时微安表处于高压,不受高压对地杂散电流的影响,测量的泄漏电流较准确。但为了避免由微安表到被试品的连线上产生的电晕及沿微安表绝缘支柱表面的泄漏电流流过微安表,需将微安表及从微安表至被试品的引线屏蔽起来。此外,由于微安表处于高压端,给读数及切换量程带来不便。

2. 微安表接于低压侧

如图 9.5 中的 PA_3 位置,这时微安表接在接地端,读数和切换量程安全、方便,而且高压引线的漏电流、整流元件和保护电阻绝缘支架的漏电流以及试验变压器本身的漏电流均直接流入试验变压器的接地端而不会流入微安表,所以不用加屏蔽,测量比较精确。但这种接线要求被试绝缘的两极都不能接地,仅适合于那些接地端可与地分开的电气设备。

3. 微安表接在试验变压器 T_2 一次(高压)绕组尾部

如图 9.5 中的 PA_2 位置,这种接线的微安表处于低电位,具有读数安全、切换量程方便的优点,一般成套直流高压装置中的微安表采用这种接线。这种接线的缺点是高压导线等对地部分的杂散电流均通过微安表,测量结果误差较大,如图 9.6 所示。

影响测量泄漏电流的因素主要有以下方面:

(1)温度的影响

与绝缘电阻测量相同,温度对泄漏电流测量结果影响显著,温度升高,绝缘电阻下降,泄漏电流增大。经验证明,对于 B 级绝缘发电机的泄漏电流,温度每升高 10℃,泄漏电流增加 0.6 倍。实际中最好在被试品温度为 30~80℃时进行测量,在此温度范围内电流变化最明显。

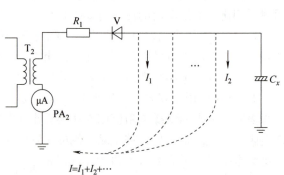

图 9.6 通过微安表 PA_2 的杂散电流路径示意图
(I_1:电晕电流;I_2:漏电流;I:通过 PA_2 的杂散电流)

(2)升压速度的影响

对大容量被试品进行试验时,由于泄漏电流存在吸收过程,即 1min 时的泄漏电流不一定是真实的泄漏电流，可能包括一定的电容电流和吸收电流，因此升压速度对试验结果也有影响。一般现场测量时都采用逐级加压的方式。

（3）残余电荷的影响

试品残余电荷对泄漏电流的测量也有影响，所以泄漏电流试验前和重复试验时，必须对被试品进行充分放电。

（4）高压引线的影响

图 9.7 所示接线中，I_1 为高压硅堆及硅堆至微安表高压引线对地杂散电流；I_2 为屏蔽线对地杂散电流；I_3 为高压引线及高压端通过空气对地的杂散电流；I_4 为高压引线输出端及加压端对邻近设备的杂散电流；I_5 为设备高压端通过外壳表面对地的泄漏电流。

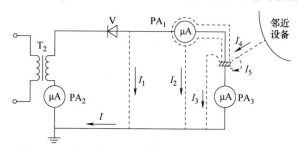

图 9.7　高压引线对地杂散电流及表面泄漏电流示意图

从图 9.7 中可以看出，在 PA_1 位置，由于在高压侧测量并将高压引线屏蔽，排除了 I_1、I_2 的影响，I_5 也可以通过在试品高压端加屏蔽环屏蔽掉，所以误差较小；在 PA_2 位置时测量误差较大，且不易屏蔽；在 PA_3 位置，杂散电流 I_1、I_2、I_3、I_4 均不通过微安表，若在试品低压端采取屏蔽（接地），如避雷器下部瓷裙加短路线接地，则可以排除 I_5 的影响。I_5 电流与高压引线和低压微安表引线距离有关，可以通过加大两者距离等办法减小影响。可见在 PA_3 位置进行测量是一种比较精确的测量方法。这种方法如果测得的泄漏电流偏小，可能是设备接地端对地绝缘不好。

9.4　介质损耗因数的测量

9.4.1　测量原理

介质损耗是指绝缘材料在电场作用下，由于介质电导和介质极化的滞后效应，在其内部引起的能量损耗，也叫介质损失，简称介损。

绝缘材料可以简化为介质等效电阻 R_{eq} 和介质等效电容 C_{eq} 并联的电路，如图 9.8 所示。设被试品两端的电压及流过的电流分别为

$$u(t)=\sqrt{2}U\sin(2\pi f_0 t+\varphi_u) \tag{9.3}$$

$$i(t)=\sqrt{2}I\sin(2\pi f_0 t+\varphi_i) \tag{9.4}$$

式中，f_0 为基波频率。

设流经 R_{eq} 和 C_{eq} 的电流分别为 $\dot{I}_R$ 和 $\dot{I}_C$，则可计算被试品在施加电压时所消耗的有功功率与无功功率的比值为

$$\frac{U\dot{I}_R}{U\dot{I}_C} = \frac{1}{2\pi f_0 C_{eq} R_{eq}} \quad (9.5)$$

该比值即为介质损耗因数，常用百分比（%）表示。根据图 9.8，介质损耗因数等于基波电压与电流之间相位差 θ 的余角 δ 的正切值，即

$$\tan\delta = \tan\left(\frac{\pi}{2}-\theta\right) = \frac{\dot{I}_R}{\dot{I}_C} = \frac{1}{2\pi f_0 C_{eq} R_{eq}} \quad (9.6)$$

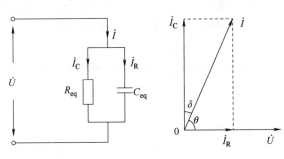

图 9.8　电容型设备绝缘等效电路与相量图

因此，也称 δ 为介质的损耗角，简称介损角。

对介损角的测量可以转换为对基波电压与电流相位差的测量

$$\delta = \frac{\pi}{2}-\theta = \frac{\pi}{2}-|\varphi_u-\varphi_i| \quad (9.7)$$

如图 9.8 所示，介质损耗因数 tanδ 是设备绝缘的局部缺陷中介质损失引起的有功电流分量 $\dot{I}_R$ 和设备总电容电流 $\dot{I}_C$ 之比，它对发现绝缘的整体（即包括了大部分体积）劣化如绝缘均匀受潮较为灵敏，而局部缺陷（即体积只占介质中较小部分的缺陷和集中缺陷）则不易用测 tanδ 的方法发现，设备绝缘的体积越大，越不易发现。

由于介质损耗很微小，不能用普通的功率表测量，一般将被试品视为等效阻抗，通过式（9.6）间接测量 tanδ。测量 tanδ 的方法主要分为模拟测量方法和数字测量方法，模拟测量方法有瓦特表法、电桥法和不平衡电桥法等，其中以电桥法的准确度为最高，最通用的是西林电桥；数字测量方法主要有过零点时差法和谐波分析法等。

9.4.2　西林电桥法

高压西林电桥是测量 tanδ 的常用电路，其接线如图 9.9 所示。电桥的平衡是通过调整无感电阻 R_3 和可调电容 C_4 来实现的。图 9.9 中，被试品接在 A、C 之间，处于高电位侧，两端均不接地，这种接线称为正接线。由于高压臂的阻抗值相对较高，通常承受较高的电压，低压臂处于低电位侧，调节电阻 R_3 上的电压通常只有几伏，对操作人员没有危险。正接法适用于被试品可以对地解开的情况。

电桥平衡时检流计 G 中电流为零，说明此时 C、D 两点之间无电位差，此时有

$$\begin{cases} \dot{I}_{CE} = \dot{I}_{AC} = \dot{I}_x \\ \dot{I}_{DE} = \dot{I}_{AD} = \dot{I}_N \\ \dot{U}_{AC} = \dot{U}_{AD} \\ \dot{U}_{CE} = \dot{U}_{DE} \end{cases} \quad (9.8)$$

各桥臂复数阻抗值应满足

$$Z_3 Z_N = Z_4 Z_x \quad (9.9)$$

式中，Z_x 为被试品绝缘的等效阻抗，$Z_x = 1/(1/R_x+j\omega C_x)$；$Z_4$ 为 R_4 与 C_4 并联的等效复阻

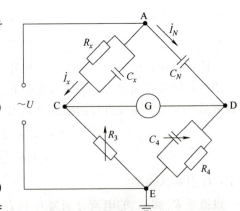

图 9.9　西林电桥的原理接线图

抗，$Z_4 = 1/(1/R_4+j\omega C_4)$；$Z_3 = R_3$；$Z_N = 1/j\omega C_N$。

使式（9.9）等式两边的实部和虚部分别相等，即可求得被试品电容 C_x 和等效电阻 R_x 为

$$\begin{cases} C_x = \dfrac{C_N R_4}{R_3(1+\omega^2 C_4^2 R_4^2)} \\ R_x = \dfrac{R_3(1+\omega^2 C_4^2 R_4^2)}{\omega^2 R_4^2 C_4 C_N} \end{cases} \quad (9.10)$$

根据式（9.6）可求得介质损耗因数为

$$\tan\delta = \frac{I_R}{I_C} = \frac{1}{\omega R_x C_x} = \omega R_4 C_4 \quad (9.11)$$

因为 $\tan\delta \ll 1$，试品的电容亦可用式（9.12）求得

$$C_x = \frac{C_N R_4}{R_3} \times \frac{1}{1+\tan^2\delta} \approx \frac{C_N R_4}{R_3} \quad (9.12)$$

为计算方便，通常取 $R_4 = 10^4/\pi \Omega = 3184\Omega$。在工频 50Hz 时，$\omega = 100\pi$，因此，可得

$$\tan\delta = \omega R_4 C_4 = 100\pi \times \frac{10^4}{\pi} C_4 = 10^6 C_4 \quad (9.13)$$

当 C_4 单位为 μF 时，C_4 的数值即为 $\tan\delta$ 的测量结果。

9.4.3 过零点检测法

$\tan\delta$ 的过零点检测法是在时域中通过脉冲计数来测量电流、电压由负变正过零点的时差 ΔT，再换算为电流超前电压的相位差 φ，并进而算得介质损耗角的一种方法。已知正弦波的周期 $T=1/f$，在测得过零点时差 ΔT 后，易知

$$\varphi = 2\pi(\Delta T/T) \quad (9.14)$$

根据式（9.7）可得

$$\delta = (\pi/2) - \varphi = (\pi/2) - 2\pi(\Delta T/T) \quad (9.15)$$

为采用脉冲计数法来测量过零点时差，一般需要将正弦波形的电流 $i(t)$ 和电压 $u(t)$ 整形为相应的方波 A 和 B，如图 9.10 所示。用方波 $A \cdot \overline{B}$ 控制脉冲计数器对时基脉冲的计数，若计数器计得的脉冲数为 n，而时基脉冲的重复周期为 τ，则 $\Delta T \approx n\tau$。当 τ 以 μs 计时，测量装置对 φ，也即对 δ 的分辨率为 $10^{-4}\pi n$。因此为使装置具有较好的分辨率，时基脉冲的重复周期 τ 应足够短。

9.4.4 谐波分析法

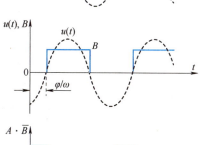

图 9.10 电流、电压波形

介质损耗因数的数值一般很小。当 δ 很小时，介质损耗因数 $\tan\delta \approx \delta$。根据式（9.7），对介损角的测量可以转换为对基波电压与电流相位差的测量。采用傅里叶变换可以方便地计算出基波电压与电流相位差，该方法不受高次谐波的影响，可以达到比较高的稳定性和测量精度，也被称为谐波分析法。

电网中由于基波频率并非恒定,因此无法做到严格的同步采样。非同步采样下,受频谱泄漏和栅栏效应影响,电压与电流信号中基波相位角测量存在误差。为进一步分析非同步采样时频谱泄漏和栅栏效应的影响,以一个含双频率成分的信号 $x(t)$ 为例

$$x(t) = A_0 \sin(2\pi f_0 t + \varphi_0) + A_2 \sin(2\pi f_2 t + \varphi_2) \quad (9.16)$$

式中,$A_0 = 10\text{A}$;$A_2 = 1\text{A}$;$f_0 = 50.1\text{Hz}$ 为基波频率;$f_2 = 2f_0$ 为 2 次谐波频率;基波和 2 次谐波的相位角分别为 $\varphi_0 = 40°$、$\varphi_2 = 140°$。

设置 FFT 的长度为 $N = 32$,采样频率为 400Hz,即满足非同步采样条件。分别采用矩形、Hanning、Blackman-Harris、Nuttall 窗对式(9.16)所示的信号进行加权,所得到的相位谱如图 9.11 所示。采用上述窗进行加权后,直接根据峰值谱线得到的基波相位角测量误差在表 9.1 中给出。

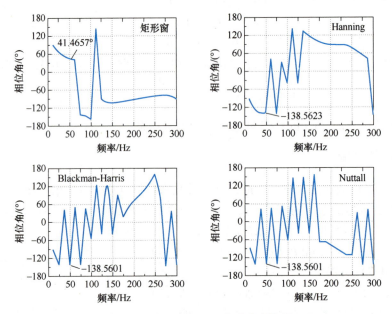

图 9.11 加不同窗时相位谱分布情况

表 9.1 加不同窗时基波相位角测量误差

窗 函 数	矩 形 窗	Hanning 窗	Blackman-Harris 窗	Nuttall 窗
相位谱值/(°)	41.4657	-138.5623	-138.5601	-138.5601
测量值/(°)	41.4657	41.4377	41.4399	41.4399
绝对误差/(°)	1.4657	1.4377	1.4399	1.4399
相对误差(%)	3.6643	3.5943	3.5998	3.5998

因此,非同步采样情况下直接采用 FFT 进行基波相位角和介损角测量时,即直接利用频谱峰值计算谐波参数时,由频谱泄漏和栅栏效应引起的误差较大。此外,若信号包含有多个频率分量,则各频率分量所产生的频谱泄漏叠加于基波频谱上(以相量和的形式),也会降低介损角测量的准确度。

本节以 Hanning 自卷积窗为例，介绍一种采用加窗频谱插值的介损角测量算法。设包含基波和第 $2 \sim H$ 次谐波的时域信号为

$$x(t) = A_0 \sin(2\pi f_0 t + \varphi_0) + \sum_{h=2}^{H} A_h \sin(2\pi h f_0 t + \varphi_h) \tag{9.17}$$

式中，f_0、A_0 和 φ_0 分别为基波的频率、幅值和初相角；h、A_h 和 φ_h 分别为第 h 次谐波的次数、幅值和初相角。

以满足 Nyquist 定理的频率 f_s 对信号 $x(t)$ 进行采样，得到的离散序列为

$$x(n) = A_0 \sin(2\pi f_0 n/f_s + \varphi_0) + \sum_{h=2}^{H} A_h \sin(2\pi n h f_0/f_s + \varphi_h) \tag{9.18}$$

对 $x(n)$ 进行加 Hanning 自卷积窗处理。由于 Hanning 自卷积窗起到低通滤波作用，因此可忽略傅里叶变换后所产生的负频率成分影响，得到信号 $x(n)$ 加 Hanning 自卷积窗后的离散傅里叶变换为

$$\begin{aligned}X_w(k) = & \frac{A_0}{2\mathrm{j}} [W_p(k-k_0) \mathrm{e}^{\mathrm{j}\varphi_1} - W_p(k+k_0) \mathrm{e}^{-\mathrm{j}\varphi_0}] + \\ & \sum_{h=2}^{H} \frac{A_h}{2\mathrm{j}} [W_p(k-k_h) \mathrm{e}^{\mathrm{j}\varphi_h} - W_p(k+k_h) \mathrm{e}^{-\mathrm{j}\varphi_h}]\end{aligned} \tag{9.19}$$

式中，$k = 0, 1, \cdots, N-1$；$k_0 = f_0 N/f_s$；$k_h = h k_0$；$W_p(k)$ 为 Hanning 自卷积窗频谱函数。

$$W_p(k) = \left\{ 0.5 W_R \left(\frac{2k\pi}{N} \right) + \left[0.25 W_R \left(\frac{2k\pi}{N} - \frac{2\pi}{M} \right) + W_R \left(\frac{2k\pi}{N} + \frac{2\pi}{M} \right) \right] \right\}^p \tag{9.20}$$

式中，$W_R(k)$ 为矩形窗的频谱函数。

为计算介损角值，主要考虑信号中基波参数的分析。不失一般性，忽略其余各次谐波对基波的泄漏影响，此时，式（9.19）可写为

$$X_b(k) = \frac{A_0}{2\mathrm{j}} \mathrm{e}^{\mathrm{j}\varphi_0} W_p(2\pi(k-k_0)/N) \tag{9.21}$$

同步采样时，k_0 为整数，即基波对应的谱线为第 k_0 根。但非同步采样时，受栅栏效应影响，基波对应的峰值点偏离抽样频点，即 k_0 不为整数。设 k_0 点附近的两根峰值谱线分别为第 k_1 和 k_2 根谱线，$k_1 < k_0 < k_2 = k_1 + 1$，两峰值谱线的幅值分别是 $\gamma_1 = |X_b(k_1)|$ 和 $\gamma_2 = |X_b(k_2)|$。

由于 $0 \leq k_0 - k_1 \leq 1$，考虑到式（9.21）的对称性，引入中间变量 $\mu = k_0 - k_1 - 0.5$（$\mu \in [-0.5, 0.5]$），并设 $\lambda = (\gamma_1 - \gamma_2)/(\gamma_1 + \gamma_2)$，则对式（9.21）进行变量变换后得到

$$\lambda = \frac{|W_p[2\pi(-\mu-0.5)/N]| - |W_p[2\pi(-\mu+0.5)/N]|}{|W_p[2\pi(-\mu-0.5)/N]| + |W_p[2\pi(-\mu+0.5)/N]|} \tag{9.22}$$

式（9.22）的反函数可记为 $\mu = g^{-1}(\lambda)$。令 μ 在 $[-0.5, 0.5]$ 内取一组值，由式（9.22）得出对应的一组 λ，在 MATLAB 中调用多项式拟合函数 polyfit(λ, μ, L) 进行反拟合运算，即可求出反函数 $\mu = g^{-1}(\lambda)$ 的逼近多项式系数。其中 L 为拟合逼近多项式的最高次数，考虑到算法的实时性，L 一般不超过 7 次。$L = 7$ 时，采用 2 阶 Hanning 自卷积窗的频谱插值逼近多项式为

$$\mu_{p2} = 0.0372\lambda^7 + 0.047\lambda^5 + 0.0622\lambda^3 + 3.0762\lambda \tag{9.23}$$

$L = 7$ 时，采用 4 阶 Hanning 自卷积窗的频谱插值逼近多项式为

$$\mu_{p4} = 0.0895\lambda^7 + 0.1179\lambda^5 + 0.1542\lambda^3 + 6.1898\lambda \tag{9.24}$$

因此，在离散频谱中找到峰值谱线，确定 γ_1 和 γ_2，计算 λ 并代入式（9.23）或式（9.24）后，即可得到变量 μ。由此，式（9.21）中的基波频率对应的真实频率点 k_0 为 $k_0 = k_1 + \mu + 0.5$，代入式（9.21）后，可得到基波的频率和相位角分别为

$$f_0 = k_0 f_s/N = (k_1 + \mu + 0.5) f_s/N \tag{9.25}$$

$$\varphi_0 = \arg[X_b(k_1)] - \arg[W_p(2\pi(k_1 - k_0)/N)] \tag{9.26}$$

由此可以计算出电压基波相位 φ_{u0}、电流基波相位 φ_{i0}，则介损角 δ 为

$$\delta = \pi/2 - |\varphi_{u0} - \varphi_{i0}| \tag{9.27}$$

介损角测量仿真电路如图 9.12 所示，其中 $C_{eqx} = 591.2$ nF；$R_{eqx} = 22.67\Omega$；采样频率为 2.5kHz；三个电压源信号分别设置为基波、3 次谐波、5 次谐波电压源，基波频率为 $f_0 = 50.2$Hz，所施加的电压信号为

$$u(t) = 220\sin(2\pi f_0 t + 60°) + 220 \times 1.088\% \sin(2\pi \times 3f_0 t + 45°) + 220 \times 0.611\% \sin(2\pi \times 5f_0 t + 30°) \tag{9.28}$$

仿真实验采用基于 4 阶 Hanning 自卷积窗的介损角测量算法，实验对比了基于 Hanning 窗的插值 FFT 介损角测量算法（采样点数为 1024，采样频率为 12.8kHz）、基于 Blackman-Harris 窗的插值 FFT 介损角测量算法（采样点数为 1000，采样频率为 1kHz）、基于三角自卷积窗的介损角测量算法（采样点数为 512，采样频率为 2.5kHz），不同方法的介损角测量相对误差见表 9.2。

改变仿真参数时，如电压信号基波频率在 49.8 ~ 50.2Hz 间变化、第 3 次谐波与基波比例在 0% ~ 8% 间变

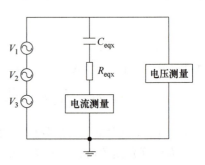

图 9.12 介损角测量仿真电路图

化、采样频率在（1~12.8）kHz 间变化，介损角测量相对误差在表 9.2 中给出。仿真结果表明：基于 4 阶 Hanning 自卷积窗的介损角测量算法能有效克服电网基波频率波动、谐波成分变化、采样频率变化的影响，可实现高准确度介损角测量。

表 9.2 基波频率与谐波含量变化时介损角仿真测量相对误差

窗 类 型	采样点数	采样频率/kHz	基波频率变化时 δ 测量相对误差（%）					第 3 次谐波与基波比例变化时 δ 测量相对误差（%）				
			49.8Hz	49.9Hz	50.0Hz	50.1Hz	50.2Hz	0%	2%	4%	6%	8%
Hanning 窗	1024	12.8	3.80	2.14	0.24	2.38	4.75	—	—	—	—	—
Blackman-Harris 窗	1000	1	—	—	—	—	—	0.7371	1.1378	1.2022	1.5290	1.7222
三角自卷积窗	512	2.5	0.138	0.127	0.114	0.099	0.083	0.109	0.113	0.121	0.145	0.0044
Hanning 自卷积窗	512	1	0.0048	0.0048	0.0048	0.0046	0.0051	0.0047	0.0048	0.0037	0.0048	0.0038
	512	2.5	0.0052	0.0052	0.0048	0.0050	0.0045	0.0051	0.0044	0.0039	0.0039	0.0045
	1024	12.8	0.0330	0.0117	0.0083	0.0083	0.0278	0.0951	0.0290	0.1534	0.2776	0.3762

9.5 局部放电的测量

9.5.1 测量原理

高压设备绝缘内部不可避免地存在着一些水分、气泡、杂质和污秽等缺陷，有的是制造过程中产生的，有些是在运行中由于绝缘介质的老化、分解过程中产生的。当外施电压升高到一定程度时，这些部位的场强超过了该处物质的电离场强，产生电离放电或非贯穿性放电现象，称为局部放电。

由于局部放电是分散地发生在极微小的空间内，放电能量很小，它的存在不影响电气设备的短时绝缘强度和整体介质的击穿电压。但是，局部放电时产生的电子、离子在电场作用下运动，撞击气隙表面的绝缘材料，会使电介质逐渐分解、破坏，分解出的导电性和化学活性物质会使绝缘物氧化、腐蚀，进一步加剧局部放电的强度。另外，局部放电处也可能产生局部的高温，使绝缘物发生不可逆的老化、损坏。如果绝缘中已出现局部放电现象，即意味着绝缘内存在局部性缺陷，将加速绝缘物的老化和破坏，慢慢地损坏绝缘，日积月累，可能最终导致整个绝缘被击穿。因此，测定电气设备在不同电压下的局部放电强度和发展趋势，是判断绝缘长期运行中性能好坏的重要技术手段。

设在固体或液体介质内部 g 处存在一个气隙，如图 9.13 所示，C_g 代表该气隙的电容，C_b 代表与该气隙串联的那部分介质的电容，C_a 则代表其余完好部分的介质电容。假定介质处于平行板电极之中，在交流电场作用下气隙和介质中的放电过程可以通过图 9.13 所示的等效电路分析。图中，与 C_g 并联的放电间隙的击穿等效于该气隙中发生的火花放电，Z 则代表对应于气隙放电脉冲频率的电源阻抗。

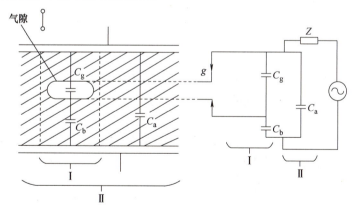

图 9.13　绝缘内部气隙局部放电的等效电路

如图 9.13 所示，整个介质的总电容为

$$C = C_a + \frac{C_b C_g}{C_b + C_g} \tag{9.29}$$

在电源电压 $u = U_m \sin\omega t$ 的作用下，C_g 上分到的电压为

$$u_g = \frac{C_b}{C_b + C_g} U_m \sin\omega t \tag{9.30}$$

如图 9.14a 中的虚线所示。当 u_g 达到该气隙的放电电压 U_s 时，气隙内发生火花放电，相当于图 9.13 中的 C_g 通过并联间隙放电；当 C_g 上的电压从 U_s 迅速下降到熄灭电压（亦可称剩余电压）U_r 时，火花熄灭，完成一次局部放电。

图 9.15 表示一次局部放电从开始到终结的过程，在此期间，出现一个对应的局部放电电流脉冲。这一放电过程的时间很短，约 10^{-8} s 数量级，可认为瞬时完成。反映到与工频电压相对应的坐标上，就变成一条垂直短线，如图 9.14b 所示。气隙每放电一次，其电压瞬时下降一个 $\Delta U_g = U_s - U_r$。

随着外加电压的继续上升，C_g 重新获得充电，直到 u_g 又达到 U_s 值时，气隙发生第二次放电，依次类推。

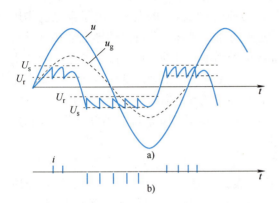

图 9.14 局部放电时的电压电流变化曲线

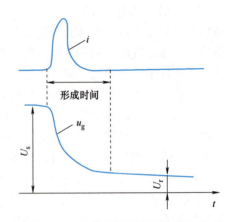

图 9.15 一次局部放电的电流脉冲

气隙每次放电所释出的电荷量为

$$q_r = \left(C_g + \frac{C_a C_b}{C_a + C_b}\right)(U_s - U_r) \qquad (9.31)$$

因为 $C_a \gg C_b$，所以

$$q_r \approx (C_g + C_b)(U_s - U_r) \qquad (9.32)$$

式 (9.32) 中的 q_r 为真实放电量，但因式中的 C_g、C_b、U_s、U_r 都无法测得，因而 q_r 亦难以确定。

气隙放电引起的压降 $(U_s - U_r)$ 将按反比分配在 C_a 和 C_b 上（从气隙两端看，C_a 和 C_b 串联连接），因而 C_a 上的电压变动为

$$\Delta U_a = \frac{C_b}{C_a + C_b}(U_s - U_r) \qquad (9.33)$$

这意味着，当气隙放电时，试品两端的电压会下降 ΔU_a，这相当于试品放掉电荷 q

$$q = (C_a + C_b)\Delta U_a = C_b(U_s - U_r) \qquad (9.34)$$

因为 $C_a \gg C_b$，所以式 (9.34) 的近似式为

$$q \approx C_a \Delta U_a \qquad (9.35)$$

式中，q 称为视在放电量，通常以它作为衡量局部放电强度的一个重要参数。

从以上各式可以看到，q 既是发生局部放电时试品电容 C_a 所放掉的电荷，也是电容 C_b 上的电荷增量（$=C_b \Delta U_g$）。由于有阻抗 Z 的阻隔，在上述过程中，电源 u 几乎不起作用。

将式（9.32）与式（9.34）作比较，可得

$$q = \frac{C_b}{C_g + C_b} q_r \tag{9.36}$$

由于 $C_g \gg C_b$，可知视在放电量 q 要比真实放电量 q_r 小得多，但它们之间存在比例关系，所以 q 值也就能相对地反映 q_r 的大小。

顺便指出：在上述交流电压的作用下，只要电压足够高，局部放电在每半个周期内可以重复多次；而在直流电压的作用下，情况就大不相同了，这时电压的大小和极性都不变，一旦内部气隙发生放电，空间电荷会在气隙内建立起反向电场，放电熄灭后直到空间电荷通过介质内部电导相互中和而使反向电场削减到一定程度后，才会出现第二次放电。可见在其他条件相同时，直流电压下单位时间的放电次数要比交流电压时少很多，从而使直流下局部放电引起的破坏作用也远较交流下小。这也是绝缘在直流下的工作电场强度可以大于交流工作电场强度的原因之一。

除了前面介绍的视在放电量之外，表征局部放电的重要参数尚有：放电重复率（N）和放电能量（W），它们和视在放电量是表征局部放电的 3 个基本参数。其他的还有平均放电电流、放电的均方率、放电功率、局部放电起始电压和局部放电熄灭电压等。

9.5.2 测量方法

电气设备绝缘内部发生局部放电时将伴随着出现许多外部现象，有些外部现象属于电现象，如电流脉冲的产生、介质损耗增大和产生电磁波辐射等；有些属于非电现象，如产生光、热、噪声、气压变化和化学变化等，利用这些现象可以对局部放电进行检测。根据被检测量的性质不同，局部放电的检测方法可分为电气检测法和非电检测法两大类。在大多数情况下，非电检测法的灵敏度较低，多用于定性检测，即只能判断是否存在局部放电，而不能作定量的分析。而电气检测法，特别是测量绝缘内部气隙发生局部放电时的电脉冲法得到广泛应用，它是将被试品两端的电压突变转化为检测回路中的脉冲电流，利用它不仅可以判断局部放电的有无，还可测定放电的强弱。

1. 非电检测法

目前常用的非电检测方法主要有超声波探测法、光检测法和绝缘油的气相色谱分析法等。其中超声波探测法利用电气设备外壁上放置的超声波探测器，检测局部放电产生的超声波，可以了解有无局部放电以及粗测放电强度及其部位。这种方法简单，抗干扰性能好，但灵敏性较差，常与电气检测法配合使用。目前，随着计算机技术和光纤电缆在电力系统的广泛应用，超声波检测技术得到快速发展，在变压器和 SF_6 气体绝缘全封闭组合电器中已被广泛应用。

光检测法是利用光电倍增技术来测定局部放电产生的光，由此来确定放电的位置及其发展过程。这种方法灵敏度较低、局限性大，对于绝缘内部的局部放电，只有在透明介质中才能检测。实践证明，光检测法较适宜检测暴露在外表面的电晕放电和沿面放电。

近年来，随着光纤技术的发展，有研究将光纤技术和声测法相结合提出了声-光测法。该方法采用光纤局部放电产生的声波压迫使得光纤性质改变导致光纤输出信号改变从而可以测得放电，声-光测法在电力变压器和 GIS 设备中均有相关应用，例如有研究将光纤传感器伸入到变压器内部测量局放，当变压器内部发生局部放电时超声波在油中传播，这种机械压力波挤压光纤引起光纤变形导致光折射率和光纤长度的变化，从而光波将被调制，通过适当

的解调器即可测量出超声波从而实现放电定位。

绝缘油的气相色谱分析法是通过检查电气设备油样内所含的气体组成的含量来判断设备内部的可能缺陷。因为在局部放电作用下，绝缘油中可能有各种分解物或生成物出现，可以用各种色谱分析及光谱分析来确定各种分解物或生成物的成分和含量，从而判断设备内部隐藏的缺陷类型和强度。

2. 电气检测法

局部放电的电气检测法主要有无线电干扰测量法、介损测量法及脉冲电流测量法等。目前脉冲电流测量法应用最广泛。由于局部放电产生的电荷交换使被试品两端出现电压脉动，并在检测回路中引起高频脉冲电流，因此，通过检测回路阻抗上的脉冲电流就可以测量绝缘的局部放电特性。这种方法测量的是视在放电量，灵敏度高，是目前国际电工委员会推荐的局部放电测试的通用方法之一。

用脉冲电流法测量局部放电的视在放电量，国际上推荐的有三种基本试验回路，即并联测试回路、串联测试回路和桥式测试回路，分别如图 9.16a、b、c 所示。

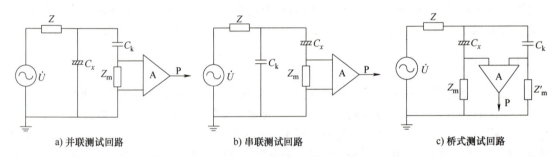

a) 并联测试回路   b) 串联测试回路   c) 桥式测试回路

图 9.16 用脉冲电流法测量局部放电的测试回路

三种回路的基本目的都是使在一定电压作用下的被试品 C_x 中产生的局部放电电流脉冲流过检测阻抗 Z_m，然后把 Z_m 上的电压或 Z_m 与 Z'_m 上的电压差加以放大后送到测量仪器 P（如示波器、峰值电压表、脉冲计数器等）上去，所测得的脉冲电压峰值与被试品的视在放电量成正比，只要经过适当的校准，就能直接读出视在放电量 q 之值，如果 P 为脉冲计数器，则测得的是放电重复率。

除了长电缆段和带绕组的试品外，一般试品都可以用一集中电容 C_x 来代表。耦合电容 C_k 为被试品 C_x 与检测阻抗 Z_m 之间提供一条低阻抗通路，当 C_x 发生局部放电时，脉冲信号立即顺利耦合到 Z_m 上去；C_k 的残余电感应足够小，而且在试验电压下内部不能有局部放电现象；对电源的工频电压来说，C_k 又起着隔离作用。Z 为阻塞阻抗，它可以让工频高电压作用到被试品上去，但又阻止高压电源中的高频分量对测试回路产生干扰，也防止局部放电脉冲分流到电源中去，所以它实际上就是一只低通滤波器。

并联测试回路如图 9.16a 所示，适用于被试品一端接地的情况，它的优点是流过 C_x 的工频电流不流过 Z_m，在 C_x 较大的场合，这一优点尤其重要。串联测试回路如图 9.16b 所示，适用于被试品两端均对地绝缘的情况，如果试验变压器的入口电容和高压引线的杂散电容足够大，采用这种回路时还可省去电容 C_k。上面两种测试回路均属直测法，第三种桥式测试回路如图 9.16c 所示，则属于平衡法，此时试品 C_x 和耦合电容 C_k 的低压端均对地绝缘，检测阻抗则分

成 Z_m 及 Z'_m，分别接在 C_x 和 C_k 的低压端与地之间。此时测量仪器 P 测得的是 Z_m 和 Z'_m 上的电压差。它与直测法不同之处仅在于检测阻抗和接地点的布置，但它的抗干扰性能好，这是因为桥路平衡时，外部干扰源在 Z_m 和 Z'_m 上产生的干扰信号基本上相互抵消，工频信号也可相互抵消；而在 C_x 发生局部放电时，放电脉冲在 Z_m 和 Z'_m 上产生的信号却是互相叠加的。

所有上述回路中的阻塞阻抗 Z 和耦合电容 C_k 在所加试验电压下都不能出现局部放电，在一般情况下，希望 C_k 不小于 C_x，以增大检测阻抗上的信号。同时，Z 应比 Z_m 大，使得 C_x 中发生局部放电时，C_x 与 C_k 之间能较快地转换电荷，而从电源重新补充电荷（充电）的过程减慢，以提高测量的准确度。

Z_m 上出现的脉冲电压经放大器 A 放大后送往适当的测量仪器 P，即可得出测量结果。虽然已知测量仪器上测得的脉冲幅值与试品的视在放电量成正比，但要确定具体的视在放电量 q 值，还必须对整个测量系统进行校准（标度），这时需向试品两端注入已知数量的电荷 q_0，记下仪器显示的读数 h_0，即可得出测试回路的刻度因数 K，$K=q_0/h_0$。

9.6 油中溶解气体的测量

9.6.1 测量原理

绝缘油广泛地应用于变压器、油断路器、充油电缆、电力电容器和套管等高压电气设备中，其主要作用包括：①绝缘作用，对变压器、电缆、电容器等固体绝缘进行浸渍和保护，填充绝缘中的气泡，防止空气或湿气侵入，保证其可靠绝缘；②冷却作用，对变压器等电气设备能够起到很好的冷却作用；③灭弧作用，油断路器中的绝缘油，除了具有绝缘作用外，还具有灭弧作用，促使断路器能迅速可靠地切断电弧。

运行中，纯净绝缘油会出现火花放电，相关理论主要有两类：

（1）电子碰撞电离理论

当外加电场足够强时，在阴极产生的强场发射或因肖特基效应发射的电子将被电场加速而具有足够的动能，在碰撞绝缘油分子时可能引起电离，使电子数倍增，形成电子崩。与此同时，由碰撞电离产生的正离子将在阴极附近集结形成空间电荷层，增强了阴极附近的电场，使阴极发射的电子数增多；当外加电压增大到一定程度时，电子崩电流会急剧增大，从而导致绝缘油发生火花放电。所以整个过程是由电因素引起的过程（也称为电击穿）。研究表明，纯净绝缘油的介电强度（最高达 10^6 V/cm）要比气体电介质约高一个数量级，纯净绝缘油的冲击介电强度高于工频的介电强度。

（2）气泡火花放电理论

在交流电压作用下，串联介质中电场强度的分布是与介质的介电常数 ε 成反比的。由于气泡的介电常数最小（近似为1），其耐受的电场强度又比绝缘油的低得多，所以气泡必先发生电离，气泡电离后温度上升、体积膨胀、密度减少，促使电离进一步发展。电离产生的带电粒子撞击油分子，使它又分解出气体，导致气体通道扩大，如果许多电离的气泡在电场中排列成气体小桥，火花放电就可能在此通道中发生。由于气泡火花放电理论依赖于气泡的形成、发热膨胀、气泡通道扩大并积聚成小桥，所以伴有热的过程。

绝缘油在运行中由于受到氧气、高湿度、高温、阳光、强电场和杂质等作用，会逐渐老化和分解，产生少量的低分子烃类及 H_2、CO、CO_2 等气体，绝缘性能会逐渐变坏。当设备存在过热或放电故障时，会加快这些气体产生的速度，分解出的气体在油中经对流、扩散不断溶于油中，因而将这类气体称为故障特征气体。由于故障特征气体的组成和含量与故障的类型和故障的严重性有密切关系，通过定期地分析溶解于绝缘油中的气体就能及早发现电气设备内部的潜伏性故障以及故障的发展情况。油中各种溶解气体对应的故障性质见表 9.3。

表 9.3 根据油中气体含量判断设备内部故障

被分析的气体		分 析 目 的
推荐检测气体	O_2	了解脱气程度和密封（或漏气）情况，严重过热时 O_2 也会因极度消耗而明显减少
	N_2	进行 N_2 测定，可了解 N_2 的饱和程度，利用 N_2 与 O_2 的比值可更准确地分析 O_2 的消耗情况；在正常情况下，利用 N_2、O_2 和 CO_2 之和还能估算出油的总含气量
必测气体	H_2	与甲烷（CH_4）之比可判别并了解过热温度，或了解是否有局部放电情况和受潮情况
	CH_4	
	C_2H_6	了解过热故障的热点温度情况
	C_2H_4	
	C_2H_2	了解有无放电现象或存在极高的热点温度
	CO	了解固体绝缘的老化情况或内部平均温度是否过热
	CO_2	与 CO 结合，有时可了解固体绝缘有无热分解

9.6.2 测量方法

色谱法又叫层析法，它是一种物理分离技术。它的分离原理是使混合物中各组分在两相间进行分配，其中一相是不动的，叫作固定相，另一相则是推动混合物流过此固定相的流体，叫作流动相。当流动相中所含的混合物经过固定相时，就会与固定相发生相互作用。由于各组分在性质与结构上的不同，相互作用的大小强弱也有差异。因此在同一推动力作用下，不同组分在固定相中的滞留时间有长有短，从而按先后顺序从固定相中流出，这种借助两相分配原理而使混合物中各组分获得分离的技术，称为色谱分离技术或色谱法。当用液体作为流动相时，称为液相色谱；当用气体作为流动相时，称为气相色谱。

气相色谱法的一般流程主要包括三步：载气系统、色谱柱和检测器。当载气携带着不同物质的混合样品通过色谱柱时，气相中的物质一部分就会溶解或吸附到固定相内，随着固定相中物质分子的增加，从固定相挥发到气相中的试样物质分子也逐渐增加，也就是说，试样中各物质分子在两相中进行分配，最后达到平衡。这种物质在两相之间发生的溶解和挥发的过程，称为分配过程。分配达到平衡时，物质在两相中的浓度比称分配系数，也叫平衡常数，以 K 表示，K=物质在固定相中的浓度/物质在流动相中的浓度，在恒定的温度下，分配系数 K 是个常数。

由此可见，气相色谱的分离原理是利用不同物质在两相间具有不同的分配系数，当两相做相对运动时，试样的各组分就在两相中经反复多次地分配，使得原来分配系数只有微小差别的各组分产生很大的分离效果，从而将各组分分离开来。然后再进入检测器对各组分进行鉴定。

利用气相色谱分析油中的溶解气体及进展情况时，首先要将油中溶解的气体脱出，再送入气相色谱仪，最后对不同气体进行分离和定量。可采用下述方式。

1. 特征气体法

正常运行时，绝缘油老化过程中产生的气体主要是 CO 和 CO_2；在油纸绝缘中存在局部放电时，油裂解产生的气体主要是 H_2 和 CH_4；在故障温度高于正常运行温度不多时，产生的气体主要是 CH_4；随着故障温度的升高，产生的气体中 C_2H_4 和 C_2H_6 逐渐成为主要成分；当温度高于 1000℃ 时，例如，在电弧温度的作用下，油裂解产生的气体含有较多的 C_2H_2；如果进水受潮或油中有气泡，则 H_2 含量极大；当故障涉及固体绝缘材料时，会产生较多的 CO 和 CO_2。不同故障类型产生的气体组分见表 9.4。

表 9.4 不同故障类型产生的气体组分

故 障 类 型	主要气体组分	次要气体组分
油过热	CH_4、C_2H_4	H_2、C_2H_6
油和纸过热	CH_4、C_2H_4、CO、CO_2	H_2、C_2H_6
油纸绝缘中局部放电	H_2、CH_4、C_2H_4、CO	C_2H_6、CO_2
油中火花放电	C_2H_2、H_2	
油中有电弧	H_2、C_2H_2	CH_4、C_2H_4、C_2H_6
油和纸中电弧	H_2、C_2H_2、CO_2、CO	CH_4、C_2H_4、C_2H_6
进水受潮或油中有气泡	H_2	

2. 依据气体含量的注意值和产气率判断故障

各种充油电气设备油中溶解气体含量的注意值见表 9.5。故障性质越严重，则油中溶解气体的含量就越高。根据油中溶解气体的绝对值含量的多少，和标准规定的注意值比较，凡大于注意值者，应引起注意。

表 9.5 油中溶解气体含量的注意值 （单位：μL/L）

设　备	气体组分	含 量			
		≥330kV	≤220kV	≥220kV	≤110kV
变压器和电抗器	总烃	150	150		
	C_2H_2	1	5		
	H_2	150	150		
套管	CH_4	100	100		
	C_2H_2	1	2		
	H_2	500	500		
电流互感器	总烃			100	100
	C_2H_2			1	2
	H_2			150	150
电压互感器	总烃			100	100
	C_2H_2			2	3
	H_2			150	150

注意值不是划分设备有无故障的唯一标准，但仅根据油中溶解气体绝对值含量超过"正常值"即判断为"异常"，是很不全面的。例如，有的氢气含量虽低于表 9.5 中数值，但若增加较快，也应引起注意；有的仅氢气含量超过表 9.5 中数值，若无明显增加趋势，也可判断为正常。因此，除看油中气体组分的含量绝对值外，还要看发展趋势，也就是产气速率。

产气速率有两种表达方式：绝对产气速率和相对产气速率。前者指每运行日产生某种气体的平均值；后者指每运行一个月（或折算到月）某种气体含量增加原有值的百分数的平均值。相对产气速率也可以用来判断充油电气设备的内部状况。总烃的相对产气速率大于10%时，应引起注意。但对总烃起始含量很低的设备，不宜采用此法。

3. 三比值法

比值法就是利用产生的各种组分气体浓度的相对比值，作为判断充油电气设备故障类型的方法。三比值指 5 种气体（C_2H_2、C_2H_4、C_2H_6、H_2、CH_4）构成的 3 个比值$\left(\dfrac{C_2H_2}{C_2H_4}、\dfrac{CH_4}{H_2}、\dfrac{C_2H_4}{C_2H_6}\right)$。3 个比值的编码规则见表 9.6。当根据各组分含量的注意值或产气速率判断可能存在故障时，可用三比值法来判断故障类型。

表 9.6 三比值法的编码规则

气体比值范围	比值范围的编码		
	$\dfrac{C_2H_2}{C_2H_4}$	$\dfrac{CH_4}{H_2}$	$\dfrac{C_2H_4}{C_2H_6}$
<0.1	0	1	0
0.1~1	1	0	0
1~3	1	2	1
≥3	2	2	2

判断故障类型的三比值法见表 9.7。

表 9.7 用三比值法判断故障类型

编码组合			故障类型判断	故障实例（参考）
$\dfrac{C_2H_2}{C_2H_4}$	$\dfrac{CH_4}{H_2}$	$\dfrac{C_2H_4}{C_2H_6}$		
0	0	1	低温过热（低于150℃）	绝缘导线过热，注意 CO 和 CO_2 含量及 CO_2/CO 值
0	2	0	低温过热（150~300℃）	分接开关接触不良，引线夹件螺钉松动或接头焊接不良，涡流引起铜过热，铁心漏磁，局部短路，层间绝缘不良，铁心多点接地等
0	2	1	中温过热（300~700℃）	
0	0、1、2	2	高温过热（高于700℃）	
1	1	0	局部放电	高湿度、高含气量引起油中低能量密度的局部放电
1	0、1	0、1、2	低能放电	引线对电位未固定的部位之间连续火花放电，分接抽头引线和油隙闪络，不同电位之间的油中火花放电或悬浮电位之间的火花放电
1	2	0、1、2	低能放电兼过热	
2	0、1	0、1、2	电弧放电	线圈匝间、层间短路，相间闪络，分接头引线间油隙闪络，引线对箱壳放电，线圈熔断，分接开关飞弧，环路电流引起电弧，引线对其他接地体放电等
2	2	0、1、2	电弧放电兼过热	

实际检测中，如发现特征气体，就需要增加跟踪检测次数，并将检测结果与以往历史数据、运行记录、出厂资料等进行比较，并与同类设备进行类比，综合分析后，才能最后确定处理方案。

习题与思考题

9-1 什么是绝缘的吸收曲线？如何通过吸收比和极化指数判断绝缘的状况？
9-2 试分析介质损耗与所施加电压的幅值、频率及温度的关系。
9-3 简述介质损耗的定义和测量原理。
9-4 简述泄漏电流的测量方法，并说明泄漏电流测量时为何需考虑环境温度的影响。
9-5 哪些因素影响绝缘电阻测量的准确度？
9-6 试比较测量绝缘电阻与测量泄漏电流试验的异同。
9-7 简述局部放电测量原理。
9-8 试分析油中溶解气体测量过程中的主要误差影响因素。

第 10 章　电能质量扰动信号极坐标图像与分类

电能质量扰动问题不但会破坏电力系统的稳定，还会给用户造成一系列严重危害，因此对电能质量扰动信号进行分类和识别具有重要理论和实际意义。电能质量扰动信号的识别主要通过扰动特征提取与扰动信号分类器结合的方式实现。电能质量扰动特征提取的主要方法有 DFT、S 变换、离散小波变换、STFT、希尔伯特-黄变换等，常用的分类器包括支持向量机、人工神经网络及决策树，这些内容已经在众多出版物中有详细介绍。本章介绍将电能质量扰动信号从笛卡儿坐标系至极坐标系的坐标变换方法，使得电能质量扰动信号在极坐标系复平面呈现的瞬时幅值和瞬时相位曲线具有较高的区分度。然后采用支持向量机（Support Vector Machine，SVM）构建电能质量多分类模型对电能质量扰动信号的复平面曲线图像进行分类和识别。

10.1　信号的极坐标曲线

10.1.1　直角坐标-极坐标变换

直角坐标系一般是指笛卡儿平面直角坐标系：原点为 (0, 0)，X 轴正方向为由左向右，Y 轴正方向为 X 轴逆时针旋转 90°，即 X 轴正方向指向右方，Y 轴正方向指向上方。极坐标系的定义为：原点为 (0, 0)，极轴为 X 轴的正方向。电能质量扰动信号的时域波形通常是指在直角坐标系中的展示，其 X 轴代表时间。

部分电能质量扰动信号存在时域波形相似性，特别是噪声和多重电能质量扰动叠加的情况下，更难以准确分类。图 10.1a、b 时域波形分别是白噪声信噪比为 10dB、20dB 的条件下，基波+3 次谐波的叠加波、基波+3 次谐波+5 次谐波的叠加波、基波+3 次谐波+5 次谐波+7次谐波的叠加波、基波+3 次谐波+5 次谐波+7 次谐波+9 次谐波的叠加波（从左至右）。图 10.1a 曲线形状不仅无法找到分类和识别的明显特征，还出现了类似电压波动和暂态冲击的现象。图 10.1b 曲线形状区分度有所提高，类似电压波动和暂态冲击的程度有所下降。因此，时域曲线形状的区分度随信噪比的降低而降低，甚至出现难以辨识电能质量扰动信号的情况。

复平面的极坐标形式表示为

$$\gamma(t) = r(t) e^{i\theta(t)} \tag{10.1}$$

式中，t 表示时间；$\gamma(t)$ 表示极坐标系复平面曲线；$r(t)$ 表示扰动信号的瞬时幅值；$\theta(t)$ 表示扰动信号的瞬时相位。

将基波和叠加谐波的情形按照坐标变换方法绘制在复平面，结果如图 10.2 所示。

第 10 章 电能质量扰动信号极坐标图像与分类

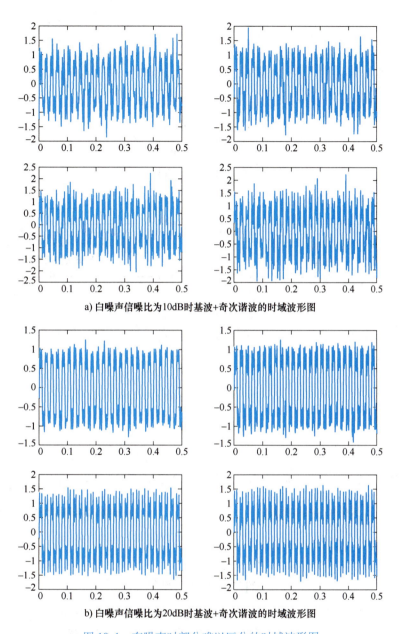

a) 白噪声信噪比为10dB时基波+奇次谐波的时域波形图

b) 白噪声信噪比为20dB时基波+奇次谐波的时域波形图

图 10.1 有噪声时部分难以区分的时域波形图

图 10.2 中，横轴代表曲线的实部，纵轴代表曲线的虚部。由图 10.2 可知，基波、基波+奇次谐波的叠加波形通过坐标变换绘制在复平面的曲线是 N 重或 2 重旋转对称的，所以将电能质量扰动信号绘制在复平面的曲线称为 N 重旋转对称（N-Fold Rotational Symmetry，NFRS）曲线，N 的取值范围是正整数。

由图 10.2 可知，2 重旋转对称曲线的旋转角为 $2\pi/2$ 弧度，因此 N 重旋转对称曲线的旋转角为 $2\pi/N$ 弧度，所以具有 N 重旋转对称的 NFRS 曲线 $\gamma(t)$ 应该满足对称条件

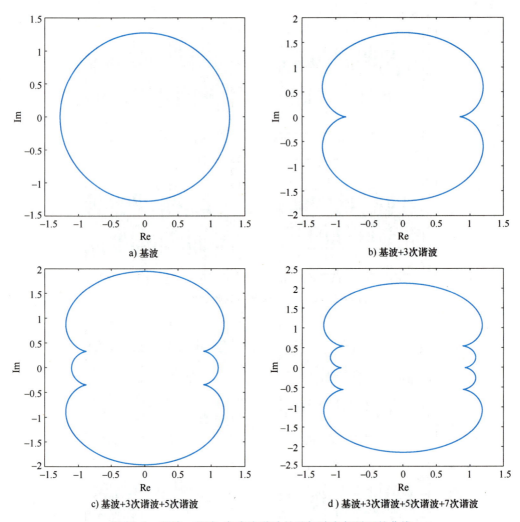

图 10.2 基波、基波+各奇次谐波的叠加波在复平面的曲线

$$\gamma\left(t+\frac{2\pi}{N}\right)=e^{\frac{i2k\pi}{N}}\gamma(t) \quad (10.2)$$

式中，N 是曲线的旋转对称次数，k 取整数，N 取整数值，N 和 k 互质。

式（10.2）的物理意义是时间延迟（左侧）等于过去的某个旋转，旋转次数为 N 次。

将式（10.1）中的 t 修改为 $t+\frac{2\pi}{N}$，其结果表示为

$$\gamma\left(t+\frac{2\pi}{N}\right)=r\left(t+\frac{2\pi}{N}\right)e^{i\theta\left(t+\frac{2\pi}{N}\right)} \quad (10.3)$$

将式（10.1）代入式（10.2），其结果表示为

$$\gamma\left(t+\frac{2\pi}{N}\right)=e^{\frac{i2k\pi}{N}}\gamma(t)=e^{\frac{i2k\pi}{N}}r(t)e^{i\theta(t)}=r(t)e^{i\left(\theta(t)+\frac{2k\pi}{N}\right)} \quad (10.4)$$

将式（10.3）和式（10.4）的对比结果表示为

$$r\left(t+\frac{2\pi}{N}\right)=r(t) \tag{10.5}$$

$$\theta\left(t+\frac{2\pi}{N}\right)=\theta(t)+\frac{2k\pi}{N} \tag{10.6}$$

式中，瞬时幅值 $r(t)$ 是一个周期为 $2\pi/N$ 的周期函数。

由式（10.6）可知，瞬时相位 $\theta(t)$ 是一个周期函数加上一个线性函数。更准确地说，可以将 $\theta(t)$ 写为 $\theta(t)=p(t)+kt$，其中 $p(t)=p(t+2\pi/N)$，即 $p(t)$ 是一个周期为 $2\pi/N$ 的周期函数。

证明对称条件和 $\theta(t)$ 是一个周期函数加上一个线性函数的正确性。

当 $k=1$ 时，以 $r(t)=\cos(5t)$，$\theta(t)=t+\cos(5t)$ 为例证明对称条件的正确性。

证明 1：$\gamma\left(t+\frac{2\pi}{N}\right)=\mathrm{e}^{\frac{\mathrm{i}2k\pi}{N}}\gamma(t)$。

$$\begin{aligned}\gamma\left(t+\frac{2\pi}{5}\right)&=\cos\left[5\left(t+\frac{2\pi}{5}\right)\right]\mathrm{e}^{\mathrm{i}\left[t+\frac{2\pi}{5}+\cos\left(5\left(t+\frac{2\pi}{5}\right)\right)\right]}\\&=\cos(5t)\mathrm{e}^{\mathrm{i}\left[t+\frac{2\pi}{5}+\cos(5t)\right]}\\&=\mathrm{e}^{\frac{\mathrm{i}2\pi}{5}}\cos(5t)\mathrm{e}^{\mathrm{i}[t+\cos(5t)]}\\&=\mathrm{e}^{\frac{\mathrm{i}2\pi}{5}}\gamma(t)\end{aligned} \tag{10.7}$$

证毕。

证明 $\theta(t)$ 是一个周期函数加上一个线性函数的正确性。

证明 2：$p(t)=\theta(t)-kt$。

由 $p(t)$ 的定义和式（10.6）可以得到

$$\begin{aligned}p\left(t+\frac{2\pi}{N}\right)&=\theta\left(t+\frac{2\pi}{N}\right)-k\left(t+\frac{2\pi}{N}\right)\\&=\theta(t)+\frac{2\pi k}{N}-kt-\frac{2\pi k}{N}\\&=\theta(t)-kt\end{aligned} \tag{10.8}$$

证毕。

由式（10.7）和式（10.8）可知，对称条件和 $p(t)$ 是一个周期为 $2\pi/N$ 的周期函数都是正确的。

10.1.2　N 重旋转对称曲线

极坐标将瞬时幅值和瞬时频率解耦，以周期函数（正弦函数的绝对值或者余弦函数的绝对值或者分数形式）替换瞬时幅值和瞬时频率的表达式，就可以生成 NFRS 曲线，表 10.1 给出了两个实例。根据傅里叶级数理论，任何复杂信号都可以分解为不同频率、不同幅值的正弦信号的和。由于各种电能质量扰动信号拥有不同的瞬时幅值和瞬时频率，因此可以考虑将电压或电流信号通过极坐标转换为瞬时幅值和瞬时频率关于时间的函数，进而生成易识别的 NFRS 曲线，这样就便于对电能质量扰动信号分类。

表 10.1　不同的瞬时幅值和瞬时相位对应的 NFRS 曲线

瞬时幅值 $r(t)$	瞬时相位 $\theta(t)$	NFRS 曲线
$r(t) = \dfrac{1}{\lvert \sin(t) \rvert + \lvert \cos(t) \rvert}$	$\theta(t) = 3t$	
$r(t) = \dfrac{5\cos(10t) - 1}{\sin(10t) + 1.1}$	$\theta(t) = t + \cos(10t)$	

这种替换方式仅适用于极坐标系，不能代入任何具有相同周期的非典型周期函数，会引入一些高次谐波频率项。如 $r(t) = \sin(14t)$ 不能被 $r(t) = 1/[1.1 + \sin(14t)]$ 替代，从图 10.3 可以看出，后者引入了高次谐波项。

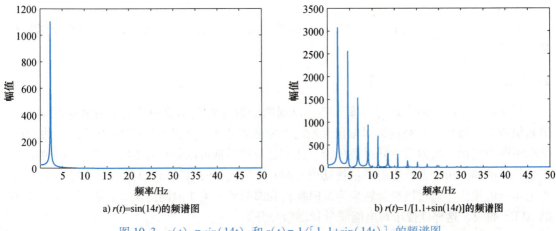

a) $r(t)=\sin(14t)$ 的频谱图　　　　b) $r(t)=1/[1.1+\sin(14t)]$ 的频谱图

图 10.3　$r(t) = \sin(14t)$ 和 $r(t) = 1/[1.1 + \sin(14t)]$ 的频谱图

NFRS 曲线形状可以从锋利状态转变为平缓状态，只需滤除各种扰动信号中的高频成分即可，如图 10.4 所示，图 10.4a 是原始的 NFRS 曲线，图 10.4b 是保留了频谱中最低的 5 根谱线后画出的 NFRS 曲线，图 10.4c 是保留了频谱中最低的 2 根谱线后画出的 NFRS 曲线，可以看出，频谱中最低的谱线保留的越多，NFRS 曲线会较锋利，反之，NFRS 曲线会较平滑。对 NFRS 曲线来说，低通滤波的截止频率不是越高越好，也不是越低越好，需要根据曲线的特点和具体的要求选择合适的低通滤波器截止频率。

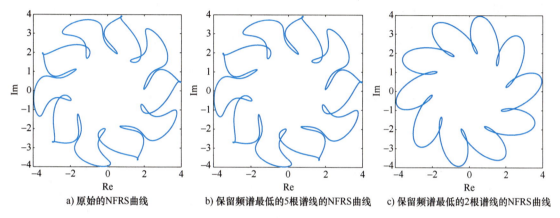

a) 原始的NFRS曲线　　b) 保留频谱最低的5根谱线的NFRS曲线　　c) 保留频谱最低的2根谱线的NFRS曲线

图 10.4　NFRS 曲线低通滤波结果

根据欧拉旋转定理可知，三个维度旋转的任何组合都可以等效为绕轴（本章取 Z 轴）的单个二维旋转。本章的 Z 轴既作为旋转轴又作为时间轴，既构成了三维空间 NFRS 曲线又表示曲线的时移，用 $z(t)=t$ 表示，$r(t)$ 和 $\theta(t)$ 需要满足与二维平面相同的约束条件，即 $r(t)$ 是一个周期为 $2\pi/N$ 的周期函数，$\theta(t)$ 是一个周期函数 $p(t)$ 加上一个线性函数 kt。二维复平面与三维空间表示的 NFRS 曲线如图 10.5 所示。

图 10.5 中，瞬时幅值 $r(t)=\cos(7t)$ 与瞬时相位 $\theta(t)=t+\sin(7t)$ 满足坐标变换的约束条件。图 10.5a 表示瞬时幅值和瞬时相位的二维 NFRS 曲线，为了更直观地反映曲线的 N 重旋转对称特性，图 10.5b 分别对每一重旋转对称曲线标注了较深的颜色，可以看到绘制的 NFRS 曲线具有 7 重旋转对称性；图 10.5c 和图 10.5d 是通过欧拉旋转定理获得的三维空间曲线，此时令 $z(t)=t$，将曲线从二维平面推广到三维空间，可以明晰曲线随时间的移动方向和移动距离。如果某一时刻 t 或某一时间段 Δt 内发生了电能质量扰动问题，二维和三维 NFRS 曲线的基本形状都会发生改变，所以利用曲线的形状分类和识别电能质量扰动信号是一个不会增加太多额外成本就能确定扰动信号的方法。

对有噪声时部分难以区分的基波和谐波合成时域曲线进行坐标变换，结果如图 10.6 所示，图 10.6a 是信噪比为 10dB 时基波+奇次谐波的复平面曲线，曲线的形状随着奇次谐波的增加而趋于锋利，曲线中间的线条随着奇次谐波的增加越来越密集，呈现出的曲线形状特征已经可以作为电能质量扰动信号分类和识别的条件；图 10.6b 是信噪比为 20dB 时基波+奇次谐波的复平面曲线，对比第一行的结果可知，此时的曲线形状和曲线中间的线条状态已经较为清晰。坐标变换结果明显比由多个圆周运动叠加的投影曲线更易辨别，这表明坐标变换方法对于扰动信号的分类和识别具有积极的影响。

本章将理想归一化电压或电流信号设为 $f(t)=\sin(2\pi\times 50t)$，通过坐标变换得到 NFRS 曲线

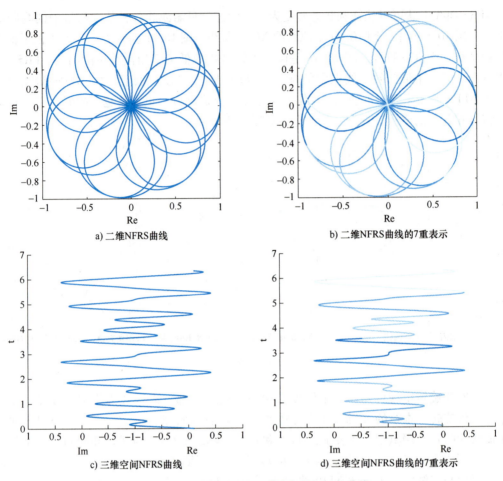

图 10.5 二维复平面和三维空间的 NFRS 曲线

的过程为：理想归一化电压或电流信号曲线如图 10.7 中的曲线所示，理想归一化电压或电流信号经过希尔伯特变换后的信号为 $\hat{f}(t) = -\cos(2\pi \times 50t)$，希尔伯特变换后的信号曲线在图 10.7b 中标为曲线 1。理想归一化电压或电流信号的解析信号为 $Z(t) = \sin(2\pi \times 50t) - i\cos(2\pi \times 50t)$，解析信号的瞬时幅值 $r(t) = \sqrt{\sin(2\pi \times 50t)^2 + \cos(2\pi \times 50t)^2}$，瞬时相位 $\theta(t) = \arctan[-\cos(2\pi \times 50t)/\sin(2\pi \times 50t)]$。解析信号的瞬时幅值是大小为 1 的常数，可视为一个周期为 $2\pi/N$ 的周期函数。瞬时相位是一个起点在原点的线性函数。综上所述，理想归一化电压或电流信号的瞬时幅值和瞬时相位满足坐标变换的约束条件，可以在复数平面表示其 NFRS 曲线，其三维空间中的解析信号如图 10.8a 所示，图中曲线 1 表示解析信号，解析信号在时间轴和实轴构成的平面内得到的投影（2）是实部，在时间轴和虚轴构成的平面内得到的投影（3）是虚部，在实轴和虚轴构成的平面内得到的投影（4）是 NFRS 曲线。将 NFRS 曲线投影在二维平面，得到如图 10.8b 所示的曲线，其中 $r(t)$ 是瞬时幅值，$\theta(t)$ 是瞬时相位，该曲线满足坐标变换的性质，具有 N 重旋转对称性。

第 10 章
电能质量扰动信号极坐标图像与分类

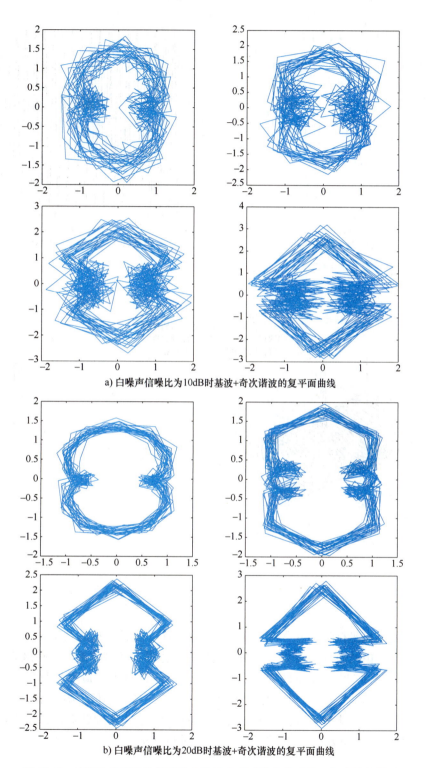

a) 白噪声信噪比为10dB时基波+奇次谐波的复平面曲线

b) 白噪声信噪比为20dB时基波+奇次谐波的复平面曲线

图 10.6　对部分难以区分的基波和谐波合成时域曲线进行坐标变换的结果

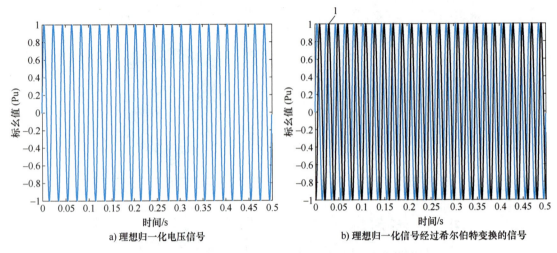

图 10.7 理想归一化电压信号及其希尔伯特变换信号

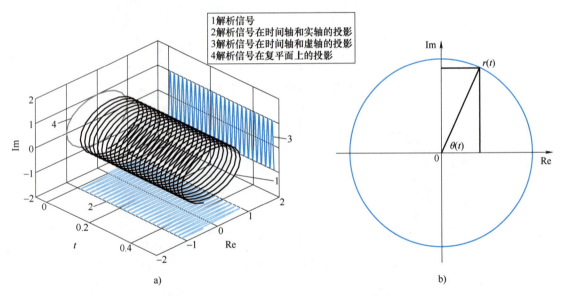

图 10.8 理想归一化电压信号在三维空间和复平面空间的投影

通过复平面的极坐标形式和 NFRS 曲线的对称条件（坐标变换的性质）可以推导出坐标变换的约束条件，由此可知，若复平面曲线满足极坐标形式和对称条件，则该曲线同时满足坐标变换的约束条件。由于本章研究重点是坐标变换得到的 N 重旋转对称曲线，接下来的研究中只给出复平面曲线和三维空间曲线的图，不再给出各扰动信号瞬时幅值和瞬时相位随时间变化的趋势图。如果坐标变换得到的复平面曲线具有 N 重旋转对称性，则该曲线的瞬时幅值 $r(t)$ 是一个周期为 $2\pi/N$ 的周期函数，瞬时相位 $\theta(t)$ 是一个周期函数加上一个线性函数。

理想归一化电压或电流信号满足坐标变换的约束条件，其坐标变换结果满足 NFRS 曲线的性质。如果某一时刻 t 或某一时间段 Δt 内发生了单一或复合电能质量扰动，其相应的二维和三维 NFRS 曲线的形状会发生改变。不同的扰动带来的曲线形状变化各异，因此可根据信号的 NFRS 曲线形状进行电能质量扰动类型识别。综上所述，NFRS 曲线在电能质量扰动信号分类和识别方面具有可行性。

10.2 典型电能质量扰动信号图像

10.2.1 理想电压信号的 NFRS 曲线

理想电压信号在笛卡儿直角坐标系表示为 $f(t)=\sin(2\pi\times50t)$，通过希尔伯特变换分析方法对理想电压信号进行坐标变换，得到如图 10.9 所示的二维 NFRS 曲线，这些曲线具有 N 重旋转对称特点。

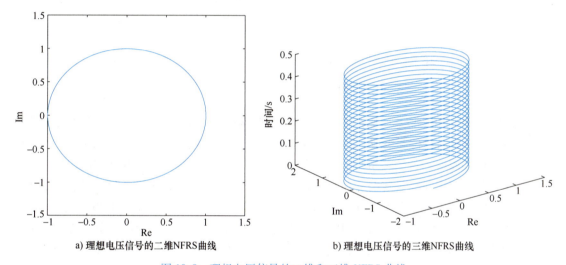

a) 理想电压信号的二维NFRS曲线　　　　b) 理想电压信号的三维NFRS曲线

图 10.9　理想电压信号的二维和三维 NFRS 曲线

图 10.9a 中绘制的二维 NFRS 曲线由单位圆组成，单位圆的半径表示信号的归一化幅值。根据欧拉旋转定理将二维 NFRS 曲线推广到三维空间，获得三维 NFRS 曲线如图 10.9b 所示，从三维空间中可以清楚地看出二维 NFRS 曲线的构成和时移状态，其中 Z 轴既作为旋转轴又作为时间轴。三维 NFRS 曲线随时间做圆周运动并螺旋上升，圆周运动的半径等于幅值。

10.2.2 单一扰动信号的 NFRS 曲线

10.2.2.1 电压暂降

电压暂降信号模型为

$$f(t)=\{1-\beta[u(t-t_1)-u(t-t_2)]\}A\sin(\omega_0 t) \qquad (10.9)$$

式中，β 为暂降幅值，范围是 $0.1\leq\beta\leq0.9$；$u(t)$ 为单位阶跃函数；t_1 为扰动开始时间，t_2 为扰动结束时间。

取一组参数获得具体的电压暂降信号：$\beta=0.6$，$t_1=0.2\text{s}$，$t_2=0.3\text{s}$，持续时间为 0.1s，

得到电压暂降信号的坐标变换结果如图 10.10 所示。由图可知，该电压暂降信号的二维 NFRS 曲线是 1 重旋转对称曲线。

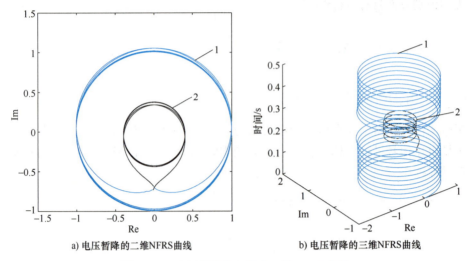

a) 电压暂降的二维NFRS曲线　　　　　　b) 电压暂降的三维NFRS曲线

图 10.10　电压暂降的二维和三维 NFRS 曲线

图 10.10 中 NFRS 曲线 1 表示理想电压信号瞬时幅值和瞬时相位的关系，理想电压信号的二维 NFRS 曲线由单位圆组成，圆的半径表示信号的归一化幅值。NFRS 曲线 2 表示电压暂降瞬时幅值和瞬时相位的关系，电压暂降瞬时幅值变为理想电压信号瞬时幅值的 0.4 倍，其瞬时相位与理想电压信号瞬时相位相同，所以电压暂降 NFRS 曲线半径变为单位圆的 0.4 倍，两个瞬时幅值不同的信号构成了两个半径不同的圆。电压暂降的二维 NFRS 曲线如图 10.10a 所示。从图 10.10 中可知 NFRS 曲线出现了两次较大的抖动和少量轻微的抖动，出现较大抖动的原因是电压暂降开始和结束的瞬态过程幅值变化较大且快速，出现少量轻微抖动的原因是电压暂降开始发生、扰动持续、电压暂降结束并恢复理想电压状态的过程是快速动态变化的。三维 NFRS 曲线如图 10.10b 所示，从三维空间中可以清楚地看出二维 NFRS 曲线的构成和时移状态，其中 Z 轴既作为旋转轴又作为时间轴。三维 NFRS 曲线随时间做圆周运动并螺旋上升，当 $0s \leqslant t \leqslant 0.2s$ 和 $0.3s \leqslant t \leqslant 0.5s$ 时，圆周运动的半径等于理想电压信号的瞬时幅值；当 $0.2s \leqslant t \leqslant 0.3s$ 时，圆周运动的半径等于电压暂降的瞬时幅值。

10.2.2.2　电压暂升

电压暂升信号模型为

$$f(t) = \{1 + \beta[u(t-t_1) - u(t-t_2)]\} A\sin(\omega_0 t) \tag{10.10}$$

式中，β 为暂升幅值，范围是 $0.1 \leqslant \beta \leqslant 0.8$；$u(t)$ 为单位阶跃函数；t_1 为扰动开始时间，t_2 为扰动结束时间。

取 $\beta=0.4$，$t_1=0.2s$，$t_2=0.3s$，持续时间为 0.1s，得到电压暂升波形信号，其坐标变换结果如图 10.11 所示。由图可知，电压暂升信号的二维 NFRS 曲线是 1 重旋转对称曲线。

图 10.11 中 NFRS 曲线 1 部分表示理想电压信号瞬时幅值和瞬时相位的关系，理想电压信号的二维 NFRS 曲线由单位圆组成，圆的半径表示信号的幅值。NFRS 曲线 2 表示电压暂升瞬时幅值和瞬时相位的关系，电压暂升瞬时幅值变为理想电压信号瞬时幅值的 1.4 倍，其

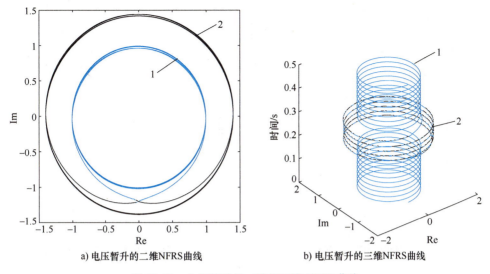

a) 电压暂升的二维NFRS曲线　　　　b) 电压暂升的三维NFRS曲线

图 10.11　电压暂升的二维和三维 NFRS 曲线

瞬时相位与理想电压信号瞬时相位相同，所以电压暂升 NFRS 曲线半径变为单位圆的 1.4 倍，两个瞬时幅值不同的信号构成了两个半径不同的圆，因此电压暂升的二维 NFRS 曲线如图 10.11a 所示。从图 10.11 中可知 NFRS 曲线出现了两次较大的抖动和少量轻微的抖动，出现较大抖动的原因是电压暂升开始和结束的瞬态过程幅值变化较大且快速，出现少量轻微抖动的原因是电压暂升开始发生、扰动持续、扰动结束并恢复稳态的过程是快速动态变化的。三维 NFRS 曲线如图 10.11b 所示，从图中可见，三维 NFRS 曲线随时间做圆周运动并螺旋上升，当 $0s \leqslant t \leqslant 0.2s$ 和 $0.3s \leqslant t \leqslant 0.5s$ 时，圆周运动的半径等于理想电压信号的瞬时幅值；当 $0.2s \leqslant t \leqslant 0.3s$ 时，圆周运动的半径等于电压暂升的瞬时幅值。

10.2.2.3　短时电压中断

短时电压中断信号模型为

$$f(t) = \{1 - \beta[u(t-t_1) - u(t-t_2)]\}A\sin(\omega_0 t) \tag{10.11}$$

式中，β 为中断量；$u(t)$ 为单位阶跃函数；t_1 和 t_2 分别是扰动开始时间和结束时间。

取 $\beta = 0.95$，$t_1 = 0.2s$，$t_2 = 0.3s$，持续时间为 0.1s，得到短时电压中断波形信号，其坐标变换结果如图 10.12 所示。由图可知，短时电压中断信号的二维 NFRS 曲线是 1 重旋转对称曲线。

图 10.12 中 NFRS 曲线 1 部分表示理想电压信号瞬时幅值和瞬时相位的关系，理想电压信号的二维 NFRS 曲线由单位圆组成，圆的半径表示信号的幅值。NFRS 曲线 2 部分表示短时电压中断瞬时幅值和瞬时相位的关系，短时电压中断瞬时幅值变为理想电压信号瞬时幅值的 0.05 倍，其瞬时相位与理想电压信号瞬时相位相同，所以短时电压中断 NFRS 曲线半径变为单位圆的 0.05 倍，两个瞬时幅值不同的信号构成了两个半径不同的圆，因此短时电压中断的二维 NFRS 曲线如图 10.12a 所示。从图 10.12 中可以观察到 NFRS 曲线出现了两次较大的抖动和少量轻微的抖动，出现较大抖动的原因是短时电压中断开始和结束的瞬态过程幅值变化较大且快速，出现少量轻微抖动的原因是短时电压中断开始发生、扰动持续、扰动结束并恢复稳态的过程是快速动态变化的。三维 NFRS 曲线如图 10.12b 所示，从图中可见，三维 NFRS 曲线随时间做圆周运动并螺旋上升，当时间为 $0s \leqslant t \leqslant 0.2s$ 和 $0.3s \leqslant t \leqslant 0.5s$ 时，

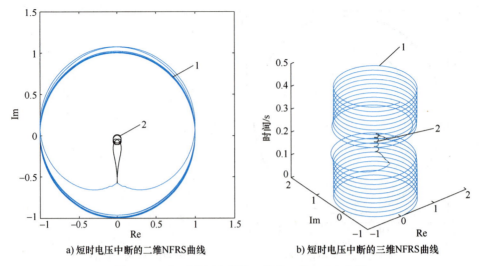

a) 短时电压中断的二维NFRS曲线   b) 短时电压中断的三维NFRS曲线

图 10.12　短时电压中断的二维和三维 NFRS 曲线

圆周运动的半径等于理想电压信号的瞬时幅值，当时间为 $0.2\mathrm{s} \leqslant t \leqslant 0.3\mathrm{s}$ 时，圆周运动的半径等于短时电压中断的瞬时幅值。

10.2.2.4　暂态冲击

暂态冲击信号模型为

$$f(t) = A\sin(\omega_0 t) + \beta[u(t-t_1) - u(t-t_2)] \quad (10.12)$$

式中，β 为脉冲幅值，范围是 $0.5 \leqslant \beta \leqslant 3$；$u(t)$ 为单位阶跃函数。

取 $\beta = 1.25$，持续时间设置为 1ms 得到暂态冲击波形信号，其坐标变换结果如图 10.13 所示。由图可知，暂态冲击信号的二维 NFRS 曲线是 1 重旋转对称曲线。

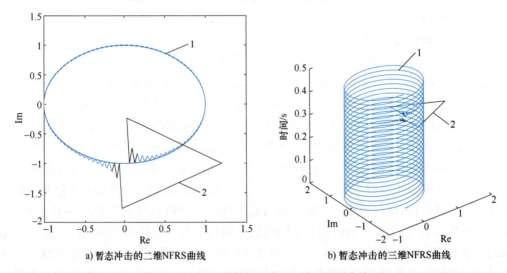

a) 暂态冲击的二维NFRS曲线   b) 暂态冲击的三维NFRS曲线

图 10.13　暂态冲击的二维和三维 NFRS 曲线

图 10.13 中 NFRS 曲线 1 部分表示理想电压信号瞬时幅值和瞬时相位的关系，理想电压信号的二维 NFRS 曲线由单位圆组成，圆的半径表示信号的幅值。NFRS 曲线 2 部分表示暂

态冲击瞬时幅值和瞬时相位的关系,这里只模拟了一次信号上升过程中的暂态冲击,该暂态冲击导致图 10.13a 二维 NFRS 曲线的底部出现了尖峰,实验表明下降信号中的暂态冲击会导致二维 NFRS 曲线的顶部出现尖峰,信号峰值处的暂态冲击会导致二维 NFRS 曲线的中部出现尖峰。从图 10.13 中可以观察到 NFRS 曲线出现了两次较大的抖动和少量轻微的抖动,出现较大抖动的原因是暂态冲击开始和结束的瞬态过程幅值变化较大且快速,出现少量轻微抖动的原因是暂态冲击开始发生、扰动持续、扰动结束并恢复稳态的过程是快速动态变化的。三维空间的 NFRS 曲线如图 10.13b 所示,从图中可见,三维 NFRS 曲线随时间做圆周运动并螺旋上升,当信号中无暂态冲击时圆周运动的半径等于理想电压信号的瞬时幅值,当信号中有暂态冲击时圆周运动半径会出现尖峰,尖峰所处位置根据暂态冲击发生在信号的不同阶段而不同。

10.2.2.5 谐波

含谐波信号的模型为

$$f(t) = A\sin(\omega_0 t) + \sum \alpha_i \sin(i\omega_0 t) \qquad (10.13)$$

式中,α_i 为谐波幅值,i 为谐波次数。

考虑理想电压信号+3次谐波、理想电压信号+5次谐波、理想电压信号+7次谐波、理想电压信号+9次谐波,取 $\alpha_3 = \alpha_5 = \alpha_7 = \alpha_9 = 0.2$,谐波持续时间设置为 0.5s,得到相应的含谐波信号,分别进行坐标变换的结果如图 10.14 所示。

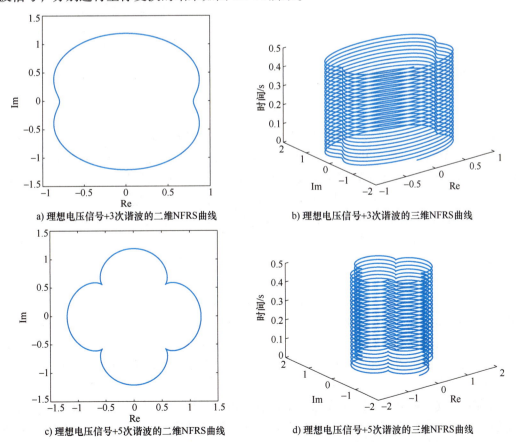

a) 理想电压信号+3次谐波的二维NFRS曲线　　b) 理想电压信号+3次谐波的三维NFRS曲线

c) 理想电压信号+5次谐波的二维NFRS曲线　　d) 理想电压信号+5次谐波的三维NFRS曲线

图 10.14　理想电压信号+奇次谐波的二维和三维 NFRS 曲线

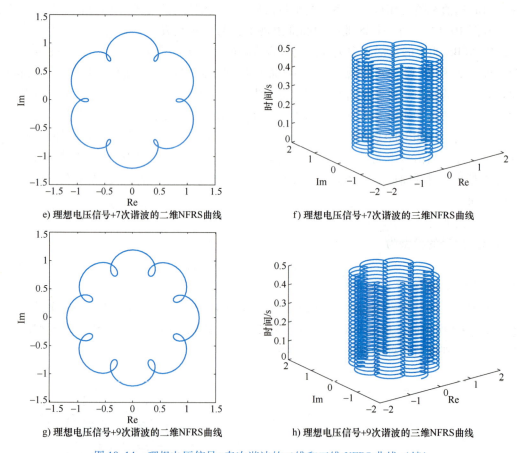

图 10.14 理想电压信号+奇次谐波的二维和三维 NFRS 曲线（续）

理想电压信号+3 次谐波、理想电压信号+5 次谐波、理想电压信号+7 次谐波、理想电压信号+9 次谐波的二维 NFRS 曲线如图 10.14a、c、e、g 所示，图中的二维 NFRS 曲线分别是 2 重、4 重、6 重、8 重旋转对称曲线，同时 NFRS 曲线的形状比较平缓，NFRS 曲线的复杂度和交叉部分随着奇次谐波次数的增加而增加。三维 NFRS 曲线如图 10.14b、d、f、h 所示，三维 NFRS 曲线随时间螺旋上升，从三维空间中可以清楚看出二维 NFRS 曲线的构成和时移状态，其中 Z 轴既作为旋转轴又作为时间轴。

10.2.2.6 电压波动

电压波动信号模型为

$$f(t) = [1+\beta\sin(n\omega_0 t)]\sin(\omega_0 t) \qquad (10.14)$$

式中，β 为波动幅值，范围是 $0.05 \leq \beta \leq 0.1$；n 为波动基频倍数，其范围是 $0.1 < n < 0.5$。

取 $\beta = 0.08$，波动基频倍数设置为 $n = 0.2$，电压波动持续时间设置为 0.5s，得到电压波动信号，其坐标变换结果如图 10.15 所示。由图可知，电压波动信号的二维 NFRS 曲线是 2 重旋转对称曲线。

因为电压波动是由于基波（理想）电压有效值一系列的变动或连续的改变，同时其波动幅值为 0.08，所以电压波动经过坐标变换的瞬时幅值范围为 $0.92 \leq r(t) \leq 1.08$。电压波动的二维 NFRS 曲线如图 10.15a 所示，电压波动的二维 NFRS 曲线由圆组成，圆的半径表示

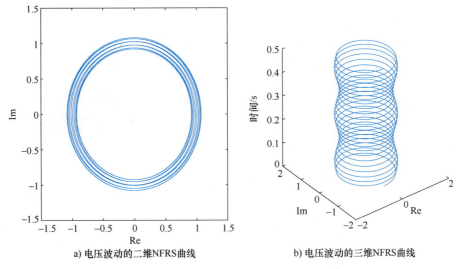

a) 电压波动的二维NFRS曲线   b) 电压波动的三维NFRS曲线

图 10.15 电压波动的二维和三维 NFRS 曲线

信号的幅值。从图中可以观察到 NFRS 曲线出现了少量轻微的抖动,原因是电压波动开始发生、扰动持续、扰动结束并恢复稳态的过程是快速动态变化的。三维 NFRS 曲线如图 10.15b 所示,从三维空间中可以清楚地看出二维 NFRS 曲线的构成和时移状态,其中 Z 轴既作为旋转轴又作为时间轴。三维 NFRS 曲线随时间做圆周运动并螺旋上升,圆周运动的半径最小为 0.92,最大为 1.08。

10.2.2.7 暂态振荡

暂态振荡的信号模型为

$$f(t) = A\sin(\omega_0 t) + \beta e^{-c(t_2-t_1)}\sin(\zeta\omega_0 t)[u(t-t_1)-u(t-t_2)] \quad (10.15)$$

式中,β 为振荡幅值,范围是 $0.1 \leq \beta \leq 0.8$;ζ 为波动频率相对系数,其范围是 $10 < \zeta < 40$;c 为振荡衰减系数,范围是 $8 \leq c \leq 140$;t_1 为扰动开始时间,t_2 为扰动结束时间。

取 $\beta = 0.4$,$\zeta = 20$,$c = 20$,$t_1 = 0.2$s,$t_2 = 0.3$s,持续时间为 0.1s,得到暂态振荡信号,其坐标变换结果如图 10.16 所示。由图可知,暂态振荡扰动信号二维 NFRS 曲线是 1 重旋转对称曲线。

图 10.16 中 NFRS 曲线 1 部分表示理想电压信号瞬时幅值和瞬时相位的关系,理想电压信号的二维 NFRS 曲线由单位圆组成,圆的半径表示信号的幅值。NFRS 曲线 2 部分表示暂态振荡瞬时幅值和瞬时相位的关系,暂态振荡的二维 NFRS 曲线如图 10.16a 所示。从图 10.16 中可以观察到 NFRS 曲线出现了两次较大的抖动和少量轻微的抖动,较大抖动的原因是暂态振荡开始和结束的瞬态过程幅值变化较大且快,少量轻微抖动的原因是暂态振荡开始发生、扰动持续、扰动结束并恢复稳态的过程是快速动态变化的。三维空间 NFRS 曲线如图 10.16b 所示,从三维空间中可以清楚地看出二维 NFRS 曲线的构成和时移状态,Z 轴既作为旋转轴又作为时间轴。三维 NFRS 曲线在 $0s \leq t \leq 0.2s$ 和 $0.3s \leq t \leq 0.5s$ 时随时间做圆周运动并螺旋上升,圆周运动的半径等于理想电压信号的瞬时幅值,在 $0.2s \leq t \leq 0.3s$ 时,暂态振荡扰动信号的 NFRS 曲线随时间螺旋上升。

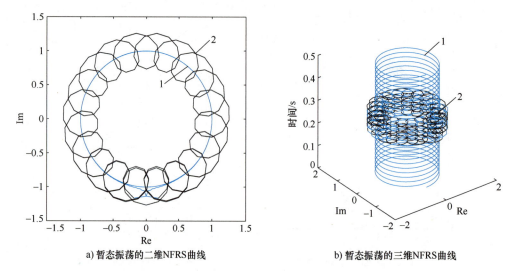

a) 暂态振荡的二维NFRS曲线   b) 暂态振荡的三维NFRS曲线

图 10.16　暂态振荡的二维和三维 NFRS 曲线

10.2.3　复合扰动信号的 NFRS 曲线

10.2.3.1　电压暂升和电压暂降

考虑采样时间 0.5s 内出现电压暂升和电压暂降时，其信号模型为

$$f(t) = \{1+\beta_1[u(t-t_1)-u(t-t_2)]-\beta_2[u(t-t_3)-u(t-t_4)]\} \cdot A\sin(\omega_0 t) \quad (10.16)$$

取暂升幅值 $\beta_1=0.4$，电压暂升开始时间和结束时间分别为 $t_1=0.1\mathrm{s}$、$t_2=0.2\mathrm{s}$，暂降幅值 $\beta_2=0.6$，电压暂降开始时间和结束时间分别为 $t_3=0.3\mathrm{s}$ 和 $t_4=0.4\mathrm{s}$。该信号坐标变换的结果如图 10.17 所示。由图可知，电压暂升和电压暂降信号的二维 NFRS 曲线是 1 重旋转对称曲线。

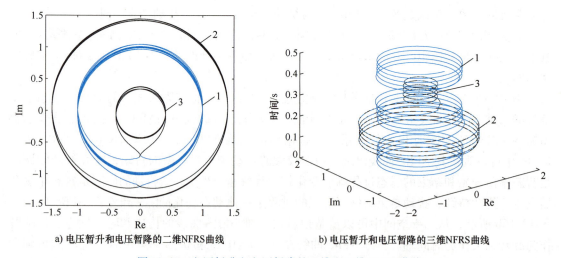

a) 电压暂升和电压暂降的二维NFRS曲线   b) 电压暂升和电压暂降的三维NFRS曲线

图 10.17　电压暂升和电压暂降的二维和三维 NFRS 曲线

图 10.17 中 NFRS 曲线 1 部分表示理想电压信号瞬时幅值和瞬时相位的关系，NFRS 曲线 2 部分表示电压暂升瞬时幅值和瞬时相位的关系，NFRS 曲线 3 部分表示电压暂降瞬时幅

值和瞬时相位的关系,三个瞬时幅值不同、瞬时相位相同的信号构成了三个半径不同的圆。复合扰动的二维 NFRS 曲线如图 10.17a 所示,从图中可见,电压暂升和电压暂降开始和结束的瞬态过程都出现在曲线的底部,瞬时幅值从稳态 1 快速动态变化到稳态 1.4 和稳态 0.4 并在扰动持续时间内保持不变,瞬时幅值从稳态 1.4 和稳态 0.4 快速动态变化到稳态 1 并保持不变。因为瞬时幅值和瞬时相位都与时间相关,所以以电压暂升和电压暂降开始和结束的瞬态变化出现位置随时间 t 的改变而改变。NFRS 曲线出现少量轻微抖动的原因是电压暂升和电压暂降开始发生、扰动持续、扰动结束并恢复稳态的过程是动态变化的。三维 NFRS 曲线如图 10.17b 所示,从图中可见三维 NFRS 曲线随时间做圆周运动并螺旋上升,当 $0s \leqslant t \leqslant 0.1s$、$0.2s \leqslant t \leqslant 0.3s$ 和 $0.4s \leqslant t \leqslant 0.5s$ 时,圆周运动的半径等于理想电压信号的瞬时幅值,当 $0.1s \leqslant t \leqslant 0.2s$ 时,圆周运动的半径等于电压暂升的瞬时幅值,当 $0.3s \leqslant t \leqslant 0.4s$ 时,圆周运动的半径等于电压暂降的瞬时幅值。

10.2.3.2 电压暂升和奇次谐波

采样时间 0.5s 内出现电压暂升和奇次谐波时,其信号模型为

$$f(t) = \sum_{i}^{q} \alpha_i \sin(i\omega_0 t) + \{1 + \beta[u(t-t_1) - u(t-t_2)]\} A\sin(\omega_0 t) \quad (10.17)$$

式中,q 代表奇次谐波的次数。

取 q 值为 3、5、7、9,谐波幅值 $\alpha_i = 0.2$,奇次谐波持续时间为 0.5s,暂升幅值 $\beta = 0.4$,电压暂升开始时间和结束时间分别为 $t_1 = 0.2s$、$t_2 = 0.4s$。该信号坐标变换的结果如图 10.18 所示。由图可知,电压暂升和奇次谐波信号的二维 NFRS 曲线是 1 重旋转对称曲线。

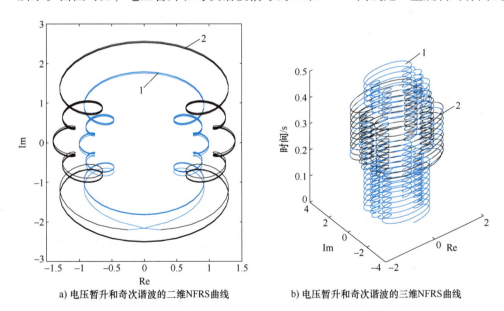

a) 电压暂升和奇次谐波的二维NFRS曲线　　b) 电压暂升和奇次谐波的三维NFRS曲线

图 10.18　电压暂升和奇次谐波的二维和三维 NFRS 曲线

图 10.18 中 NFRS 曲线 1 部分表示奇次谐波瞬时幅值和瞬时相位的关系,NFRS 曲线 2 部分表示电压暂升和奇次谐波复合扰动存在时瞬时幅值和瞬时相位的关系。两个瞬时幅值不同、瞬时相位相同的电压暂升和奇次谐波二维 NFRS 曲线如图 10.18a 所示。电压暂升开始和结束的瞬态变化出现位置随时间 t 的改变而改变,这里将电压暂升开始和结束时间分别设

置为 0.2s 和 0.4s，所以该扰动开始和结束的瞬态过程都出现在曲线的底部。造成 NFRS 曲线出现少量轻微抖动的原因是电压暂升开始发生、扰动持续、扰动结束并恢复稳态的过程是动态变化的。三维 NFRS 曲线如图 10.18b 所示，从三维空间中可以清楚地看出二维 NFRS 曲线的构成和时移状态，三维 NFRS 曲线随时间螺旋上升。

10.2.3.3 电压暂降和奇次谐波

采样时间 0.5s 内出现电压暂降和奇次谐波时，其信号模型为

$$f(t) = \sum_{i}^{q} \alpha_i \sin(i\omega_0 t) + \{1 - \beta[u(t - t_1) - u(t - t_2)]\} A\sin(\omega_0 t) \quad (10.18)$$

式中，q 代表奇次谐波的次数。

取 q 值为 3、5、7、9，谐波幅值 $\alpha_i = 0.2$，奇次谐波持续时间为 0.5s，暂降幅值 $\beta = 0.6$，电压暂降开始时间和结束时间分别为 $t_1 = 0.2s$、$t_2 = 0.4s$。该信号坐标变换的结果如图 10.19 所示。由图可知，电压暂降和奇次谐波信号的二维 NFRS 曲线是 1 重旋转对称曲线。

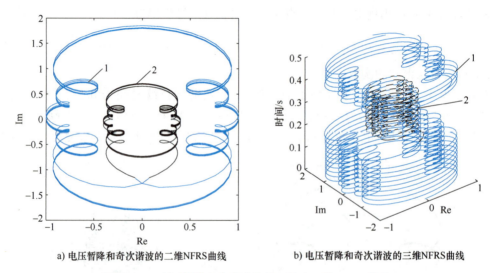

a) 电压暂降和奇次谐波的二维NFRS曲线　　b) 电压暂降和奇次谐波的三维NFRS曲线

图 10.19　电压暂降和奇次谐波的二维和三维 NFRS 曲线

图 10.19 中 NFRS 曲线 1 部分表示奇次谐波瞬时幅值和瞬时相位的关系，NFRS 曲线 2 部分表示电压暂降和奇次谐波两种扰动同时存在时瞬时幅值和瞬时相位的关系。两个瞬时幅值不同，瞬时相位相同的电压暂降和奇次谐波二维 NFRS 曲线如图 10.19a 所示。电压暂降开始和结束的瞬态变化出现位置随时间 t 的改变而改变，由于将电压暂降开始和结束时间分别设置为 0.2s 和 0.4s，所以该扰动开始和结束的瞬态过程都出现在曲线的底部。造成 NFRS 曲线出现少量轻微抖动的原因是电压暂降开始发生、扰动持续、扰动结束并恢复稳态的过程是动态变化的。三维 NFRS 曲线如图 10.19b 所示，从三维空间中可以清楚地看出二维 NFRS 曲线的构成和时移状态，其中 Z 轴既作为旋转轴又作为时间轴。三维 NFRS 曲线随时间螺旋上升。

10.2.3.4 电压波动和奇次谐波

采样时间 0.5s 内出现电压波动和奇次谐波时，其信号模型为

$$f(t) = [1 + \beta\sin(n\omega_0 t)]\sin(\omega_0 t) + \sum_{i}^{q} \alpha_i \sin(i\omega_0 t) \quad (10.19)$$

式中,q代表奇次谐波的次数。

取q值为3、5、7、9,谐波幅值$\alpha_i=0.2$,波动幅度$\beta=0.08$,波动基频倍数$n=0.2$,两种扰动持续时间都为0.5s。该信号坐标变换的结果如图10.20所示,由图可知,电压波动和奇次谐波信号的二维NFRS曲线是2重旋转对称曲线。

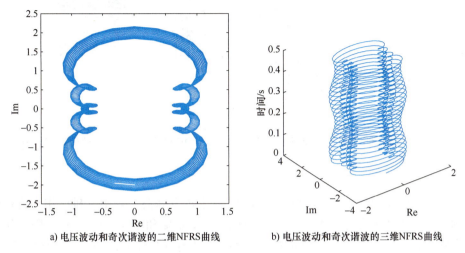

a) 电压波动和奇次谐波的二维NFRS曲线 b) 电压波动和奇次谐波的三维NFRS曲线

图10.20 电压波动和奇次谐波的二维和三维NFRS曲线

电压波动和奇次谐波二维NFRS曲线如图10.20a所示。三维NFRS曲线如图10.20b所示,从三维空间中可以清楚地看出二维NFRS曲线的构成和时移状态,其中Z轴既作为旋转轴又作为时间轴。三维NFRS曲线随时间螺旋上升。

10.2.3.5 暂态振荡和电压暂升

采样时间0.5s内出现暂态振荡和电压暂升扰动时,其信号模型为

$$f(t) = A\sin(\omega_0 t) + \beta_1 e^{-c(t_2-t_1)} \sin(\zeta\omega_0 t)[u(t-t_1) - u(t-t_2)] + \\ \beta_2 A\sin(\omega_0 t)[u(t-t_3) - u(t-t_4)] \quad (10.20)$$

取振荡幅值$\beta_1=0.08$,波动频率相对系数$\zeta=20$,振荡衰减系数$c=20$,暂态振荡开始时间为$t_1=0.3s$,暂态振荡结束时间为$t_2=0.4s$,暂升幅值$\beta_2=0.4$,电压暂升开始时间为$t_3=0.1s$,电压暂升结束时间为$t_4=0.2s$,两种扰动的持续时间都为0.1s。该信号坐标变换的结果如图10.21所示,由图可知,暂态振荡和电压暂升扰动信号的二维NFRS曲线是1重旋转对称曲线。

图10.21中NFRS曲线1部分表示理想电压信号瞬时幅值和瞬时相位的关系,理想电压信号的二维NFRS曲线由单位圆组成,圆的半径表示信号的幅值。NFRS曲线2部分表示暂态振荡瞬时幅值和瞬时相位的关系,NFRS曲线3部分表示电压暂升瞬时幅值和瞬时相位的关系,暂态振荡和电压暂升的二维NFRS曲线如图10.21a所示。暂态振荡、电压暂升开始和结束的瞬态变化出现位置随时间t的改变而改变,这里将暂态振荡开始和结束时间分别设置为0.3s和0.4s、电压暂升开始和结束时间分别设置为0.1s和0.2s,所以该复合扰动开始和结束的瞬态过程都出现在曲线的底部。从图10.21a中可以观察到NFRS曲线出现了4次较大的抖动和少量轻微的抖动,造成较大抖动的原因是暂态振荡、电压暂升开始和结束的瞬态过程幅值变化较大且快速,造成少量轻微抖动的原因是暂态振荡、电压暂升开始发生、扰动持续、扰动结束并恢复稳态的过程是快速动态变化的。三维NFRS曲线如图10.21b所示,

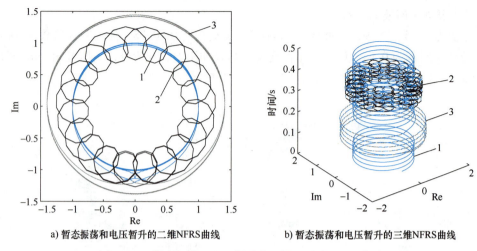

a) 暂态振荡和电压暂升的二维NFRS曲线   b) 暂态振荡和电压暂升的三维NFRS曲线

图 10.21 暂态振荡和电压暂升的二维和三维 NFRS 曲线

从三维空间可以清楚地看出二维 NFRS 曲线的构成和时移状态,其中 Z 轴既作为旋转轴又作为时间轴。三维 NFRS 曲线在 $0s \leq t \leq 0.1s$、$0.2s \leq t \leq 0.3s$ 和 $0.4s \leq t \leq 0.5s$ 时随时间做圆周运动并螺旋上升,圆周运动的半径等于理想电压信号的瞬时幅值,在 $0.1s \leq t \leq 0.2s$ 时圆周运动的半径等于电压暂升的瞬时幅值,在 $0.3s \leq t \leq 0.4s$ 时暂态振荡扰动信号的 NFRS 曲线随时间螺旋上升。

10.2.3.6 暂态冲击和暂态振荡

采样时间 0.5s 内出现暂态冲击和暂态振荡扰动时,其信号模型为

$$f(t) = 2A\sin(\omega_0 t) + \beta_1 [u(t-t_1) - u(t-t_2)] + \beta_2 e^{-c(t_4-t_3)} \sin(\zeta\omega_0 t)[u(t-t_3) - u(t-t_4)] \quad (10.21)$$

取脉冲幅值 $\beta_1 = 1.25$,暂态冲击持续时间为 $t_2 - t_1 = 1ms$,波动频率相对系数 $\zeta = 20$,振荡衰减系数 $c = 20$,振荡幅值 $\beta_2 = 0.4$,暂态振荡开始时间为 $t_3 = 0.3s$、暂态振荡结束时间为 $t_4 = 0.4s$。该信号坐标变换的结果如图 10.22 所示,由图可知,暂态冲击和暂态振荡信号的二维 NFRS 曲线是 1 重旋转对称曲线。

图 10.22 中 NFRS 曲线 1 部分表示理想电压信号的瞬时幅值和瞬时相位的关系,理想电压信号的二维 NFRS 曲线由单位圆组成,圆的半径表示信号的幅值。NFRS 曲线 2 部分表示暂态冲击瞬时幅值和瞬时相位的关系,NFRS 曲线 3 部分表示暂态振荡瞬时幅值和瞬时相位的关系,暂态冲击和暂态振荡的二维 NFRS 曲线如图 10.22a 所示,这里只模拟了发生在信号上升过程中的一次暂态冲击,导致图 10.22a 曲线的底部出现了尖峰,从图 10.22 中可以观察到 NFRS 曲线出现了 4 次较大的抖动和少量轻微的抖动,造成较大抖动的原因是暂态振荡、暂态冲击开始和结束的瞬态过程幅值变化较大且快速,造成少量轻微抖动的原因是暂态振荡、暂态冲击开始发生、扰动持续、扰动结束并恢复稳态的过程是快速动态变化的。三维 NFRS 曲线如图 10.22b 所示,从三维空间曲线可以清楚地看出二维 NFRS 曲线的构成和时移状态,其中 Z 轴既作为旋转轴又作为时间轴。三维 NFRS 曲线在 $0s \leq t \leq 0.3s$ 和 $0.4s \leq t \leq 0.5s$ 时随时间做圆周运动并螺旋上升,无暂态冲击时,圆周运动的半径等于理想电压信号的瞬时幅值,有暂态冲击时,圆周运动的半径会出现尖峰,而且尖峰所处位置根据暂态冲击

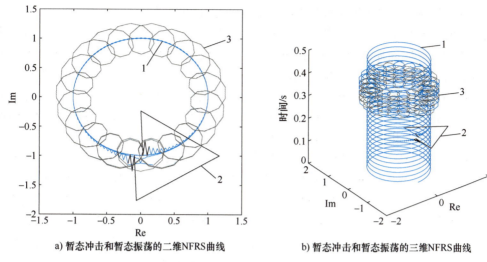

图 10.22 暂态冲击和暂态振荡的二维和三维 NFRS 曲线

发生在信号的不同阶段而不同。在 $0.3s \leqslant t \leqslant 0.4s$ 时，暂态振荡扰动信号的 NFRS 曲线随时间螺旋上升。

10.3 电能质量扰动的 SVM 分类

当低维空间的图像样本不能被线性分类时，SVM 模型可以利用其内积核函数将图像样本投影到高维空间，通过超平面或最优分割线将图像样本线性分类。首先对电能质量扰动信号 NFRS 曲线图像进行预处理和特征提取，使用灰度共生矩阵特征向量和方向梯度直方图特征向量描述图像的特征，然后运行 SVM 模型训练电能质量扰动的多类分类器。

10.3.1 图像数据集生成

简单起见，以前述 10 种单一扰动（含 4 种不同次谐波的单一扰动）、6 种常见复合扰动和 1 种理想电压信号在内的 17 种电能质量扰动信号为对象，在 5 个不同情况（无噪声和 4 类不同信噪比）下每种信号的二维 NFRS 曲线图像作为扰动信号图像数据集。其中，图像的尺寸为 875×656，保存格式为 JPG，无噪声的图像 8500 张，4 类不同信噪比的图像共 34000 张，数据集命名为 CPQDT（Classification of Power Quality Disturbance Types）。在 CPQDT 中 5 个不同情况图像的具体数量见表 10.2。

表 10.2 电能质量扰动信号图像数据集的构成

无噪声和不同信噪比	含有的图像张数
无噪声	8500
20dB	8500
30dB	8500
40dB	8500
50dB	8500

单一和复合扰动信号模型中都包含幅度控制变量 α 和时间控制变量 t，当二者至少有一个发生改变时，各扰动信号的二维 NFRS 曲线会随之改变。为了避免图像过拟合，将程序中幅度控制变量 α 和时间控制变量 t 设置为各扰动信号规定范围内的随机数，两个变量取值不同导致各扰动信号的瞬时幅值和瞬时相位发生变化。理想电压信号的模型中没有变量，生成无噪声和不同信噪比条件下的图像。因为含幅度控制变量 α 和时间控制变量 t 在生成数据集的整个过程中是随机的，所以无噪声和不同的信噪比下 4 种谐波所在的类别会有少量图像与理想电压信号的图像相似，这会对识别结果产生一些影响。

从 CPQDT 中挑选电压波动和谐波、暂态冲击、理想电压信号和暂态振荡在无噪声和不同信噪比下的图像进行展示，由于幅度控制变量 α 和时间控制变量 t 的不同，每张图像都具有不同的特征，也可从图 10.23 中看出不同图像的独一性。图 10.23 的第一行~第四行分别表示电压波动和谐波复合扰动信号、暂态冲击单一扰动信号、理想电压信号和暂态振荡单一扰动信号的二维 NFRS 曲线。图 10.23 的第一列表示信号在无噪声时的二维 NFRS 曲线，此时曲线形状最清晰，图像的辨识度最高；第二列表示信号在信噪比为 20dB 时的二维 NFRS 曲线，此时曲线形状受噪声影响较大，导致图像的辨识度最低；第三列表示信号在信噪比为 30dB 时的二维 NFRS 曲线，此时暂态振荡和理想电压信号曲线相似度较高，模型容易造成误判；第四列表示信号在信噪比为 40dB 时的二维 NFRS 曲线，此时图像的辨识度居中；第五列表示信号在信噪比为 50dB 时的二维 NFRS 曲线，此时曲线形状较为清晰，图像的辨识度较高。

为了使提取到的图像特征更加贴合扰动特征，本章去除 CPQDT 中所有图像的坐标及坐标轴。

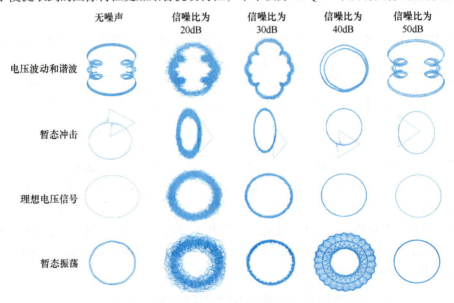

图 10.23　电压波动和谐波、暂态冲击、理想电压信号和暂态振荡在无噪声和不同信噪比下的二维 NFRS 曲线图像

10.3.2　图像数据集预处理

1. 特征提取

选择灰度共生矩阵（Gray-level Co-occurrence Matrix，GLCM）和方向梯度直方图（Histogram of Gradient，HOG）作为特征描述符，描述数据集 CPQDT 中图像的特征。GLCM 是一

种图像纹理分析方法，表示灰度图（Gray Scale Image，GSI）中所有可能像素的组合。下面以一个示例说明其用法。

图 10.24a 表示彩色图像转化的 GSI，其像素值介于 1~6 之间。图 10.24b 表示此 GSI 通过相邻条件中的水平条件生成的 GLCM，GLCM 第一行第一列的 1（灰色框）表示 GSI 中像素值为 1 和 1 的水平组合，分析可知此组合有且仅有一个，所以 GLCM（1，1）= 1，GLCM 第五行第六列的 3（蓝色框）表示 GSI 中像素值为 5 和 6 的水平组合，分析可知此组合有三个，所以 GLCM（5，6）= 3。

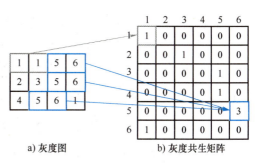

图 10.24 灰度图中得到灰度共生矩阵的示例

GSI 中任意两像素点 $A: f(x, y)$ 和点 $B: f(x+\varepsilon, y+\tau)$ 是 ε 和 τ 满足某种条件下的相邻点。ε 是像素点 A、B 在 x 轴方向上的间隔单位，τ 是像素点 A、B 在 y 轴方向上的间隔单位，ε 和 τ 的相邻条件为：

1）当 $\varepsilon=1$ 且 $\tau=0$ 时，像素点 A 在左，像素点 B 在右，两像素点水平相邻，$\vec{AB}$ 与 x 轴正方向夹角为 0°。

2）当 $\varepsilon=0$ 且 $\tau=1$ 时，像素点 A 在上，像素点 B 在下，两像素点竖直相邻，$\vec{AB}$ 与 x 轴正方向夹角为 90°。

3）当 $\varepsilon=1$ 且 $\tau=1$ 时，像素点 B 在像素点 A 右下，$\vec{AB}$ 与 x 轴正方向夹角 45°。

4）当 $\varepsilon=-1$ 且 $\tau=-1$ 时，像素点 B 在像素点 A 左上，$\vec{AB}$ 与 x 轴正方向夹角 135°。

ε 和 τ 的大小可以根据实际情况调整。图 10.24 是按照 1）中的相邻条件生成的 0° GLCM。计算图 10.24a 的 GLCM，还需生成 45°、90° 和 135°方向上的 GLCM，并将它们归一化。GLCM 能够反应 GSI 的综合信息，计算 4 个方向 GLCM 的 4 个特征：对比度、熵、逆方差、相关性，它们的定义如下：

1）对比度（Contrast，Con）：描述图像纹理的沟纹深浅信息，分析图像清晰度，计算公式为

$$\text{Con} = \sum_i \sum_j (i-j)^2 P(i,j) \tag{10.22}$$

式中，i、j 表示像素点 A 和像素点 B 在 GSI 中的灰度值；$P(i, j)$ 指归一化后的灰度共生矩阵的元素值，表示在给定空间距离和方向时，灰度以为 i 起始点（行），出现灰度级 j（列）概率。

这里的概率求取就是对频数进行归一化，即除以所有频数之和。

2）熵（Entropy，Ent）：描述图像灰度分布的复杂程度，计算公式为

$$\text{Ent} = -\sum_i \sum_j P(i,j) \log(P(i,j)) \tag{10.23}$$

3）逆方差（Homogeneity，Hom）：描述图像纹理局部变化，计算公式为

$$\text{Hom} = \sum_i \sum_j \frac{1}{1+(i-j)^2} P(i,j) \tag{10.24}$$

4）相关性（Correlation，Cor）：描述局部灰度的相似程度，计算公式为

$$\text{Cor} = \frac{\sum_i \sum_j (ij) P(i,j) - \text{Mean}_x \text{Mean}_y}{\text{Std}_x \text{Std}_y} \tag{10.25}$$

式中，Mean_x 和 Mean_y 分别表示行和列的均值；Std_x 和 Std_y 分别表示行和列的标准差。

5）均值（Mean）：描述图像纹理的规则程度，计算公式为

$$\text{Mean} = \sum_i \sum_j i P(i,j) \tag{10.26}$$

6）标准差（Standard deviation，Std）：描述图像像素值与均值的偏差，计算公式为

$$\text{Std} = \sqrt{\sum_i \sum_j P(i,j)(i - \text{Mean})^2} \tag{10.27}$$

以 4 个特征的均值和标准差作为 GLCM 特征向量，将像素点 A 和像素点 B 之间的间隔取值范围设为 [1, 10]，依次循环计算不同方向 GLCM 的 4 个特征：对比度、熵、逆方差、相关性，并依次保存 4 个特征的均值和标准差作为特征向量，1 次计算可以得到 8 个特征向量，所以 10 次计算共得到 80 个特征向量。图 10.23 所示图像的 80 个 GLCM 特征向量依次横向排列，其结果如图 10.25 所示。由于图 10.23 第一行中第一列和第五列曲线形状高度重合，所以图 10.25 第一行中第一列和第五列 GLCM 特征相似度较高。图 10.23 第二行与第三行的相同点是理想电压信号构成的曲线高度重合，不同点是曲线中是否含有暂态冲击曲线，由于暂态冲击有且仅有一次并且持续时间较短，所以二者的 GLCM 特征相似度很高，如图 10.25 第二行和第三行所示。图 10.23 第四行中第一列和第五列重合度较高，第二列和第四列相似度较高，所以图 10.25 第四行中不仅第一列和第五列 GLCM 特征相似、第二列和第四列 GLCM 特征相似，而且第一列和第五列特征相似度高于第二列和第四列特征相似度。

HOG 是用来描述彩色图像或灰度图像轮廓的一种特征描述器，该方法将图像局部区域的梯度直方图作为特征信息。因为计算图像 GLCM 时采用的是灰度图，所以 HOG 的计算也选择灰度图。HOG 基本步骤如下：

1）预处理：剪裁灰度图像。将灰度图像尺寸缩放到 512×512 像素，本章通过 MATLAB 软件仿真得到 CPQDT，所以图像无不正常角度问题和光照影响，不需要对缩放后的灰度图像进行伽马矫正。

2）计算灰度图像梯度：求导操作更能够捕获灰度图像的信息。求解灰度图像中任意像素点 $H(i_c, j_c)$ 的梯度，计算公式为

$$\begin{cases} G_{ic}(i_c, j_c) = H(i_c+1, j_c) - H(i_c-1, j_c) & \forall i_c, j_c \\ G_{jc}(i_c, j_c) = H(i_c, j_c+1) - H(i_c, j_c-1) & \forall i_c, j_c \end{cases} \tag{10.28}$$

式中，$G_{ic}(i_c, j_c)$、$G_{jc}(i_c, j_c)$ 分别表示像素点 $H(i_c, j_c)$ 的水平和垂直方向梯度。

由此可以计算像素点 $H(i_c, j_c)$ 的梯度幅值和梯度方向为

$$\begin{cases} G(i_c, j_c) = \sqrt{G_{ic}(i_c, j_c)^2 + G_{jc}(i_c, j_c)^2} & \forall i_c, j_c \\ \alpha(i_c, j_c) = \arctan\left(\dfrac{G_{jc}(i_c, j_c)}{G_{ic}(i_c, j_c)}\right) & \forall i_c, j_c \end{cases} \tag{10.29}$$

式中，$\alpha(i_c, j_c)$ 的角度范围是 [0, 2π]，为了提高分类效果，本章将 $\alpha(i_c, j_c)$ 的取值范围规定为 [0, π]。

第 10 章
电能质量扰动信号极坐标图像与分类

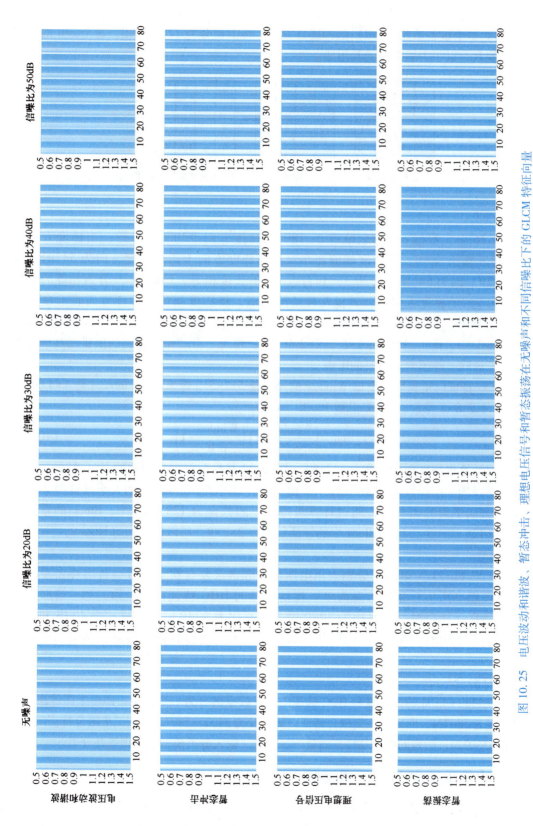

图 10.25　电压波动和谐波、暂态冲击、理想电压信号和暂态振荡在无噪声和不同信噪比下的 GLCM 特征向量

3）构建单个细胞单元（cell）的梯度直方图：将图像分为 128 个 cell，每个 cell 的大小为 4×4 个像素，以一个示例说明其用法。

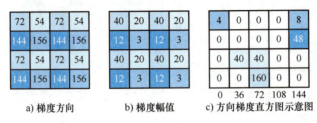

a) 梯度方向　　b) 梯度幅值　　c) 方向梯度直方图示意图

图 10.26　单个细胞单元的梯度直方图

图 10.26 中，根据 cell 的取值将 0~180°的梯度方向平均分为 5 份。当梯度方向为 72°时，梯度幅值为 40，将梯度幅值加在对应的梯度方向上，当梯度方向为 54°时，梯度幅值为 20，因为 54°距离左边 36°和右边 72°的长度相等，所以将 20 分为相等的两份加在 36°和 72°的梯度方向上，其他两种情况类似，将梯度幅值和梯度方向表示在长度为 5 的直方图中。

4）Block 归一化：一个 Block 等于 2×2 个 cell，将每个滑动窗口得到的值拼接在一起进行归一化，消除一些因素对结果的影响。

5）HOG 特征向量长度：窗口 Window 的尺寸是 512×512 像素，cell 的尺寸是 4×4 像素，Block 的尺寸是 8×8 像素，Block 总数 Block_num 为

$$\text{Block\_num} = \left(\frac{\text{Window}}{\text{cell}} - 1\right)\left(\frac{\text{Window}}{\text{cell}} - 1\right) \qquad (10.30)$$

由上式计算出特征向量长度为 322580。图 10.27 是提取数据集图像的 HOG 特征，程序中将灰度图像的大小设置为 512×512，cell 由 4×4 个像素组成，Block 的大小设置为 2×2 个 cell，梯度方向平均分为 9 份，通过计算可得 cell 的数量为 128×128 个，Block 的数量为 (128-1)×(128-1) 个，每个 Block 中的特征数量为 2×2×9，所以提取到的 HOG 的特征值数量为 580644。

图 10.27 第一行~第四行分别表示电压波动和谐波复合扰动信号、暂态冲击单一扰动信号、理想电压信号和暂态振荡单一扰动信号的 HOG 特征向量，第一列~第四列分别表示信号在无噪声时、信噪比为 20dB 时、信噪比为 30dB 时、信噪比为 40dB 和信噪比为 50dB 时的 HOG 特征，第五列 HOG 特征表示的曲线形状较为清晰，其图像的辨识度较高。

2. 特征融合

将提取到的 GLCM 特征向量和 HOG 特征向量等权重融合为一个向量，即单个图像融合特征向量长度为 580724，所以训练集融合特征向量长度为 34000×580724，测试集融合特征向量长度为 8500×580724，图像的标签与特征向量一一对应，输入分类模型进行训练并分类。

10.3.3　电能质量 SVM 多分类模型

常用的电能质量扰动分类识别工具有：人工神经网络（Artificial Neural Network，ANN）、深度学习（Deep Learning，DL）和支持向量机（SVM）。ANN 是模拟生物体神经系

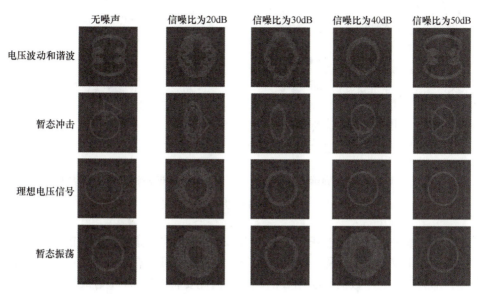

图 10.27　电压波动和谐波、暂态冲击、理想电压信号和暂态振荡
在无噪声和不同信噪比下的 HOG 特征向量

统结构和特性的数学模型,国内外学者利用小波变换、傅里叶变换等分析电压电流信号并将提取的时频结果输入到神经网络模型进行有监督的学习,用于电能质量扰动分类和识别。DL 无需对电能质量扰动信号进行预处理或手动提取特征,可以直接使用电能质量扰动问题的原始数据执行分类任务。SVM 是经典机器学习的一个重要分类算法。SVM 通过找出一个决策超平面(二维空间时为直线,三维空间时为平面,三维以上即为超平面),将已有训练数据集划分开;对于新数据或待分类数据,根据其位于超平面的哪一侧实现分类。因此,基础的 SVM 是一种二分类模型,对于多分类任务可通过多次使用 SVM 解决。

SVM 最初由 Vapnik 和 Chervonenkis 于 1963 年提出,用来优化将数据分成不同聚类的超平面。30 年后,Boser、Guyon 和 Vapnik 将核技巧应用于最大间隔超平面,提出了非线性分类器。目前的标准做法(软间隔)是由 Cortes 和 Vapnik 在 20 世纪 90 年代中期提出。近年来,随着数据的急剧增长,在有充足训练数据的场合,SVM 的地位被深度神经网络替代。但如果没有足够多的数据,仍然经常使用 SVM 以获得最佳分类效果。

10.3.3.1　线性 SVM

线性 SVM 方法的核心思想是构造一个超平面

$$w \cdot x + b = 0 \tag{10.31}$$

式中,向量 w 和常量 b 定义了一个超平面。

图 10.28 展示了分割一组数据的两个可能的超平面,两个超平面有不同的 w 和 b 参数。SVM 的优化问题是不仅要优化一条决策界线以尽量少产生标注错误,还要最大化数据之间的间隔,如图 10.28 中 margin 处的双箭头所示。决定间隔边界的向量称为支持向量。给定如式(10.31)所示的超平面,将新的数据点 x_j 代入 $w \cdot x_j + b$,就能用计算结果的符号对其分类。例如,对于分类标签 $y_j \in \{\pm 1\}$,超平面左边或右边的数据标注为

$$y_j = \text{sign}(w \cdot x_j + b) = \begin{cases} +1 & 曲域 \text{II} 小球 \\ -1 & 曲域 \text{I} 小球 \end{cases} \tag{10.32}$$

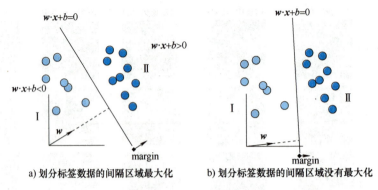

a) 划分标签数据的间隔区域最大化　　b) 划分标签数据的间隔区域没有最大化

图 10.28　构建不同的超平面实现数据分类

优化目标是超平面应当能够正确地对图 10.28 中的样本点进行分类，能对全部数据点正确分类的情形通常也称为硬间隔。但能正确分类的超平面可能有很多，如果两个超平面都能正确分类，那么应该是与数据间隔越大的越好。因此要将线性 SVM 写成优化问题，还需要分析最近的数据点与超平面的距离。

SVM 优化的目标是确定向量 $\bm{w}$ 和参数 b。注意超平面右边的数据代入超平面方程有 $\bm{w}\cdot x+b>0$，超平面左边则有 $\bm{w}\cdot x+b<0$。因此数据 x_j 的分类标签 $y_j=\{\pm 1\}$ 可以用 $y_j=\mathrm{sign}(\bm{w}\cdot x_j+b)$ 给出。因此只需确定 $\bm{w}x+b$ 的符号就能对数据进行分类。支撑间隔区的向量称为支持向量。

点 x 到超平面 $\bm{w}\cdot x+b=0$ 的距离公式为

$$d=\frac{|\bm{w}\cdot x+b|}{\|\bm{w}\|} \tag{10.33}$$

如果决策面能正确地对所有样本点分类，就会满足如下公式：

$$\begin{cases}\bm{w}\cdot x_j+b>0,&\forall y_j=+1\\ \bm{w}\cdot x_j+b<0,&\forall y_j=-1\end{cases} \tag{10.34}$$

最优超平面两侧的支持向量长度相等，设长度为 d，则其他数据点与超平面的距离都应当 $\geq d$，也就是

$$\begin{cases}\dfrac{\bm{w}\cdot x_j+b}{\|\bm{w}\|}\geq d,&\forall y_j=+1\\ \dfrac{\bm{w}\cdot x_j+b}{\|\bm{w}\|}\leq -d,&\forall y_j=-1\end{cases} \tag{10.35}$$

两边同除以 d 得到

$$\begin{cases}\bm{w}_d\cdot x_j+b_d\geq 1,&\forall y_j=+1\\ \bm{w}_d\cdot x_j+b_d\leq -1,&\forall y_j=-1\end{cases} \tag{10.36}$$

式中

$$\begin{cases}\bm{w}_d=\dfrac{\bm{w}}{\|\bm{w}\|d}\\ b_d=\dfrac{b}{\|\bm{w}\|d}\end{cases} \tag{10.37}$$

注意超平面方程的所有系数除以相同常数后，描述的仍然是同一个超平面，$w_d \cdot x + b_d = 0$ 与 $w \cdot x + b = 0$ 有相同的解，所以完全可以就取 w_d 和 b_d 作为超平面系数，这样也就可以把它们重新写为 w 和 b。这样式（10.36）可以重新写为

$$\begin{cases} w \cdot x_j + b \geqslant 1, & \forall y_j = +1 \\ w \cdot x_j + b \leqslant -1, & \forall y_j = -1 \end{cases} \tag{10.38}$$

上式中两个不等式在支持向量样本点上取等号，也就是说可以通过等比例缩放巧妙地选取系数，使得对于支持向量样本点 x_j 有

$$|w \cdot x_j + b| = 1 \tag{10.39}$$

因此，当 x_j 为支持向量时，有

$$d = \frac{|w \cdot x_j + b|}{\|w\|} = \frac{1}{\|w\|} \tag{10.40}$$

式中，d 是支持向量样本点与超平面的距离。

这样寻找最优决策超平面的问题就变成了：在确保式（10.38）成立的前提下，让 d 尽可能地大。为了方便表述，可以将式（10.38）重新写为

$$|w \cdot x_j + b| \geqslant 1, \quad \forall x_j \tag{10.41}$$

这样线性 SVM 的优化问题就可以表述为

$$\arg\min_{w,b} \|w\| \quad \text{s.t.} \quad |w \cdot x_j + b| \geqslant 1, \quad \forall x_j \tag{10.42}$$

为了便于求导，通常是取如下形式

$$\arg\min_{w,b} \frac{1}{2}\|w\|^2 \quad \text{s.t.} \quad \min_j |w \cdot x_j + b| \geqslant 1, \quad \forall x_j \tag{10.43}$$

或

$$\arg\min_{w,b} \frac{1}{2}\|w\|^2 \quad \text{s.t.} \quad \min_j |w \cdot x_j + b| = 1 \tag{10.44}$$

有时候待分类的样本数据无法实现硬间隔，这种情况下优化目标是除了要最大化间隔区域，同时还要最小化误分类数据点数量，这也就是所谓的软间隔。为了构建优化目标函数，定义损失函数如下

$$\ell(y_j, \bar{y}_j) = \ell(y_j, \text{sign}(w \cdot x_j + b)) = \begin{cases} 0, & \text{若} y_j = \text{sign}(w \cdot x_j + b) \\ +1, & \text{若} y_j \neq \text{sign}(w \cdot x_j + b) \end{cases} \tag{10.45}$$

简单说就是

$$\ell(y_j, \bar{y}_j) = \begin{cases} 0, & \text{如果数据分类正确} \\ +1, & \text{如果数据分类错误} \end{cases} \tag{10.46}$$

也就是每个错误分类都会导致损失 1。m 个数据点的训练误差是损失函数 $\ell(y_j, \bar{y}_j)$ 之和。因此可以将线性 SVM 优化问题形式化为

$$\arg\min_{w,b} \sum_{j=1}^{m} \ell(y_j, \bar{y}_j) + \frac{1}{2}\|w\|^2 \quad \text{s.t.} \quad \min_j |w \cdot x_j + b| = 1 \tag{10.47}$$

虽然这个优化问题能给出简洁的陈述，但损失函数是由 1 和 0 组合而成的离散函数，因此实际很难优化。大多数优化算法都是基于某种形式的梯度下降，这需要有平滑的目标函数，以便通过计算导数或梯度来更新解。因此常改为如下形式

$$\arg\min_{\boldsymbol{w},b} \sum_{j=1}^{m} H(y_j, \hat{y}_j) + \frac{1}{2}\|\boldsymbol{w}\|^2 \quad \text{s.t.} \quad \min_{j}|\boldsymbol{w}\cdot\boldsymbol{x}_j + b| = 1 \tag{10.48}$$

式中，$H(y_j, \hat{y}_j)$ 为 Hinge 损失函数，$\hat{y}_j$ 不是预测的数据标签 $\{\pm 1\}$，而是分类判别函数的原始输出，$\hat{y}_j = \boldsymbol{w}\cdot\boldsymbol{x}_j + b$。Hinge 损失函数的具体形式为

$$H(y_j, \hat{y}_j) = \max(0, 1 - y_j\hat{y}_j) = \max(0, 1 - y_j(\boldsymbol{w}\cdot\boldsymbol{x}_j + b)) \tag{10.49}$$

图 10.29 描绘了 $y_j = 1$ 时的 Hinge 损失函数，横轴为分类判别函数的原始输出 $\hat{y}_j$，纵轴为损失。注意在原损失函数中，当预测符号正确且 $|\hat{y}_j| \le 1$ 时损失为 0；而在 Hinge 损失函数中，即便符号相同，但 $|\hat{y}_j| \le 1$ 时，仍然会有损失（正确预测，但间隔不够大）。Hinge 函数为平滑函数，这样既以线性方式考虑了错误的数量，也允许分段求导，从而可以应用标准优化方法。

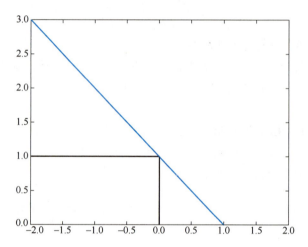

图 10.29 $y_j = 1$ 时的 Hinge 损失函数（斜线）与 0-1 损失函数（阶跃线）

10.3.3.2 非线性 SVM

线性分类器很容易理解，但价值有限，无法适用于高维空间中的很多数据，例如图 10.30 中的情形。要构建更复杂的分类曲线，必须拓展 SVM 的特征空间，加入非线性特征，并在这样的新空间中建立超平面。要这样做，首先将数据映射到非线性高维空间。

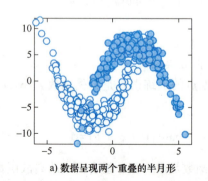
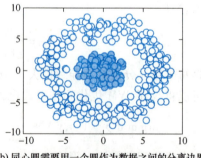

a) 数据呈现两个重叠的半月形　　　b) 同心圆需要用一个圆作为数据之间的分离边界

图 10.30 当分离数据的函数为非线性时，可能很难获得数据的分类和回归模型

$$x \mapsto \Phi(x) \tag{10.50}$$

将 $\Phi(x)$ 称为数据的新观测值。SVM 算法现在需要在新的空间中将数据以最优方式分隔为不同聚类的超平面。这样现在考虑的就是如下超平面函数：

$$f(x) = w\Phi(x) + b \tag{10.51}$$

其对每个数据点 x_j 赋予相应的标签 $y_j \in \{\pm 1\}$。这个简单的思想——通过定义 x 的新函数拓展特征空间——对聚类和分类非常有用。举个简单例子，考虑 2 维数据 $x = (x_1, x_2)$。很容易通过如下多项式拓展空间

$$(x_1, x_2) \mapsto (z_1, z_2, z_3) := (x_1, x_2, x_1^2 + x_2^2) \tag{10.52}$$

得到一组新坐标。思想很简单，将数据嵌入更高维的空间，更有可能用超平面分隔数据。

举个简单例子，图 10.30b 的数据显然无法用 x_1-x_2 平面上的线性分类器（或超平面）分割数据。但如果用式（10.52）将其投影到 3 维空间，就很容易用图 10.31 所示超平面分隔数据。

如图 10.31 所示，平面 $z_3 \approx 14$（图中超平面）大致能给出最优分隔。在原坐标系中这相当于用半径为 $r = \sqrt{z_3} = \sqrt{x_1^2 + x_2^2} \approx 14$ 的圆分类（图中 x_1-x_2 平面上的圆）。从这个例子可以看出只需拓展数据的度量空间就能实现线性分类，也就是高维空间中的超平面能生成原数据空间中的弯曲分类线。

这种能以非线性方式嵌入更高维空间的能力让 SVM 成为最成功的机器学习算法之一。背后的优化算法（10.48）保持不变，只是标注函数由原来的 $\bar{y}_j = \mathrm{sign}(w \cdot x_j + b)$ 变成了现在的

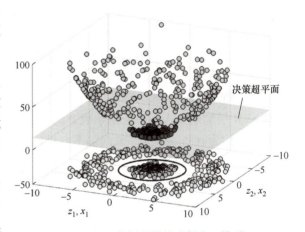

图 10.31 数据非线性映射为三维后用一个超平面分隔两种球

$$\bar{y}_j = \mathrm{sign}(w \cdot \Phi(x_j) + b) \tag{10.53}$$

函数 $\Phi(x)$ 决定了对数据空间的拓展方式。一般来说，特征越多，越便于分类。

10.3.3.3 SVM 核方法

通过拓展到更高维空间实现非线性分类的 SVM 方法看似不错，实际上很容易导致不可计算的优化问题。附加的特征太多会导致所谓的"维度诅咒"。向量 w 的计算可能导致计算成本高昂，甚至内存都不够用。解决这个问题有一个办法是所谓的核技巧（kernel trick）。首先将向量 w 表示成

$$w = \sum_{j=1}^{m} \alpha_j \Phi(x_j) \tag{10.54}$$

式中，α_j 为不同非线性观测函数 $\Phi(x_j)$ 的权重。因此向量 w 在观测函数集上展开。因此式（10.51）转化为

$$f(x) = \sum_{j=1}^{m} \alpha_j \Phi(x_j) \Phi(x) + b \tag{10.55}$$

核函数（kernel function）定义为

$$K(x_j, x) = \Phi(x_j)\Phi(x) \tag{10.56}$$

有了 w 的新定义，式（10.49）的优化问题变为

$$\arg\min_{A,b} \sum_{j=1}^{m} H(y_j, \hat{y}_j) + \frac{1}{2}\left\|\sum_{j=1}^{m} \alpha_j \Phi(x_j)\right\|^2 \quad \text{s.t.} \quad \min_j |w \cdot x_j + b| = 1 \tag{10.57}$$

其中，A 为系数 α_j 组成的向量，需要通过优法算法确定。对这个最优化问题有不同的表述，在这种表述中，是在 α 而不是 w 上执行优化。采取这种形式，核函数 $K(x_j, x)$ 可以以一种紧凑的形式给出许多（无穷多）观测值的泰勒级数展开。核函数可以在高维、隐含的特征空间中操作，甚至都不用计算数据在这种空间中的坐标，只需计算特征空间中所有数据对的内积。例如，两个最常用的核函数：径向基函数（Radial Basis Functions，RBF）和多项式核函数分别如下：

$$K(x_j, x) = \exp(-\gamma \|x_j - x\|^2) \tag{10.58}$$

$$K(x_j, x) = (x_j x + 1)^N \tag{10.59}$$

式中，γ 是用来测量具体数据点 x_j 与分类边界线的距离的高斯核的宽度；N 是所考虑的多项式的阶数，如果不使用核技巧，N 会非常大。

在优化过程中，这些函数可以求导。这就是 SVM 方法的主要理论基石。它允许用核函数生成的观测值构建更高维的空间，而且其得到的是可计算的优化问题。

10.3.3.4　SVM 多分类器构造

在 SVM 模型中加入一个松弛系数 ζ 确保决策边界与准确率达到一个平衡，此时求出的最大间隔 d 称为软间隔最大。软间隔下的目标函数变为

$$\begin{cases} d = \min_{w,b} \dfrac{1}{2}\|w\|^2 + C\sum_{i=1}^{k} \zeta_i \\ \text{s.t.} \quad y_i(wx_i + b) \geq 1 - \zeta_i \quad \forall i \\ \zeta_i \geq 0 \quad i = 1, 2, \cdots, k \end{cases} \tag{10.60}$$

式中，w 表示法向量；x 表示超平面上的点；b 表示超平面与原点之间的位移；$\|w\|$ 表示 w 的二范数；i 表示第 i 个图像样本，其取值为 $i = 1, 2, \cdots, k$；C 代表惩罚系数，其取值为 $C \geq 0$；ζ_i 表示第 i 个图像样本点的松弛系数。

构造软间隔目标函数对应的拉格朗日函数，计算公式为

$$\begin{cases} L(w, b, \zeta, \alpha, \mu) = \dfrac{1}{2}\|w\|^2 + C\sum_{i=1}^{k} \zeta_i + \sum_{i=1}^{k} \alpha_i[1 - \zeta_i - y_i(w^T x_i + b)] - \sum_{i=1}^{k} \mu_i \zeta_i \\ \alpha_i \geq 0 \quad \mu_i \geq 0 \quad \zeta_i \geq 0 \end{cases} \tag{10.61}$$

式中，α_i，μ_i 表示第 i 个图像样本点的拉格朗日系数；ζ_i 表示第 i 个图像样本点的松弛系数。

其对偶问题为

$$\begin{cases} \max_{\alpha_i} \min_{w,b} L(w, b, \alpha) = \max_{\alpha_i} \left(\sum_{i=1}^{k} \alpha_i - \dfrac{1}{2}\sum_{i=1}^{k}\sum_{j=1}^{k} \alpha_i \alpha_j y_i y_j x_i^T x_j \right) \\ \text{s.t.} \quad \sum_{i=1}^{k} \alpha_i y_i = 0 \\ 0 \leq \alpha_i \leq C \quad i = 1, 2, \cdots, k \end{cases} \tag{10.62}$$

在整个求解过程中满足库恩-塔克条件（Karush-Kuhn-Tucker，KKT），即

$$\begin{cases} 0 \leqslant \alpha_i \leqslant C & i=1,2,\cdots,k \\ \alpha_i(1-\zeta_i-y_i(\boldsymbol{w}^{\mathrm{T}}\boldsymbol{x}_i+b))=0 & i=1,2,\cdots,k \\ 1-\zeta_i-y_i(\boldsymbol{w}^{\mathrm{T}}\boldsymbol{x}_i+b) \geqslant 0 & i=1,2,\cdots,k \\ \mu_i\zeta_i=0 & \end{cases} \quad (10.63)$$

假设每个图像样本到与之对应的决策平面的距离为 $|\zeta_i|/\|\boldsymbol{w}\|^2$，当 $\alpha_i = 0$ 时，则有 $y_i(\boldsymbol{w}^{\mathrm{T}} \cdot \boldsymbol{x}_i+b) \geqslant 1$，图像样本被正确分类，当 $0<\alpha_i<C$ 时，$\zeta_i=0$，有 $1-y_i(\boldsymbol{w}^{\mathrm{T}}\boldsymbol{x}_i+b)=0$，图像样本在决策平面上，当 $\alpha_i=C$ 时，$\mu_i=0$，$\zeta_i>0$，如果 $0<\zeta_i<1$，图像样本处于决策平面和超平面之间，如果 $\zeta_i=1$，图像样本在超平面上，如果 $\zeta_i>1$，数据样本在与之对应的另一侧决策平面上。

采用一对一方式的间接法构造多类分类器，该方式是在任意两类图像样本之间设计一个二类分类器。所以本章的 SVM 模型多类分类器由 $C_{17}^2 = 136$ 个二类分类器组成，预测结果为 SVM 模型得票最多的类别。一对一方式构造多类分类器的示意图如图 10.32 所示。

对于第 η 类和第 δ 类图像样本，一对一方式需要优化的目标函数为

$$\begin{cases} \min\limits_{\boldsymbol{w}^{\eta\delta},b^{\eta\delta},\zeta^{\eta\delta}} \dfrac{1}{2}\|\boldsymbol{w}\|^2 + C\sum\limits_{i=1}^{k}\zeta_i^{\eta\delta} \\ \mathrm{s.t.} \ (\boldsymbol{w}^{\eta\delta})^{\mathrm{T}}\phi(x_i)+b^{\eta\delta} \geqslant 1-\zeta_i^{\eta\delta} & y_i=\eta \\ \mathrm{s.t.} \ (\boldsymbol{w}^{\eta\delta})^{\mathrm{T}}\phi(x_i)+b^{\eta\delta} \leqslant 1-\zeta_i^{\eta\delta} & y_i=\zeta \\ \zeta_i^{\eta\delta} \geqslant 0 \quad i=1,2,\cdots,k \end{cases} \quad (10.64)$$

式中，C 代表惩罚系数，其取值为 $C \geqslant 0$；ζ_i 表示第 i 个图像样本点的松弛系数；$\boldsymbol{w}$ 代表第 η 类和第 δ 类分类超平面方向的法向量；ϕ 表示输入空间到特征空间的映射；i 表示第 η 类和第 δ 类图像的并集中的样本的索引。

投票策略概括如下：如果新图像 x_{new} 被预测为 η 类，会有 $\eta=\eta+1$，$\delta=\delta$，否则，有 $\eta=\eta$，$\delta=\delta+1$；若出现平票的情况，简单地选择索引较小的那个类别作为新图像样本的分类。

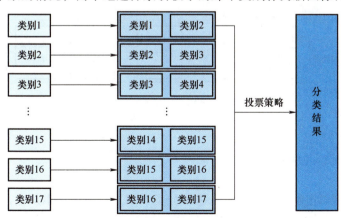

图 10.32 一对一方式构造多类分类器示意图

选取每种扰动生成图像的 80%（34000 张）作为训练集，剩余的 20%（8500 张）作为测试集。训练和分类流程如图 10.33 所示，包括以下步骤：

1）预处理训练集。首先将 34000 张彩色图像通过 MATLAB 软件转化为灰度图像，由于灰度图像灰度级过大会导致 GLCM 计算量太大，因此使用最大类间法将灰度图像转化为二值图像；其次将二值图像缩放为 512×512 大小，根据相邻条件生成 0°、45°、90° 和 135° 四个方向上的 GLCM 并将它们归一化，计算归一化后 GLCM 对比度、熵、逆方差、相关性的均值和标准差作为特征向量；最后求解缩放图像的 HOG 特征向量，将 GLCM 特征向量和 HOG 特征向量等权重融合，用融合特征向量表示训练集图像。

2）预处理测试集。首先将 8500 张彩色图像 MATLAB 软件转化为灰度图像，同时使用最大类间法将灰度图像转化为二值图像；其次将二值图像缩放为 512×512 大小，根据相邻条件生成 0°、45°、90°、135° 四个方向上的 GLCM 并将它们归一化，计算归一化后 GLCM 对比度、熵、逆方差、相关性的均值和标准差作为特征向量。最后求解缩放图像的 HOG 特征向量，将 GLCM 特征向量和 HOG 特征向量等权重融合，用融合特征向量表示测试集图像。

3）训练 SVM 多分类模型。首先调整模型的正则项系数、优化例程、梯度差的容差、优化迭代最大次数、互补条件违规容限、核尺度参数、核偏移量参数、训练数据中离群值的预期比例、拟合多分类模型的编码设计、学习器模板、分数转换和先验概率等初始参数；其次将训练集的融合特征向量输入 SVM 模型，训练并保存模型，此时 SVM 多分类模型中共有 136 个二类分类器。

4）预测图像类别。首先将测试集的融合特征向量输入已保存的 SVM 多分类模型。其次在 136 个二类分类器中采用投票方式对测试集图像进行分类，测试集中每个图像的分类结果都是得票最高的类别。

5）评估模型性能。从模型多分类的混淆矩阵中得到评价指标结果，并计算评价指标的宏平均和微平均值，根据评价指标及它们的宏平均和微平均值评估模型性能。

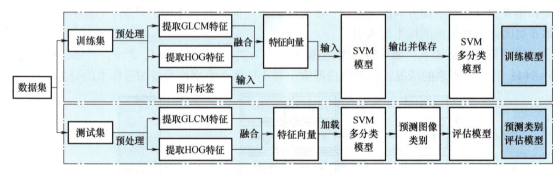

图 10.33　电能质量扰动极坐标图像分类流程

10.4　电能质量扰动分类结果分析

选用 SVM 模型对电能质量扰动信号进行分类和识别，图像样本从输入空间映射到特征空间的核函数选用线性核函数，为了更好地评估 SVM 模型的性能，将其结果与 K 最临近分类模型和决策树分类模型的结果作比较。评价指标为准确率（Accuracy，Acc）、精确率（Precision，Pre）、召回率（Recall，Rec）、F1 分数（F1 Score）及 4 个评价指标的宏平均（Macro-averaging，Mac）和微平均（Micro-averging，Mic）。

10.4.1 评价指标

SVM 性能度量致力于寻求最优模型，使模型的错检、漏检和误检率更低，分类效果更好。性能度量的评价指标分为针对二类分类器和针对多类分类器两种，每种分类器的评价指标都不是单一的，鉴于本章使用的是由多个二类分类器构成的多类分类器，SVM 模型的评价指标有 11 种。

在有监督的分类模型 SVM 中，混淆矩阵是一个总结分类结果的工具，该模型的评价指标可由混淆矩阵计算得到。本章二类分类器生成的混淆矩阵大小为 2×2，多类分类器生成的混淆矩阵大小为 17×17，其行之和等于该类别被正确预测的样本数加上该类别被预测为其他类别的样本数，其列之和等于该类别被正确预测的样本数加上其他类别被预测为该类别的样本数。

SVM 模型二分类的混淆矩阵形式见表 10.3。

表 10.3 SVM 模型二分类的混淆矩阵形式

图像样本	预测类别 i	预测类别 j
实际类别 i	True Positive（TP）	False Negative（FN）
实际类别 j	False Positive（FP）	True Negative（TN）

在类别 i 与类别 j 的图像样本之间设计一个二类分类器，其中类别 i 的图像样本视为正样本（Positive），类别 j 的图像样本视为负样本（Negative）。该模型二类分类器的混淆矩阵见表 10.3，其中 TP 为实际类别 i 中被 SVM 模型预测为类别 i 的图像样本，FP 为实际类别 j 中被 SVM 模型预测为类别 i 的图像样本，FN 为实际类别 i 被 SVM 模型预测为类别 j 的图像样本，TN 为实际类别 j 被 SVM 模型预测为类别 j 的图像样本。

SVM 模型多分类的混淆矩阵形式见表 10.4。

表 10.4 SVM 模型多分类的混淆矩阵形式

数据样本		预测类别										
		1	2	3	4	5	6	…	13	14	15	16	17
实际类别	1	a1	a2	a3	a4	a5	a6		a13	a14	a15	a16	a17
	2	b1	b2	b3	b4	b5	b6		b13	b14	b15	b16	b17
	3	c1	c2	c3	c4	c5	c6		c13	c14	c15	c16	c17
	4	d1	d2	d3	d4	d5	d6		d13	d14	d15	d16	d17
	5	e1	e2	e3	e4	e5	e6		e13	e14	e15	e16	e17
	6	f1	f2	f3	f4	f5	f6		f13	f14	f15	f16	f17
	⋮									⋮			
	13	m1	m2	m3	m4	m5	m6		m13	m14	m15	m16	m17
	14	n1	n2	n3	n4	n5	n6		n13	n14	n15	n16	n17
	15	o1	o2	o3	o4	o5	o6	…	o13	o14	o15	o16	o17
	16	p1	p2	p3	p4	p5	p6		p13	p14	p15	p16	p17
	17	q1	q2	q3	q4	q5	q6		q13	q14	q15	q16	q17

在表 10.4 中，a1~q17 表示图像样本在对应类别的预测个数，TP_i 依次等于 a1，b2，c3，d4，…，q17，当 TP_1=a1 时，FN_1=a2+…+a17，FP_1=b1+…+q1，TN_1 等于此时矩阵中剩下的所有值相加；当 TP_2=b2 时，FN_2=b3+…+b17+b1，FP_2=c2+…+q2+a2，TN_2 等于此时矩阵中剩下的所有值相加；当 TP_3=c3 时，FN_3=c4+…+c17+c1+c2，FP_3=d3+…+q3+d1+d2，TN_3 等于此时矩阵中剩下的所有值相加，TP_4=b4~TP_{17}=b17 时以此类推。

SVM 模型二分类和多分类的混淆矩阵评价指标有 Acc、Pre、Rec、F1 Score 以及 4 个评价指标的宏平均和微平均结果。Acc 是衡量被正确分类的图像样本占全部图像样本的比例，本章计算每个类别的准确率，记为平均类准确率（Per-class Accuracy，PA），其计算公式为

$$PA_i = \frac{TP_i + TN_i}{TP_i + FP_i + TN_i + FN_i} \tag{10.65}$$

式中，i=1，2，3，…，17。

取 PA_i 的算术平均值记为 Mac-PA，因为各个类别的 PA_i 是单独计算的，取各个类别 PA_i 的权重相同，此时 Mac-PA 计算公式为

$$\text{Mac-PA} = \frac{1}{17}\sum_{i=1}^{17} PA_i \tag{10.66}$$

Pre 是衡量预测为类别 i 的图片样本中正确预测图像样本比例，计算公式为

$$Pre_i = \frac{TP_i}{TP_i + FP_i} \tag{10.67}$$

取 Pre_i 的算术平均值记为 Mac-Pre，计算公式为

$$\text{Mac-Pre} = \frac{1}{17}\sum_{i=1}^{17} Pre_i \tag{10.68}$$

Mic 是图像样本在不分类别的条件下建立全局混淆矩阵，计算评价指标时各个类别的权重不同。Mic-Pre 的计算公式为

$$\text{Mic-Pre} = \frac{\sum_{i=1}^{17} TP_i}{\sum_{i=1}^{17} TP_i + \sum_{i=1}^{17} FP_i} \tag{10.69}$$

Rec 是衡量被正确预测为类别 i 的图像样本占类别 i 的实际图像样本比例，也称查全率，计算公式为

$$Rec_i = \frac{TP_i}{TP_i + FN_i} \tag{10.70}$$

Mac-Rec 和 Mic-Pre 的计算公式为

$$\text{Mac-Rec} = \frac{1}{17}\sum_{i=1}^{17} Rec_i \tag{10.71}$$

$$\text{Mic-Pre} = \frac{\sum_{i=1}^{17} TP_i}{\sum_{i=1}^{17} TP_i + \sum_{i=1}^{17} FN_i} \tag{10.72}$$

F1 Score 是 Pre 和 Rec 在相同权重下的调和平均值，F1 Score 的计算结果接近于 Pre 和

Rec 中的最小值,所以当 Pre 和 Rec 相等时,F1 Score 取到最大值,F1 Score 的计算公式为

$$\text{F1 Score}_i = \frac{2\times\text{Pre}_i\times\text{Rec}_i}{\text{Pre}_i+\text{Rec}_i} \qquad (10.73)$$

Mac-F1 和 Mic-F1 的计算公式为

$$\text{Mac-F1} = \frac{2\times\text{Mac-Pre}\times\text{Mac-Rec}}{\text{Mac-Pre}+\text{Mac-Rec}} \qquad (10.74)$$

$$\text{Mic-F1} = \frac{2\times\text{Mic-Pre}\times\text{Mic-Rec}}{\text{Mic-Pre}+\text{Mic-Rec}} \qquad (10.75)$$

10.4.2 SVM 分类结果

在 MATLAB 软件中,fitcsvm 函数用于训练二分类的支持向量机,本节将 fitcsvm 函数中涉及的参数给出确定取值。框约束(BoxConstraint)也称正则项系数,设置为 1,优化例程,即求解器采用序列最小优化算法(Sequential Minimal Optimization,SMO),梯度差的容差(Delta Gradient Tolerance)设置为 1e-3,用于模型训练的缓存大小(CacheSize)设置为 1000MB,数值优化迭代的最大次数(Iteration Limit)设置为 10^6,互补条件违规容限(KKT-Tolerance-Karush-Kuhn-Tucker)设置为 0,核尺度参数(Kernel Scale)设置为 1,核偏移量参数(Kernel Offset)设置为 0,标准化预测数据的标志 Standardize 设置为 true,训练数据中离群值的预期比例(Outlier Fraction)设置为 0,训练集各次归约之间的迭代次数(Shrinkage Period)设置为 0。

fitcecoc 函数可以拟合多类模型,在本实验中创建一个 SVM 模板用来指定存储二类学习器的支持向量,记为"t",将"t"和融合特征向量传递给 fitcecoc 函数训练模型,此时 fitcecoc 函数为 SVM 拟合多类模型的参数设置如下:编码设计(Coding)设置为 onevsone,学习器模板设置为 svm,分数转换(Score Transform)设置为 none,先验概率(Prior)设置为 empirical。

SVM 模型分类的详细结果见表 10.5 和表 10.6。

表 10.5 SVM 模型评价指标结果

信 号 类 型	PA_i(%)	Pre_i(%)	Rec_i(%)	F1 $Score_i$(%)
电压波动+奇次谐波	99.67	98.96	95.00	96.94
电压波动	99.89	98.04	100	99.01
3 次谐波	99.83	97.09	100	98.52
5 次谐波	99.83	98.02	99.00	98.51
7 次谐波	99.78	100	96.00	97.96
9 次谐波	99.89	100	98.00	98.99
理想电压信号	99.94	100	99.00	99.50
短时电压中断	99.94	100	99.00	99.50
暂态振荡+电压暂升	93.83	88.24	75.00	81.08
暂态冲击+暂态振荡	99.72	98.97	96.00	97.46
电压暂降+奇次谐波	99.56	97.92	94.00	95.92

(续)

信号类型	PA_i（%）	Pre_i（%）	Rec_i（%）	F1 $Score_i$（%）
电压暂降	99.89	99.00	99.00	99.00
电压暂升+奇次谐波	98.94	90.91	90.00	90.45
电压暂升+电压暂降	99.39	95.88	93.00	94.42
电压暂升	99.72	96.12	99.00	97.54
暂态振荡	99.00	88.68	94.00	91.26
暂态冲击	99.94	100	99.00	99.50

表 10.6 SVM 模型评价指标的 Mac 和 Mic 值

模型设置	Mac-PA（%）	Mac-Pre（%）	Mic-Pre（%）	Mac-Rec（%）	Mic-Rec（%）	Mac-F1（%）	Mic-F1（%）
SVM 模型	99.33	96.92	95.59	95.59	95.59	96.21	95.59

由表 10.5 可知，SVM 模型在线性核条件下对理想电压信号、短时电压中断和暂态冲击三种信号类型的评价指标结果较好，分析可知三种曲线的形状相对简单。暂态振荡+电压暂升的复合扰动信号评价指标结果较低，原因有 2 个：①当振荡幅值较小时，该扰动信号与电压暂升扰动信号相似；②当振荡幅值较大时，该扰动信号与电压波动信号相似。3 次谐波、5 次谐波、7 次谐波、9 次谐波评价指标 PA 的最大差值为 0.11%，评价指标 F1 Score 的最大差值为 1.03%，由此可知 SVM 模型对奇次谐波的分类和识别效果相差不大。电压暂降的识别效果优于电压暂升的识别效果，当二者分别与奇次谐波构成复合扰动时，电压暂降+奇次谐波的识别效果优于电压暂升+奇次谐波的识别效果，所以 SVM 模型分类电压暂降的能力高于分类电压暂升的能力。每个类别的 PA 都达到了 99% 及以上，Pre 达到了 88% 以上，Rec 达到了 75% 以上，F1 Score 达到了 81% 以上，其中单一信号类型的 PA、Pre、Rec 和 F1 Score 四个指标的评价结果均优于复合扰动信号的评价结果，导致这一现象的原因是理想电压信号和单一扰动信号的 NFRS 曲线形状比复合扰动信号的 NFRS 曲线形状简单。由表 10.6 可知四种评价指标的 Mac 和 Mic 都达到了 95% 以上，11 种评价指标的结果说明根据本章训练集和类别标签训练的 SVM 多分类模型具有一定的抗噪能力，对电能质量扰动分类效果良好。

10.4.3 与其他机器学习方法对比

为了更好地评估 SVM 模型的多分类效果，在计算机配置相同、数据集及特征相同、训练集和测试集比例相同的条件下，选取一些基于多分类的有监督的模型进行对比，评估多分类模型的性能，并将其结果与 SVM 多分类的结果对比。本章选取的对比模型为：

1）K 最近邻分类模型（K-Nearest Neighbor，KNN）：在需要分类的图像样本周围利用某种度量方式选择近邻的 K 个图像样本，将需要分类的图像样本归类于 K 个图像样本中数量最多的类别，同时可以采用 kdtree 方法提高搜索效率。

2）决策树分类模型（Decision Tree，DT）：决策树包括 3 类节点，其中根节点是目标类别和预测类别所在的节点，内部节点是分类过程中的属性测试，即分析特征，叶子节点是最终决策结果。该模型善于处理高维数据，计算速度快。

对比实验部分的评价指标主要是 Acc、Pre、Rec、F1 Score 及 Mac-PA、Mac-Pre、Mic-Pre、Mac-Rec、Mic-Rec、Mac-F1 和 Mic-F1。

10.4.3.1 K 最近邻分类实验结果

实验在基于 24G 显存的 TITAN RTX GPU 的计算机上完成，数据集是 CPQDT，训练集和测试集比例设置为 4∶1。KNN 模型中的实验参数设置如下：平局算法（BreakTies）设置为 smallest，叶子节点中的最大数据点（BucketSize）设置为 17，距离度量（Distance）设置为欧几里得距离（euclidean），Minkowski 距离指数（Exponent）设置为 3，最近邻搜索方法（NSMethod）设置为 kdtree，要查找的最近邻居数（NumNeighbors）设置为 3，距离权重函数（DistanceWeight）设置为 equal。KNN 模型分类的详细结果见表 10.7 和表 10.8。

表 10.7 KNN 模型评价指标结果

扰动类型	PA_i（%）	Pre_i（%）	Rec_i（%）	F1 $Score_i$（%）
电压波动+奇次谐波	98.89	87.74	93.00	90.29
电压波动	99.44	97.87	92.00	94.85
3 次谐波	99.44	93.27	97.00	95.10
5 次谐波	99.78	98.00	98.00	98.00
7 次谐波	99.50	91.74	100	95.69
9 次谐波	99.50	94.17	97.00	99.57
理想电压信号	98.44	87.50	84.00	85.71
短时电压中断	99.89	99.00	99.00	99.00
暂态振荡+电压暂升	93.56	90.91	65.00	78.79
暂态冲击+暂态振荡	99.50	95.96	95.00	95.48
电压暂降+奇次谐波	99.78	96.43	81.00	88.04
电压暂降	99.89	99.00	99.00	99.00
电压暂升+奇次谐波	99.61	98.95	94.00	96.41
电压暂升+电压暂降	98.17	97.18	69.00	80.70
电压暂升	99.94	100	99.00	99.50
暂态振荡	96.56	67.59	73.00	70.19
暂态冲击	99.33	100	88.00	93.62

表 10.8 KNN 模型评价指标的 Mac 和 Mic 结果

模型设置	Mac-PA（%）	Mac-Pre（%）	Mic-Pre（%）	Mac-Rec（%）	Mic-Rec（%）	Mac-F1（%）	Mic-F1（%）
KNN 模型	98.83	93.84	89.59	89.59	89.59	91.76	89.59

由表 10.7 可知，KNN 模型对短时电压中断和电压暂降两种信号的分类和识别效果较好，评价指标 PA、Pre、Rec、F1 Score 分别为 99.89%、99%、99%、99%。该模型对暂态振荡的分类和识别效果较差，原因有 2 个：①当振荡幅值较小时，该扰动信号与电压暂升扰动信号相似；②当振荡幅值较大时，该扰动信号与电压波动信号相似，所以 KNN 模型对该扰动的误判率相对较高。当电压暂升幅值较小而暂态振荡幅值较大时，暂态振荡曲线会将电压暂升曲线完全包围，这时复合扰动曲线与暂态振荡曲线相似度较高，所以暂态振荡+电压

暂升复合扰动的识别效果相对较差。谐波的分类和识别效果随着奇波次数的增加越来越好。KNN 分类模型电压暂升的识别效果优于电压暂降的识别效果，当二者分别与奇次谐波构成复合扰动时，电压暂升+奇次谐波的识别效果优于电压暂降+奇次谐波的识别效果，所以 KNN 模型分类电压暂升的能力高于分类电压暂降的能力。每个类别的 PA 都达到了 93% 及以上，Pre 达到了 67% 以上，Rec 达到了 65% 以上，F1 Score 达到了 70% 以上，其中单一扰动信号的 PA、Pre、Rec 和 F1 Score 四种指标的评价结果分别比复合扰动信号的 PA、Pre、Rec 和 F1 Score 四种指标的评价结果高 1.16%、低 1.06%、高 10.44%、高 5.37%。由表 10.8 可知，四种评价指标的 Mac 和 Mic 都达到了 89.5% 以上，所有评价指标的结果说明根据本章训练集和类别标签训练的 KNN 模型具有一定的抗噪能力，可以对多种电能质量扰动分类和识别。

10.4.3.2 决策树分类实验结果

决策树模型不设置最大数深度，模型中的其他实验参数设置如下，最佳分类预测器分割算法（AlgorithmForCategorical）设置为 PCA，决策拆分的最大数量（MaxNumSplits）设置为 2，修剪标准（PruneCriterion）设置为 error，拆分标准（SplitCriterion）设置为基尼多样性指数（gdi）。

DT 模型分类的详细结果见表 10.9 和表 10.10。

表 10.9 DT 模型评价指标结果

扰动类型	PA_i（%）	Pre_i（%）	Rec_i（%）	$F1\ Score_i$（%）
电压波动+奇次谐波	98.94	92.63	88.00	90.26
电压波动	99.33	92.31	96.00	94.12
3 次谐波	99.39	94.95	94.00	94.47
5 次谐波	98.83	89.11	90.00	89.55
7 次谐波	100	100	100	100
9 次谐波	98.83	91.58	87.00	89.23
理想电压信号	99.83	98.02	99.00	98.51
短时电压中断	99.67	97.00	97.00	97.00
暂态振荡+电压暂升	93.06	78.95	75.00	76.92
暂态冲击+暂态振荡	100	100	100	100
电压暂降+奇次谐波	96.83	71.72	71.00	71.36
电压暂降	98.83	91.58	87.00	89.23
电压暂升+奇次谐波	98.50	88.42	84.00	86.15
电压暂升+电压暂降	97.72	80.41	78.00	79.19
电压暂升	99.67	97.00	97.00	97.00
暂态振荡	97.83	81.44	79.00	80.20
暂态冲击	99.00	88.68	94.00	91.26

表 10.10 DT 模型评价指标的 Mac 和 Mic 结果

模型设置	Mac-PA（%）	Mac-Pre（%）	Mic-Pre（%）	Mac-Rec（%）	Mic-Rec（%）	Mac-F1（%）	Mic-F1（%）
DT 模型	98.60	90.22	89.18	89.18	89.18	89.67	89.18

由表 10.9 可知，DT 模型对 7 次谐波和暂态冲击+暂态振荡两种信号的识别和分类效果较好，PA、Pre、Rec、F1 Score 四种评价指标结果均为 100%。暂态振荡+电压暂升、电压暂降+奇次谐波、电压暂升+电压暂降三种信号的分类和识别效果较差，三者的 F1 Score 评价指标结果均不足 80%，这是因为 DT 模型对谐波和暂态振荡的分类和识别效果较差。DT 模型电压暂升的识别效果优于电压暂降的识别效果，当二者分别与奇次谐波构成复合扰动时，电压暂升+奇次谐波的识别效果优于电压暂降+奇次谐波的识别效果，所以 DT 模型分类电压暂升的能力高于分类电压暂降的能力。每个类别的 PA 都达到了 93% 及以上，Pre 达到了 71% 以上，Rec 达到了 71% 以上，F1 Score 达到了 71% 以上，其中单一扰动信号的 PA、Pre、Rec、F1 Score 四种指标的评价结果分别比复合扰动信号的 PA、Pre、Rec、F1 Score 四种指标的评价结果高 1.69%、7.52%、10.06%、8.8%，由表 10.10 可知，四种评价指标的 Mac 和 Mic 都达到了 89% 以上，所有评价指标的结果说明根据本章训练集和类别标签训练的 DT 模型具有一定的抗噪能力，可以对多种电能质量扰动分类和识别。

10.4.4.3 结果对比分析

对比三种模型评价指标 Mac-PA、Mac-Pre、Mic-Pre、Mac-Rec、Mic-Rec、Mac-F1 和 Mic-F1 的结果，如图 10.34 所示，其中 SVM 模型评价指标的结果最高，均在 95% 以上，DT 模型评价指标的结果均在 89% 以上，KNN 模型评价指标的结果均在 89.5% 以上，这表明 SVM 模型对本章给出的多种电能质量扰动分类和识别效果最优，而 DT 模型对本章给出的多种电能质量扰动分类和识别效果稍差，KNN 模型对本章提出的多种电能质量扰动分类和识别效果居于三个模型中间。由表 10.11 可知，三种模型分类单一信号时评价指标 PA 的结果相差不大，而 SVM 模型分类和识别单一信号的评价指标 F1 Score 为 98.12%，比 KNN 模型和 DT 模型分类和识别单一信号的 F1 Score 分别高 4.46% 和 5.34%。三种分类模型分类复合信号时评价指标 PA 的值最高相差 1.01%，而 SVM 模型分类和识别复合信号的评价指标 F1 Score 为 92.71%，比 KNN 模型和 DT 模型分类和识别复合信号的 F1 Score 分别高 4.42% 和 8.73%。

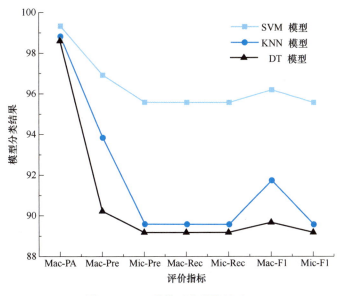

图 10.34 三种模型分类结果对比

表 10.11　三种模型分类单一扰动信号和复合扰动信号的评价指标结果

分类模型	扰动信号	PA_i（%）	Pre_i（%）	Rec_i（%）	$F1\ Score_i$（%）
SVM	单一信号	99.79	97.90	98.36	98.12
SVM	复合信号	98.52	95.15	90.50	92.71
KNN	单一信号	99.25	93.47	93.27	93.66
KNN	复合信号	98.09	94.53	82.83	88.29
DT	单一信号	99.20	92.88	92.73	92.78
DT	复合信号	97.51	85.36	82.67	83.98

习题与思考题

10-1　试说明理想正弦信号的极坐标变换过程及其 NFRS 曲线的特点。

10-2　电压暂降扰动信号的 NFRS 曲线与理想电压信号的 NFRS 曲线有什么差异？请描述关键区别。

10-3　简述采用 NFRS 曲线进行电能质量扰动分类时，运用灰度共生矩阵提取特征的过程。

10-4　简述 SVM 中核技巧（kernel trick）的原理。

10-5　试编写 SVM 程序并画出正例点 $x_1=(1,2)$，$x_2=(2,3)$，$x_3=(3,3)$，负例点 $x_4=(2,1)$，$x_5=(3,2)$ 的分离超平面、间隔边界及支持向量。

10-6　请结合电能质量扰动分类简述 SVM 多分类模型的原理。

10-7　若某复合扰动的 NFRS 曲线存在重叠干扰，可采用哪些方法进行图像数据集预处理以优化图像质量？

10-8　与神经网络方法相比，SVM 在电能质量扰动分类中的优势和不足是什么？

第 11 章 高级量测体系与窃电智能检测

进入 21 世纪以来，人们对供电可靠性和电能质量要求越来越高，而随着节能减排环保压力日益增大，风力发电、光伏发电等可再生能源渗透率不断提升，对电网的安全稳定运行产生一定的影响，使传统电力系统测量手段已经不能满足新型电力系统的需求。与此同时，通信技术、计算机技术、电力电子技术和传感技术的不断发展和日益成熟，为电网的现代化提供了技术手段。电力流、信息流和业务流高度融合的智能电网建设正在加速。国内外对智能电网尚未形成统一定义，一般来说智能电网主要由 4 部分组成：高级量测体系（Advanced Metering Infrastructure，AMI）、高级配电运行（Advanced Distribution Operation，ADO）、高级输电运行（Advanced Transmission Operation，ATO）、高级资产管理（Advanced Asset Management，AAM）。其中，高级量测体系具备实现用电信息的自动采集、计量异常监测、电能质量监测、用电分析和管理、相关信息发布、分布式能源监控、智能用电设备的信息交互等功能。本章主要介绍高级量测体系以及基于高级量测体系的窃电智能检测技术。

11.1 高级量测体系

高级量测体系是一种用于收集、测量、分析和存储用户用电数据信息的基础架构，集成了多种技术和设备，主要由智能电表、集中器、通信网络和计量数据管理系统（Measurement Data Management System，MDMS）组成，AMI 具备实现 MDMS 和智能电表之间的双向通信的能力，能高频率采集用户用电数据信息，为大数据分析奠定基础。高级量测体系的网络结构如图 11.1 所示，智能电表用于收集和记录用户数据，通过有线或无线网络与集中器进行通信，而集中器又通过通信网络将数据发送到 MDMS 进行数据分析和存储，同时 MDMS 也可向仪表或负载控制设备发送命令。

11.1.1 智能电表和集中器

智能电表是一种能够以较高频率计量、存储和传输计量数据的电量采集设备。相较于传统的电能表，智能电表能够提供实时或接近实时的电量数据，并且可以保存用电数据信息和记录电能表的异常事件，从而帮助供电企业更好地做出反应。此外，供电企业通过检测用户的电压水平和电表的状态，能切实提高供电服务水平，在发生窃电等问题时能更快地进行干预。因此，作为电网运行中的核心电量采集设备，智能电表凭借这些突出的优点，在窃电用户稽查中奠定了坚实的地位。集中器是 AMI 中的枢纽设备，用于采集并转发台区用户电能表的数据，并能进行数据存储和与计量数据管理系统进行通信。

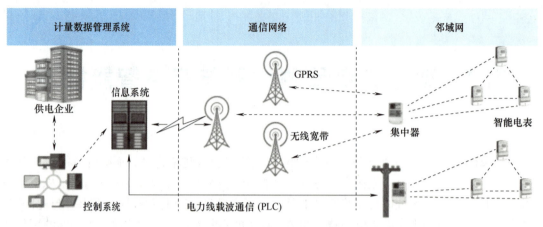

图 11.1　高级量测体系的结构

11.1.2　通信网络

高级量测体系最显著的优势在于双向通信功能，为智能电表、集中器和 MDMS 之间的联动搭建了"桥梁"。AMI 的网络结构按层级结构可以分为：广域网（Wide Area Network，WAN）、家域网（Home Area Network，HAN）、邻域网（Neighborhood Area Network，NAN）。家域网通常由智能电表和可控智能电器组成，邻域网由智能电表和集中器组成，广域网由集中器和 MDMS 组成。

家域网充当电能表和智能家居设备之间的通信媒介，是智能电网的基本组成部分，它能收集用户侧的实时用电数据信息并为用户提供动态电费信息，是实现智能电网需求侧响应服务的关键环节。

邻域网主要充当集中器和智能电表之间的通信媒介，通常使用 RS-485、电力线载波通信、无线网络等实现。在智能电网场景下，邻域网负责收集用户的用电数据信息并通过公共或私人网络传输至供电企业的控制中心，同时接收控制中心发布的实时电价信息并转发至家域网内。

广域网是智能电网的重要组成网络，充当台区计量装置和 MDMS 之间通信的媒介，其将多个变电站和台区采集点的数据返回 MDMS，是连接 MDMS 到高度分布的台区和终端用户之间的通信骨干网络。广域网提供了比邻域网更高频次的数据交换，该网络要求高带宽和较高的可靠性，通常使用光纤通信、WiMax、蜂窝网络和电力线载波通信（PLC）等技术。无线通信方式具有覆盖面积广和吞吐量大的优势，在智能电网中有广泛的应用前景。

11.1.3　计量数据管理系统

计量数据管理系统（MDMS）用于收集并存储来自前端系统的抄表数据，并与计费系统和客户信息系统一起管理这些数据。MDMS 通过分析海量的计量数据来提高电网的运行效率。例如，MDMS 可以根据用户的用电模式进行有效的电力规划，此外还可以通过在高峰时间减少能耗来帮助客户节省成本。

在窃电用户检测中，AMI 最主要的优势是智能电表可以实时或接近实时地将异常事件和用户用电数据信息报告给 MDMS，收集海量的数据以进行大数据分析，减轻过去传统的窃电手段发生的风险，如篡改或绕过电表等。

11.2 窃电检测概述

11.2.1 窃电的定义和分类

电能在输电线路传输过程中不可避免地会产生损耗，即线损。在发电和输电的各个环节都存在电能损耗，统称为电力系统电能损耗。线损的计算方式通常为供电量与售电量的差值和供电量之比。除了传输过程中造成的损耗外，线损的产生原因还可能来源于计量装置的故障、安装不规范和装置损耗等。而线损率过高的一个重要原因通常源于部分电力用户的窃电行为。

窃电通常指的是电力用户通过私拉电线、绕越标记、篡改电能表内部接线等手段，在正常使用电能的情况下减少电能表计量的行为，以此达到少交甚至不交电费的目的。窃电行为不仅严重损害了国家的经济利益，造成大量国有资产流失，还对各行各业的正常发展造成了阻碍，影响市场正常运行及经济秩序。此外，窃电还会导致严重的安全事故，如部分窃电用户在变压器上私自拉线，极易引起电力设备损坏，进而可能导致大规模的停电，扰乱了社会的正常供用电秩序，严重威胁电网的安全稳定运行。在部分情况下还可能导致火灾和生产安全事故，引发家庭或个人与供电企业之间的经济纠纷，严重影响社会稳定。《中华人民共和国电力法》第四条明确指出禁止任何单位或个人危害电力设施的安全，禁止非法侵占或使用电能。第七十一条规定盗窃电能的，由电力管理部门责令停止违法行为，追缴电费并处应交电费五倍以下的罚款；构成犯罪的，依照刑法有关规定追究刑事责任。

传统的窃电用户检测方式多由专家根据经验分析用户的负荷曲线和电流曲线是否异常，列出窃电嫌疑用户清单，再由工作人员到现场进行核查。传统的窃电检测方式主要依赖于人工排查，不仅效率低下，难以精准定位到台区下的窃电用户，而且通常在窃电行为已经发生相当长一段时间后才能发现，难以获取窃电用户的违法证据。

根据电气工程基础，电能表计量的功率可表示为

$$P = UI\cos\varphi \tag{11.1}$$

式中，U 为电压有效值；I 为电流有效值；$\cos\varphi$ 为功率因数。

由式（11.1）可知，电能计量由电压、流入电能表的电流和功率因数决定。因此尽管窃电的手段多种多样，但万变不离其宗，窃电用户只需更改电压、电流以及功率因数三者其中的至少一个变量，就能使电能表少计甚至不计，从而实现窃电。根据窃电用户的具体行为，通常将窃电方法分为五类：欠压法、欠流法、移相法、扩差法和无表法。

（1）欠压法

欠压法窃电通常指窃电用户通过各种手段篡改线路、接线盒和表计端子等，从而使电能表的电压输入回路失压或计量电压减少，进而减少电能计量。欠压法窃电的主要手段包括：①在电能表前断开零线，造成电压计量回路无法形成闭合回路；②改变电压计量回路的连接方式；③串联电阻进行降压；④造成电压计量回路接触不良；⑤对电压计量回路造成开路；⑥断开电压互感器保险或在电压互感器的二次回路接上一个开关，可随时断开二次回路连接；⑦电压线虚接；⑧反转电压互感器二次相序，致使电能表反转等。

（2）欠流法

欠流法窃电通常指窃电用户通过各种手段篡改线路、接线盒和表计端子等，使电能表的电流计量回路失流，进而减少电能计量。欠流法窃电的主要手段包括：①断开电流计量回路；②短接电能表或电流互感器的电流计量回路；③改变电流互感器的电流比；④改变电流计量回路的连接方式；⑤短接或反接电流互感器；⑥改变分线箱的连接等。

（3）移相法

移相法窃电通常指窃电用户通过各种手段改变电能表的正确接线或增加窃电装置使得计量表计的电压和电流的相位差增加，进而导致电能表无法正常计量实际的负荷。移相法窃电的主要手段包括：①通过接入电容或电感改变电压或电流的相序；②改变电流计量回路或电压计量回路的接线方式；③使用外部电源倒转电能表；④通过变压器或变流器附加电流等。

（4）扩差法

扩差法窃电通常指窃电用户通过改变表计内部构造、固有参数和工作机理，致使电能表本身的误差扩大，或利用电磁力或机械力损坏电能表，改变电能表的安装条件，并以此来完成对电能表正确计量的干扰，使电能表少计量。扩差法窃电的主要手段包括：①私自拆装电能表，包括改变其内部构造和性能；②改变电能表安装的外部环境，如施加强磁场、高频干扰、谐波注入和高压放电等；③通过大电流或机械力破坏电能表等。

（5）无表法

无表法窃电是指窃电用户没有经过正常的安装电表入户手续，私自从公用线路拉线入户的非法行为，或者用户在安装了电表的情况下，直接不经过电表，私拉临时线用电，造成电能表无法计量这部分电量。与其他窃电方法比较，绕越法更为简单直接，但也更危险。除对供电企业造成直接经济损失外，非法接线极易造成变压器过载损坏，造成火灾，破坏正常供电秩序。其次，无表法窃电容易对社会造成负面影响，导致其他类型窃电发生率上升。

11.2.2 窃电的危害

部分非法电力用户通过窃电获得了短暂的利益，但窃电行为给国家和社会带来的危害极大，一方面给国家和供电企业的经济利益造成了巨大的损失，另一方面严重危害了电力系统的安全稳定运行，对人民群众的生命安全造成威胁，扰乱了正常社会供用电秩序。

（1）损害国家和供电企业的经济利益

窃电行为严重影响了供电企业的经济效益，使国家和供电企业蒙受了巨大的经济损失。据报道，黑龙江一工厂十个月时间内，偷电运行上千台比特币"挖矿机"，窃电费高达300多万元。2019年4月，河南平顶山供电公司查获一起矿机窃电案，经测算，该窃电窝点日均窃电量近4万度，可供三口之家用40年。2019年5月，江苏镇江警方查获特大盗电"挖"比特币案件，该团伙累计窃电价值近2000万元。2023年10月，陕西周至县查处某酒店存在将电能表B、C两相短接和更换电能表的窃电行为，涉案金额46万余元。2023年11月，辽宁沈阳通过用电信息采集系统排查，查处违法、违规用电行为9起，挽回直接经济损失326万元。由此可见，近几年来窃电行为在全国仍然屡见不鲜，严重影响了供电企业的经济利益和人民的正常生活。

（2）危害电力系统的安全稳定运行

窃电用户不仅给国家和供电企业造成严重的经济损失，还对电力系统的安全稳定运行构成了威胁。由于窃电用户通常通过篡改电能表或损坏计量设施完成窃电，因此存在极大的安全隐患，轻则导致变压器发生火灾，重则导致大范围停电，危害性显著。有关报道显示，2019年1月份，位于长春市的某小区在3天时间内发生两起火灾事件，据调查结果表明，火灾起因是由于小区内两位业主窃电，导致电表箱过负荷起火。

（3）造成人身安全隐患

由于很多窃电用户的安全意识淡薄，且不具备完善的电气基础知识，在窃电过程中极有可能发生严重的触电伤亡事故。据报道，2012年广东五华县某男子私拉电线将电能引入自家的打禾机上，结果不幸触电身亡。此外还可能造成线路过负荷，给附近居民带来严重的人身安全隐患。

（4）破坏正常的供用电秩序

窃电严重扰乱了电力市场的正常供用电秩序，对供电企业制定发电计划造成了严重的影响。不仅如此，窃电还可能带来社会负面影响。如果参与生产的企业通过窃电减少生产成本，与同行进行不正当竞争，破坏市场经济秩序，会进一步造成其他企业有潜在的窃电风险，形成恶性循环，造成恶劣的社会影响。

11.2.3　窃电检测问题建模

窃电检测的核心问题就是区分正常用户与窃电用户在用电量数据分布上的差异。在AMI邻域网中，家庭用户的智能电表通过无线网络或有线网络与集中器进行数据传输，假设智能电表和集中器之间发送和接收数据没有时间延迟，如果忽略电能传输过程固有损失和测量误差，则可将集中器和智能电表之间的计量数据之差视为由于窃电而导致的计量读数减少。

设邻域网内存在窃电用户，令用户 n 在第 d 日的 t 时间段的真实用电量数据为 $x_n(d,t)$，其对应的电表计量数据为 $\tilde{x}_n(d,t)$，则正常用户的电表计量数据 $\tilde{x}_n(d,t)=x_n(d,t)$，窃电用户的计量数据 $\tilde{x}_n(d,t)=\alpha x_n(d,t)$，其中 $\alpha \in [0,1)$。因此，在含有 N 个用户的邻域网内，实际用电量和电表计量数据的差额，即窃电量可表示为

$$\Delta x(d,t) = \sum_{n=1}^{N}[x_n(d,t)-\tilde{x}_n(d,t)] \tag{11.2}$$

窃电用户的目的在于最大化窃电量 $\Delta x(d,t)$，进而最大化窃电带来的经济利益，同时降低被检测的可能性。如果 $\Delta x(d,t)$ 的数值连续一段时间（如3个月左右）大于某一给定阈值，则称该邻域网内的用户没有通过计量数据平衡检查，表示该邻域网内可能存在窃电行为，需要进一步分析该邻域网内的用户用电数据。

11.2.4　窃电检测原理及发展

窃电用户的检测是分析用户电压、电流和功率因数等用电信息中异常情况的过程。通过检查配电网中电能的传输与消耗是否处在平衡状态来判断某一区域是否存在异常用电情况，即集中器所记录的电量应与连接该集中器的电能表所记录的用电量总和一致。通过计算二者的数值差异，供电企业的工作人员即可判断某一区域是否存在窃电的嫌疑，差异越大，则嫌疑程度越高，但这样的判断只能具体到某一集中器下的区域，无法定位到用户。对多数用电用户而言，通常只会修改电压、电流或功率因数中的某一个参数，少有情况对多个变量进行

修改。此外，当用户数量过多或电网的线路和设备种类过多时，数据量增多，计算效率会非常低下，同样导致计算困难，难以及时识别和发现问题用户。

经典的窃电用户检测研究主要采用博弈论、电网状态分析方法。在窃电用户检测的硬件解决方案中，相关研究主要集中在窃电检测装置、邻域网窃电用户搜索算法和检测装置的部署策略等方面。随着高级量测体系的建设和机器学习技术的发展，越来越多的研究人员将目光聚焦于运用机器学习模型分析用户用电数据信息中的异常用电情况，具体方法和代表性工作可参考表 11.1。基于机器学习的窃电用户检测主要可以分为以下三大类：①基于监督学习的模型；②基于无监督学习的模型；③基于半监督学习的模型。其中，基于无监督学习的模型通常又可分为基于聚类的检测模型和基于数据相关性分析的检测模型。

如表 11.1 所示，三类基于机器学习算法的研究中最常使用的是基于监督学习的模型。监督学习方法即是利用带标签的数据训练分类器，通过学习用户的负荷模式并对历史数据所反映的用电行为进行预测从而达到检测窃电用户的目的。其中应用最为广泛的算法是支持向量机（Support Vector Machine，SVM）、人工神经网络（Artificial Neural Networks，ANN）、决策树（Decision Trees，DT）和随机森林（Random Forest，RF）。这些算法通过对输入的用电信息特征进行二元分类，推断出电力用户存在窃电行为的可能性。基于监督学习的方法通常包含以下步骤：①对用户历史用电数据信息进行数据预处理，包括选择和构造特征、数据不平衡处理、空缺值和异常值处理等；②把所提取的特征输入模型进行训练；③评估模型的性能；④将模型部署于生产环境。模型的输入特征包括用户电量信息、用户个人信息、电压和电流数据、地理信息和大气信息等。监督学习方法主要的不足在于现实世界中窃电用户数据样本的缺乏，即窃电数据样本的数量远小于正常用电数据样本数量。

基于无监督学习的模型并不依赖于通过带标签样本训练分类器，而是根据样本的潜在属性进行划分。在窃电用户检测中，无监督学习方法包括聚类、规则库系统和相关性分析等。聚类根据具体算法又可细分为自组织映射、基于密度划分的聚类和基于层次划分的聚类等。基于半监督学习的模型同时利用少量带标签数据和大量无标签数据训练分类器模型，首先利用少量带标签数据训练分类器模型，其次利用该模型对无标签数据打上伪标签。在窃电检测中主要通过自编码器（Auto Encoder，AE）或对抗生成网络对无标签数据生成伪标签，再通过人工神经网络对样本进行分类。尽管半监督学习在大规模不平衡数据集中有良好的应用前景，但目前这类方法在窃电用户检测领域受到的关注还较少，缺乏有效的验证。

表 11.1 各窃电用户检测研究类型的优势和局限性

窃电用户检测研究	优 势	局 限 性
基于博弈论的研究	从经济学的角度为供电企业稽查部门提供了决策和建议，关注供电企业和用户在存在窃电情况下双方行为决策的分析，为研究窃电检测问题提供了新思路	该研究需要对供电企业和用户的行为做出假设，然而许多显性因素难以量化，导致难以构建完整的效益分析模型。此外基于博弈论的研究通常停留在理论推导和仿真层面，少有工作成果在现实中得到应用
基于电网状态分析的研究	通过分析配电网中用户数据的计算值和量测值，结合网络潮流计算、系统状态等理论可以有效地定位窃电用户所在的台区	现实中难以获取完整的网络拓扑和参数信息，这些数据也常常是变化的。此外现实中电网结构和设备种类多，数据复杂，计算难度大

（续）

窃电用户检测研究	优　势	局　限　性
基于硬件的解决方案		
窃电检测装置	有效稽查台区窃电用户，为收集窃电的证据提供有利帮助	面对高科技手段窃电时，常规检测装置难以发现
邻域网窃电用户搜索算法	能够快速定位智能电网邻域网场景下的窃电用户	需要假设一种能随时切换与电能表连接的检测器，该设备仅停留在理论层面
检测装置的部署策略	通过优化窃电检测装置在网络中的部署策略，能有效降低供电企业成本	仅能缩小范围至采集馈线，无法定位到用户
基于机器学习算法的研究		
基于监督学习的模型	基于监督学习的模型具有更好的准确性和可靠性	模型需要带标签的样本，而在实际中这些样本往往难以获取
基于无监督学习的模型	不需要带标签的数据集	模型的准确性和可靠性较低，同时算法复杂度高
基于半监督学习的模型	可以同时充分利用带标签的数据和未带标签的数据进行学习	目前这类方法受到的关注较少，缺乏有效的验证

由于涉及个人隐私问题，供电企业通常不会对外公布用户的详细用电数据信息，这使得研究人员难以获取窃电用户的用电数据样本，这对窃电检测的研究造成一定程度的阻碍。因此现有大多数基于机器学习算法的研究还是通过数学模型生成窃电数据样本并在此基础上训练窃电用户检测模型。这一限制也导致了许多模型都在不同的数据集上进行训练和测试，难以严格衡量各自的优劣。尽管如此，目前还是有不少公开的智能电表数据集可供研究人员使用。

1）ISET 数据集：数据源于爱尔兰可持续能源管理局开展的一个智能电表项目，用以帮助分析不同类型用户的能源使用模式，数据集含有超过 5000 名用户的用电数据信息，其中含有 4200 余名居民用户，从 2009 年 7 月~2010 年 12 月每 30min 进行一次记录。

2）Building Characteristics 数据：包含 16 种基于 DOE 商业参考建筑模型的商业建筑类型和基于《美国房屋建筑模拟协议》的住宅建筑每小时负荷数据。

3）Smart * Project：为了优化家庭用户的能源消耗，UMass Trace Repository 提供了 400 多名家庭用户的用电量数据，每 15min 记录一次。此外还含有环境数据（如温度和湿度）和事件记录（如开关合闸事件）等，以促进对智慧家庭的研究。

4）SGCC 数据集：包含真实窃电数据样本的用电量数据集，其中有 42372 名电力用户从 2014 年 1 月 1 日~2016 年 10 月 31 日期间的日用电量数据。

5）IEEE 标准算例数据：包含 IEEE 电力系统常用的标准算例数据。

6）Sceaux DataSet：该数据集包含法国 Sceaux 地区的一所房子从 2006 年 12 月~2010 年 11 月的 2075259 个量测值。

7）Low Carbon London Project：该项目涉及伦敦地区 5000 多位家庭用户从 2011 年 11 月~2014 年 2 月期间的智能电表数据、电价数据和低碳技术对伦敦配电网影响的调查数据。

8）NREL's Solar Power Data：提供了约 6000 个模拟光伏电站每 5 分钟生成一次太阳能发电量数据和每小时日提前用电量预测数据。

11.3 基于机器学习算法的窃电检测

为方便掌握窃电智能检测方法的原理,以 ISET 数据集和 SGCC 数据集为基础,对数据做可视化分析、预处理及特征提取,选取 XGBoost 实现梯度提升算法的框架构建窃电用户检测模型,进行测试和分析。

11.3.1 数据预处理

窃电检测领域最常遇到的问题是数据不平衡,即在现实世界中窃电用户的数量要远少于正常用户的数量。这导致研究人员收集到的样本通常也是不平衡的。如果不对类别不平衡的数据进行预处理,直接使用原始数据训练模型,模型会倾向于给样本数量较多的类别更多的权重,因此会对少数类样本产生较差的预测精度,导致属于少数类的测试数据样本被误分类为多数类,即无法检测出窃电用户。这是由于许多标准的机器学习模型的前提是:假设所有类别的分布是相对平衡且误分类代价是均等的。因此在窃电用户检测中,对不平衡数据进行预处理是必不可少的步骤。此外,由于智能电表等装置或用电信息采集系统的故障、用电用户行为习惯的多样性和窃电用户现实中的稀缺性等问题,电表采集回来的数据不可避免地会存在异常值和缺失值,甚至于有可能出现大量连续的缺失值情况,根据具体的情况研究数据补齐方法,能有效降低包含缺失值数据集带来的不确定性影响,提高模型预测的准确性。

11.3.1.1 SGCC 数据集预处理

SGCC 数据集的具体信息见表 11.2,包含 42372 名用户自 2014 年 1 月 1 日~2016 年 10 月 31 日共 1035 天的用电信息,其中窃电用户 3615 名,占全部用户总数的 8.53%。随机选取 4 名窃电用户做数据可视化,其 2014 年的负荷曲线如图 11.2 所示,对比随机选取 4 名正常用户将其 2014 年的负荷曲线绘制于图 11.3。

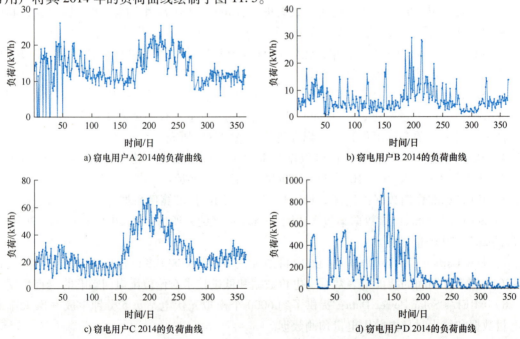

图 11.2 四位窃电用户一年时间内的负荷曲线

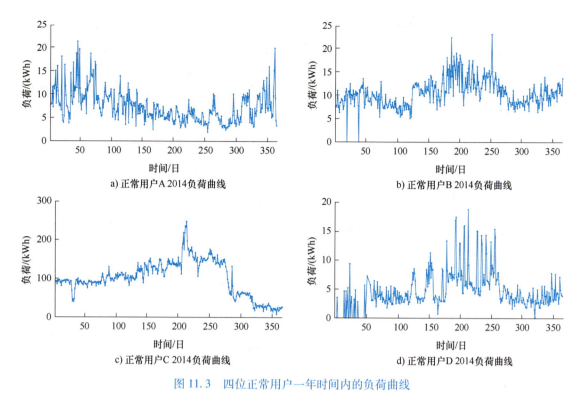

图 11.3 四位正常用户一年时间内的负荷曲线

表 11.2 SGCC 数据集的信息

数 据 信 息	具 体 数 值
数据记录的时间段	2014/01/01~2016/10/31
总用户的数量	42372
非窃电用户的数量	38757
窃电用户的数量	3615
窃电用户的占比	8.53%

如图 11.2 所示，4 名窃电用户的负荷模式各有不同。如图 11.2a 及 c 所示，用户负荷曲线约从 180 日开始上升，随后到 280 日后又恢复到正常水平。这些增加的用电量大部分可以归结于夏天的天气炎热，用户会因为开空调等因素增加用电量，还有一部分可能是用户由窃电转为不窃电状态所导致的。而图 11.2b 和 d 的情况则截然不同，图 11.2b 的用户用电负荷起伏较大，进入夏季后同样出现用电量骤增的现象。图 11.2d 则表现为 180 日前用电量较大，而 200 日往后用电量骤减后不再回归到之前的水平，因此该用户有较大的窃电嫌疑。

如图 11.3b~d 所示，三名正常用户所表现的负荷曲线较之图 11.2 的用户平稳，但同样表现为夏季用电量上升。唯一的例外是图 11.3c 的用户在 260 日前用电量稳步上升，随后出现骤降现象，并维持在较低水平。

综合上述内容，无论是窃电用户还是正常用户，用电负荷模式都呈多样化形式，用户的负荷变化除窃电因素外，还有可能因各种各样的因素导致，包括气候因素（如夏季和冬季的气温变化）、社会经济因素（如 2020 年新冠疫情导致大量企业停工）和设备因素（如用户更换了新的设备）等。这些因素都造成难以根据负荷曲线判断用户是否存在窃电行为。除此之外，数据集中一大部分缺失值可能来自装置损耗、计量或通信错误等原因。对于小部分的缺少数据，可通过线性插值、最近邻插值或填充特定值等方法处理。例如，可以根据以下公式对缺失值进行恢复

$$f(x_i)=\begin{cases}(x_{i-1}+x_{i+1})/2, & x_i \in \text{NaN}, x_{i-1}, x_{i+1} \notin \text{NaN} \\ 0, & x_i \in \text{NaN}, x_{i-1} \text{ or } x_{i+1} \in \text{NaN} \\ x_i, & x_i \notin \text{NaN}\end{cases} \quad (11.3)$$

此外，对于数据集中的异常值，采用如下公式进行恢复

$$f(x_i)=\begin{cases}\text{avg}(\boldsymbol{x})+2\text{std}(\boldsymbol{x}), & x_i > \text{avg}(\boldsymbol{x})+2\text{std}(\boldsymbol{x}) \\ x_i, & x_i \leq \text{avg}(\boldsymbol{x})+2\text{std}(\boldsymbol{x})\end{cases} \quad (11.4)$$

式中，$\text{avg}(\cdot)$ 表示取平均值；$\text{std}(\cdot)$ 表示取标准差。

在处理了缺失值和异常值后，还需要对用电量数据进行归一化处理，可选择 Max-Min 缩放方法根据以下公式对数据进行归一化

$$f(x_i) = \frac{x_i - \min(\boldsymbol{x})}{\max(\boldsymbol{x}) - \min(\boldsymbol{x})} \quad (11.5)$$

式中，$\min(\cdot)$ 表示取最小值；$\max(\cdot)$ 表示取最大值。

11.3.1.2 ISET 数据集预处理

ISET 数据集包含超过 5000 名爱尔兰家庭、工业和商业用户从 2009 年至 2010 年共计 533 天的用电量数据，其中每天记录 48 个点。令 $x_n(d,t)$ 表示用户 n 在第 d 天的 $(t-1,t)$ 时间段的实际用电量。由于该数据集中的用户均为自愿参加该测试，常假设这些不存在窃电行为。使用 6 种窃电用户攻击模式模拟生成窃电数据样本，6 类攻击模式的目的在于减少电能表计量，进而减少用户电费。

第一种攻击模式 $F_1(\cdot)$ 通过对实际用电量 $x_n(d,t)$ 乘以一个固定的变量 $\alpha, \alpha \in (0.1, 0.8)$，得到电能表计量电量 $\tilde{x}_n(d,t)$，公式如下：

$$F_1(x_n(d,t)) = \alpha \cdot x_n(d,t) = \tilde{x}_n(d,t) \quad (11.6)$$

第二种攻击模式 $F_2(\cdot)$ 通过对真实用电量 $x_n(d,t)$ 乘以一个随时间 t 变化的变量 $\alpha(t)$，$\alpha(t) \in (0.1, 0.8)$，得到电能表计量电量 $\tilde{x}_n(d,t)$，公式如下：

$$F_2(x_n(d,t)) = \alpha(t) \cdot x_n(d,t) = \tilde{x}_n(d,t) \quad (11.7)$$

第三种攻击模式 $F_3(\cdot)$ 在一天中的某些固定时段 $[t_s, t_e]$，报告真实用电量 $x_n(d,t)$，其中时间段 $[t_s, t_e]$ 不小于 8 小时，而在其他时段电表不计量，公式如下：

$$F_3(x_n(d,t)) = \tilde{x}_n(d,t) = \begin{cases} x_n(d,t) & \text{当 } t \in [t_s, t_e] \\ 0 & \text{其他} \end{cases} \quad (11.8)$$

第四种攻击模式 $F_4(\cdot)$ 通过对当日真实用电量 $x_n(d)$ 求平均值 $\text{mean}(\cdot)$ 得到电能表计量电量 $\tilde{x}_n(d,t)$，公式如下：

$$F_4(x_n(d,t)) = \text{mean}(x_n(d)) = \tilde{x}_n(d,t) \quad (11.9)$$

第五种攻击模式 $F_5(\cdot)$ 对当日真实用电量 $x_n(d)$ 求平均,再乘以一个随时间 t 变化的变量 $\alpha(t)$,$\alpha(t) \in (0.1, 0.8)$,得到电能表计量电量 $\tilde{x}_n(d,t)$,公式如下:

$$F_5(x_n(d,t)) = \alpha(t) \cdot \text{mean}(x_n(d)) = \tilde{x}_n(d,t) \tag{11.10}$$

第六种攻击模式 $F_6(\cdot)$ 通过反转当日真实用电量 $x_n(d,t)$ 得到电能表计量电量 $\tilde{x}_n(d,t)$,即在一天总用电量不变的前提下,在电费较低的时段记录更高的用电量,在电费较高的时段记录更低的用电量,公式如下:

$$F_6(x_n(d,t)) = x_n(d, 48-t) = \tilde{x}_n(d,t) \tag{11.11}$$

随机挑选某位用户,根据这6种窃电用户攻击模式模拟的用户负荷曲线如图11.4所示。从5000名用户中随机挑选1000名用户,对每位用户均以这6种攻击模式生成窃电数据样本,然而这将导致用户的数据不平衡,即窃电样本数据远大于正常样本数据。因此采用重采样的方法,对用户原本的正常样本数据复制5份,使得每位用户的窃电样本数据和正常样本数据尽可能平衡。在输入模型训练前,同样采用 Max-Min 归一化对数据进行预处理。

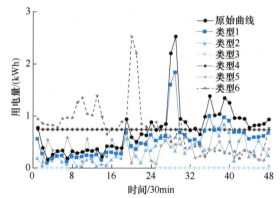

图 11.4　根据6种窃电数据生成模式生成的用户负荷曲线

11.3.2　分类树与梯度提升算法

基于梯度提升算法的窃电检测将窃电用户的检测问题视为二元分类问题,即通过对输入数据特征判断数据样本属于正类样本(Positive Samples)或负类样本(Negative Samples),进而推断用户是否窃电。窃电数据样本视为正类样本,正常数据样本视为负类样本。

给定某一用户的用电量数据集 D,表示为 $D = \{(x_1, y_1), (x_2, y_2), \cdots, (x_n, y_n), \cdots, (x_N, y_N)\}$,其中 x_n 表示用户在第 n 天($n = 1, 2, \cdots, N$)的用电量数据,$x_n = \{x_1, x_2, \cdots, x_k, \cdots, x_K\}$,其中的元素 x_k 表示在该天时间段 $[k-1, k]$ 内的用电量数据,其中 $K = 48$,即每半小时记录一次数据;N 表示数据记录的总天数,$y_n \in \{-1, 1\}$,$y_n = 1$ 表示该日存在窃电嫌疑,$y_n = -1$ 表示该日不存在窃电嫌疑。

以该数据集 D 为例说明梯度提升算法的流程。梯度提升树(Gradient Boosting Decision Tree,GBDT)使用 Boosting 的方法组合多棵决策树构建分类器。Boosting 指的是通过顺序地增加一系列弱学习器最终构建一个强学习器。GBDT 算法中,通常使用决策树作为弱学习器,而构建决策树的算法则使用分类回归树(Classification and Regression Tree,CART)

算法。

CART 算法是一种应用于决策树的学习方法，在 CART 分类树中，根据基尼指数（Gini Index）递归地划分样本集为几个子样本集，直到满足停止条件。在多分类任务中，假设有 K 个类别，基尼指数定义为

$$\text{Gini}(p) = \sum_{k=1}^{K} p_k(1-p_k) = 1 - \sum_{k=1}^{K} p_k^2 \tag{11.12}$$

式中，p_k 表示样本属于第 k 类的概率。

对给定样本集 D，Gini 指数可以表示为

$$\text{Gini}(D) = 1 - \sum_{k=1}^{K} \left(\frac{|C_k|}{|D|}\right)^2 \tag{11.13}$$

式中，C_k 表示属于第 k 类的样本数量；$|D|$ 表示样本总数量。

由于窃电检测问题为二分类问题，因此 $K=2$。对二分类问题来说，如果样本属于第一类的概率是 p，那么属于第二类的概率就是 $1-p$，则式（11.12）变为

$$\text{Gini}(p) = 2p(1-p) \tag{11.14}$$

样本集合 D 根据特征 A 是否取得某一可能值 a 被分成 D_1 和 D_2 两部分，即

$$D_1 = \{(\boldsymbol{x}, y) \in D | A(\boldsymbol{x}) = a\}, D_2 = D - D_1 \tag{11.15}$$

则在特征 A 下，集合 D 的基尼指数定义为

$$\text{Gini}(D, A=a) = \frac{|D_1|}{|D|}\text{Gini}(D_1) + \frac{|D_2|}{|D|}\text{Gini}(D_2) \tag{11.16}$$

基尼指数 $\text{Gini}(D, A=a)$ 表示集合 D 经特征 $A=a$ 分割后的不确定性，基尼指数越小，样本的不确定性越小。CART 分类树的计算过程如下：

1）从根节点开始，对 D 的每一个特征利用式（11.16）计算其基尼指数，基尼指数最小的特征将作为第一次迭代的根节点，如第一次迭代中基尼指数最小的特征为 A，则样本 D 根据特征 A 是否取得某一可能值 a 被分成 D_1 和 D_2 两部分。其中，D 中的特征为时间段 $[k-1, k]$ 内的用电量数据 x_k。

2）第一次分割后，对左右两个子集 D_1 和 D_2 分别计算剩余特征的基尼指数，同样根据基尼指数最小的特征得到最优分割特征，并根据其基尼指数作为特征得最优切分值，再根据最优分割特征和最优切分值对左右两个子节点的子集进行分割。

3）递归调用上述过程直到达到终止条件。常用的终止条件为对每个叶子节点设置一个最小的样本数量阈值，若样本数量小于该阈值，则该节点为最终的叶子节点。此外，可设置样本集的基尼指数阈值，小于该阈值时节点不再分裂，或无法再划分更多的特征为止。

4）分裂的终止条件对 CART 分类树的性能有重要影响，通常还对模型剪枝（Pruning）减小复杂度，最常用的剪枝策略是遍历树中的每个叶子节点，使用测试集评估删除叶子节点时的性能，只有删除叶子节点导致在测试集上的代价函数下降时，才删除该叶子节点，当移除叶子节点无法进一步提升性能时，停止剪枝。

5）生成 CART 分类树。

在 GBDT 算法的思想中，决策树是学习能力较弱的分类器，但是通过连续地添加新树，每一棵新构造的树都在前一棵决策树的基础上最小化拟合误差，就可以得到更为高效和准确的模型，最后将这些弱学习器组成强学习器。同样以样本集 D 为例，令算法的学习目标为

最小化损失函数 $L(\cdot,\cdot)$，总迭代次数为 T，$t=1,2,\cdots,T$，则 GBDT 算法的基本流程如下所述：

1）通过一个常数值初始化模型

$$f_0(\boldsymbol{x}) = \arg\min_{\mu} \sum_{i=1}^{N} L(y_i,\mu) = \frac{1}{2}\log\frac{1+\bar{y}}{1-\bar{y}} \tag{11.17}$$

式中，$\bar{y} = \frac{1}{N}\sum_{i=1}^{N} y_i$ 表示样本标签 y_i 的平均值。

2）设当前为第 t 次迭代，对每个训练样本 $(\boldsymbol{x}_i,y_i)$ 计算伪残差，即样本标签 y_i 和第 $t-1$ 迭代的预测值的差值

$$r_{i,t} = -\left[\frac{\partial L(y_i,f_{t-1}(\boldsymbol{x}_i))}{\partial f_{t-1}(\boldsymbol{x}_i)}\right], i=1,2,\cdots,N \tag{11.18}$$

如果选择 Squared Residuals 作为损失函数，则有

$$L(y,f(\boldsymbol{x})) = -(y\log(f(\boldsymbol{x})) + (1-y)\log(1-f(\boldsymbol{x}))) \tag{11.19}$$

因此，式（11.18）可以表示为

$$r_{i,t} = -\left[-\left(\frac{y_i}{f_{t-1}(\boldsymbol{x}_i)} - \frac{1-y_i}{1-f_{t-1}(\boldsymbol{x}_i)}\right)\right] = \frac{y_i - f_{t-1}(\boldsymbol{x}_i)}{f_{t-1}(\boldsymbol{x}_i)[1-f_{t-1}(\boldsymbol{x}_i)]}, i=1,2,\cdots,N \tag{11.20}$$

3）利用残差 $r_{i,t}$ 作为目标变量，训练第 t 次迭代的新决策树 $h_t(\boldsymbol{x})$，即使用新训练集 $\{(\boldsymbol{x}_i,r_{i,t})\}_i^N$ 拟合当前残差，表示为

$$h_t(\boldsymbol{x}) = \arg\min_{h} \sum_{i=1}^{N} (r_{i,t} - h(\boldsymbol{x}_i))^2 \tag{11.21}$$

4）通过求解如下一维优化问题得到学习率 η_t 为

$$\eta_t = \arg\min_{\eta} \sum_{i=1}^{n} L(y_i,f_{t-1}(\boldsymbol{x}_i) + \eta h_t(\boldsymbol{x}_i)) \tag{11.22}$$

5）更新当前决策树模型

$$f_t(\boldsymbol{x}) := f_{t-1}(\boldsymbol{x}) + \eta_t h_t(\boldsymbol{x}) \tag{11.23}$$

6）重复步骤 2）~5）直到达到最大迭代次数 T 后，最终输出为

$$F_T(\boldsymbol{x}) = f_0(\boldsymbol{x}) + \sum_{t=1}^{T} \eta_t h_t(\boldsymbol{x}) \tag{11.24}$$

11.3.3 基于 XGBoost 的窃电检测模型

GBDT 算法通过不断拟合上一个学习器的残差来提高预测的精度，但在数据样本较大且复杂的时候，计算量较大，程序的效率低下。XGBoost 通过系统优化和算法增强大幅度提升计算的效率，如并行构建决策树，添加正则化，稀疏性感知等。以样本集 D 为例，通过 T 个构建的模型（迭代次数）可以表示为

$$\hat{y}_i = \sum_{t=1}^{T} f_t(\boldsymbol{x}_i), f_t \in F \tag{11.25}$$

式中，F 是包含所有分类树的函数空间。

XGBoost 的目标函数表示如下：

$$\begin{cases} \text{Obj} = \sum_{i=1}^{N} L(\hat{y}_i, y_i) + \sum_{t=1}^{T} \Omega(f_t) \\ \Omega(f_t) = \gamma K_t + \frac{1}{2}\lambda \parallel \omega_t \parallel^2 \end{cases} \quad (11.26)$$

式中，$\Omega(f)$ 为正则化，衡量模型的复杂度，XGBoost 在 GBDT 的基础上添加了 $L1$ 和 $L2$ 正则化，用以防止过拟合；K_t 表示第 t 棵树的叶子节点数；ω_t 表示第 t 棵树的叶子节点分数；γ 和 λ 均为超参数。

XGBoost 学习模型过程中采用的思想是加法效应（Additive manner），即迭代生成 T 个弱学习器，然后将弱模型的结果相加，其中后面的模型是基于前面的模型的效果生成的。令 $\hat{y}_i^{(t)}$ 表示第 t 次迭代中第 i 个样本的预测值，则第 t 次迭代要优化的目标函数可表示为

$$\text{Obj}^{(t)} = \sum_{i=1}^{N} L(y_i, \hat{y}_i^{(t-1)} + f_t(\boldsymbol{x}_i)) + \Omega(f_t) \quad (11.27)$$

对损失函数 $L(y_i, \hat{y}_i^{(t-1)} + f_t(\boldsymbol{x}_i))$ 作泰勒展开，则式（11.27）变为

$$\text{Obj}^{(t)} \triangleq \sum_{i=1}^{N} \left[L(y_i, \hat{y}_i^{(t-1)}) + g_i f_t(\boldsymbol{x}_i) + \frac{1}{2} h_i f_t^2(\boldsymbol{x}_i) \right] + \Omega(f_t) \quad (11.28)$$

式中，g_i 和 h_i 分别是损失函数的一阶和二阶梯度，如下所示：

$$g_i = \frac{\partial L(y_i, \hat{y}^{(t-1)})}{\partial \hat{y}^{(t-1)}} \quad (11.29)$$

$$h_i = \frac{\partial^2 L(y_i, \hat{y}^{(t-1)})}{\partial \hat{y}^{(t-1)}} \quad (11.30)$$

由于 $L(y_i, \hat{y}^{(t-1)})$ 在函数中为常数项，在移除常数项和展开正则化项 $\Omega(f)$ 后，优化的目标式（11.28）变为

$$\begin{aligned} \text{Obj}^{(t)} &\triangleq \sum_{i=1}^{N} \left[g_i f_t(\boldsymbol{x}_i) + \frac{1}{2} h_i f_t^2(\boldsymbol{x}_i) \right] + \Omega(f_t) \\ &= \sum_{i=1}^{N} \left[g_i f_t(\boldsymbol{x}_i) + \frac{1}{2} h_i f_t^2(\boldsymbol{x}_i) \right] + \gamma K + \frac{1}{2}\lambda \parallel w^2 \parallel \end{aligned} \quad (11.31)$$

现在的目标变成对一元二次函数进行优化。设树 f_t 有 K 个叶子节点，$I_j = \{i \mid q(\boldsymbol{x}_i) = j\}$ 表示属于叶子节点 j 的样本，w_j 表示表示叶子节点 j 的预测值。则 $\Omega(f)$ 和式（11.31）可表示为

$$\Omega(f_t) = \gamma K + \frac{1}{2}\lambda \sum_{j=1}^{K} w_j^2 \quad (11.32)$$

$$\text{Obj}^{(t)} = \sum_{j=1}^{K} \left[\Big(\sum_{i \in I_j} g_i\Big) w_j + \frac{1}{2} \Big(\sum_{i \in I_j} h_i + \lambda\Big) w_j^2 \right] + \gamma K \quad (11.33)$$

式（11.33）对 w_j 求导数，得到

$$\frac{\text{d}(\text{Obj}^{(t)})}{\text{d} w_j} = \sum_{i \in I_j} g_i + \Big(\sum_{i \in I_j} h_i + \lambda\Big) w_j = 0 \quad (11.34)$$

则可求得

$$w_j^* = \frac{-\sum_{i \in I_j} g_i}{\sum_{i \in I_j} h_i + \lambda} \quad (11.35)$$

将式(11.35)代入式(11.33)则可得到拥有 K 个叶子节点的树 f_t 最优的损失,即

$$\text{Obj}^{(t)} = -\frac{1}{2}\sum_{j=1}^{K}\left[\frac{\left(\sum_{i\in I_j}g_i\right)^2}{\sum_{i\in I_j}h_i+\lambda}\right]+\gamma K \tag{11.36}$$

11.4 窃电检测测试结果及分析

11.4.1 评价指标与对比模型

如何全面评估窃电用户检测模型的性能是一个关键问题。一方面模型应该检测到尽可能多的窃电用户,另一方面模型应尽量少地将正常用户划分为窃电用户。在针对 ISET 数据集的测试中,采用精确率(Precision)、假正率(FPR)、召回率(Recall)和 AUC 作为模型的评价指标。在针对 SGCC 数据集的测试中,采用 AUC,MAP@100 和 MAP@200 作为评价指标。

在基于机器学习算法的窃电检测研究中,通常首先需要计算混淆矩阵,在此基础上再进一步计算其他评价指标。表 11.3 中列出了应用于窃电用户检测的混淆矩阵。由于将窃电检测问题视为二分类问题,其中窃电数据样本视为正样本(Positive),正常用户视为负样本(Negative)。如表 11.3 所示,真阳性(True Positive,TP)定义为被模型预测为正的正样本,假阳性(False Positive,FP)定义为被预测为正的负样本,假阴性(False Negative,FN)定义为被预测为负的正样本,真阴性(True Negative,TN)定义为被预测为负的负样本。

表 11.3 应用于窃电用户检测的混淆矩阵形式

样 本 总 数	检测为窃电用户	检测为正常用户
实际为窃电用户	True Positive(TP)	False Negative(FN)
实际为正常用户	False Positive(FP)	True Negative(TN)

基于混淆矩阵,可以进一步计算其他评价指标来评估模型的性能。在这些指标中,准确性(Accuracy,ACC)是最常用的指标之一,其定义为被正确识别的样本占全部样本的比率,其公式如下:

$$\text{Accuracy} = \frac{TP+TN}{TP+FP+TN+FN} \tag{11.37}$$

由式(11.37)可知,准确率的数值越高越好。但是,对于窃电用户的分类任务而言,单靠准确率对模型进行评价并不是一个好的选择。一般还会采用真正率(True Positive Rate,TPR)和假正率(False Positive Rate,FPR)评价指标衡量模型的性能。

真正率(TPR)也称为召回率(Recall)或敏感度(Sensitivity),该指标用于衡量正样本被正确识别的比例有多少,即被正确识别的窃电数据样本占全部窃电样本的比例,计算公式如下:

$$\text{TPR} = \frac{TP}{TP+FN} \tag{11.38}$$

假正率（FPR）描述的是所有实际为负例的样本中，被错误预测为正例的比例，该指标数值越低越好，公式如下

$$\text{FPR} = \frac{FP}{TN+FP} \tag{11.39}$$

还可采用精确率和综合评价指标 F1-Score 对模型进行评价。精确率表示识别为正类的样本中实际上是正类的比例，即正确识别的窃电数据样本占所有预测为窃电样本的比例，公式如下

$$\text{Precision} = \frac{TP}{TP+FP} \tag{11.40}$$

F1 Score 是召回率和精确率的调和平均，其公式如下

$$\text{F1 Score} = \frac{(2 \times \text{Precision} \times \text{Recall})}{\text{Precision} + \text{Recall}} \tag{11.41}$$

在窃电用户检测中，研究人员通常希望模型尽可能少地将正样本预测为负样本。因此，窃电用户检测模型在分析用户是否存在异常时，应同时具有较高的真正率和较低的漏检率。综合以上两个评价指标，窃电用户检测中还广泛使用受试者工作特性曲线和该曲线围绕坐标轴的面积的数值来评价模型。

受试者工作特性（Receiver Operating Characteristic Curve，ROC）曲线用于描述 TPR 和 FPR 两个指标的相对增长关系。ROC 曲线将 FPR 绘制在 X 轴而将 TPR 绘制在 Y 轴，提供了根据不同概率阈值生成的所有混淆矩阵的综合评估，衡量模型在不同分类阈值下的性能，降低模型的分类阈值会导致同时提高 TPR 和 FPR，因此一个最优的分类阈值应使得曲线尽可能地靠近左上角的边界。ROC 曲线下的面积（Area Under Curve，AUC），该指标衡量模型的预测能力，与分类阈值的选择无关。

在评价模型检测 SGCC 数据集的性能时，还可使用平均精度均值（Mean Average Precision，MAP）。MAP@N 定义为模型输出在前 N 个嫌疑度最高的用户中，正确识别为窃电用户的平均精度均值，即

$$\text{MAP@}N = \Big[\sum_{i=1}^{r} P@k_i\Big]/r \tag{11.42}$$

式中，r 表示在前 N 个嫌疑度最高的用户中窃电用户的数量；$P@k_i$ 定义为 $P@k_i = Y_{k_i}/k_i$，其中 Y_{k_i} 表示在前 k 个嫌疑度最高的用户中正确识别的窃电用户的数量，$k_i(i=1,2,\cdots,r)$ 表示 k 的位置，使用 MAP@100 和 MAP@200 作评价指标。

以上为评价模型性能时所使用的指标。除此以外，现有研究中根据研究问题的不同角度，所使用的评价指标也各有不同。例如，基于博弈论的窃电用户检测研究旨在找到供电企业为检测窃电用户而付出的成本以及抓获窃电用户后所获得收益之间的平衡点，从而最大程度地提高公司的收益。因此，基于博弈论的窃电检测研究希望在最大化 TPR 和最小化 FPR 之间找到平衡。又如在基于硬件的解决方案中，邻域网窃电用户搜索算法的评价指标是优化检查步骤的数量，窃电检测设备的部署策略则旨在优化部署在配电网中检测设备的数量，从而减少成本。表 11.4 列出了现有窃电检测研究所使用的主要评价指标。

表 11.4 窃电用户检测研究常用评价指标

评价指标	定义或描述
TPR/Recall	$TP/(TP+FN)$
FPR	$FP/(FP+TN)$
Accuracy	$(TP+TN)/(TP+TN+FP+FN)$
ROC 曲线	ROC 曲线是描述二元分类器在辨识 TPR 和 FPR 之间阈值变化时的性能的图形
AUC	ROC 曲线下的面积大小
Precision	$TP/(TP+FP)$
F1 score	$(2 \times Precision \times Recall)/(Precision+Recall)$
MAP	平均精度均值
经济收益	抓获窃电用户所获得的收益与反窃电所付出成本的差值
所需检查步骤的数量	搜索算法为查出在一个台区中所有窃电用户所需的最低检查步骤
所需部署在配电网中检测设备的数量	
测量偏差	参数的计算数值与测量数值的差
模型训练时间	模型对样本进行训练所需的计算时间

实际上，多种基于机器学习算法或深度学习模型的窃电检测方法都表现了出色的检测效果，因仅考虑在 ISET 数据集和 SGCC 数据集下的窃电用户检测，所以仅选取部分有代表性的检测模型和基于 XGBoost 的窃电检测模型进行对比分析

1）基于支持向量机（SVM）的模型：SVM 通过构造超平面来划分不同类别的样本。模型的参数设置情况如下：核函数选择径向基函数（RBF），惩罚系数 $C=50$，径向基函数的参数 $\gamma=0.01$。

2）基于极限学习机（Extreme Learning Machine，ELM）的窃电用户检测模型：基于 ELM 和在线顺序极限学习机（OS-ELM）的反窃电模型。

3）基于 BP 神经网络（BPNN）的窃电检测模型：基于标准 BP 神经网络构建的反窃电模型。

4）基于随机森林（Random Forest，RF）的窃电用户检测模型：基于粒子群优化随机森林的窃电用户检测方法，通过改进 SMOTE 算法处理数据不平衡问题。

5）基于卷积神经网络（Convolutional Neural Network，CNN）的窃电检测模型：基于广泛深入框架的反窃电模型，改进了神经元的核函数。

6）基于 AdaBoost 窃电检测模型：基于 AdaBoost 集成学习的窃电检测方法，以决策树作为弱学习器。

除上述代表性工作外，还选取了一些经典机器学习算法作为比较的基准模型，包括逻辑回归（Logic Regression，LR），决策树（Decision Tree，DT）和朴素贝叶斯（Naive Bayes，NB）等分类算法。如无特殊说明，以上模型参数均采用 Scikit-learn 库中的默认参数。下文分别根据数据预处理后的 ISET 数据集和 SGCC 数据集进行窃电用户检测。

11.4.2 针对 ISET 数据集的检测测试

11.4.2.1 对不同攻击类型的检测结果

针对 ISET 数据集，首先使用 6 种攻击类型生成窃电数据样本，其次使用正常数据样本和窃电数据样本训练和测试模型，最后将 6 种攻击类型生成的窃电数据样本和正常用电量数据样本混合在一起测试模型性能。分别使用 50%—50%，60%—40%，70%—30% 和 80%—20% 四个拆分比例将数据集拆分为训练集和测试集。同时，针对每位用户的 533 天的用电量数据，随机选择其中 50% 的数据生成窃电数据，并对数量较少的样本进行重采样防止数据不平衡问题。对于随机选择的 1000 名用户，重复上述步骤。表 11.5 列出了 XGBoost 在四种训练—测试比例下检测 6 种攻击类型和混合类型的精确率（Precision）、召回率（Recall）、FPR 和 AUC。

表 11.5 窃电检测方法对不同攻击类型的检测结果

攻击类型	训练—测试比例：50%—50%				训练—测试比例：60%—40%			
	Precision (%)	FPR (%)	Recall (%)	AUC	Precision (%)	FPR (%)	Recall (%)	AUC
类型 1	92.63	6.174	91.83	0.9844	94.09	4.78	93.54	0.9893
类型 2	90.45	10.58	87.77	0.9619	**91.48**	10.05	88.62	0.9654
类型 3	96.69	3.69	94.8	0.9941	97.24	2.77	95.98	0.9957
类型 4	92.15	5.03	93.17	0.9842	91.69	4.8	92.78	0.9863
类型 5	92.57	1.99	96.26	0.9928	93.11	**1.51**	96.98	0.9938
类型 6	**93.82**	5.80	93.5	0.9874	93.21	5.97	92.88	**0.9987**
混合类型	96.61	**3.49**	93.74	0.9952	97.62	4.12	**95.18**	0.9944

攻击类型	训练—测试比例：70%—30%				训练—测试比例：80%—20%			
	Precision (%)	FPR (%)	Recall (%)	AUC	Precision (%)	FPR (%)	Recall (%)	AUC
类型 1	93.84	4.84	93.26	0.989	**94.56**	**4.55**	93.82	**0.9908**
类型 2	91.3	9.73	88.23	**0.9684**	91.27	**9.70**	**88.65**	0.9608
类型 3	**97.64**	**2.27**	96.8	0.9973	97.52	2.31	96.33	**0.9975**
类型 4	93.05	3.96	94.3	0.9883	**93.13**	3.97	93.9	0.9899
类型 5	**93.39**	1.66	96.37	0.9951	92.67	1.75	95.59	**0.9952**
类型 6	93.1	5.62	92.83	0.9885	93.11	**5.31**	93.31	0.9891
混合类型	**97.65**	3.96	94.99	0.9952	96.47	3.57	93.78	**0.9962**

如表 11.5 所示的结果可以发现，XGBoost 窃电检测模型在检测除攻击类型 2 以外的所有攻击类型方面均具有出色的性能。以 80%—20%的拆分比例为例，方法检测在攻击类型 1 时，精确率和召回率分别可达 94.56%和 93.82%，同时 FPR 可低至 4.55%。在检测其他攻击类型时可得到类似的结果，以攻击类型 4 为例，精确率和 FPR 分别为 93.13%和 3.97%，同时又具备 0.9899 的 AUC 值。相比之下，XGBoost 窃电检测模型在检测攻击类型 2 时并未达到很好的效果。其中精确率和召回率分别为 91.27%和 88.65%，FPR 为 9.70%，AUC 值为 0.9608。这背后的原因可能在于乘以真实用电量的因子随着时间随机变化，呈现不规律性，这使得 XGBoost 窃电检测模型难以进行数据模式识别。但综合测试结果来看，XGBoost 窃电检测模型在不同攻击类型下均具有良好的性能。

第二个测试比较了所有模型在分别检测 6 种攻击类型时的结果。图 11.5 所示为所有模型在检测 6 种攻击类型时各个方法的精确率、FPR、召回率和 AUC 值。针对单一攻击类型的检测结果表明，在检测特定的攻击类型时，不同的模型具有各自的优势。在检测攻击类型 1、类型 2 和类型 3 时，XGBoost 窃电检测模型和 RF 具有较高的精确率和较低的 FPR，其次是其他传统机器学习模型，如 SVM、LR 和 DR。结果表明，基于传统神经网络的模型在检测这三种攻击类型时性能较差，其中 BPNN 最差。神经网络的性能受不同数量的隐藏层和神经元影响。因此在实际中，神经网络超参数的调优和结构的选择是一项关键的工作，现有的神经网络类型多种多样，包括新兴的深度神经网络如卷积神经网络、循环神经网络、对抗神经网络和 Transformer 神经网络等的构造和应用都有待研究。然而，在检测攻击类型 4、类型 5 和类型 6 时，三种传统神经网络模型 BPNN，ELM 和 DELM 则表现出良好性能，具有较高的精确率和召回率。图 11.5 显示，在所有方法中，NB 在检测攻击类型 3 时效果最差。在检测攻击类型 4 时，窃电检测方法和 RF 的 AUC 值均高于其他传统机器学习模型。此外 XGBoost 窃电检测模型在检测攻击类型 5 和攻击类型 6 时也同样表现出优秀的性能。

11.4.2.2　比对基于传统机器学习的窃电检测模型测试结果

在第二个测试中将 XGBoost 窃电检测模型与其他基于机器学习算法的模型进行比较，根据精确率、FPR、召回率和 AUC 值四个评价指标全面衡量各种模型的性能。在该测试中，不同模型要检测所有攻击类型所生成的窃电数据混合在一个数据集情况下的性能，即检测混合类型中窃电数据样本的能力，并按照 80%—20%的拆分比例将数据集拆分为训练集和测试集对模型进行训练和测试。测试结果见表 11.6，同时图 11.6 展示了不同模型在检测 ISET 数据集窃电数据样本的 ROC 曲线。测试结果显示，XGBoost 窃电检测模型具有出色的检测性能，最大精确率和召回率分别为 97.53%和 93.78%，FPR 为 3.17%。相比之下，应用最为广泛的 SVM 仅有 93.6%的精确率和 90.6%的召回率，同时 FPR 也比 XGBoost 窃电检测模型高将近 5%。在该数据集中，基于传统神经网络模型的检测效果并不理想。测试显示，BPNN 的精确率和召回率仅为 82.01%和 83.14%，同时 FPR 也高达 15.76%。在所有模型中，DELM 的检测效果最不理想，精确率和召回率分别为 78.4%和 78.06%，FPR 和 AUC 值分别为 20.08%和 0.8443。类似的，NB 在 ISET 数据集的表现上也不理想，精确率和召回率分别为 79.7%和 78.15%，FPR 和 AUC 值分别为 20.09%和 0.8677。在该测试中发现，检测结果与 XGBoost 窃电检测模型最为接近的是 DT 和 RF。两种方法除了 FPR 稍高外（分别为 6.17%和 6.15%），其他三个性能指标均非常接近 XGBoost 窃电检测模型。可能的原因在于三种方法都是基于相同的模型表示，但使用不同的具体算法。

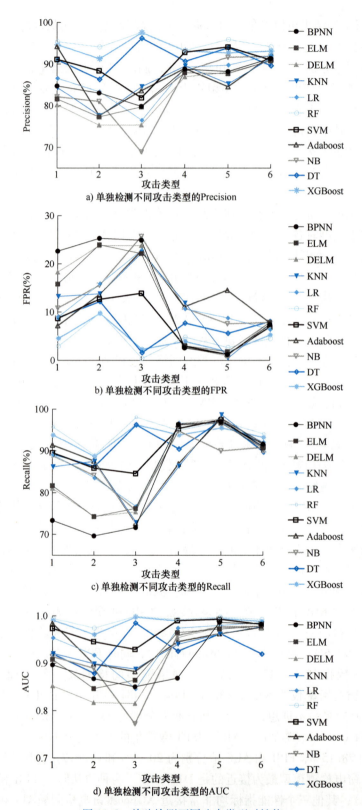

图 11.5 单独检测不同攻击类型时性能

表 11.6 不同方法在检测 ISET 数据集的性能指数

方法	Precision（%）	FPR（%）	Recall（%）	AUC
XGBoost 窃电检测模型	**97.53**	**3.17**	**93.78**	**0.9962**
SVM	93.6	8.13	90.6	0.9769
BPNN	82.01	15.76	83.14	0.9112
ELM	81.49	18.82	79.9	0.8849
DELM	78.4	20.08	78.06	0.8443
KNN	87.98	15.65	80.98	0.9321
RF	96.53	6.15	93.11	0.9908
DT	97.09	6.17	92.42	0.9617
LR	82.22	15.32	83.95	0.9107
NB	79.7	20.09	78.15	0.8677
Adaboost	89.38	15.81	82.39	0.9308

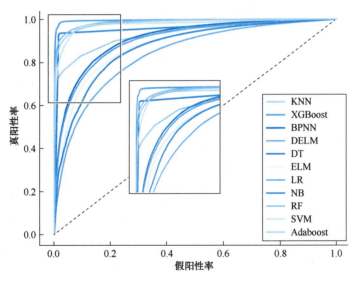

图 11.6 不同方法在 ISET 数据集检测中的 ROC 曲线

11.4.2.3 数据不平衡情况下的性能

为了进一步分析 XGBoost 窃电检测模型在数据不平衡情况下的性能，对比分析了窃电数据样本占总数据集比例为 10% 时，各模型的表现。特别是，重点考察了支持向量机（SVM）模型在此比例下的检测效果，测试结果见表 11.7。此外，还评估了 XGBoost 窃电检测模型在数据极端不平衡情况下（窃电数据样本占 1%）的性能，测试结果见表 11.8。

表 11.7　XGBoost 窃电检测模型与 SVM 在 10%窃电数据样本情况下的性能

攻击类型	模型	Precision（%）	FPR（%）	Recall（%）	AUC
类型 1	XGBoost 窃电检测模型	90.84	7.72	74.86	0.9799
	SVM	85.73	2.90	73.657	0.9434
类型 2	XGBoost 窃电检测模型	89.13	9.51	70.6	0.9471
	SVM	79.47	3.39	72.07	0.9210
类型 3	XGBoost 窃电检测模型	95.32	2.6	83.34	0.9883
	SVM	75.66	5.24	50.453	0.8838
类型 4	XGBoost 窃电检测模型	85.79	12.65	67.7	0.9801
	SVM	82.87	2.38	77.417	0.9649
类型 5	XGBoost 窃电检测模型	87.81	10.73	89.34	0.9861
	SVM	92.13	0.88	90.857	0.9875
类型 6	XGBoost 窃电检测模型	90.52	6.71	77.2	0.9786
	SVM	86.90	3.01	69.948	0.9645
混合类型	XGBoost 窃电检测模型	98.93	1.61	84.18	0.9911
	SVM	96.76	2.71	74.051	0.9493

表 11.8　XGBoost 窃电检测模型在窃电数据样本为 1%情况下的性能

攻击类型	Precision（%）	FPR（%）	Recall（%）	AUC
类型 1	19.80	20.08	16.06	0.6122
类型 2	24.95	21.05	19.55	0.6426
类型 3	27.00	22.88	20.63	0.6511
类型 4	7.74	22.73	6.40	0.5467
类型 5	39.70	17.33	36.76	0.7532
类型 6	22.30	21.43	19.00	0.6398
混合类型	90.20	0.81	39.29	0.6992

如表 11.7 的结果所示，XGBoost 窃电检测模型在数据不平衡的情况下仍具有良好的检测精度，在检测攻击类型 3 时精确率和 FPR 分别为 95.32%和 2.6%。相比之下，SVM 在检测攻击类型 3 时的精确率和 FPR 分别为 75.66%和 5.24%。然而 SVM 在检测攻击类型 4 时，在 FPR 和召回率方面表现出比窃电检测模型更好的性能。在检测这一攻击类型时，XGBoost 窃电检测模型的精确率和 FPR 分别为 85.79%和 12.65%，SVM 分别为 82.78%和 2.34%。在检测攻击类型 5 时可以看到类似的情况，SVM 的四个评估指标均优于窃电检测方法。另一方面，在检测攻击类型 1 和攻击类型 4 时，XGBoost 窃电检测模型在精确率、召回率和 AUC 值上均高于 SVM，但 FPR 方面的表现则低于 SVM。综合来看，在数据不平衡的情况下，XGBoost 窃电检测模型会更倾向于把窃电数据样本分类为正常数据样本，即模型偏向于漏检样本。在检测混合类型时，XGBoost 窃电检测模型仍然要优于 SVM。一般情况下，在窃电数据样本数量少于正常数据样本时，由于 XGBoost 可以根据误差的权重自动调整梯度，使

梯度与模型训练过程中窃电数据样本的重要性成正比,因而 XGBoost 窃电检测模型在数据不平衡情况下仍表现出良好的性能。

此外,XGBoost 窃电模型在窃电数据样本的比例为 1%时的性能测试结果见表 11.8。在数据集样本极端不平衡的情况下,所训练出模型的性能并不理想,几乎无法检测出任何窃电数据样本。然而在现实世界中,用电用户数量庞大,窃电用户的数量非常少,这造成窃电数据样本的比例在所有数据样本中所占的比例极小,甚至可能低于 1%。在这种情况下,直接使用这些极不平衡的数据集训练模型是不明智的,通常会训练出性能糟糕的模型。因此,在训练模型之前,需要根据实际情况,采用一些技术对数据集进行预处理,例如在数据不平衡时,可使用重采样等手段处理数据,使不同类别出现的频率尽可能相同。

11.4.2.4 不同攻击类型参数对模型的影响

在现实世界中,由于窃电手法的多样性,窃电用户窃取的用电量占实际用电量的比例并非固定的。反应在模型中则是攻击类型 1、攻击类型 2 和攻击类型 4 中不同取值范围 α 和 $\alpha(t)$。因此,为了评估不同 α 和 $\alpha(t)$ 取值范围带来的影响,窃电检测方法选择五组的参数进行评价,即 α 和 $\alpha(t) \in (0.3, 0.8)$, $(0.4, 0.8)$、$(0.5, 0.8)$、$(0.6, 0.8)$ 和 $(0.7, 0.8)$。测试结果如图 11.7 所示。图中 XGBoost 窃电检测模型在检测不同参数的攻击类型 4 时均表现出良好的结果,而在检测攻击类型 1 和攻击类型 2 时,随着 α 和 $\alpha(t)$ 取值范围下界的提高,即用户的窃电量减少时,XGBoost 窃电检测模型所表现的性能也不断下降。这也反映了当窃电用户减少自身的窃电量时,XGBoost 窃电检测模型会难以辨别该用户是否存在窃电行为。

11.4.3 针对 SGCC 数据集的检测测试

以 SGCC 数据集为对象,对比基于梯度增强算法的窃电用户检测方法与 Wide and Deep CNN 模型。已有研究表明,Wide and Deep CNN 模型在 AUC、MAP@100 和 MAP@200 指标上均优于 RF、SVM 和标准 CNN 模型,因此窃电检测方法不再评价这些模型。

三个梯度增强模型和 Wide and Deep CNN 的超参数见表 11.9。α 和 β 分别表示全连接层中神经元个数和 CNN 的池化层的神经元个数,μ 表示卷积层中卷积核个数,而 R 表示卷积层的个数。在梯度增强模型中,δ 表示决策树的最大深度,η 表示学习率,γ 表示拉格朗日乘子。

表 11.9 梯度提升模型参数

模 型	参 数
Wide and Deep CNN	$\alpha=90$,$\beta=60$,$\mu=15$,$R=3$
XGBoost	$\delta=6$,$\eta=0.05$,$\gamma=0$,决策树最大值=4000
CatBoost	$\delta=6$,$\eta=0.01$,决策树最大值=4000
LightGBM	$\delta=6$,$\eta=0.01$,叶子数=25,决策树最大值=4000

11.4.3.1 SGCC 数据集测试结果

测试结果见表 11.10,三种梯度增强模型以及 Wide and Deep CNN 模型的 AUC、MAP@100 和 MAP@200 三个评价指标的详细数值。另外还将 LR、SVM、RF、ANN 和 CNN 的结果一并列出。如表所示,在检测 SGCC 数据集的窃电数据样本时,XGBoost 和 LightGBM 的性能优于 Wide and Deep CNN,而 CatBoost 的性能较差。

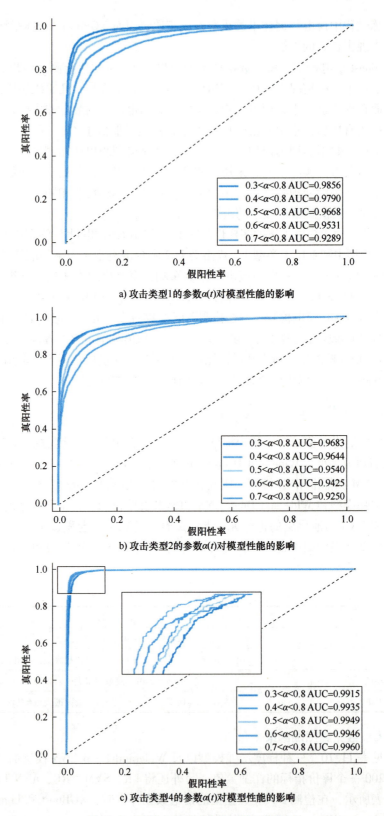

图 11.7 不同攻击类型参数对模型的影响

此外还介绍了用于窃电用户检测的混合模型。在这类模型中，首先通过 Wide and Deep CNN 提取数据集的信息特征，其次使用这些特征来训练梯度增强模型得到用户存在窃电嫌疑的概率。其中，Wide-XGBoost 表示使用普通前馈神经网络提取特征，再将提取的特征作为 XGBoost 的输入进行分类，Wide-LightGBM 和 Wide-CatBoost 以此类推。Deep-XGBoost 则表示使用卷积神经网络提取特征，再将提取的特征作为 XGBoost 的输入进行分类，Deep-LightGBM 和 Deep-CatBoost 以此类推。Wide and Deep-XGBoost 则表示普通神经网络和卷积神经网络分别提取数据集的信息特征进行连接后，再输入 XGBoost 进行分类，Wide and Deep-LightGBM 和 Wide and Deep-CatBoost 以此类推。然而这些混合模型并未表现出较好的性能。

表 11.10 SGCC 数据集的检测结果

模型	AUC	MAP@100（%）	MAP@200（%）
LR	0.6916	66.66	57.83
SVM	0.7276	72.44	60.48
RF	0.7372	92.59	88.64
ANN	0.6866	81.16	77.68
CNN	0.7779	95.47	91.54
Wide and Deep CNN	0.7860	96.86	93.27
XGBoost	**0.8062**	**98.30**	95.01
LightGBM	0.8020	98.27	**96.55**
CatBoost	0.5710	87.00	85.87
Wide-XGBoost	0.7540	87.76	85.76
Wide-LightGBM	0.7537	90.98	87.28
Wide-CatBoost	0.6169	70.53	71.22
Deep-XGBoost	0.7564	96.18	91.88
Deep-LightGBM	0.7590	95.13	91.27
Deep-CatBoost	0.5416	86.20	85.34
Wide and Deep-XGBoost	0.7401	93.35	90.22
Wide and Deep-LightGBM	0.7586	92.04	89.19
Wide and Deep-CatBoost	0.5407	85.48	83.91

11.4.3.2 梯度模型参数对性能的影响

三种梯度提升模型的参数对性能有不同的影响。首先分析决策树叶子数量的影响，即迭代次数。在该测试中，决策树叶子的数量以 100 的步长从 100 逐步提升到 6000，模型其他参数与表 11.9 相同。测试结果如图 11.8 所示，最初随着决策树叶子数量的增加，AUC 和 MAP 也随之增加，但当决策树叶子数量超越某一数值后，模型的性能不再提升。例如，当决策树少于 3000 时，XGBoost 模型中的 AUC 值稳步提升，超过 3000 时后 AUC 则不再提升。在 LightGBM 中可以发现类似的现象，在 LightGBM 中，决策树叶子数量的最优值约为 5000。因此，当 XGBoost 和 LightGBM 中的决策树叶子分别为约 3000 和 5000 时，则可获得最佳性能，超过这一数值再增加决策树叶子将不会提高模型的性能，原因可能在于梯度提升模型是按顺序构建的，其模型误差已通过先前树的序列进行了校正，因此再增加决策树叶子数会对模型造成收益递减。类似的情况也可在 MAP 中看到，对于 LightGBM 和 XGBoost 而言，在叶子数达到 3000 之前，MAP 稳定提升，往后不再有明显的提高。这表明对模型评价指标 AUC 和 MAP 而言，得到其最优值所需要的决策树叶子数不同。因此根据具体情况选择模型参数，在不同的评价指标之间进行权衡以获得最优的模型性能至关重要。

其次分析了决策树最大深度对模型性能的影响。决策树的最大深度以 1 为步长，从 3 逐渐提升到 14，决策树叶子数量设置为 2000。测试结果如图 11.9 所示，其中可以发现当决策树最大深度增加时，AUC 值也会提高。但当深度超过 6 时，AUC 的数值将不再有明显提升，在 MAP 中也可看到类似的趋势。决策树最大深度的作用在于控制决策树的深度，过深的决策树会导致过拟合。因此控制决策树深度在合理范围内能有效保证模型的性能，在对 SGCC 数据集进行训练时决策树最大深度的最优范围在 6~12 之间。

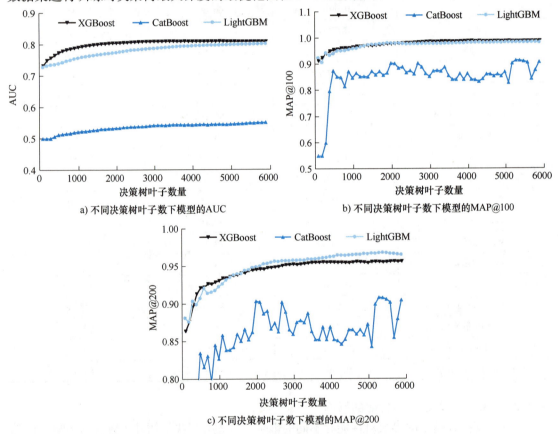

图 11.8 决策树叶子的数量对模型性能的影响

值得一提的是，机器学习领域有一个基本的定理称为："没有免费的午餐"（No Free Lunch, NFL）定理，即"没有一种机器学习算法是适用于所有情况的"。窃电检测本身在不断发展，在窃电用户检测领域中，根据设定的场景，数据的来源、构成、采样时间及构造或选择特征的不同，所适用的方法和模型也不同。

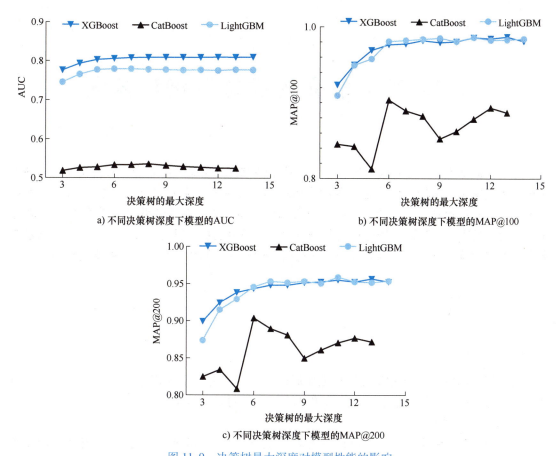

图 11.9 决策树最大深度对模型性能的影响

习题与思考题

11-1 简述高级量测体系的构成及工作原理。
11-2 简述窃电的主要手段及特点。
11-3 基于机器学习的窃电用户检测方法有哪些？各有什么优缺点？
11-4 窃电检测的数据预处理阶段，如何处理用户用电数据中的缺失值和异常值？
11-5 简述基于 XGBoost 的窃电检测的实现步骤。
11-6 简述梯度提升算法的实现步骤及适应性。
11-7 分类树和梯度提升算法在窃电检测中的优势是什么？
11-8 简述窃电检测算法性能的评价指标，分析精确率（Precision）和召回率（Recall）的侧重点。

第 12 章　非介入式负荷辨识技术

电力负荷深度感知是智能用电服务、负荷柔性调控的基础。随着经济社会发展，电网负荷种类和规模逐年增加，负荷感知难度大幅提高。介入式负荷辨识通过安装传感设备（如智能插座）直接测量负荷信息。非介入式负荷辨识通过监测和分析电力用户负荷入口处电压、电流等数据，实现用户用电设备类别辨识、分项电能量运算等功能。介入式直接测量成本高、安装运维工作量大，因此非介入式负荷辨识成为感知用户负荷信息的优先选择方案。

12.1　负荷辨识概述

12.1.1　负荷类型

由于每个用电设备的组成元件和工作原理不同，因此，不同用电设备具有不同负荷特性，一般可按照用电器功能、工作状态和用电特性等对负荷分类。

1. 按照电器功能

工业用电负荷种类较多，用电行为复杂，根据电器功能可分为电机类、电热类、混合类等。家用电器可分为备餐电器、调温电器、照明电器、洗熨类电器、冷藏类电器、电视音响类电器等，例如：①照明类电器，白炽灯、荧光灯等；②洗熨类电器，电熨斗、烘干机、洗衣机等；③冷藏类电器，冰柜、电冰箱等；④电视音响类电器，电视机、录像机等。

2. 按照电器工作状态

1) 开关类设备（ON/OFF）。此类电器设备仅有两种运行状态即打开/关闭，例如水壶和电灯等，工作模式简单清晰，易于识别。

2) 有限状态设备。此类设备具有有限多个运行状态，电器切换模式可以重复，此类设备较为复杂，若采用开关类设备模型容易误识别为几个独立的设备。例如：洗衣机具有加水、洗涤、漂洗、脱水几种工作状态。

3) 连续可变设备。具有连续的功率消耗特性，既没有重复的状态转换周期，也没有特定的阶跃变化特征，负荷行为建模困难，因此，识别此类电气设备仍是一项艰巨的任务。常见设备有变频空调、缝纫机、调光器、变速电钻和其他电力电子控制负荷等。

4) 持续型设备。时刻保持打开状态，并且以恒定的速度消耗能量。例如：电话、烟雾探测器和路由器等。持续性负荷普遍功率小、持续性工作，辨识性价比低。图 12.1 显示了不同类型负荷的能耗模式，可进一步转换为特征，以区别不同的设备类型。

3. 按照用电特性

负荷按照其用电特性可分为阻性负荷、感性负荷、容性负荷以及非线性负荷，图 12.2 为根据 REDD 数据集中各种类型的典型设备画出的负荷功率变化情况。

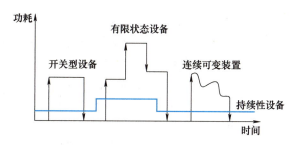

图 12.1 不同类型负荷的功耗随时间变化

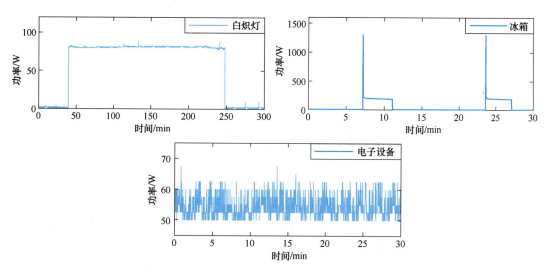

图 12.2 白炽灯、冰箱和电子设备的功率随时间变化

1) 阻性负荷。若负荷电流和电压相位差为零则负荷为阻性，由加热元件组成的负荷一般为阻性负荷，例如：白炽灯、烤箱、烤面包机等。阻性负荷没有起动冲击电流并且起动时间短暂，其功率变化类似"阶梯"状。

2) 感性负荷。若负荷电流滞后负荷电压一个相位差则负荷为感性负荷。其特征为含有电动机，这类设备包括风扇、真空吸尘器、洗碗机、洗衣机等。与阻性负荷不同，感性负荷会产生初始功率峰值，然后呈现衰减或增长的状态（取决于电机运行情况），最后趋于稳定。

3) 容性负荷。若负荷电流超前负荷电压一个相位差则负荷为容性负荷，尽管许多负荷含有容性元件，但是感性和阻性仍主导着用电负荷整体性能，因此，居民用户并没有明显的容性特征负荷。

4) 非线性负荷。非线性负荷是指具有非线性阻抗特性的用电设备从电力系统吸取的功率。产生非线性负荷的设备有：半导体整流器、逆变器、变频器，电力牵引机车，电弧炉，感应电炉或加热器，气体放电灯，各种半导体调压、调相、调频装置以及用半导体元件做成的各种家用电器等。

12.1.2 负荷辨识基础

负荷辨识是一种精细化分析用电负荷成分的高级量测技术，通过采集和分析用户负荷信息，深入分析用户内部各种负荷的详细运行情况，获取用户各种负荷的能耗分布情况和用户用电习惯，通过用户与电网的双向互动实现电力资源的最佳配置。

负荷辨识可分为介入式与非介入式。介入式负荷辨识通过安装传感设备（如智能插座）直接测量负荷信息。非介入式负荷辨识技术通过对电能表/终端采集到的高频混叠电压电流波形进行分解，提取设备的运行特征，并与内置在电能表/终端的设备特征库信息进行对比分析，从而实时获取用户内部用电设备起停事件、运行状态与分项功耗等设备级负荷数据。非介入式负荷辨识具有实现方案灵活、运维改造成本可控、能规避管理风险的优点。非介入式负荷辨识是典型的时间序列分析问题。以功率为例，某一时刻的用电总功率由该时刻各个设备的工作状态及对应的功率确定。为简化描述，假设总电表下面有 M 个用电设备且各个设备只有简单的开和关两种状态，且在开的状态下所消耗的功率恒定，则在时刻 t 的总功率可表示为

$$P(t)=\sum_{m=1}^{M} a_m(t) P_m + e(t) \tag{12.1}$$

式中，$a_m(t)$ 表示设备 m 在 t 时刻的状态，如果设备 m 在 t 时刻处于开的状态，则 $a_m(t)=1$，否则 $a_m(t)=0$；P_m 表示设备 m 处于开状态时的功率；$e(t)$ 表示噪声或误差量。

如果 M 个设备各自的功率 P_m 已知并且给定测量的总功率 $P(t)$，则非介入式负荷辨识可建模为优化问题，即在每一个时刻 t，搜索使得功率误差最小的 M 维向量

$$\hat{a}(t) = \arg\min_{a_m \in [0,1]} \left| P(t) - \sum_{m=1}^{M} a_m(t) P_m \right| \tag{12.2}$$

一般来说，非介入式负荷辨识主要包括：负荷数据集或样本库获取、辨识模型训练、负荷辨识实现等步骤。首先，利用非介入式负荷辨识终端或其他采集设备对用户的负荷进行采集，包括单一电器设备的波形、用户侧总波形等，建立负荷样本库，或直接采用公开发布的负荷数据集；其次运用负荷数据集/样本库搭建负荷辨识模型，并进行训练评估，在负荷辨识模型搭建过程中，往往需要从不同角度对负荷数据进行分析，提取不同维度的负荷特征，如瞬时功率、谐波特征、V-I 曲线、运行特征等；然后将训练好的模型移植到非介入式负荷辨识模组或终端；最后模组或终端在用户总线入口处以低频或者高频采集负荷总数据，通过所移植的模型完成用户负荷辨识。

12.1.3 非介入式负荷辨识及数据集

20 世纪 80 年代麻省理工学院的 Hart 教授提出非介入式负荷辨识的概念，通过对采集的有功功率和无功功率进行聚类，从而实现电器的简单辨识。后来 Hart 教授在 1992 年又提出了以 1Hz 频率对用户负荷的有功和无功变化序列进行采样，再采用聚类算法对负荷进行事件检测和事件匹配，从而实现负荷的辨识，并且针对多模式电器提出了有限状态机模型库。国内外目前主要研究集中在对居民用户的负荷辨识研究，对于工业用户的负荷辨识研究比较少。非介入式负荷辨识方法主要包括基于特征的方法和基于数据的方法。基于特征的方法不需要对模型进行统计学习，只需要对信号层面进行处理就可以达到较好的效果。但是，基于特征的方法依赖于正确检测设备的"开关"事件，这便需要使用到许多信号处理技术来优化算法进行事件检测时所必需的特征。如包括电流、电压和有功功率在内的基于波形的时域电气特征，又比如，包含频谱特征和基于小波的特征在内的一些用非稳态信号处理算法所提取得到的变换域特征。基于数据的负荷辨识方法分为监督算法和无监督算法，监督算法既包含特征又包含标签，通过训练数据找到特征和标签之间的联系；无监督算法对数据、特征之间的关系未知，而是根据聚类

或者一定的模型得到数据之间的关系。监督算法的识别准确度较高,应用广泛,但用于模型训练的数据需要人工预先标记,难度较大。无监督学习算法不需要提前了解设备和训练数据,算法依赖于目标设备上下文信息,免去了大规模训练集的需求,使初始成本和人工交互成本降到最低,尽管相对于监督学习算法,识别效果仍然存在较大差距,但具有很大的发展潜力。

负荷数据的获取对非介入式负荷辨识准确度的影响很大。根据采样频率对数据采集进行划分,可以分为低频采集和高频采集两种:低频采集的采样频率在1Hz及以下,通常包含电压、电流及功率的有效值,低频采集方式的采样时间间隔较大,采集、传输和存储成本较低,但是其对于用电设备的暂态变化以及较为细致的电器特征无法捕捉;高频采集的采样频率高于1Hz(一般是数kHz),可以较准确地捕捉用电设备的电流和电压暂态变化,但其数据量大。目前已有一些公开数据集可供研究人员使用,这些数据集通常会提供一个或多个房屋用电负载的功率、电压、电流等的测量值,部分数据集还提供了目标房屋的环境测量数据以及使用人员的活动情况。例如,REDD 数据集是麻省理工学院公布的功率分解参考数据集,包含了6个不同家庭的用能数据。REDD 数据集包含高频数据和低频数据,低频数据采集了负荷入口处和各条线路的有功功率,在负荷入口处的采样频率为1Hz,房屋内每条线路的采样频率为1/3Hz;高频数据中采集了其中两个房屋的数据,包括负荷入口处的电压和电流,采样频率为15kHz。PLAID 是以30kHz 和 16 位分辨率对美国宾夕法尼亚州匹兹堡的 56 个家庭中共 11 种类型电器的采样数据,包括白炽灯、笔记本电脑、冰箱、洗衣机、空调、荧光灯、暖气、微波炉、风扇、电吹风以及吸尘器。UK-DALE 是以 16kHz 和 20 位分辨率对英国 5 个家用电器设备进行高频采样的数据集。UK-DALE 中还含有低频功率数据,其中总功率的采样频率是 1Hz,用电设备功率的采样频率是 1/6Hz。但是 UK-DALE 存在供电入口处采集的总功率和每个用电设备的功率开始采集时间不同及采样间隔不同的问题。BLUED 数据集是卡内基梅隆大学公开的一个美国家庭 8 天的高频用电数据,其中包含了一系列设备事件列表,连续采集得到的电压、电流和总功率信号,并标记了各个电器设备的投切时间戳,即负荷的开关事件和负荷运行状态变化情况。部分公开数据集特点总结见表 12.1。

表 12.1 部分非介入式负荷辨识公开数据集

数据集	地点	采集持续时间	房屋数量	传感器/房屋数量	采集频率	采集参数	其他数据
REDD	美国	几天~数月	6	10~24	15kHz(Agg);1/3 Hz,1Hz(Sub)	V, P(Agg);P(Sub)	
BERDS	美国	1 年	1	NA	20s	P, Q, S	气候数据
BLUED	美国	8 天	1	1	12kHz(Agg);20Hz(Sub)	I, V	各设备的设备转换标签
Smart Home	美国	3 个月	3	A:26;B, C:21	1Hz	P, S(Agg);P(Sub)	太阳能和风力发电数据,气候,室内温湿度数据
DRED	荷兰	6 个月	3	12	1Hz	E, P(Agg & Sub)	室内温度,风速,降水,入住率,房屋布局,设备配置,无线信号

(续)

数据集	地点	采集持续时间	房屋数量	传感器/房屋数量	采集频率	采集参数	其他数据
Tracebase	德国	1883天（累计）	15	NA	1s, 8s（Sub）	P（Sub）	用于设备识别，未采集总表数据
AMPds2	加拿大	2年	1	21	1min	V, I, F, P, Q, S, F, E等10项	水表、天然气表数据，电费账单数据
UK-DALE	英国	2个月~4.3年	5	5~54	16kHz（I, V of Agg）；6s（Agg & Sub）；1s（Agg）	P, I, V	设备状态切换信息，住户人员构成及能源构成信息
iAWE	印度	73天	1	33	1Hz（Agg）；1s, 6s（Sub）	V, I, F, P, ph	用水量和环境数据（温度、人员活动、声音及无线信号强度）
REFIT	英国	2年	20	10	8s	P	天然气表和环境数据
GREEND	意大利/奥地利	1年	9	9	1Hz	P	用电负荷配置，住户情况描述
ECO	瑞士	8个月	6	6~10	1Hz	P, Q	住户情况描述
PLAID	美国	—	56	共11类，大于200个设备	30kHz	I, V	—
EMBED	美国	14~27天	3	共21类，约40个设备	12kHz（Agg）；1~2Hz（Sub）	I, V, P, Q, F	各设备的状态转换标签，入住率

注：Sub指Sub-meter，分表；Agg指Aggregate，总表数据；NA值指未提供（Not Available）。

12.2 负荷辨识特征提取

不同非介入式负荷监测方案的差异主要在于所提取的负荷特征及负荷分解算法的不同。非介入式负荷辨识可通过典型且具有区分性的特征辨别不同类型的负荷及其运行状态。因此负荷辨识特征的甄选很大程度上影响了负荷辨识的准确率。需要将设备运行时的细微差别直观地反映在特征上，从而使分类器做出正确的设备辨识结果。从时间尺度来看，负荷辨识特征可分为稳态特征与暂态特征。从特征类型上看，传统的负荷辨识特征包括功率特征、电压电流特征以及谐波特征。

12.2.1 稳态特征

稳态特征是指从电器设备稳定工作状态下提取的特征，其在不同负荷状态变化前后，表现出的特征差异有所不同。稳态特征一般采样频率较低，易于获取。如图12.3所示，变频类设备功率开启时存在缓慢"攀爬"的过程，直至达到额定功率而正常工作。

对于稳态特征而言，不同类型设备稳态的电流波形存在明显差异。具体来说，阻性电器电流波形呈现标准正弦曲线；感性与容性电器电流波形也基本为正弦曲线，但相位会呈现不同程度的滞后与超前；带有电力电子设备的电器为非线性设备，电流曲线存在着大量的尖角与平顶。稳态特征主要包括有功、无功、电压波形、电流波形、V-I 曲线、谐波、电压扰动等。

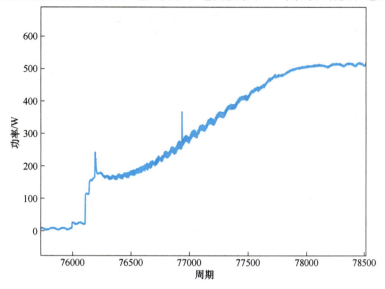

图 12.3　电器设备稳态事件功率随时间周期变化

　　有功、无功是最常用的辨识特征，由于阻性负荷的能量以热量形式消耗，仅凭无功无法有效辨识阻性负荷，因此无功可作为识别的辅助特征。电流谐波对识别非线性负荷十分有效，小型电器的有功、无功相近时可增加谐波特征来识别，但单独依靠谐波无法识别线性负荷。V-I 曲线是稳态特征图形化的表达方式，其坐标轴的横轴是一个系统周期内的电压值（归一化），纵轴则是一个系统周期内的电流值（归一化）。通过绘制 V-I 曲线的方法可以反映设备谐波含量的高低。对于电阻负载其 V-I 曲线是 1 条直线；感性、容性负载其 V-I 曲线是 1 个椭圆。若绘制的 V-I 曲线有交点，其谐波含量必然很高；若图形与椭圆形状相差很大，则其谐波含量也必然很高。因此，不同负荷的 V-I 曲线直观上看区别明显，V-I 曲线中的交点数目、中心线的斜率、围成的面积均可作为 V-I 曲线的特征表达。利用采集的高频电流电压信号，提取了多种常见典型工业设备负荷的典型 V-I 轨迹特征，绘制了相应的 V-I 曲线，如图 12.4 所示。V-I 曲线的负荷辨识度较高，但 V-I 曲线需要较高的采样频率，无法直观反映功率大小，且对于同种类或相近工作原理电器种类具有较大的相似性。

　　表 12.2 总结了以上稳态特征的优缺点。

表 12.2　稳态特征的优缺点

特 征 类 型	特征量计算方法	优　　点	缺　　点
有功功率、无功功率	计算负荷动作前后差值	容易量测和计算	小型负荷功率相近设备过多，区分度低
电流有效值、电流幅值、电流波峰系数等	计算负荷动作前后差值	容易量测和计算，波形信息含量更丰富，易于区分阻性、感性负荷	电流有效值、电流幅值、电流波峰系数等特征在不同测量情况下波动较大，不适宜单独作为特征进行辨识

(续)

特征类型	特征量计算方法	优　点	缺　点
V-I 曲线	计算 V-I 曲线的围成面积、交点个数等	直观，负荷信息包含度高，负荷辨识区分度高	计算较为复杂，曲线围成区域面积计算有一定误差
电流直流分量、三次谐波、五次谐波等	傅里叶分解后计算负荷动作前后差值	计算简单，负荷辨识区分度高	难以区分多状态设备，且容易受波动干扰
电压扰动	FFT	量测简单	电压波动影响大

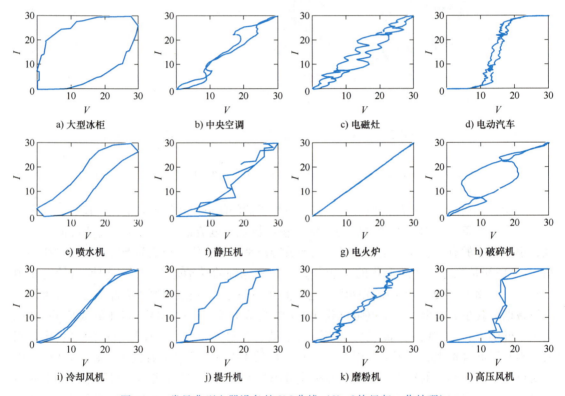

图 12.4　常见典型电器设备的 V-I 曲线（V、I 均经归一化处理）

12.2.2　暂态特征

负荷启动或关断的动作导致负荷状态发生变化后短暂的时间内，会引起监测电气量的变化，将这一暂态过程中负荷的电流脉冲峰值、暂态过程持续时间、电流凹凸系数等可量测或计算的电气量称为暂态特征。阻性负荷一般为短时启动负荷；感性负荷由于涌流启动时间稍长，为中时启动负荷；而变频空调、计算机等复杂电器设备因内部启动流程的原因，启动时间最长，为长时启动负荷。

暂态特征根据波形形状还可分为阶跃型与冲击型，阶跃型通常发生在常规（非电机）设备的开启时，如图 12.5a 所示化工厂中某锅炉设备的辅热开启暂态波形；冲击型通常发生在电机的开启中，伴随着暂态三倍以上额定电流的瞬时电流如图 12.5b 所示。

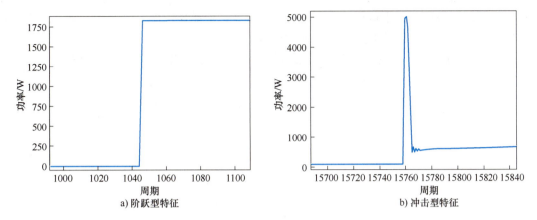

图 12.5　两种暂态特征波形

电流脉冲峰值特征是暂态特征中鲁棒性最优的负荷辨识特征。该特征的求解前提是必须准确确定暂态过程区间，再提取暂态过程中采样点中电流的最大值

$$I_p = \max(I_k) \tag{12.3}$$

式中，I_p 为表示电流脉冲峰值；I_k 表示第 k 个采样点的采样电流。

暂态过程区间一般是负荷状态变化的暂态过程发生时刻和暂态过程结束时刻之间的时间差。电流凹凸系数是暂态波形波动特征的一种表示，利用暂态过程发生时刻后一周期采样点的电流和与负荷状态变化后稳态过程中一周期采样点的电流和的比值反应暂态过程电流畸变的程度，电流凹凸系数越大，则暂态过程电流畸变越明显，负荷的复杂程度越高；电流凹凸系数越小，则暂态过程电流畸变越不明显，负荷越简单。稳态过程电流取暂态过程发生时刻 5s 后的第一个系统周期中的电流。电流凹凸系数特征的表达式为

$$C = \frac{\sum i_{tk}}{\sum i_{sk}} \tag{12.4}$$

式中，C 为电流凹凸系数；i_{tk} 表示暂态过程第 k 个采样点的采样电流；i_{sk} 表示稳态过程第 k 个采样点的采样电流。

从负荷开启到稳定工作的电流波形中，可以提取投切耗时、启动脉冲峰值以及启动时电流的阶跃高度作为开关暂态特征值

$$\Delta t = t_{et} - t_{st} \tag{12.5}$$

$$\Delta i_s = i_{et} - i_{st} \tag{12.6}$$

$$\Delta i_i = i_{max} - i_{st} \tag{12.7}$$

$$k = \frac{\Delta i_i}{\Delta i_s} \tag{12.8}$$

式中，Δt 为负荷暂态时间，t_{st} 与 t_{et} 分别为暂态起始时间与暂态结束时间；Δi_s 与 Δi_i 分别为暂态电流阶跃高度与冲击高度，分别由暂态结束时间电流值 i_{et}、暂态阶段最大电流值 i_{max} 与起始时间电流值 i_{st} 求差得到；k 为冲击系数，其值为暂态电流冲击高度与阶跃高度的比值，反映了尖峰脉冲的特性。

实际中，常有多个设备同时运行。图 12.6 为多个电器设备在不同时间运行的时序模式，其中通风系统在夜间模式下运行，荧光灯为暖色模式，液晶显示器为白屏显示模式，微波炉以 900W 全功率运行，碎纸机使用 6 张 A4 页面模式。

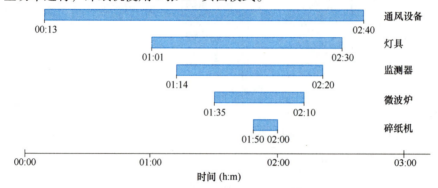

图 12.6　多个电器设备并发切换时间序列

电器设备并发运行功率时间曲线如图 12.7 所示。从图中可见，由于运行状态不同，微波炉和碎纸机的有功功率有变化。此外，每个设备的暂态都是可追溯的，设备叠加运行造成的功率叠加也可用作辨识的特征。

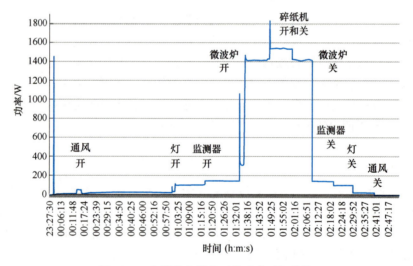

图 12.7　电器设备并发运行功率时间曲线

区别于稳态特征，负荷暂态特征在区分不同功能的负荷方面存在更强的适应性。这是因为，负荷的暂态过程持续时间远远短于稳态持续过程，稳态过程中呈现的多电器叠加情况，直接造成多电器的稳态特征的叠加，因此稳态特征无法直接关联对应电器，还需要进行特征参数分离。而暂态特征的重叠现象远远小于稳态阶段，因此暂态特征可以视为独立电器的一一对应参数。但是暂态特征对数据采集设备的硬件需求高，要求设备处理计算能力强，依赖负荷运行状态变化的发生时刻的准确判断。表 12.3 总结了以上暂态特征的优缺点。

表 12.3 暂态特征的优缺点

特征类型	特征计量算法	优 点	缺 点
暂态电流波形	S变换、峰值、均值、方均根值	容易量测，抗干扰性强，区分度高	难以区分非线性负荷
暂态功率	FFT、功率谱包络、波形向量	鲁棒性较强、可准确识别较大功率设备	不适用开关时间相近的设备
暂态过程持续时间	暂态过程开始和结束的时间	量测稳定性好	计算复杂，对暂态时刻判定要求高
电流凹凸系数	暂态过程电流与稳态电流比	波形信息含量丰富	计算复杂度高

12.2.3 时空运行特征

1. 协同性（差异性）特征

电器设备特别是工业生产设备运行存在联动关系，因此可以用协同性特征体现两个设备运行模式的差异性。如图 12.8 所示，设备 A 习惯于早上八点开启，设备 B 习惯于早上八点半开启，且 A 设备开启后有 80% 的概率 B 设备开启。两个设备之间既存在联系，又存在差异，即为差异性特征。差异性特征存在的前提为两者存在相互的关联，若 A 设备开启后仅有 20% 的概率 B 设备开启，显然两者是独立的个体，不存在任何联系。因此，构造差异性特征需要两个维度：①两者特征之间的空间关联度特征；②两者的时间差异性特征。

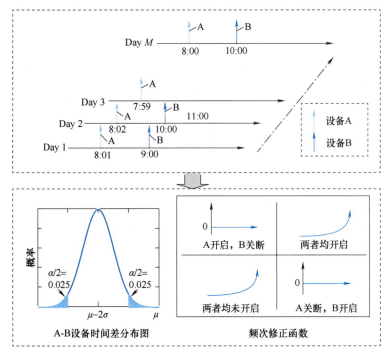

图 12.8 协同性（差异性）特征

两个设备开启时间越接近，两者协同开启的频次越高，则两者空间关联度越高

$$F_s = \alpha f(|t_A - t_B|) + \beta g(|N_A - N_B|) \tag{12.9}$$

式中，F_s 为两个设备的空间关联度；$|t_A-t_B|$ 为两个设备之间的时间差，$f(x)$ 为时间修正函数，修正两者时间差的方差，若两个设备的多次时间差处于固定值，两者同样具备高关联度；α、β 为权重系数，通常设定为 0.5；$|N_A-N_B|$ 为两个设备之间的频次差，$g(x)$ 为频次修正函数，目的在于修正两者不是同时开启时的结果。

2. 连续运行特征

如图 12.9 所示，图中为某用户 3 个月内所有 1800W 功率档电热设备的使用统计分布图，横坐标为设备启动时间，纵坐标为设备运行时长，图中每一个点表示一次设备运行。

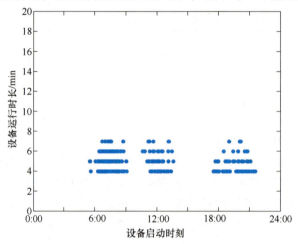

图 12.9　1800W 功率档电热设备运行统计示意图

从图中可以明显看出，用户的电热设备使用集中出现在上午、中午和晚上三个时间段，平均运行时长为 6 min 左右。整体上，每个时间段内无论启动时间还是运行时间都呈现随机分布规律，其分布特征可以使用二维正态分布进行描述

$$f(x,y)=\frac{1}{2\pi\sigma_1\sigma_2}\exp\left[-\frac{1}{2}\left(\left(\frac{x-\mu_1}{\sigma_1}\right)^2+\left(\frac{y-\mu_2}{\sigma_2}\right)^2\right)\right] \quad (12.10)$$

式中，x 为启动时间；y 为运行时长；μ_1 和 σ_1 为设备启动时间的均值与方差；μ_2 和 σ_2 为设备运行时长的均值与方差。

连续性特征指设备在用能习惯中，其工作状态的功率值保持连续变化。设备 8∶00 开启，12∶00 关断，设备 13∶00 开启，17∶00 关断，具备连续性特征。对于此类特征可定义为关断时间与开启时间的关系，统计两个事件锚点的时间差值 Δt，进而统计其时间差值的概率分布。

如图 12.10 所示，若时间差概率分布为正态分布，其更符合连续效应，即对数据结果进行正态分布拟合，进而需要引入偏度系数 Skew 和峰度系数 Kurt 来进行判断，当偏度系数和峰度系数都小于 1 时，可认为其符合正态分布。假定数据序列 X，其偏度系数为

$$\text{Skew}(X)=E\left[\left(\frac{X-\mu}{\sigma}\right)^3\right]=\frac{k_3}{\sigma^3} \quad (12.11)$$

式中，μ 为数据序列的平均值；σ 为数据序列的方差；k_3 为三阶中心矩。

偏度是某总体取值分布的对称性的特征统计量。参见图 12.11，偏度>0 表示其数据分

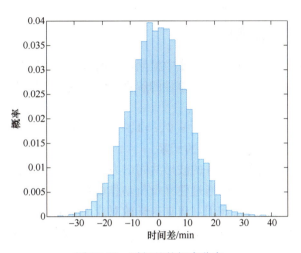

图 12.10 时间差的概率分布

布形态与正态分布相比为正偏（右偏），即有一条长尾巴拖在右边，数据右端有较多的极端值，数据均值右侧的离散程度强；偏度<0 表示其数据分布形态与正态分布相比为负偏（左偏），即有一条长尾拖在左边，数据左端有较多的极端值，数据均值左侧的离散程度强。偏度的绝对值数值越大表示其分布形态的偏斜程度越大。

峰度系数为

$$\text{Kurt}(X) = E\left[\left(\frac{X-\mu}{\sigma}\right)^4\right] \tag{12.12}$$

峰度系数表征概率密度分布曲线在平均值处峰值高低的特征，即是描述总体中所有取值分布形态陡缓程度的统计量。峰度系数的绝对值数值越大表示其分布形态的陡缓程度与正态分布的差异程度越大。

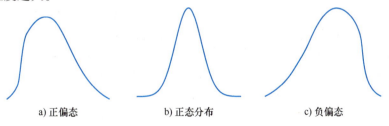

a) 正偏态　　　　　b) 正态分布　　　　　c) 负偏态

图 12.11 各种偏态的分布形态

12.3 负荷事件检测

负荷事件检测是指对设备状态的变化进行检测。由于负荷混合用电数据中包括负荷的全部用电信息，负荷动作将改变负荷自身的用电情况，并基于电流的可加性表现在混合用电数据中，因此，通过混合用电数据中负荷动作的表现形式可检测负荷事件。

12.3.1 状态变化事件检测原理

负荷事件检测一般从有限的负荷动作中检测与当前事件匹配度最高的类型。记用户中的所有负荷动作类型为集合 Ψ，构成负荷事件的解释空间，设集合中共包括 b 种状态变化事件和 c 种模式变化事件

$$\Psi = \{\psi_i | \psi_i \in \Psi, i=1,\cdots,b,\cdots,b+c\} \tag{12.13}$$

式中，ψ_i 为负荷动作类型，是集合 Ψ 的元素。

将负荷状态变化和模式变化事件的波形共同记为事件集合 H，作为需要进行事件辨识的样本数据构成样本空间。进而可以通过建立负荷动作解释空间 Ψ 与事件样本空间 H 之间的对应关系，实现负荷事件检测及辨识。建立这样的对应关系需要用到负荷事件的特征信息，而由负荷波形构成的样本空间 H 中事件特征并不明显，需要从中提取有利于进行负荷事件检测及辨识的特征。

基于构建的负荷特征数据库，可以将负荷的先验电气和行为特征表示为对解释空间 Ψ 有效的关系特征空间 R。容易在 R 与 Ψ 之间找到先验的对应关系 G，并通过 G 将样本空间 H 转化为向量化的关系特征空间 R'，使之便于进行负荷事件检测及辨识

$$G: H \to R' \tag{12.14}$$

在此基础上，负荷事件检测及辨识将转化为建立关系特征空间 R' 与关系特征空间 R 之间的对应关系 f

$$f: R' \to R \tag{12.15}$$

最后，通过建立的对应关系 f 评价待辨识的负荷事件与各个负荷动作类型之间的相似程度，选取差异最小的负荷动作类型作为事件辨识的结果，实现负荷事件检测及辨识。

负荷投切将在混合用电数据中表现为状态变化事件。由于不同的电器设备投切所需的时间不同，因此针对状态变化事件暂态波形的变化特点，可以计算两个相邻时间段混合用电数据的电流和有功功率等参数的差分值，检测事件的启停端点，提取事件波形。基于电流的可加性，总线上的电流值为线路内各个负荷的电流值之和。若将 N 个电压周期看作一个取样检测区间，则第 T_1 个区间内的总电流波形 $I_{N,1}(T_1)$ 可以看作第 T_1-1 个区间内的电流波形 $I_{N,1}(T_1-1)$ 与此区间内负荷动作的独立电流波形 $I_{L,1}(T_1)$ 之和

$$I_{N,1}(T_1) = I_{N,1}(T_1-1) + I_{L,1}(T_1) \tag{12.16}$$

易知，若该区间内无负荷动作则 $I_{L,1}(T_1)=0$，由于负荷在稳定运行过程中电流波形基本不变，此时可以认为两个区间内的电流波形相同

$$I_{N,1}(T_1) = I_{N,1}(T_1-1) \tag{12.17}$$

故根据式（12.16），区间内负荷动作的电流波形 $I_{L,1}(T_1)$ 可以通过计算 T_1 区间的电流波形 $I_{N,1}(T_1)$ 与 T_1-1 区间的电流波形 $I_{N,1}(T_1-1)$ 的差获取，即

$$I_{L,1}(T_1) = I_{N,1}(T_1) - I_{N,1}(T_1-1) \tag{12.18}$$

进而可以提取波形中的电气特征替换式（12.18）中的各个子项，如电流有效值和有功功率均值，替换后的等式为

$$\begin{cases} I_{L,1,rms}(T_1) = I_{N,1,rms}(T_1) - I_{N,1,rms}(T_1-1) \\ P_{L,1,ave}(T_1) = P_{N,1,ave}(T_1) - P_{N,1,ave}(T_1-1) \end{cases} \tag{12.19}$$

式中，$I_{L,1,rms}(T_1)$ 为 T_1 区间内负荷动作波形的电流有效值；$I_{N,1,rms}(T_1)$ 为 T_1 区间内总电流

波形的电流有效值；$P_{L,1,ave}(T_1)$ 为 T_1 区间内负荷动作波形的有功功率均值；$P_{N,1,ave}(T_1)$ 为 T_1 区间内的有功功率均值。

当负荷投切时，取样检测区间内的总电流波形将会发生较大幅度的改变，对应的电流有效值和有功功率均值等电气特征将会发生较大幅度的变动，进而可以根据特征变化的大小通过设置数据变化阈值检测是否有事件发生

$$\begin{cases} |I_{N,1,rms}(T_1)-I_{N,1,rms}(T_1-1)|>\chi_{I,1,rms} \\ |P_{N,1,ave}(T_1)-P_{N,1,ave}(T_1-1)|>\chi_{P,1,ave} \end{cases} \quad (12.20)$$

式中，$\chi_{I,1,rms}$ 为用于检测状态变化事件的电流有效值阈值；$\chi_{P,1,ave}$ 为用于检测状态变化事件的有功功率均值阈值。

当检测到区间内的电流有效值或有功功率均值超过所设阈值时，可以认为此时发生了负荷状态变化事件，需要进一步提取事件的稳态运行波形。负荷事件的稳态运行波形可以通过事件前后的稳态波形提取

$$\begin{cases} I_{L,1,ss}(T_1)=I_{N,1}(T_1+1)-I_{N,1}(T_1-1) \\ U_{L,1,ss}(T_1)=U_{N,1}(T_1+1) \end{cases} \quad (12.21)$$

式中，$I_{L,1,ss}(T_1)$ 为负荷事件的稳态运行电流波形；$U_{L,1,ss}(T_1)$ 为负荷事件的稳态运行电压波形；$I_{N,1}(T_1-1)$ 为负荷事件开启前的区间内的总电流波形；$I_{N,1}(T_1+1)$ 为负荷事件结束后的区间内的总电流波形；$U_{N,1}(T_1+1)$ 为负荷事件结束后的区间内的电压波形。

在检测并提取负荷状态变化事件波形后，即可根据负荷特征数据库进行事件辨识，还原事件所对应的负荷投切动作。

12.3.2　模式变化事件检测原理

在负荷的实际使用中，受到操作逻辑或流程的影响，部分负荷除投切外，还会短暂改变其工作模式，在混合用电数据中表现为负荷模式变化事件。负荷模式变化事件前后的电流基本不变，且相较于负荷投切时的功率波动，模式变化事件的功率波动较小。因此，仅依靠电流有效值或有功功率均值等特征难以实现事件检测，需要引入功率曲线作为辅助特征，通过过零点检测法辅助检测负荷模式变化事件。

在负荷稳定运行的过程中，总功率会以其均值为中心上下浮动，对此可选择将一段时间内实时功率与其均值的交点个数作为特征，用于检测负荷模式变化事件。一般选取其负荷模式变化事件中用时最短的事件时长作为检测模式变化事件的观测间隔，记间隔内的电压周期为 N。记 $x(t)$ 表示第 T_2 个观测间隔内实时总功率曲线与其均值的交点情况，$x(t)=0$ 表示此刻两者不相等，$x(t)=1$ 表示此刻两者相等

$$\begin{cases} x(t)=0, P_{N,2,c}(t)\neq P_{N,2,ave}(T_2), t\in[T_2^-,T_2^+] \\ x(t)=1, P_{N,2,c}(t)= P_{N,2,ave}(T_2), t\in[T_2^-,T_2^+] \end{cases} \quad (12.22)$$

式中

$$P_{N,2,ave}(T_2)=\frac{1}{T_2^+-T_2^-}\sum_{t=T_2^-}^{T_2^+}P_{N,2,c}(t) \quad (12.23)$$

式中，$P_{N,2,c}(t)$ 为第 T_2 个观测间隔内 t 时刻的实时功率；$P_{N,2,ave}(t)$ 为第 T_2 个观测间隔内的总功率均值；t 为第 T_2 个观测间隔内的时刻；T_2^- 为第 T_2 个观测间隔内的最小时刻；T_2^+ 为

第 T_2 个观测间隔内的最大时刻。

若两个观测间隔内没有发生负荷模式变化事件,则观测间隔内的实时总功率曲线和总功率均值将保持稳定,进而可以认为两个观测间隔内的交点个数无明显变化,即

$$\begin{cases} X(T_2) = X(T_2-1) \\ X(T_2) = \sum_{t=T_2^-}^{T_2^+} x(t) \end{cases} \quad (12.24)$$

式中,$X(T_2)$ 为第 T_2 个观测间隔内的实时总功率曲线与其均值的交点总数。

当检测到负荷状态变化事件之后,将其作为端点将负荷混合用电数据分段进而认为每一段的混合用电数据中只存在负荷模式变化事件。在此基础上,当负荷短暂切换其工作模式时,观测间隔内的实时总功率曲线将会发生小幅度变化,对应间隔内的总功率曲线与功率均值的交点个数也会发生变化,进而可以根据交点个数特征变化的大小通过设置交点数变化阈值检测是否有事件发生

$$|X(T_2) - X(T_2-1)| > \chi_{X,2} \quad (12.25)$$

式中,$\chi_{X,2}$ 为用于检测模式变化事件的交点个数阈值。

当检测到间隔内的交点个数变化量超过所设阈值时,可以认为此时发生了负荷模式变化事件,需要进一步提取事件的暂态运行波形。事件负荷的暂态运行波形可以通过将事件所在间隔内的电流包络和功率曲线去均值后获得

$$\begin{cases} I_{N,2,ts}(T_2) = I_{N,2,env}(T_2) - \dfrac{1}{T_2^+ - T_2^-} \sum_{t=T_2^-}^{T_2^+} I_{N,2,env,c}(t) \\ P_{N,2,ts}(T_2) = P_{N,2}(T_2) - \dfrac{1}{T_2^+ - T_2^-} \sum_{t=T_2^-}^{T_2^+} P_{N,2,c}(t) \end{cases} \quad (12.26)$$

式中,$I_{N,2,ts}(T_2)$ 为负荷事件的去均值暂态运行电流包络;$P_{N,2,ts}(T_2)$ 为负荷事件的去均值暂态运行功率波形;$I_{N,2,env}(T_2)$ 为事件所在间隔的总电流包络;$I_{N,2,env,c}(t)$ 为事件所在间隔内 t 时刻的电流包络值;$P_{N,2}(T_2)$ 为事件所在间隔的总功率波形。

在检测并提取负荷模式变化事件的波形后,即可根据负荷特征数据库进行事件辨识,还原事件所对应的负荷模式动作。

12.3.3 多尺度事件检测原理

由于电器设备运行功率差别较大及设备启动周期差别也较大,事件检测的阈值往往较难确定,较小的阈值易导致大功率复杂暂态过程被检出多个事件片段,而较大的阈值又会造成小功率事件的漏检,因此可以采用多尺度事件检测方法。

多尺度事件检测算法整体分为两个阶段:第一阶段首先对无功、谐波(如五次谐波等)进行中值滤波与滑窗归一化处理;第二阶段执行潜在负荷事件检测,即滑窗遍历无功信号检测幅值变化量绝对值大于阈值的负荷突变事件,并同时进行分段或振荡类复杂暂态过程的预判断与事件段合并。

第一阶段进行辨识数据预处理,由于电器设备运行可能伴随持续波动,所以需对信号进行滤波处理,以尽量降低波动噪声对事件检测的干扰。考虑到不同设备间无功功率幅值差别

较大,执行事件检测时较难定量增量阈值,可将信号进行滑窗归一化处理,使得信号幅值在每个滑窗内被严格限制在 0 与 1 之间,这样便可实现使用相同的幅值阈值兼容不同无功功率级别的设备,但当不同无功级别设备出现在同一个滑窗内时,仅依赖滑窗归一化处理无法避免小无功设备容易被淹没的情况。

对滤波过后的信号 X_F 进行滑窗归一化处理,归一化基准值取滑窗内信号的幅值最大值,公式如下:

$$X_N(k) = X_F(k)/V_{BS}(i) \tag{12.27}$$

式中,X_F 是经过滤波后的输入信号;V_{BS} 是用于归一化的基准值序列;X_N 为经过归一化处理后的信号;i 为滑窗序列号;k 为信号时刻点,$k \in [(i-1) \times w+1, i \times w]$,$w$ 为滑窗窗长。

第二阶段执行潜在负荷事件检测算法。首先筛选潜在的设备启停事件。在执行潜在负荷事件辨识流程时,以使用较低增量阈值检出的负荷事件为基础,一方面为小无功类设备潜在启停分析提供支撑,另一方面为大无功类设备多阶段运行的数据提供基础素材。

在使用较低增量阈值高灵敏度检测负荷突变事件时,以归一化处理后的信号 X_N 作为输入,计算第 i 个滑窗与其前一个滑窗的信号均值差 Δx_i,公式如下:

$$\Delta x_i = |M_i - M_{i-1}| \tag{12.28}$$

式中,M_i 为信号在第 i 个滑窗的幅值均值。

设置一个较低的幅值阈值 $Value_{tolerant}$,若 $\Delta x_i > Value_{tolerant}$,则判定第 i 个滑窗发生了负荷突变。

在得到负荷突变事件后,可以同步进行分段或振荡变化负荷的预判断处理逻辑,即依据时间临近原则,将多个发生间隔小于时间差阈值 $Internal_{limit}$ 的突变事件合并为同一个负荷事件,但合并后的事件暂态过程耗时不得超过最大时长限制 Dur_{limit},用于避免持续剧烈振荡的负荷引起事件过分拼接导致算法失灵。基于上述逻辑可以实现自适应检测完整的事件过程。

假设在第 i 个滑窗检测到了负荷突变事件,定义事件开始时间 t_i。若在第 i 个与第 j 个滑窗均检测到了突变事件($j>i$),事件开始时间为 t_j,计算两个事件的时间差 $\Delta T = t_j - t_i$,若 $\Delta T \leq Internal_{limit}$,则认为两个负荷事件属于同一个暂态过程,将其合并至同一个事件集合

$$Event(m) = [Start(m), End(m)] \tag{12.29}$$

式中,$Start(m) = t_i$,$End(m) = t_j$。

大无功类设备启停特性复杂,这类事件在潜在负荷事件检测阶段已经完成事件段合并,小无功类设备启停特性简单,通常是一个单独的较小负荷事件,故小无功类设备事件需在合并次数为 0 且幅值变化量较小的潜在事件中进行挑选确认,其余幅值变化量较大的潜在事件用于筛选大无功类设备事件。

潜在负荷事件中,存在着一些负荷波动引起的误检测,对于大无功类设备事件,需取较高的幅值限值 $Value_{precise}$ 筛选真实事件,去除噪声事件干扰。对于 $Event(m)$ 是否为有效大无功设备负荷事件,通过比较信号变化量进行判定,具体如下

$$\Delta X = \frac{1}{w} \sum_{n=End(m)}^{n=End(m)+w-1} X_n - \frac{1}{w} \sum_{n=Start(m)-w}^{n=Start(m)-1} X_n \tag{12.30}$$

式中,w 为检测滑窗窗长;ΔX 为事件发生前后幅值变化量。

若 ΔX 绝对值大于 $Value_{precise}$,则认为 $Event(m)$ 是一个真实发生的事件,而不是由波动干扰产生。

12.4 基于卷积神经网络的负荷辨识

12.4.1 神经网络基础

12.4.1.1 单层和多层网络

图 12.12 描绘了多层 NN 的一般结构。对于分类任务，NN 的目标是将一组输入数据映射为某个分类。具体来说，我们要训练 NN 将数据 x_j 精确映射到正确的标签 y_j。如图 12.12 所示，输入空间的维度就是原始数据 $x_j \in R^n$ 的维度，输出层的维度则是指定的分类空间的维度。

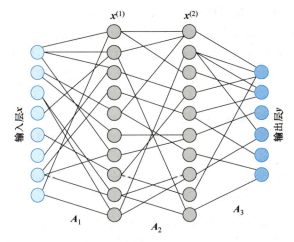

图 12.12　从输入层 x 映射到输出层 y 的神经网络架构展示

中间（隐藏）层标记为 $x^{(j)}$，j 表示顺序。矩阵 A_j 包含将每个变量从一层映射到下一层的系数。虽然输入层的维度是确定的，中间层的维度和输出层的结构的选择还是有很大灵活性。层数和层之间如何映射也有很多选择。这种结构上的灵活性为建构好的分类器提供了很大自由度。

如图 12.12 所示，如果层之间是线性映射，则如下关系成立

$$\begin{cases} x^{(1)} = A_1 x \\ x^{(2)} = A_2 x^{(1)} \\ y = A_3 x^{(2)} \end{cases} \quad (12.31)$$

这形成了一个复合结构，输入和输出之间的映射可以表示为

$$y = A_3 A_2 A_1 x \quad (12.32)$$

这个基本结构可以继续扩张到 M 层，这样线性 NN 的输入和输出层之间的一般表示为

$$y = A_M A_{M-1} \cdots A_2 A_1 x \quad (12.33)$$

这通常是一个高度欠定的系统，需要对解施加一些约束才能选出唯一一解。有一个约束很明显：映射必须生成 M 个矩阵以给出最佳映射。注意线性映射，虽然是复合结构，受限于线性，只能生成范围有限的函数响应。

构造 NN 时通常都是使用非线性映射。事实上，非线性激活函数能生成的函数响应要比线性函数丰富得多。对于非线性函数，层与层之间的连接为

$$\begin{cases} x^{(1)} = f_1(\boldsymbol{A}_1, x) \\ x^{(2)} = f_2(\boldsymbol{A}_2, x^{(1)}) \\ y = f_3(\boldsymbol{A}_3, x^{(2)}) \end{cases} \tag{12.34}$$

注意可以在层之间使用不同的非线性激活函数 $f_j(\cdot)$。当然经常使用的是相同的函数，但这不是必须的。从上式可以推导出输入和输出之间的映射关系为

$$y = f_M(\boldsymbol{A}_M, \cdots, f_2(\boldsymbol{A}_2, f_1(\boldsymbol{A}_1, x)) \cdots) \tag{12.35}$$

作为一个高度欠定的系统，必须施加约束以获得期望的解。对于 ImageNet 之类的大数据应用，需要确定的参数很多，因此与这个复合框架关联的优化问题计算复杂度很高。但如果是中等规模的网络，用工作站或 PC 就能求解。现代随机梯度下降和反向传播算法常被用于求解这个优化问题。

一些常用激活函数如下：

线性

$$f(x) = x \tag{12.36}$$

二元阶跃

$$f(x) = \begin{cases} 0, & x \leqslant 0 \\ 1, & x > 0 \end{cases} \tag{12.37}$$

平滑阶跃

$$f(x) = \frac{1}{1 + e^{-x}} \tag{12.38}$$

双曲正切

$$f(x) = \tanh(x) \tag{12.39}$$

线性整流 ReLu

$$f(x) = \begin{cases} 0, & x \leqslant 0 \\ x, & x > 0 \end{cases} \tag{12.40}$$

上述函数都可微或分段可微。目前常用的激活函数是线性整流函数，在下一节卷积神经网络中还会详细介绍。

对于多层非线性网络，优化必须同时获取多个连接矩阵 $\boldsymbol{A}_1, \boldsymbol{A}_2, \cdots, \boldsymbol{A}_M$，线性网络则只需一个矩阵 $\boldsymbol{A} = \boldsymbol{A}_M \cdots \boldsymbol{A}_2 \boldsymbol{A}_1$。多层结构明显增加了优化问题的规模，$M$ 个矩阵的每一个元素都要确定。

12.4.1.2 反向传播算法

神经网络需要训练数据确定网络权重以给出最佳分类。NN 的核心是用目标函数和优化算法确定权重。目标函数需要最小化错误分类的度量值，这个优化可以通过添加调控或约束进行调整，例如引入惩罚。在实践中，选择用于优化的目标函数并不是真正期望的目标函数，而是目标函数的代理。之所以这样主要是为了让目标函数可导，从而让优化问题变得具有可计算性。有许多不同的目标函数适用于不同任务。可计算性是 NN 训练的关键。

反向传播算法利用 NN 的复合特性来构造一个优化问题以确定网络权重。具体来说是构

造一个适合标准梯度下降优化的公式。反向传播依赖于一个简单的数学原理：求导链式法则。而且 Baur-Strassen 定理证明，估计梯度所需的计算时间不超过计算实际函数本身所需时间的 5 倍。图 12.13 给出了最简单的反向传播和执行梯度下降的例子。有一个单节点隐藏层的网络的输入输出关系为

$$y = g(z,b) = g(f(x,a),b) \tag{12.41}$$

因此给定函数 $f(\cdot)$ 和 $g(\cdot)$ 以及权重系数 a 和 b，可以计算网络输出的估计值相对于真实值的误差为

$$E = \frac{1}{2}(y_0 - y)^2 \tag{12.42}$$

式中，y_0 是网络期望输出值；y 则是 NN 的实际输出。

目标是寻找 a 和 b 以最小化误差。要达到误差最小化，需要计算

$$\frac{\partial E}{\partial a} = -(y_0 - y)\frac{dy}{dz}\frac{dz}{da} = 0 \tag{12.43}$$

其中，一个关键步骤是网络的复合特征和链式法则共同作用，迫使网络进行误差的反向传播优化。项 dy/dz、dz/da 展示了这个反向传播是如何发生的。给定函数 $f(\cdot)$ 和 $g(\cdot)$，可以用链式法则解析计算。

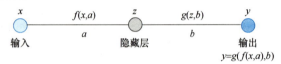

图 12.13　用单个节点一个隐藏层的网络演示反向传播算法

网络的复合特性提供了输入输出关系 $y = g(z,b) = g(f(x,a),b)$。通过最小化输出 y 与期望输出 y_0 的误差，利用复合特性和链式法则可以得到解析式（12.43），从而可以据此更新权重。注意链式法则会沿网络的所有路径反向传播误差。因此通过最小化输出误差，链式法则作用于复合函数会生成导数项的乘积，从而实现沿网络反向传播的效果。

反向传播会得到迭代性的梯度下降更新规则

$$\begin{cases} a_{k+1} = a_k + \delta \dfrac{\partial E}{\partial a_k} \\ b_{k+1} = b_k + \delta \dfrac{\partial E}{\partial b_k} \end{cases} \tag{12.44}$$

其中，δ 是所谓的学习速率，$\partial E/\partial a$ 和 $\partial E/\partial b$ 可以用式（12.43）计算，不断迭代直到收敛。

和所有迭代优化一样，良好的初始值设定对于在合理的计算时间内收敛到理想解至关重要。

反向传播算法过程的步骤如下：

1) 选定一个 NN 结构，准备好带标签的数据集。

2) 将网络的初始权重设定为随机值。注意一定不要初始化为 0。如果权重初始化为 0，在每次迭代后，每个神经元的当前权重会是一样的，因为梯度是一样的。此外 NN 会在梯度为 0 处陷入局部最优而不是全局最优，因此选择随机初始值更有机会避免这种局面。

3）将训练数据输入网络得到输出 y，其真实值为 y_0。然后用反向传播公式（12.43）计算相对于各个网络权重的导数。

4）基于给定的学习速率 δ，用式（12.44）更新网络权重。

5）回到步骤3继续迭代，直到收敛或达到了最大的迭代次数。

例：考虑线性激活函数

$$f(\xi,a) = g(\xi,a) = a\xi \tag{12.45}$$

对此根据图12.13有

$$\begin{cases} z = ax \\ y = bz \end{cases} \tag{12.46}$$

根据式（12.43）计算梯度，可以得到

$$\begin{cases} \dfrac{\partial E}{\partial a} = -(y_0-y)\dfrac{\mathrm{d}y}{\mathrm{d}z}\dfrac{\mathrm{d}z}{\mathrm{d}a} = -(y_0-y)bx \\ \dfrac{\partial E}{\partial b} = -(y_0-y)\dfrac{\mathrm{d}y}{\mathrm{d}b} = -(y_0-y)ax \end{cases} \tag{12.47}$$

因此有了 a 和 b 的当前值，输入输出对 x 和 y，以及目标输出 y_0，就能计算各个导数。这样就可以根据式（12.44）更新系数。

反向传播算法应用于更深的网络也有类似效果。考虑有 m 个隐藏层的网络，分别标记为 $z_1 \sim z_m$，其中 $x \sim z_1$ 的第一个连接权重为 a。推广图12.13和式（12.43）得到

$$\frac{\partial E}{\partial a} = -(y_0-y)\frac{\mathrm{d}y}{\mathrm{d}z_m}\frac{\mathrm{d}z_m}{\mathrm{d}z_{m-1}}\cdots\frac{\mathrm{d}z_2}{\mathrm{d}z_1}\frac{\mathrm{d}z_1}{\mathrm{d}a} \tag{12.48}$$

复合特性和链式法则导致的导数级联体现出了最小化分类误差时误差的反向传播。将反向传播推广到更一般的形式需要考虑有多个节点的多层网络。

目标是确定每个矩阵 $\boldsymbol{A}$ 的元素。因此需要通过梯度下降更新很多参数。事实上，即便每个权重的更新规则都不复杂，训练神经网络有时也不具备计算可行性。神经网络也同样受到维度灾难的困扰，连接 n 维输入 n 维输出的两层之间的矩阵有 n^2 个系数需要更新。将所有需要更新的权重记为向量 $\boldsymbol{w}$，其中包含矩阵 $\boldsymbol{A}_j$ 的所有权重，向量 $\boldsymbol{w}$ 中的元素更新规则为

$$\boldsymbol{w}_{k+1} = \boldsymbol{w}_k + \delta \Delta E \tag{12.49}$$

其中，梯度 ΔE 通过复合特征和链式法则获得，用于在反向传播算法中更新权重和减小误差。

单个元素的更新公式为

$$\boldsymbol{w}_{k+1}^j = \boldsymbol{w}_k^j + \delta \frac{\partial E}{\partial \boldsymbol{w}_k^j} \tag{12.50}$$

其中，$\boldsymbol{w}_k$ 表示向量 $\boldsymbol{w}$ 的第 k 个元素。

$\partial E / \partial w_k$ 通过链式法则产生反向传播，即式（12.48）的函数序列。

12.4.1.3 随机梯度下降算法

NN的规模通常很大，所以训练NN的计算复杂度很高。哪怕是中等规模的NN，如果不慎重选择优化策略，也可能导致计算成本难以承受。反向传播可以高效计算目标函数的梯度，而随机梯度下降（Stochastic Gradient Descent，SGD）则提供了最优网络权重的快速估计。虽然不断有新的优化方法来提升NN训练的计算效率，深入认识反向传播和SGD有助于

理解构建 NN 的核心框架。

非线性回归数据拟合取如下一般形式：
$$f(x) = f(x, \beta) \tag{12.51}$$
其中，β 是用来最小化误差的拟合系数。

在 NN 中，参数 β 是网络权重，因此可以将其重写为
$$f(x) = f(x, A_1, A_2, \cdots, A_{M-1}, A_M) \tag{12.52}$$
式中，A_j 为 NN 层之间的权重矩阵，例如 A_1 连接第 1 和第 2 层，总共 M 个隐藏层。

训练 NN 的目标是最小化网络输出和真实值之间的误差。这种情形下的标准方均根误差定义为
$$\arg\min_{A_j}(A_1, A_2, \cdots, A_M) = \arg\min_{A_j} \sum_{k=0}^{n} (f(x_k, A_1, A_2, \cdots, A_M) - y_k)^2 \tag{12.53}$$

这可以通过令其相对于各矩阵元素的偏导数为 0 取最小值，即令 $\partial E/\partial(a_{ij}) = 0$，其中 (a_{ij}) 为矩阵的第 i 行第 j 列元素。注意不存在最大误差，所以 0 导数点为最小值。这给出了误差函数相对于 NN 参数的梯度 $\Delta f(x)$。注意 $f(\cdot)$ 是在 n 个数据点上取值。

可以用牛顿—拉夫逊迭代法求最小值
$$x_{j+1}(\delta) = x_j - \delta \Delta f(x_j) \tag{12.54}$$
式中，δ 是决定沿梯度方向前进多远的参数。

在 NN 中，参数 δ 为学习速率。与标准梯度下降不同的是，计算最优学习速率可能不具有计算可行性。虽然最优化公式很容易写出来，但式（12.53）的估值经常不具有计算可行性。出于两个原因：①每个权重矩阵 A_j 的权重数量都很多；②数据点的数量 n 通常也很多。

为了让式（12.53）具备可计算性，SGD 不是用全部 n 个点估计式（12.54）的梯度，而是随机选择单个数据点或一个子集（批梯度下降）来逼近每个迭代步骤的梯度。对于这种方法，重构式（12.53）的最小二乘拟合，令
$$E(A_1, A_2, \cdots, A_M) = \sum_{k=0}^{n} E_k(A_1, A_2, \cdots, A_M) \tag{12.55}$$
和
$$E_k(A_1, A_2, \cdots, A_M) = (f_k(x_k, A_1, A_2, \cdots, A_M) - y_k)^2 \tag{12.56}$$
式中，$f_k(\cdot)$ 是第 k 个数据点当前的拟合函数，矩阵 A_j 的元素则是通过优化过程决定。

式（12.54）的梯度下降算法现在变成了
$$w_{j+1}(\delta) = w_j - \delta \Delta f_k(w_j) \tag{12.57}$$
式中，w_j 是第 j 次迭代得到的所有网络权重，梯度则只用第 k 个数据点和 $f_k(\cdot)$ 计算。

也就是说不再计算全部 n 个数据点的梯度，而是只使用随机选择的单个数据点。在下一次迭代，又随机选择一个数据点来计算梯度和更新参数。这个算法可能需要将全部数据经过多次才能收敛，但每一步都很容易计算，不用为了计算梯度费力地计算雅可比矩阵。如果不是使用单个点，而是选择一个子集，则称为批梯度下降（Batch Gradient Descent）算法
$$w_{j+1}(\delta) = w_j - \delta \Delta f_K(w_j) \tag{12.58}$$
式中，$K \in [k_1, k_2, \cdots, k_p]$，标记 p 个随机选择的用于逼近梯度的数据点。

12.4.2 卷积神经网络

神经网络的理论构建已经有了超过 40 年的历史。神经网络和深度学习研究的转折点是

2012 年提出的 ImageNet 数据集。在此之前的数据集最多只有大约上万幅带标签的图像。ImageNet 则提供了 1500 万幅带标签的高分辨率图像，标签类型超过 2200 种。深度卷积神经网络（Deep Convolutional Neural Networks，DCNN），从此成为几乎所有用于分类和识别的计算机视觉任务的性能标杆，并彻底改变了这个领域。在 ImageNet 之前，20 世纪 90 年代的神经网络教科书主要关注层数较少的网络。主成分分析等重要的机器学习算法已被证明与后向传播网络有密切关联，重要的是一系列重要进展使得多层前馈网络成为一种具有普适性的逼近器。过去 10 年在神经网络结构方面取得了大量进展，其中许多是针对特定的应用领域进行设计和剪裁。还有许多创新是算法改进，在许多领域都带来了明显的性能提升。这些创新包括预训练（Pretraining）、丢弃（Dropout）、inception 模块、用虚构例子扩增数据、批量归一化（Batch Normalization）和残差学习（Residual Learning）等。这里只列举了一小部分算法创新，以体现该领域持续而且迅速的进步。直到 2008 年，神经网络甚至都还没列入机器学习算法 top10。但现在它已经成为最重要的数据挖掘工具。

图 12.14 所示为 DCNN 的原型架构，包括常用的卷积层和池化层，黑灰色方块为层与层之间的卷积采样。注意每一层都可以用许多函数变换生成多样的特征空间，网络最终将所有信息集成到输出层。另外注意每层还可以有多个下游层（或特征空间）。需要通过反向传播和 SGD 更新的参数数量非常多，因此哪怕是中等规模的网络和训练数据也可能需要大量计算资源。典型 DCNN 的层数很多，通常有 7~10 层。

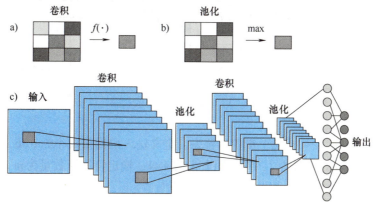

图 12.14　包括常见卷积层和池化层的 DCNN 原型架构

卷积神经网络依靠卷积层对输入数据（Input）进行卷积运算来提取数据特征。为了减少输入数据和操作参数的维度，池化层周期性地穿插在卷积层之间。全连接层在不同层之间以全连接的方式连接。卷积神经网络通过连续的卷积（Convolution）、池化（Pooling）学习数据的输入特征，并对新数据进行预测。在模型的训练过程中，必须为卷积操作提供操作参数，如卷积核的大小和类型以及步长。

1. 卷积层

卷积层是卷积神经网络的一个重要组成部分，它采用局部感知场和权重共享策略对输入数据进行降维操作。局部感知场策略将卷积层中的每个区域与前一层中的部分区域连接起来，从而减少了操作中涉及的模型参数的数量，加速了模型参数的更新。此外，权重共享策略确保同一卷积核在与上一层进行操作时共享相同的卷积核参数，而不随操作区域的变化而变化。这些策略的综合作用使得卷积层的卷积操作更容易进行。

在卷积层的操作过程中，参与操作的数据首先通过卷积层，然后将结果与相应的偏置 b 相加，得到单个神经元的输出特征图。滑动局部窗口，再次进行卷积操作，直到得到完整的输出特征图。卷积操作过程的详细说明如图 12.15 所示。

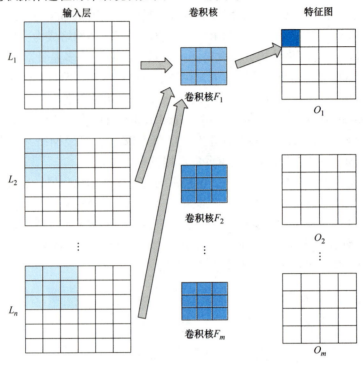

图 12.15 卷积运算过程示意图

图中算法的计算过程包括几个步骤。首先，定义输入层图像大小为 6×6，卷积核大小为 3×3，卷积核类型为 m，步长为 1，特征图大小为 4×4，输出特征图数量为 m，然后算法执行以下步骤：

1) 选择输入数据 L_1 中的 3×3 区域，用卷积核 F_1 进行卷积运算。这样就可以得到 L_1 中相应卷积核区域的输出值 z_1。

2) 循环上述步骤，分别计算 $L_2,\cdots,L_n$ 的相应区域和卷积核 F_1 的输出值 $z_i(i=2,3\cdots n)$。

3) 计算输入层相应区域和卷积核 F_1 的输出结果之和，加上卷积核 F_1 对应的偏压 b_1，得到输出 O_1 的第一个神经元的结果。

4) 滑动输入数据，确定下一次计算的对应区域，重复上述步骤 1)~步骤 3)，得出输出 O_1。

5) 将卷积核切换为 F_i，重复步骤 1) ~步骤 4)，得到输出值 O_i，其中 $i=2,3\cdots m$，得到所有输出特征图，数量为 m。

此外，为了保证卷积运算的非线性变换过程，在计算相应区域的输出和偏置之和后，可以在映射中加入激活函数。最终的输出结果是输出 O_i 的每个神经元节点的输出值，最后的输出结果为

$$O_{kj}=f\left(\sum_{i=1}^{n} z_i + b_k\right) \qquad (12.59)$$

式中，O_{kj} 表示 O_k 的第 j 个节点的输出值；f 表示激活函数；z_i 表示卷积核的输出，b_k 表示对应的偏置量。

卷积层的卷积操作主要有两个好处。首先，它减少了神经网络的训练参数；其次，它允许输入数据中的每个神经元节点进行充分的卷积运算，提取更全面的数据特征。这种特征提取为后续阶段的高层次特征合并和结果预测奠定了坚实的基础。

2. 池化层

池化层是卷积神经网络的一个重要元素，通常与卷积层一起使用。池化层位于卷积层之后，通过压缩特征图来进一步降低卷积后输出数据的维度。池化操作的主要优点是它可以大大减少特征图的大小，从而提高网络的速度。此外它还可以减少操作中涉及的参数数量，加速神经网络模型的收敛，同时保留了数据的主要特征。

池化操作首先选择一个池化窗口，并设置每次向前移动的距离。然后对池化窗口区域进行分析，按要求提取基本特征。有两种类型的池化操作：最大池化（Max Pooling）和平均池化（Average Pooling）。最大池化涉及提取池化窗口区域的最大值，而平均池化则是对池化窗口区域的像素进行平均以产生池化结果。需要注意的是，池化过程并不改变数据的深度，而只是压缩和提取数据的特征。图 12.16 和图 12.17 直观展示了最大池化和平均池化的计算过程。

图 12.16 最大池化层

图 12.17 平均池化层

3. 非线性激活函数

在卷积神经网络中，借助非线性激活函数，增加了卷积神经网络的非线性表达能力，理论上使神经网络模型可以实现模拟任何非线性表达形式，提高了神经网络的适用性。

卷积神经网络中，激活函数的选择需要兼顾运算速度、函数值区间是否是对称性等多方面因素，在多数情况下，ReLu 函数训练性能优于 sigmoid 和 tanh 函数，因此常常采用 ReLu 函数作为激活函数；Softmax 函数一般作用于全连接层，实现全连接层的结果与神经网络输出结果之间的映射关系。

ReLu 和 Softmax 函数在 CNN 中发挥着重要作用。ReLu 函数增强了网络的训练性能和效率，而 Softmax 函数将全连接层的输出映射到神经网络的输出，下面将详细介绍这两种函数。

（1）ReLu 函数

函数表达式如式（12.40）所示。ReLu 函数的导数在大于 0 的范围内始终为 1，这就解决了梯度消失的问题，确保梯度在反向传播过程中被传递回来，以优化模型的参数。ReLu 函数在正值范围内是一个线性函数，与 sigmoid 和 tanh 函数相比，它简化了计算过程，加速了模型的训练。此外，ReLu 函数在负区间保持函数结果为 0，这减少了参数之间的相互依赖，有助于防止过拟合问题的发生。

ReLu 函数为梯度消失问题提供了一个解决方案，简化了计算过程，加快了模型的训练，并有助于减少参数之间的相互依赖，防止过拟合问题的发生。

（2）Softmax 函数

Softmax 函数在卷积神经网络（CNN）中发挥着重要作用，主要作用于全连接层。其目的是实现全连接层的结果与神经网络的输出之间的映射关系。Softmax 函数输出结果归于结果 S 的概率，其输出概率值在 0 和 1 之间。此外，所有 Softmax 函数的输出之和总是等于 1，因此它是分类问题的理想选择。函数表达式为

$$S_j = \frac{e^{a_j}}{\sum_{k=1}^{N} e^{a_k}} \quad (12.60)$$

式中，N 表示神经网络分类类别数；a_j 表示全连接层的输出向量；a_k 表示向量 $\boldsymbol{a}$ 的第 k 个值。

4. 损失函数

损失函数是神经网络中的一个重要组成部分，用于衡量预测输出与真实值之间的偏差。它通常是一个非负的实值函数，值越小表示预测越准确。训练过程的目标是找到神经网络损失函数的最小值。

神经网络模型可分为两类任务：分类任务和回归任务。分类任务涉及预测具有离散输出的定性结果，例如将一张图片识别为猫或狗。相反，回归任务涉及预测具有连续结果的定量结果。

对于分类任务，损失函数寻求找到输入数据的决策边界，以确定预测的输出。另一方面，对于回归任务，损失函数的目的是找到输入数据的最佳拟合，以准确预测输出。根据神经网络模型解决不同类型的任务，损失函数也可以分为两类：分类任务的损失函数和回归任务的损失函数。每个损失函数都有其独特的特点，使其适合于特定的任务。

（1）分类任务损失函数

在为分类任务设计的神经网络的训练过程中，交叉熵损失函数通常被用来评估模型的预测与实际值的匹配程度。交叉熵损失函数计算的是神经网络模型的预测值 p 和真实值 y 之间的差异，公式如下

$$L(p,y) = -\frac{1}{n}\sum_{i=1}^{n}[y_i \ln p_i + (1-y_i)\ln(1-p_i)] \quad (12.61)$$

式中，n 为类别个数。

交叉熵损失函数作为一个对数函数，可以应用于二元分类和多元分类任务。在多元分类任务中采用 Softmax 损失函数时，可以简化为

$$L(p,y) = -\frac{1}{n}\sum_{i=1}^{n} y_i \ln p_i \qquad (12.62)$$

（2）回归任务损失函数

在为回归任务训练神经网络时，通常使用均方误差（MSE）损失函数。这个函数有几个优点，包括计算简单、计算成本低、对异常值敏感，以及能够生成稳定且接近真实值的参数权重。MSE 损失函数计算的是神经网络模型的预测值 p 和真实值 y 之间差异的平方平均损失。MSE 损失函数的公式如下：

$$L(p,y) = \frac{1}{n}\sum_{i=1}^{n}(p_i - y_i)^2 \qquad (12.63)$$

12.4.3 负荷辨识模型

在采集了设备数据并确定负荷辨识所用特征之后，便可构造辨识模型，然后通过设计特定的学习策略与算法选取最优模型，最后将提取的特征输入模型进行推理，实现对负荷种类、工作状态的辨识。

以低频的有功功率作为负荷辨识的特征，模型输入为总功率序列

$$X_{t:t+T} = [x(t), x(t+1), \cdots, x(t+T)] \qquad (12.64)$$

式中，$x(t)$ 代表 t 时刻的总功率；T 为输入的序列长度。

模型的输出为输入总功率序列中包含各种用电设备的概率预测分数

$$\hat{y} = [\hat{y}_1, \hat{y}_2, \cdots, \hat{y}_c] \qquad (12.65)$$

式中，c 为需要辨识的用电设备数目；$\hat{y}_i$ 为总功率序列中包含第 i 种设备功率的预测分数，$\hat{y}_i \in [0,1], i \in [1,c]$。

本节介绍的模型由卷积神经网络和类别注意力机制组成，前者的作用是提取输入序列特征，后者的作用是分类器，根据所提取特征预测特征所属的多个标签。模型以一维的总功率序列 X 为输入，为适应输入的数据结构，卷积神经网络的卷积核同样采用一维结构。经过卷积神经网络进行特征提取后得到长度为 l、通道数为 d 的特征图。特征图被输入类别注意力机制，计算每个类别标签关于特征图的注意力分数，其中包含多个二分类的分类器，最终得到分类结果 $\hat{y}$，如图 12.18 所示。

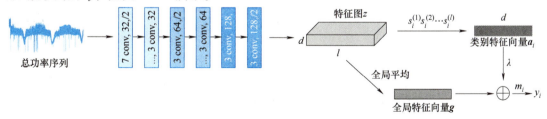

图 12.18　基于卷积神经网络和类别注意力机制的负荷辨识模型

用于特征提取的卷积神经网络共包含 8 个卷积层。以第一个卷积层为例，"7 conv，32，/2" 表示该卷积层采用的一维卷积核长度为 7，输出的特征通道数为 32，卷积层后进行 2 倍的最大池化。由于输入序列 x 较长，神经网络的第一层使用更长的卷积核，可以减少计算次数。进行最大池化后，特征尺寸减小，因此后续的层可以采用较小的卷积核。从感受野的角度出发，3 个卷积核长度为 3 的卷积层提供的感受野与一个卷积核长度为 7 的卷积层相

同，但能提供更多的非线性。

对于一给定的总功率序列 x，卷积神经网络 ϕ 对其进行特征提取后得到特征图 z。当输入序列的长度为 1024 时，z 的尺寸为 128×128。z 表示为

$$z = \phi(x; \theta) \tag{12.66}$$

式中，θ 为卷积神经网络的参数。

考虑到负荷辨识问题中标签的总数目不多，且可能出现多种标签组合。因此采用将负荷辨识的多标签分类问题转化为二分类问题的方法，将每个标签的二分类器集成到一个深度神经网络模型之中。因此，同一个模型中整合了所有标签的二分类器。类别注意力机制以经过卷积神经网络对总功率序列进行特征提取后得到尺寸为 $l \times d$ 的特征图 z 为输入，针对不同标签计算单独的特征向量，最后分别预测每个标签的概率。具体的计算流程如下：

首先，定义一个第 i 类关于特征图第 j 个位置的类别注意力分数

$$s_i^{(j)} = \frac{\exp(z_j^\mathrm{T} m_i)}{\sum_{k=1}^{l} \exp(z_k^\mathrm{T} m_i)} \tag{12.67}$$

式中，$i \in [1, 2, \cdots, c]$，c 是类别数目；$z_j \in \mathbf{R}^d$，$(j = 1, 2, \cdots, l)$ 是特征图的第 j 个位置的值，$()^\mathrm{T}$ 代表转置操作；$m_i \in \mathbf{R}^d$ 是模型的待训练参数；$s_i^{(j)}$ 代表了特征图 z 的第 j 个位置关于类别 i 的分数，显然，$\sum_{k=1}^{l} s_i^{(j)} = 1$。

其次，以类别注意力分数 $s_i^{(j)}$ 作为权重，计算第 i 个类别的特征向量为

$$a_i = \sum_{j=1}^{l} s_i^{(j)} z_j \tag{12.68}$$

在基于深度卷积神经网络的二分类模型中，卷积神经网络得到的特征图通常以求取全局平均值的方式得到特征向量，如下

$$g = \frac{1}{l} \sum_{j=1}^{l} z_j \tag{12.69}$$

全局平均值的方式在许多的二分类问题中取得了很好的结果，因此将其作为最终特征向量的一部分

$$f_i = g + \lambda a_i \tag{12.70}$$

式中，λ 为比例系数。

最后，根据各类别的特征向量得到属于各个标签的概率

$$\hat{y} = [\hat{y}_1, \hat{y}_2, \cdots, \hat{y}_c] = \mathrm{sigmoid}([m_1 f_1, m_2 f_2, \cdots, m_c f_c]) \tag{12.71}$$

式中，$\mathrm{sigmoid}(*)$ 是激活函数，将输出范围限制在 0~1 之间。

将式（12.67）~式（12.70）代入到式（12.71）可得

$$\hat{y}_i = \mathrm{sigmoid}\left[\left(\frac{1}{l}\sum_{j=1}^{l} z_j^\mathrm{T}\right) m_i + \lambda \left(\sum_{j=1}^{l} \frac{\exp(z_j^\mathrm{T} m_i)}{\sum_{k=1}^{l}\exp(z_k^\mathrm{T} m_i)} z_j^\mathrm{T}\right) m_i\right] \tag{12.72}$$

式中，右边的第一项中是第 i 个标签的基础分类分数，相当于对特征图进行平均池化后执行一次全连接。根据式（12.67），右边的第二项中，类别注意力分数 $s_i^{(j)}$ 对特征图不同位置的值加权后得到类别专用的分类分数。

因此，类别注意力机制可以调整特征图不同位置权重，令分类器更关注特征图中的重要信息。

12.4.4 训练策略

模型训练是以损失函数最小化为目标的模型参数更新过程，利用深度神经网络强大的非线性拟合能力拟合输入与输出间的关系。

1. 多标签分类转化为二分类问题

多标签分类问题通常可以转化为以下三种形式的问题：

1）二分类问题。为每个标签训练一个单独的二元分类器，对每个标签进行单独预测。当标签间存在联系时，可采用按时序的预测方法，将上一个二元分类器的预测结果作为下一个分类器输入的一部分。

2）多分类问题。考虑训练集中所有出现的标签组合，将所有组合视作多分类问题中的类别，从而将多标签分类转化为多分类问题。缺点在于标签组合的数目可能过多，有可能忽略某些少见的标签组合。

3）集成问题。训练多个多分类的分类器，每个分类器只输出一个类别的结果。然后通过模型集成的方法，如投票法等，组合多个分类器的结果，选出得票数较多的几个标签作为多标签的分类结果。

考虑到负荷辨识问题中标签的总数目不多，且可能出现多种标签组合。因此本章采用将负荷辨识的多标签分类问题转化为二分类问题的方法，将每个标签的二分类器集成到一个深度神经网络模型之中。

2. 损失函数

这里介绍的模型将多标签分类问题视作对每个标签的二元分类。因此模型训练的损失函数可设置为多个标签的二元交叉熵损失（Binary Cross-Entropy Loss）之和

$$\text{Loss} = -\sum_{i=1}^{c} [y_i \log(\hat{y}_i) + (1-y_i)\log(1-\hat{y}_i)] \tag{12.73}$$

式中，c 为类别数目；y_i 为第 i 个标签的真实值，总功率序列中包含第 i 种设备功率时有 $y_i = 1$，否则 $y_i = 0$；$\hat{y}_i$ 为模型对第 i 个标签的预测概率。

3. 参数优化

自适应矩估计通过引入一阶和二阶动量使此前累积的梯度下降方向得到保留，加速模型训练在正确方向趋向收敛，可以作为模型参数优化器。其基本过程包括：

计算损失函数关于上一时间步参数的梯度为

$$g_t = \nabla_\theta L_t(\theta_{t-1}) \tag{12.74}$$

一阶动量的更新为

$$m_t = \beta_1 m_{t-1} + (1-\beta_1) g_t \tag{12.75}$$

二阶动量的更新为

$$v_t = \beta_2 v_{t-1} + (1-\beta_2) g_t^2 \tag{12.76}$$

模型参数的更新为

$$\theta_t = \theta_{t-1} - \frac{\alpha m_t}{(1-\beta_1)(\sqrt{v_t/(1-\beta_2)} + \varepsilon)} \tag{12.77}$$

式中，t 为当前的时间步；m_t 为当前的一阶动量，β_1 为一阶动量衰减系数，用于保留此前的梯度，一般取值 0.9；v_t 为当前的二阶动量，β_2 为二阶动量衰减系数，一般取值 0.999；α 为学习率，参考取值 1×10^{-4}；ε 是一个很小的数，目的是防止分母为 0，值为 1×10^{-8}。

4. 批标准化与早停策略

在深度神经网络的训练过程中，存在单个样本的损失函数值差异较大的情况，导致参数更新方向变化过快，降低模型训练效率。一般可以采用小批梯度下降法进行参数更新，即将训练集分为样本数目相等的若干个批次，计算每个批次的平均损失函数，据此进行参数更新。

深度神经网络的训练是一个循环过程，需要设定一个结束训练的条件。当模型在验证集上的表现不再提升时终止训练。当验证集上的某个模型评价指标在连续 N_{epoch} 次的训练迭代中都不改善，即终止训练，保留出现最佳评价指标的该次迭代得到的模型。N_{epoch} 过小会导致训练过早终止，而过大则会令早停策略失去意义。

12.4.5 实现工具

非介入式负荷监测算法的研究中通过选择公开数据集进行跨数据集、混合数据集和数据集内验证。由于各个数据集的组织形式不同，即使同一个数据集，不同研究者用来进行算法测试的数据子集也存在差异。同时，不同的负荷分解研究所采用的评估指标也各有差异。因此，在不同的数据集和算法上进行性能的交叉对比仍然比较困难。为此，2015 年 Parson 等开发了非介入式负荷监测工具包（Non-Intrusive Load Monitoring Toolkit，NILMTK），该开源工具包支持将 REDD、SMART、AMPds 等 6 个数据集加载到一个通用的 Python 数据结构中，提供了两个 NILM 算法（组合优化与精确 FHMM）的实现作为性能基线。并提供了若干基本的统计及预处理功能（如过滤数据集中的异常点、对数据进行重采样等）。2019 年 Batra 等对该工具包中的分解算法及其实验调用接口进行了重写，并发布了一个包含 3 个基准和 9 个新负荷分解算法的代码仓库，进一步提高了该工具包的易用性、可支持算法的多样性及其性能的可复现性。

12.5 非介入式负荷辨识的发展与挑战

非介入式负荷辨识是一个非常活跃的研究领域，迄今为止仍然存在严峻的挑战，主要可以分为两类：辨识能力的挑战和训练模型的挑战。

辨识能力的挑战与正确识别单个负荷问题有关。NILM 系统必须考虑电网不断增长的复杂性以及负荷类型的多样性。例如，可变功率负载（调光灯等）、多状态负载（洗衣机等）和常开负载（安全摄像头和警报器等）。非介入式负荷辨识还需要能够区分消耗相同功率的设备。更具体地说，对于基于事件的非介入式负荷辨识方法，需要考虑同时的电源事件（即负载同时或几乎同时激活）可能引入的错误，因为这些错误可能会传播到后续阶段并导致较大的电量分解误差。在许多经典的机器学习领域（例如语音识别或手写识别）中，训练和测试数据集被假定具有与将提供给学习算法的未来数据相同或几乎相同的统计属性。然而，由于电网的动态特性，这在 NILM 问题中不太可能发生。相反，学习算法必须对未来数据的变化具有鲁棒性，例如未知和/或故障设备的存在或操作和组合此类设备的许多不同模式。

训练模型的挑战包括训练和评估不同 NILM 模型性能的问题。例如，不同的算法需要不同的训练数据：基于事件的方法依赖于大量的标记设备，需要标记的转换，而无事件的方法需要单个电器消耗数据的历史痕迹。然而，目前还没有统一明确的策略来收集训练数据。尽管在过去数年中陆续发布了多个数据集，但缺乏适当的公共数据集仍然被认为是 NILM 研究的重要挑战之一，特别是训练和验证基于事件的方法所需的完全标记数据集。此外，当前可用的数据集彼此之间存在很大差异（例如数据格式、可用测量、数据分辨率和设备类型等），这一方面使得评估 NILM 算法非常耗时，另一方面，给评估结果增加了相当大的偏差，且难以确定跨数据集基准。大多数对于 NILM 的评估仅专注于所提出方法的所谓准确性，而没有像其他机器学习领域那样研究所使用的指标和 NILM 问题之间的合规性。截至目前，对于应使用哪些指标来衡量和报告 NILM 算法和系统的性能尚未达成正式有效共识。

习题与思考题

12-1　简述负荷辨识的实现方式及优缺点。
12-2　分析多尺度事件检测的原理及实现过程。
12-3　常用的非介入式负荷辨识特征有哪些？
12-4　试分析特征对非介入式负荷辨识准确性的影响。
12-5　结合非介入式负荷辨识中数据集，分析不同采样率获得的数据对后续特征提取的影响。
12-6　简述卷积神经网络的原理及训练步骤。
12-7　讨论提升卷积神经网络负荷辨识模型泛化性能的方法。
12-8　简述非介入式负荷辨识在虚拟电厂、负荷调节等领域的应用。

参 考 文 献

[1] 陶时澍. 电气测量 [M]. 哈尔滨：哈尔滨工业大学出版社, 1997.
[2] 邓香生. 电工基础与电气测量技术 [M]. 北京：北京理工大学出版社, 2009.
[3] 胡福年. 电气测量技术实验教程 [M]. 南京：东南大学出版社, 2009.
[4] 于轮元. 电气测量技术 [M]. 西安：西安交通大学出版社, 1988.
[5] 文春帆. 电气测量技术 [M]. 4版. 北京：高等教育出版社, 2017.
[6] 程隆贵, 谢红灿. 电气测量 [M]. 北京：中国电力出版社, 2006.
[7] 福莱姆坎, 杜兴. 电气测量 [M]. 尤德斐, 译. 北京：机械工业出版社, 1986.
[8] 陈立周, 陈岚岚. 电气测量 [M]. 北京：机械工业出版社, 2016.
[9] 梁如福, 等. 电气测量 [M]. 北京：中国劳动保障出版社, 1992.
[10] 陈惠群. 电气测量 [M]. 北京：中国劳动社会保障出版社, 2004.
[11] 吕景泉. 现代电气测量技术 [M]. 天津：天津大学出版社, 2008.
[12] 吴旗. 电气测量与仪器 [M]. 北京：高等教育出版社, 2004.
[13] 苏世栋. 电气测量技术 [M]. 北京：中国科学技术出版社, 2005.
[14] 杜德昌. 电气测量技术 [M]. 北京：高等教育出版社, 2016.
[15] 温希忠, 张志远. 电工仪表与电气测量 [M]. 济南：山东科学技术出版社, 2007.
[16] 陈以连. 电气测量和电工仪表 [M]. 北京：中国工业出版社, 1964.
[17] 孙左一, 等. 电气测量与电工仪表 [M]. 北京：水利电力出版社, 1990.
[18] 何圣静, 高莉如. 误差分析在电气测量中的应用 [M]. 北京：水利电力出版社, 1989.
[19] 吴旗, 俞亚珍. 电气测量与仪器 [M]. 北京：高等教育出版社, 2010.
[20] 何道清, 邱春芳, 张禾. 电气测量技术 [M]. 北京：化学工业出版社, 2015.
[21] 张国军, 吴海琪. 电气测量技术 [M]. 北京：清华大学出版社, 2015.
[22] 袁森. 电气测量技术 [M]. 北京：高等教育出版社, 2015.
[23] 蔡清水, 杨承毅. 电气测量仪表使用实训 [M]. 北京：人民邮电出版社, 2009.
[24] 杨红. 电工及电气测量技术 [M]. 北京：机械工业出版社, 2013.
[25] 王月华, 姜志宏. 电气测量学 [M]. 北京：中国电力出版社, 2007.
[26] 俞亚珍. 电气测量与仪器应用 [M]. 北京：高等教育出版社, 2013.
[27] 罗中华, 郭小春. 电子电气测量技术 [M]. 南昌：江西高校出版社, 2012.
[28] 万频, 林德杰, 等. 电气测试技术 [M]. 4版. 北京：机械工业出版社, 2021.
[29] 魏颖, 张文静, 郭鲁. 电气测试技术 [M]. 北京：北京理工大学出版社, 2021.
[30] 殷兴光, 王月爱. 电工仪表与测量 [M]. 武汉：华中科技大学出版社, 2017.
[31] 费业泰, 等. 误差理论与数据处理 [M]. 北京：机械工业出版社, 2023.
[32] 钱政, 王中宇. 误差理论与数据处理 [M]. 2版. 北京：科学出版社, 2022.
[33] 丁振良. 误差理论与数据处理 [M]. 哈尔滨：哈尔滨工业大学出版社, 2015.
[34] 赵喜云, 李鸥. 电能计量 [M]. 长沙：湖南科学技术出版社, 2022.
[35] 王鲁杨. 电能计量技术 [M]. 2版. 北京：机械工业出版社, 2023.
[36] 国网浙江省电力有限公司. 数字化电能计量装置校验 [M]. 北京：中国电力出版社, 2023.
[37] 袁瑞铭, 王学伟, 徐晋, 等. 复杂动态负荷电能计量信号特性分析 [M]. 北京：中国电力出版社, 2022.
[38] 祝小红, 周敏. 电能计量 [M]. 北京：中国电力出版社, 2019.

[39] 程富勇，林聪. 配网计量用互感器性能评价［M］. 成都：西南交通大学出版社，2022.
[40] 周峰. 电力互感器误差智能校验与在线监测技术［M］. 北京：中国电力出版社，2023.
[41] 阿图罗·罗曼·梅西纳. 互联电力系统广域监测技术［M］. 马士聪，孙华东，郭强，等译. 北京：机械工业出版社，2020.
[42] 史蒂芬·F. 布什. 智能电网通信：使电网智能化成为可能［M］. 李中伟，程丽，金显吉，等译. 北京：机械工业出版社，2019.
[43] 陈丽娟，许晓慧. 智能用电技术［M］. 北京：中国电力出版社，2011.
[44] 林琳，黄南天. 复杂电能质量智能分析技术［M］. 北京：机械工业出版社，2021.
[45] 国家电网有限公司. 电能质量监督［M］. 北京：中国电力出版社，2022.
[46] 肖湘宁，徐永海，陶顺. 电力系统电能质量［M］. 北京：中国电力出版社，2022.
[47] 林海雪. 电能质量讲座［M］. 北京：中国电力出版社，2017.
[48] 英戈·斯坦沃特，安德烈亚斯·克里斯特曼. 支持向量机（英文版）［M］. 北京/西安：世界图书出版公司，2023.
[49] 王快妮. 支持向量机鲁棒性模型与算法研究［M］. 北京：北京邮电大学出版社，2019.
[50] 高敬鹏. 深度学习——卷积神经网络技术与实践［M］. 北京：机械工业出版社，2020.
[51] 张太红. 卷积神经网络与图像分类［M］. 北京：北京邮电大学出版社，2024.
[52] 周浦城. 深度卷积神经网络原理与实践［M］. 北京：电子工业出版社，2020.
[53] 何宇健. Python 与机器学习实战——决策树、集成学习、支持向量机与神经网络算法详解及编程实现［M］. 北京：电子工业出版社，2017.
[54] 黄智濒. 现代决策树模型及其编程实践——从传统决策树到深度决策树［M］. 北京：机械工业出版社，2022.